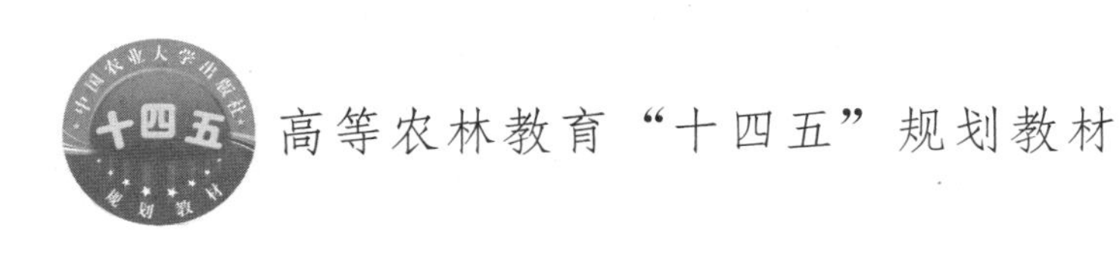

食用菌栽培学

李荣春　主编

中国农业大学出版社
·北京·

内 容 简 介

本教材以食用菌栽培产业的核心理论和关键技术为重点内容，在介绍了食用菌遗传育种，食用菌菌种生产技术及管理规范，现行的国家、行业和重要的食用菌地方标准及有机栽培规范，现代化栽培的主要设施设备的基础上，分别以工厂化、部分设施设备和自然生态3种条件下的食用菌栽培产业模式为例，详细地介绍了双孢蘑菇、香菇、木耳等常见食用菌和近年来我国新驯化栽培的裂褶菌、绣球菇、羊肚菌等珍稀食用菌共计25种商业化主要栽培的食用菌的现代栽培技术。每章后有思考题。最后以二维码形式的16个附件提供了农业部颁布的《食用菌菌种管理办法》、相关的3个国家标准、3个行业标准，以及滑菇、毛木耳等7种食用菌的栽培技术和食用菌相关知识材料，供学生扩展阅读。教材充分体现了现代食用菌生物学、生态学、农学、机械自动化、环境控制、管理学等学科理论与食用菌栽培技术实践的有机结合的特色，充分体现了中国作为世界食用菌栽培大国的产业技术现状。

本教材由国内既有深厚食用菌科学研究基础又有丰富的食用菌栽培实践经验的专家学者编写。全书文字简练、条理清楚、图文并茂、通俗易懂，可作为全国高等农林院校及农林职业院校的农学、园艺、林学、植保、资环、食品、微生物等专业的教材，也是食用菌科研工作者和食用菌栽培产业从业者不可多得的参考书。

图书在版编目（CIP）数据

食用菌栽培学/李荣春主编．—北京：中国农业大学出版社，2020.6（2024.7重印）
ISBN 978-7-5655-2360-1

Ⅰ.①食…　Ⅱ.①李…　Ⅲ.①食用菌—蔬菜园艺—高等学校—教材　Ⅳ.①S646

中国版本图书馆CIP数据核字（2020）第095898号

书　　名　食用菌栽培学
作　　者　李荣春　主编

策划编辑　张秀环　　**责任编辑**　田树君
封面设计　郑　川
出版发行　中国农业大学出版社
社　　址　北京市海淀区圆明园西路2号　　**邮政编码**　100193
电　　话　发行部 010-62733489，1190　　读者服务部 010-62732336
编辑部 010-62732617，2618　　出　版　部 010-62733440
网　　址　http://www.caupress.cn　　**E-mail**　cbsszs@cau.edu.cn
经　　销　新华书店
印　　刷　北京时代华都印刷有限公司
版　　次　2020年9月第1版　　2024年7月第2次印刷
规　　格　787×1092　　16开本　　18.75印张　　460千字
定　　价　56.00元

编委会

Editorial Board

主　编： 李荣春（云南农业大学）

副主编：（以姓氏拼音为序）

常明昌（山西农业大学）
陈青君（北京农学院）
陈再鸣（浙江大学）
夏志兰（湖南农业大学）
赵明文（南京农业大学）

参　编：（以姓氏拼音为序）

白建波（红河学院）
刘靖宇（山西农业大学）
陆　娜（浙江省杭州市农业科学研究院）
钱琼秋（浙江大学）
宋小娅（浙江省丽水市农业科学研究院）
邰丽梅（全国供销总社昆明食用菌研究所）
吴秋云（湖南农业大学）
徐寿海（连云港国鑫食用菌成套设备有限公司）
徐彦军（贵州大学）
应国华（浙江省丽水市林业科学研究院）
闫　静（浙江省杭州市农业科学研究院）
俞培培（上海凯摩空调工程技术有限公司）
张春霞（云南省热带作物科学研究所）
张玉金（遵义医学院）
赵　琪（中国科学院昆明植物研究所）
朱国胜（贵州省农业科学研究院）

前言

Foreword

我国食用菌栽培种类最多，栽培规模最大，每年食用菌的总产量占全世界总产量的75%以上，是当之无愧的食用菌栽培产业超级大国。但是，我国的食用菌栽培学教材建设和人才培养却远远落后于世界食用菌产业发展的步伐，也落后于世界食用菌生物学及栽培学科学技术的发展。党的二十大报告提出，加强教材建设和管理，体现了党和国家对教材建设的高度重视。为使我国食用菌栽培学教材与我国现阶段的食用菌栽培产业的现状相适应，与我国食用菌及食品安全的产业政策、法律法规相适应，与社会和企业对毕业生的要求相适应，与世界及我国食用菌科学技术的发展相适应，我们特邀请多家食用菌研究院(所)、生产企业及农业类高校专家学者编写了本教材。

本教材具有以下4个特点。

一、本教材以食用菌栽培产业的核心理论和实用技术为主要内容，包含“遗传育种、菌种生产、栽培技术、标准规范、设施设备”五大部分，体现出应用技术学科理论与实践相结合的特色。

二、本教材将食用菌栽培学的理论和技术与国家法律法规、国家标准、行业规范与标准、食品安全控制技术的内容有机结合，使学生既掌握食用菌的理论和技术，又掌握国家的管理政策和标准，成为既懂理论，又懂技术，更懂国家政策标准的全能人才，以适应国家、社会和企业的要求。

三、在栽培技术部分，本教材充分反映我国现代食用菌栽培产业的技术现状，按照全调控工厂化栽培模式、部分调控设备菇房栽培模式和自然生态下的大田栽培模式归类介绍，以便使学生正确掌握现代食用菌栽培产业技术。教材以培养产业需要的技术人才为目标，以技能训练为教育形式，以主栽种类、代表种类为重点，进行全面、系统、详细的栽培技术讲解，重点突出。

四、本教材的编者既有国内著名研究学者，也有技术首创者或经验丰富的生产技术推广者。他们能理论联系实际，将最新科技成果和栽培技术有机结合，使学生易于掌握现代食用菌栽培的新理论和新成果。

本教材每章后面有思考题、扩展阅读材料（扫描二维码获得）和参考文献，以便学生复习巩固主要知识点。

本教材是在国内外食用菌栽培学教材和专著的基础上，结合我国食用菌栽培产业发展现状，传承与开拓，全体参编人员和出版社通力协作的结果。具体编写分工如下：第1章（李荣春）；第2、3章（夏志兰、赵明文、吴秋云）；第4章（夏志兰、吴秋云）；第5章：第1节（陈青君），第2、3、4、5、6、7节（刘靖宇、常明昌）；第6章：第1、4、5节

（陈再鸣、钱琼秋），第 2、3 节（应国华），第 6 节（闫静、陈再鸣），第 7 节（徐彦军），第 8 节（宋小娅、陈再鸣），第 9 节（白建波、李荣春），第 10 节（应国华、陈青君），第 11 节（张春霞），第 12 节（陆娜、陈再鸣）；第 7 章：第 1、5 节（徐彦军、朱国胜），第 2、3、4 节（陈青君），第 6 节（赵琪）；第 8 章（邰丽梅、张玉金、李荣春）；第 9 章：第 1 节（俞培培），第 2 节（徐寿海）；统稿（李荣春）；附件整理（李荣春）。

限于时间和水平，本书错漏之处难免，衷心希望食用菌同仁及相关专业的师生在使用中多提宝贵意见，以利于本教材的修正与完善。

李荣春

2024 年 7 月 10 日于昆明云康园

目录
Contents

第1章　绪　　论

1.1　概　　述

1.1.1　食用菌及其概念

食用菌（edible fungi）是食用真菌的简称，是指一类可供人食用的大型真菌。

大型真菌（macrofungi）是指这类真菌可以产生肉眼可见，徒手可摘的子实体（fruit body），即子实体大的真菌称为大型真菌。

大型真菌以及它的子实体通常称为蘑菇（mushroom）。我国古代把生长在木上的蘑菇称为"菌"，将生长在土上的蘑菇称为"蕈"。故现在也常将蘑菇称为"蕈菌"，日文则使用"菌蕈"。狭义的蘑菇概念仅指担子菌中的伞菌目真菌。在英文中mushroom大部分情况是中文"蘑菇"的同义词，小部分情况是专指双孢蘑菇（*Agricus bisporus*）及其子实体。

依据食用菌的营养生理模式的不同，食用菌常被分为菌根食用菌和腐生食用菌两大类。

菌根食用菌是指真菌与植物形成营养上的共生互利、相互依赖的特殊营养生理模式，并常在植物的根尖形成特殊的菌根结构的一类食用菌。如松茸、松露等食用菌就是菌根食用菌。由于菌根食用菌的营养生理方式的特殊性，现在菌根食用菌基本上不能进行人工栽培。

腐生食用菌是指该类真菌是通过降解死亡的植物残体获得生长发育需要的营养的食用菌。如香菇、木耳、草菇等食用菌就是腐生食用菌。在自然界中，在腐殖质上生长、发育，主要降解草本植物残体，营腐生生活的真菌，称为草腐菌（straw rotting fungus），如果是可食用的草腐菌就称为草腐食用菌，如双孢蘑菇、草菇等；在自然界中，在死亡的木本植物上营腐生生活的真菌，称为木腐菌（wood rotting fungus），如果可以食用，就称为木腐食用菌，如香菇、木耳、金针菇等。现在人工栽培的食用菌种类基本上都是腐生食用菌，由于木腐和草腐的营养差别，不同营养方式的食用菌种类在栽培技术和模式上是不相同的，现阶段是木腐食用菌栽培种类最多。

真菌是生态系统中的重要成员，自然界中广泛分布着真菌，它们在自然状态下生长繁衍，在生态系统中的物质循环、能量的流动以及生态系统的平衡稳定等方面承担着重要角色。这种在自然生态系统中，没有人的干预，自然生长的食用真菌就叫野生食用菌（wild edible mushroom）。

人工食用菌是指野生食用菌经驯化后，可以人工完成从菌种制作，栽培获得子实体的食用菌，即可以在部分或全部人工控制条件下栽培形成子实体的食用菌（产品或种类）。

食用菌是一类既传统又新型的优质、美味食材，现代人类的食材主要是植物类和动物类食材，真菌类的食用菌由于资源的稀缺性和人类从事食用菌培养历史远远没有动植物食材的历史长，所以尚未成为人类的主要食材。而实际上，食用菌的营养价值和鲜美味道远远优于动植物食材。食用菌成为“山珍”的代名词。“厨房中的黑钻石”“上帝的食品”“植物性食品的顶峰”“健康食品”“长寿食品”等美誉都给予了食用菌。人类采食食用菌已有几千年的历史。欧美人对松露的迷恋，日本人对松茸的追捧，亚洲人对香菇、木耳的认可，中部非洲人对鸡枞的追求，干巴菌的味道是云南滇中地区一致被认可的“家乡的味道”。这些充分证明了食用菌在食材中的地位和身价。

近年来全球健康饮食风起，食用菌由于其美味、营养、健康和稀缺的特性而备受追捧。“一荤、一素、一菇”的健康饮食理念受到全球人民的认可。

1.1.2 食用菌栽培与食用菌栽培学

食用菌栽培（cultivation of mushroom）是指人工培育并收获食用菌的可食用部分（子实体或菌核）的过程。它与现代农业中的植物生产、动物生产形成三足鼎立的菌物生产部分。虽然食用菌栽培产业比动植物生产产业历史短、规模小、产值低，但它是近几十年来发展速度最快的农业产业，也是市场前景最好的产业，它将丰富人类的食材新品类，满足人类的健康饮食结构调整的需要。

现代食用菌栽培是经过1 000多年发展起来的集半人工栽培，全人工栽培；自然气候条件下的栽培，部分气候条件控制下的栽培，全条件控制的栽培；部分营养供给的栽培和全营养供给的栽培等形态模式为一体的现代农业产业。常被称为“白色农业”与“绿色农业”“蓝色农业”并列为“三色”农业。

食用菌栽培学（mushroomology）是研究食用菌生长发育规律，产量和品质形成规律，食用菌与培养基、环境条件的关系，探索形成栽培管理的工艺和技术，实现食用菌高产、优质、高效及可持续发展的理论、方法和技术的一门学科。

食用菌栽培学是一门集食用菌生物学、食用菌生理生态学和农业工程学为一体的综合性学科。食用菌栽培学又是一门应用技术，在研究食用菌营养生理、生长发育等规律的基础上，通过农业工程的技术手段和设施设备，为食用菌正常生长发育提供最佳栽培基质和最佳环境条件，从而形成食用菌的栽培工艺和栽培管理技术体系，来指导食用菌生产的全过程。

1.2 食用菌的营养价值

食用菌味道鲜美，营养丰富，富含多种生理活性物质，是世界各国人们喜爱的食材。与植物性食材相比，食用菌具有蛋白质、多糖、维生素含量高，碳水化合物含量低（热量低）的特点；与动物性食材相比，食用菌具有脂肪含量低的特点，所以食用菌是更符合现代人类食材的营养成分需求的健康食品。食用菌已成为动物类、植物类食材之外的第三类食材，即菌类食材。

1.2.1 食用菌味道鲜美

食用菌是著名的“山珍”，以味道鲜美获得世界赞誉，这是由于多数食用菌富含有多种风味物质，松茸、松露、牛肝菌、羊肚菌、鸡油菌等都各自具有独特的风味，成为世界知名的、风味独特、味道鲜美的高级食材。食用菌中丰富的氨基酸、核酸、醇类、脂类是风味的主要成分，这些物质能促进食欲。如松茸中的5-鸟苷酸二钠，各种挥发性油脂构成松茸的独特风味。干松露中被鉴定出83种挥发性风味物质，其中有18种是含硫化合物，主要挥发性风味物质有醇类、甲醚、醛、柠檬烯、脂类、酮类等。香菇中的香菇精（1，2，3，5，6-五硫杂环庚烷）形成香菇的独特香味。

每种食用菌都有自己的风味，“闻着气味识蘑菇”是有道理的，这也是食用菌食材的魅力所在，独特的风味常让人馋涎欲滴，西欧洲人对松露味，日本人对松茸味，亚洲人对香菇味，昆明人对干巴菌味都是一种永恒的记忆。

1.2.2 食用菌营养丰富

食用菌具有高蛋白、高氨基酸、高风味物质、低脂肪、低胆固醇的“三高二低”营养特征。

食用菌的蛋白质含量较高（表1-1），一般为鲜重的3%～4%，或干重的5%～40%，介于肉类和蔬菜、谷类之间，是白菜、番茄、萝卜等常见蔬菜的3～6倍。

表1-1 食用菌的主要成分（每100 g干品含量） g

种类	水分	蛋白质	脂肪	碳水化合物	粗纤维	灰分
双孢蘑菇	9.0	36.1	3.6	31.2	6.0	14.2
香菇	18.5	13.0	1.8	54.0	7.8	4.9
木耳	10.9	10.6	0.2	65.5	7.0	5.8
金针菇	10.8	16.2	1.8	60.2	7.4	3.6
平菇	10.2	7.8	2.3	69.0	5.6	5.1
银耳	10.4	5.0	0.6	78.2	2.6	3.1

引自常明昌《食用菌栽培学》中国农业出版社，2003，北京。

食用菌的氨基酸种类齐全，含量丰富（表1-2），人体必需的氨基酸基本都含有。特别是谷类食物中缺乏或含量较少的赖氨酸和亮氨酸，在食用菌中的含量都很高，食用菌中的蛋氨酸和胱氨酸的含量也比一般动物性食物的含量高。

表1-2　4种食用菌中的必需氨基酸（每100 g蛋白质含量） g

种类	双孢蘑菇	香菇	草菇	平菇
异亮氨酸	4.3	4.4	4.2	4.9
亮氨酸	7.2	7.0	5.5	7.6
赖氨酸	10.0	3.5	9.8	5.0
蛋氨酸	微量	1.8	1.6	1.7
苯丙氨酸	4.4	5.3	4.1	4.2
苏氨酸	4.9	5.2	4.7	5.1
缬氨酸	5.3	5.2	6.5	5.9
络氨酸	2.2	3.5	5.7	3.5
色氨酸	—	—	1.8	1.4
总计	38.3	35.9	43.9	39.3

引自常明昌《食用菌栽培学》中国农业出版社，2003，北京。

食用菌含有较低的脂肪酸，一般在干重的10%以下，且主要由不饱和脂肪酸构成，如亚油酸、软脂酸、油酸等，不饱和脂肪酸对人体的生长发育是有益的，且具有降血脂作用。

食用菌中含有丰富的矿质营养元素，如磷、铁、钾、钠、锌、镁、锰等，有的食用菌还含有丰富的锗、硒。

食用菌中含有丰富的维生素，特别是B族维生素、麦角甾醇、烟酸和维生素C含量远远高于其他食材，118种食用菌鲜菇的维生素B_2（核黄素）的平均含量为0.126 mg/100 g。双孢蘑菇、羊肚菌中含有丰富的只在动物食品中常见的维生素B_{12}。食用菌中普遍含有丰富的维生素D原（麦角甾醇），干菇中平均含量达200 mg/100 g，大大高于动物食品的含量。干草菇中的维生素C含量也高达206 mg/100 g（罗信昌、陈士瑜，2010）。

1.2.3　食用菌富含多种生理活性物质

食用菌中具有重要生理活性的化学成分绝大多数都已经被分离鉴定，主要有多糖类、萜类、甾体、生物碱、酚类、色素类，还有糖多肽、糖蛋白、非蛋白氨基酸、有机酸、多元醇、呋喃衍生物等。这些化学成分具有较强的生理活性，其生理功能包括抗肿瘤、免疫调节、预防或治疗心血管疾病、降血压、降血脂、抗菌、抗病毒、保肝等作用。

例如，食用菌中的多糖，具有显著的防癌抗癌的作用（表1-3），能显著提高人体的免疫能力。香菇多糖可提高人体对肿瘤细胞扩散的免疫力，灵芝多糖具有保肝护肝、解酒的功能，云芝多糖、猴头多糖都被用于癌症的预防和治疗。浙江佐力药业的乌灵胶囊的“功能主治”是补肾健脑、养心安神。江苏苏中制药的云芝胞内糖肽胶囊的功能主治是扶正固体，增强人体免疫功能，选择性抑制肿瘤，明显增高白细胞和血小板，具有抗病毒、抗感染、抗衰老、抗辐射、抗疲劳、降血脂等作用，用于慢性乙型肝炎、肝癌及老年免疫功能低下者的辅助治疗。此外，还有香菇多糖、猪苓多糖、蜜环菌片、香云片、猴头菌片、裂褶菌多糖、茯苓多糖等正式药品已供应市场。

表1-3　几种食用菌抑癌效率　%

种类	抑癌效率	种类	抑癌效率
香菇	80.7	银耳	80.0
松茸	91.3	草菇	75.0
平菇	75.3	猴头菇	91.3
金针菇	81.1	滑菇	86.0
木耳	42.6	茯苓	96.6

引自常明昌《食用菌栽培学》中国农业出版社，2003，北京。

1.3　食用菌栽培简史

食用菌作为一类自然界广泛分布的真菌可食资源，人类对它的认识和利用晚于对植物和动物的认识和利用历史。

在1977年我国浙江余姚河姆渡出土的新石器时代化石表明，早在7000年以前，中国古代祖先就已经开始以蘑菇为食。阿历索保罗等著的《菌物学概论》中把人类利用蘑菇的历史追溯到了4000年前古希腊的迈锡尼（Mycenae）文化（姚一建和李玉，2002）。

自公元前500年以后，各个历史时期中国都有大量的文献记载人们对食用菌的认识和利用，古罗马时期就有对块菌的论述。

公元533—544年，后魏的《齐民要术》中介绍了多种蘑菇加工烹饪方法。

人类在认识和采食野生食用菌的基础上，在公元5世纪前后出现了人工栽培食用菌的活动。

中国古籍中最早关于“种菌法”的记载，是唐代韩鄂所著《四时纂要》中关于金针菇的栽培方法（裘维蕃，1952）。

南北朝（公元420—589）时期的《名医别录》中有用松木栽培茯苓的记录。

公元7世纪，在我国湖北省房县一带就有木耳栽培，出现了人工接种和培植的方法，唐代苏敬的《唐本草》就有详细记录：“煮浆粥安诸木上，以草覆盖，即生蕈耳”，内容包括了材料、接种、保湿、出耳多个重要的栽培环节。

公元1313年，元代农学家王祯所著的《王祯农书》详细记述了我国人民在唐朝就已经掌握了香菇段木半人工栽培技术，包括了选场、选树、砍伐、接种、浇水、惊蕈、催菇等技术内容。书中“菌子”一段中，记载了农民栽培香菇的经验。由此可见，我国人工栽培香菇已有八九百年的历史了。

17世纪中叶，法国成功地进行了双孢蘑菇的栽培。De Bonnefons在1651年详尽地描述了双孢蘑菇的栽培方法。法国植物学家De Tournefort在1707年发表了双孢蘑菇栽培的论文，描述了法国人利用有孢子萌发长出白色丝状物的马粪作为“菌种”栽培双孢蘑菇的过程，并提出了“覆土”出菇的方法。

18世纪，日本从中国学习引进了香菇栽培技术。佐藤成裕的《惊蕈录》（1796年）中系统描述了“铊木法”香菇栽培技术。

19世纪初，我国广东一带开始栽培草菇。公元1822年，《广东通志》中就记载了广东韶关的南华寺僧人们以稻草栽培草菇的方法，并通称草菇为“南华菇”。公元1911年的《英德县续志》就具体记录了南华寺的草菇栽培，包括“整地、原料、建堆、保温保湿、采收、烘干、市场销售”等全过程的技术。

在20世纪，广东的草菇栽培技术被华侨带到东南亚和北非，并被西方所认识，所以草菇的英文名为Chinese mushroom（中国菇）。

19世纪后期，银耳在四川通江、湖北房县就有大规模化栽培。1865年四川通江已有大规模人工栽培银耳的记载，1898年当地耳农为保护银耳的生态环境，立下“银耳碑”，规定不准在耳林中放牛割草、打猎采集、铲山灰和烧荒。1866年的《房县志》中就有银耳和血耳栽培的记述。

20世纪是世界食用菌栽培产业从种类、规模到技术的快速发展时期。

从种类看，之前主要集中在双孢蘑菇、香菇、木耳等几个种类，后来有20多种被规模化栽培（Chang & Miles，2004）。

20世纪初，全球人工栽培食用菌的总产量在1万t以下，到2000年全球人工栽培食用菌的总产量约920万t，中国2000年的产量达600万t，占全球总产量的65%，产值仅次于粮、棉、油、果、菜，居第6位，超过了茶叶、糖、蚕桑等经济作物，成为我国农业经济中的重要产业。

在技术方面，更是突飞猛进。19世纪末，法国巴斯德微生物研究所采用孢子分离获得双孢蘑菇纯菌种的技术，为食用菌栽培产业插上了腾飞的翅膀。以双孢蘑菇为例，1905年Duggar发明并公布了双孢蘑菇的菌种纯培养方法，1932年，Sinden发明了谷粒种的菌种制作技术，同期标准化的双孢蘑菇菇房在美国诞生。纯菌种、谷粒种、标准化菇房三大技术集合大大地促进了欧美食用菌栽培产业的发展。1960年以后，新品种、机械化的使用，特别是1980年以后电子计算机控制的现代新标准菇房、二次发酵、三次发酵、栽培过程分工合作等技术方法以及现代生物学研究成果的基础上，工业自动化和电子信息技术的应用和不断优化，使双孢蘑菇生产环境控制水平进入电子计算机控制水平，其单产和品质不断提升，使双孢蘑菇栽培产业进入机械化、工厂化、自动化、电子信息化的产业新高度，成为食用菌产业技术的领头羊。

在日本，1911年，森本彦三郎成功地用组织分离法获得香菇纯菌种，极大地推动了日本香菇段木栽培技术的发展。在20世纪50—70年代，日本成为世界香菇栽培技术的带头国家，其技术辐射到韩国及东南亚，并回传到中国。20世纪70年代，日本成功研发出木腐菌（金针菇）的工厂化瓶栽技术，并投入大规模生产，随后，真姬菇、海鲜菇、杏鲍菇、灰树花等食用菌工厂化栽培技术也取得重大突破，丰富了工厂化栽培的食用菌种类，并在工厂化品种选育、生产机械化自动化、菌种生产工艺、菇房设施设备及生态环境控制等方面进行了一系列的研究，形成了整套工厂化生产技术规范，为世界食用菌产业发展做出了重大贡献，特别是对中国和韩国当代食用菌产业发展产生了重要影响。

在中国，1949年以前，多年一直沿用自然接种法进行香菇、木耳、银耳、草菇等食用菌的栽培。新中国成立后，中国食用菌栽培产业得到了发展，20世纪60年代，我国菌种制备技术基本成熟，70年代开始广泛推广人工接种技术，使食用菌产业规模不断扩大，也促进了驯化工作和可栽培种类的增加，栽培基质材料的创新成果不断出现，农作物秸秆开始被使用到食用菌栽培中，到1978年，我国食用菌的总产量已达到5.8万t。

1978年底，中国的改革开放，使全国各行各业进入了快速发展的车道，食用菌栽培产业搭上了发展的快车，开始缔造震撼世界的“中国食用菌发展奇迹”。到1986年，我国食用菌总产量从1978年的5.8万t增长到58.5万t，是1978年的10倍，占1986年世界总产量218.2万t的26.8%。到1994年，我国总产量达到264.1万t，占世界总产量490.9万t的53.8%。到2000年，我国食用菌总产量是663.8万t，是改革开放前的100倍还多，占世界食用菌总产量的65%。

进入21世纪，更多的野生食用菌种类被驯化栽培。现在，约200种野生食用菌可以试验性栽培，约100种人工栽培成功，其中70多种实现商业化栽培，约30种实现了大规模的商业化栽培。2017年，全球食用菌总产量约4 950万t，产值约420亿美元。

表1-4是食用菌主要栽培种类及首次栽培记录，可以看出绝大多数现在栽培的食用菌种类都是我国最早驯化栽培的，我国为世界食用菌栽培产业无偿提供了许多原创性的技术成果，促进了食用菌栽培产业的发展。

表1-4 世界可人工栽培食用菌种类的首次栽培记录

拉丁名 Latin name	中文名 Chinese name	首次栽培记载时间 First cultivated time	栽培发源地 Origin
Ganoderma spp.	灵芝属4种	27—97	中国
Auricularia heimuer	黑木耳	581—600	中国
Flammulina velutipes	金针菇	800	中国
Wolfiporia cocos	茯苓	1232	中国
Lentinula edodes	香菇	1000	中国
Agaricus bisporus	双孢蘑菇	1600	法国
Volvariella volvacea	草菇	1700	中国
Tremella fuciformis	银耳	1800	中国
Pleurotus ostreatus	糙皮侧耳	1900	美国
Agrocybe cylindracea	柱状田头菇（茶树菇）	1950	
Pleurotus eryngii var. *ferulae*	阿魏侧耳（阿魏菇）	1958	法国
Pleurotus eryngii	刺芹侧耳（杏鲍菇）	1958	法国

续表 1-4

拉丁名 Latin name	中文名 Chinese name	首次栽培记载时间 First cultivated time	栽培发源地 Origin
Pholiota microspora	小孢鳞伞（滑子蘑）	1958	日本
Hericium erinaceus	猴头菇	1960	中国
Agaricus bitorquis	大肥蘑菇（大肥菇）	1968	荷兰
Pleurotus cystidiosus	泡囊侧耳（鲍鱼菇）	1969	中国
Agaricus blazei	巴氏蘑菇	1970	日本
Hypsizygus marmoreus	斑玉蕈	1973	日本
Pleurotus pulmonarius	肺形侧耳	1974	印度
Auricularia cornea	毛木耳	1975	中国
Coprinus comatus	毛头鬼伞（鸡腿菇）	1978	欧洲
Macrolepiota procera	高大环柄菇	1979	印度
Clitocybe maxima	大杯伞	1980	中国
Pleurotus citrinopileatus	金顶侧耳（榆黄蘑）	1981	中国
Dictyophora spp.	竹荪 3 种	1982	中国
Hohenbuehelia serotina	晚季亚侧耳（元蘑）	1982	中国
Oudemansiella radicata	长根小奥德蘑（长根菇）	1982	中国
Grifola frondosa	灰树花	1983	中国
Armillaria mellea	蜜环菌	1983	中国
Sparassis crispa	绣球菌	1985	中国
Morchella spp.	羊肚菌	1986	美国
Pleurotus eryngii var. *tuoliensis*	白灵侧耳（白灵菇）	1987	中国
Cordyceps militaris	蛹虫草	1987	中国
Gloeostereum incarnatum	榆耳	1988	中国
Polyporus umbellatus	猪苓多孔菌（猪苓）	1989	中国
Leucocalocybe mongolicum	蒙古白丽蘑	1990	中国
Phellinus baumii	鲍姆木层孔菌		韩国
Volvariella bombycina	银丝草菇		中国
Lentinus tuber-regium	菌核韧伞（巨核侧耳）		
Pleurotus djamor	淡红侧耳		印度
Tricholoma giganteum	巨大口蘑（洛巴伊口蘑）	1999	中国
Pholiota adiposa	多脂鳞伞（黄伞）	2001	中国
Tremella aurantialba	黄白银耳（金耳）	1986	中国
Tremella sanguinea	血红银耳（血耳）	1866	中国
Tremella foliacea	茶色银耳（茶耳）		中国
Fistulina subhepatica	亚牛排菌（牛舌菌）		
Schizophyllum commune	裂褶菌	1993	中国
Phlebopus portentosus	暗褐网柄牛肝菌	2011	中国
Morchella conica	尖顶羊肚菌	2006	中国

引自：张金霞等，《菌物学报》.2015，34（4）：526.（略有修改）

2017 年中国食用菌产量达 3 712 万 t，占世界总产量的 75%，产值约 2 721 亿元人民币。食用菌栽培在中国农业经济中占有重要位置，是除粮、蔬、果、油之后的第五大农业产业，超过棉花、茶叶和糖类。

从各省食用菌产量分布看，总产量在 100 万 t 以上的有：河南（519.1 万 t）、福建（408.71 万 t）、山东（392.99 万 t）、黑龙江（324.35 万 t）、河北（291.89 万 t）、吉林（230.12 万 t）、江苏（220.15 万 t）、四川（205.56 万 t）、陕西（121.42 万 t）、江西（121.18 万 t）、湖北（115.8 万 t）、辽宁（107.70 万 t）12 个省。产量 50 万 t 以上 100 万 t 以下的有：广西、湖南、浙江、广东、云南、安徽、内蒙古、贵州 8 个省（自治区）。

按种类统计，产量前 7 位的种类依次是：香菇（986.51 万 t）、黑木耳（751.85 万 t）、平菇（546.39 万 t）、双孢蘑菇（289.52 万 t）、金针菇（247.92 万 t）、毛木耳（168.64 万 t）和杏鲍菇（159.71 万 t），其总产量占全国食用菌总产量的 84.86%，是我国食用菌产品的主要品种。2017 年产量在 20 万～90 万 t 的食用菌品种是茶薪菇、银耳、真姬菇、秀珍菇、草菇、滑菇 6 个品种。

2016 年，全国有食用菌工厂 600 多家，日产量达到 7 000 多 t，占全球食用菌工厂化总产量的 43%。这些工厂的主要技术和品种除双孢蘑菇来自欧美外，基本上都来自日本或韩国。

近两年具有完全自主知识产权的食用菌工厂化栽培新种类开始出现，如绣球菇、暗褐网柄牛肝菌、裂褶菌、金耳等。

以上可以看出，中国已成为世界食用菌栽培产业的超级航母。中国食用菌出口到世界各国，是中国农业产业中最具有国际市场竞争力的行业。

1.4　食用菌栽培学的性质和任务

1.4.1　食用菌栽培学的性质和地位

中国是世界食用菌栽培产业的“航空母舰”，栽培种类多、规模大、总产量高、技术多样、从业人员多，这就需要大量的食用菌专业人才为产业可持续发展保驾护航。食用菌栽培学就是一门培养食用菌栽培产业人才的主要学科。

食用菌栽培学是一门应用技术学科，是我国高等农（林）业（职）院校中农学、园艺、林学、植保、生物、应用真菌（食用菌）等专业方向的一门重要专业课，是这些专业的本科生或专科生了解食用菌栽培技术或将来从事食用菌栽培工作打下基础的一门重要课程。

1.4.2　食用菌栽培学的研究对象及任务

食用菌栽培学主要侧重于食用菌栽培技术，它的主要研究对象是可以人工栽培的食用菌。主要任务是研究食用菌的生长发育等生命活动规律、食用菌对培养基和环境的需求，开发食用菌栽培工艺和栽培管理技术体系，以达到生产更多更优质的食用菌产品，满足人类生活的需要。

食用菌栽培学的主要内容以传授食用菌遗传育种知识、食用菌菌种生产管理技术为基础，介绍工厂化栽培、设施设备下的栽培和自然生态条件下的栽培模式，讲解常见的已产业化栽培的食用菌的栽培工艺流程和栽培关键技术、国家相关标准和规范，以及食用菌栽培厂（场）的设计及主要设备等广泛知识，为学生全面了解并掌握现代食用菌栽培产业的设备、栽培管理技术及标准规范提供全面详细可用的知识和信息，培养学生的栽培实操能力，以及分析问题和解决问题的能力。

1.4.3 食用菌栽培学教学基本要求

食用菌栽培学要求学生了解当前世界食用菌栽培产业的概况及发展前景，掌握主要栽培食用菌的生物学特性、栽培学的基本理论、栽培工艺流程、生产管理技术原理，学会解决生产过程中常见问题的能力。

实践技能方面要求学生学会食用菌菌种分离、制作技术，掌握主要食用菌的现代栽培管理技术、常见设施设备的使用技术以及病虫害的防治技术。

食用菌栽培学是一门应用性较强的课程，需要学生掌握食用菌生物学、微生物学、生理学、生态学、生物化学、遗传学、育种学、机械自动化、电子控制、环境控制等相关学科的基础知识，掌握主要栽培食用菌生产工艺和技术，能够独立分析食用菌栽培过程中出现的疑难问题，基本具备开展食用菌栽培生产的能力。

此课程就是为了培养食用菌栽培产业急需的专业人才。理论和实践教学使学生基本掌握现代食用菌栽培技术，拓宽学生的知识面，使学生毕业后能够从事与食用菌栽培相关的工作，并一专多能，为繁荣我国食用菌栽培产业做出贡献。

参 考 文 献

[1] 常明昌. 食用菌栽培学，北京：中国农业出版社，2003.

[2] Change S T，Miles P G. Mushrooms：Cultivation，Nutritional value，Medicinal effect and Environment impact. 2nd ed. New York：CRC Press，2004.

[3] 李玉. 中国食用菌产业的发展态势，药食用菌，2011，19（1）：1-5.

[4] 罗信昌. 陈士瑜. 中国菇业大典，北京：清华大学出版社，2010.

[5] 吕作舟. 食用菌栽培学，北京：高等教育出版社，2006.

[6] 裘维蕃. 中国食用菌及其栽培，北京：中华书局，1952.

[7] 杨新美. 食用菌栽培学. 北京：中国农业出版社，1996.

[8] Alexopoulos C J，Mims C W，Blackwell. 菌物学概论，姚一建，李玉，译. 北京：中国农业出版社，2002.

[9] 张金霞，陈强，黄晨阳，等. 食用菌产业发展历史、现状与趋势. 菌物学报，2015，34（4）：524-540.

思　考　题

1. 名词术语：食用菌、木腐食用菌、草腐食用菌、食用菌栽培学。
2. 食用菌的主要营养特点是什么？
3. 食用菌栽培学的主要研究内容和任务是什么？

知识扩展：扫描下列二维码可阅读。

第 1 章二维码资料：中国食用菌栽培产业——世界级航母

第2章 食用菌育种

2.1 食用菌遗传学

食用菌遗传学是研究食用菌遗传与变异的现象、规律和内在机理的一门学科，它是食用菌学中的一个重要分支学科。主要研究内容包括食用菌遗传和变异的规律及分子机制、食用菌的生活史、食用菌的交配类型和繁殖模式、有性生殖中基因的遗传分析、细胞质遗传、杂种优势的原理及应用等。

遗传和变异是生物的基本属性之一。生物体通过各种繁殖方式将性状传递给下一代，使上下代之间在性状上保持稳定，这种现象叫遗传。正是有了遗传才能保持生物性状和物种的稳定性，使各种生物在自然界稳定地延续下来，使我们种平菇得平菇，种木耳得木耳。但生物体的亲本和子代之间、同一后代个体之间在外界环境和内部因素的影响下，生物的形状、大小、色泽、抗病性等方面存在着不同程度的差异，这种现象称为变异。变异可分为两种：一种是由环境条件如营养、光线、搔菌、栽培管理措施等因素引起的变异，这些变异只发生在当代，并不遗传给后代，当引起变异的条件不存在时，这种变异就随之消失。因此把这类由环境条件的差异而产生的变异称为不可遗传的变异。例如，营养不足时，子实体细小；光线不足时，色泽变浅；二氧化碳浓度太高，会产生各种畸形菇等。由于这种变异不可遗传，所以在食用菌育种中意义不大，但掌握这些变异产生的条件，在食用菌栽培中，对提高食用菌的产量和品质却有着积极的意义。另一种变异是由于遗传物质基础的改变而产生的变异，可以通过繁殖传给后代，称为可遗传的变异。食用菌中，可遗传的变异来源包括以下几个方面：基因的重组、基因突变和染色体结构及数量改变。

遗传的稳定性是相对的，而遗传的变异性是绝对的，两者是矛盾的统一体，有遗传的稳定性，才能使生物的优良性状保持下来，有遗传的变异性，才能为培育新品种提供机会和条件。

2.2 食用菌的交配类型与生活史

担子菌纲中食用菌的有性生殖根据同一担孢子萌发生长的初生菌丝能否自行交配这一

特征，可将其交配类型分为同宗结合和异宗结合两大类。

2.2.1 同宗结合

同宗结合是一种“雌雄”同体、自身可孕的有性繁殖方式。同宗结合的食用菌，不需要两个不同来源菌丝的交配，由同一担孢子萌发生成的初生菌丝自行交配，即可完成有性生殖过程。在已研究的担子菌中，大约只有10%属于同宗结合。同宗结合的食用菌的交配类型又可分为初级同宗结合和次级同宗结合两种类型。

（1）初级同宗结合　担孢子内只含有1个经减数分裂产生的细胞核，这种担孢子萌发后产生的单核菌丝能双核化并完成有性生殖，如草菇就属于这一类型。

（2）次级同宗结合　每个担孢子内含有2个不同交配型的细胞核，单个孢子萌发后形成的菌丝可自行完成有性生殖。常见的食用菌中，双孢蘑菇是次级同宗配合菌的代表。

2.2.2 异宗结合

同一担孢子萌发生成的初生菌丝，带有一个不亲和的细胞核，不能自行交配，只有两个不同交配型的担孢子萌发生成的初生菌丝之间的交配，才能完成有性生殖过程。异宗结合是担子菌有性繁殖更为普遍的形式。在已研究的担子菌中，大约有90%属于异宗结合。

根据控制交配型的交配因子是一对还是两对这一特性，又可将异宗结合划分为两种类型，受单因子控制的二极性异宗结合（占25%）和受双因子控制的四极性异宗结合（占75%）。

（1）二极性异宗结合　交配型由一对不亲和性因子（A因子）控制，只有含不同A因子的单核菌丝（A_1和A_2）交配才能完成有性生殖，A_1与A_1、A_2与A_2之间不能进行交配，因此同一菌株产生的A_1和A_2孢子交配的结果是50%可孕。常见的栽培食用菌中，属于二极性异宗结合的有滑菇、木耳等（表2-1）。

表2-1　单因子异宗配合菌同一菌株担孢子间的交配反应

担孢子基因型	A_1	A_2
A_1	－	＋
A_2	＋	－

注：“＋”表示亲和；“－”表示不亲和。

（2）四极性异宗结合　交配型由两对性因子（A因子和B因子）所控制，A和B是非连锁的等位基因，即交配因子A和B在减数分裂时独立分离和自由组合，使每个担子上都产生4种不同交配型的担孢子，即A_1B_1、A_1B_2、A_2B_1、A_2B_2，只有A、B两个因子均不同的单核菌丝（即$A_1A_2B_1B_2$）交配时，才能完成有性生殖（表2-2）。四极性异宗结合在食用菌中占大多数，常见的栽培食用菌中，香菇、平菇、银耳、金针菇等均属于这一类型。

表 2-2　标准型双因子异宗配合菌同一菌株担孢子间的交配反应

担孢子基因型	A_1B_1	A_2B_2	A_1B_2	A_2B_1
A_1B_1	－	＋	F	B
A_2B_2	＋	－	B	F
A_1B_2	F	B	－	＋
A_2B_1	B	F	＋	－

注："＋"表示基因 A 和 B 都不相同的亲和反应，生成具锁状联合的双核菌丝体，可结果实；"－"表示基因 A 和 B 都相同的不亲和反应，什么反应都没有；"F"表示基因 A 相同、B 不相同的反应，产生一些平贴的菌丝，无锁状联合，不结果实；"B"表示基因 A 不相同、B 相同的反应，两菌丝相互排斥，中间有一道称为栅栏的沟，有时产生假锁状联合，不结果实。

2.2.3　食用菌的生活史

生活史是指一种生物在一生所经历的生长、发育和繁殖阶段的全过程。食用菌的生活史通常是指由担孢子或子囊孢子到产生新一代担孢子或子囊孢子所经历的全部过程。为了获得食用菌的优质高产，就必须满足其生活周期各个环节生长发育的条件。

（1）担子菌纲食用菌的典型生活史

绝大部分食用菌都属于担子菌纲真菌，担子菌纲食用菌的典型生活史如图 2-1 所示。

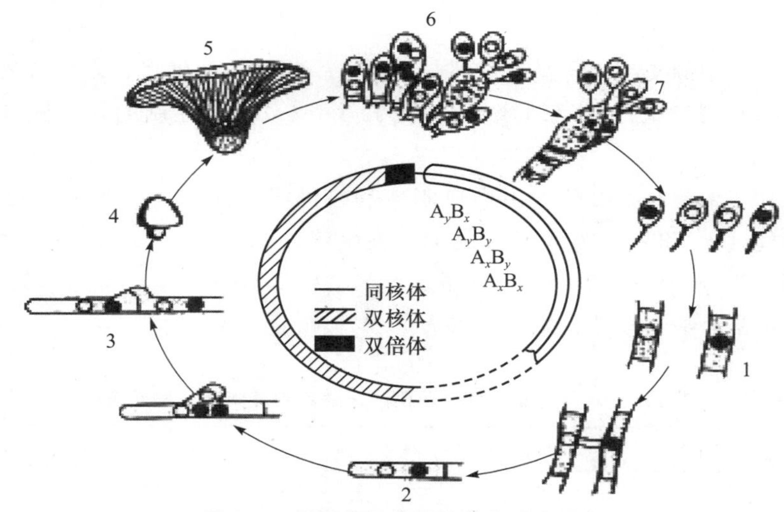

图 2-1　担子菌纲食用菌的典型生活史

1. 由担孢子萌发形成的单核菌丝　2. 由两条可亲和的单核菌丝形成的双核菌丝
3. 双核菌丝细胞分裂生产，并产生锁状联合结构　4. 子实体原基　5. 成熟的子实体
6. 子实体中的担子细胞进行核配和减数分裂　7. 成熟的担子及担孢子

担孢子萌发长出单核菌丝（初生菌丝），生活史开始。两条可亲和的单核菌丝融合（质配），形成异核的双核菌丝（次生菌丝），多数食用菌的双核菌丝体具有锁状联合。双核菌丝体能够独立地无限繁殖，是食用菌栽培上的菌种。有些种的双核菌丝体能产生粉孢子、厚垣孢子等无性孢子。在适宜的环境条件下，双核菌丝发育成结实性菌丝（三生菌丝）并组织化，形成食用菌特有复杂结构的子实体。子实体菌褶表面或菌管内壁的双核菌

丝体的先端细胞发育成棒形的担子细胞，进入有性繁殖阶段。来自两个亲本的一对交配型不同的单倍体细胞核在担子中融合（核配），形成一个双倍体细胞核。双倍体核立即进行减数分裂，使两个不同交配型的细胞核的遗传物质发生分离和重组，形成4个单倍体核。各个单倍体核分别移向担子小梗的顶端，形成担孢子。一般情况下，每个担子形成4个单核的担孢子。至此，一个完整的生活史已经完成。担孢子发育成熟后，子实体打开，弹射出担孢子，待条件适宜就开始新的生活史。

食用菌整个生活史中，有3个不同的核期（核相）：

① 单倍体阶段　从减数分裂开始，经过担孢子，担孢子萌发成单核菌丝，直到单核菌丝进行质配以前的阶段。

② 双核阶段　质配开始形成的新菌丝细胞内含有2个细胞核，双核菌丝体生长、发育形成子实体的整个阶段。

③ 二倍体（核）阶段　子实体中的担子内的双核进行核配形成二倍体单核，到减数分裂之前的短暂阶段。

核相交替时食用菌生活史中单倍体核相和双倍体核相有规律出现循环的现象称为世代交替。世代交替是在食用菌生活史中单倍体的有性世代和双倍体的无性世代交替循环的现象。

（2）常见食用菌的生活史

① 草菇的生活史　草菇属于初级同宗结合的菌类，其生活史见图2-2。

② 双孢蘑菇的生活史　双孢蘑菇属于次级同宗结合的菌类，二极性，单因子控制。见图2-3。

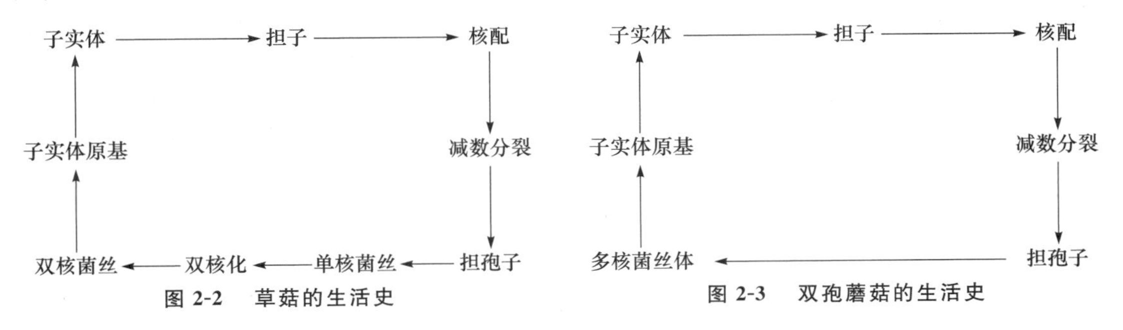

图2-2　草菇的生活史　　图2-3　双孢蘑菇的生活史

③ 木耳、滑菇的生活史　木耳、滑菇属于单因子二极性的异宗结合菌类。见图2-4。

④ 香菇、平菇、金针菇、银耳的生活史　香菇、平菇、金针菇、银耳属于双因子四极性的异宗结合菌类。见图2-5。

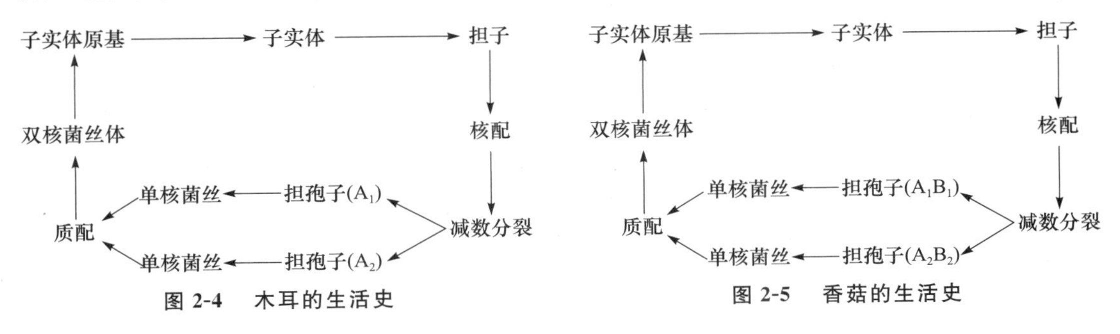

图2-4　木耳的生活史　　图2-5　香菇的生活史

2.3 食用菌的育种技术

食用菌育种是一门研究食用菌优良品种选育理论和方法的学科。食用菌育种的目标一般以高产、优质、抗逆性强、适应性广为主要目标，实际生产中可根据需要适当调节育种目标。

2.3.1 引种

广义的引种泛指从外国或外地区引进食用菌新品种、品系及供育种研究用的各种遗传资源材料，包括菌丝体、子实体或孢子等。狭义的引种指从外国或外地区引进食用菌新品种，通过适应性试验，直接在本地区推广利用。

食用菌引种应遵循以下原则：

(1) *充分了解供种单位情况* 食用菌生产中由于多次引种和各级菌种生产分散，同时生产者的专业理论水平和实践经验相差悬殊，造成菌种之间差异很大，甚至同物异名、同名异物的情况时有发生。因此，为了确保食用菌引种质量，一定要充分、详细地了解供种单位的专业水平和设备水平。

(2) *充分了解品种特性* 不同食用菌品种适宜的环境条件和区域不同，生产特性及适宜的产品形式也有差异。所以引种前应广泛了解和比较，全面、客观了解引进品种的生物学特性、生产性状及栽培技术要点，如子实体品种、培养料配方、出菇周期、适宜温度、抗逆性及抗病虫能力、贮藏性能和产量等。

(3) *循序渐进试种扩大* 任何引进品种均需要经过试种后再决定是否进一步扩大生产。试种期间要仔细观察记录，总结经验后再扩大规模生产。

(4) *引进适当配套品种* 食用菌生产者应根据市场和当地气候特点，选择一个以上品种进行栽培，以提高经济效益。即使栽培同一种食用菌，也要选择出菇温度不同的品种，以适于在不同地区、不同设施条件和不同季节进行栽培。

2.3.2 选择育种技术

选择育种是指人工选择和控制食用菌的生殖，即在食用菌的生殖过程中，人为地促进自然条件下发生的有益变异的积累，经过长期的去劣存优的人为选择作用，不断淘汰不符合人们需求的个体，保留符合人类需要的个体，逐步选择出符合育种目标的新品种。

人工选择育种不能改变个体的基因型，而只是积累和利用自然条件下发生的有益变异，使其向人类需要的方向积累，形成新的品种。选择育种方法简单，应用普遍，是传统的常规方法，也是各种育种方法的基础。

选择育种的步骤如下：

(1) *广泛收集品种资源*　根据选择育种目标，广泛收集国内外生产中应用的品种、有关单位保存的品种以及野生品种。不同菌株采集地点的地理条件应有明显的差别，采集野生标本时，两个采集点之间应尽可能远一些，注意采集不同地形、坡度、坡向的野生标本。

(2) *迅速分离获取菌种*　收集获得的资源尽快采用组织分离、菇木分离、单孢分离或多孢分离等方法获得纯菌种。

(3) *分析研究生物学特性*　收集获得的菌株要进行生物学特性研究，可采用菌株拮抗试验或DNA分子标记方法淘汰一些基因型一致的菌株，保留基因型不一致的菌株，并开展生长温度、生长速度、生长势、pH等生物学特性研究，以确定菌株的取舍。

(4) *品种比较试验*　对经生物学特性选择淘汰留下的菌株进行比较试验。根据实际情况采用适当的栽培方法，如瓶栽、袋栽或段木栽培。品种比较试验要采用生物统计学原理进行设计，并尽可能使影响试验结果的各因素保持一致，详细记载各菌株的产量、菇形、色泽、温型、始菇期、菇潮情况等，客观正确地比较各菌株间的差异和优劣，从而确定优良菌株。

(5) *扩大试验*　品种比较试验后，表现符合预期育种目标的菌株就可以进行更大规模的栽培试验，比较其出菇情况。每个品种一地一次的代料栽培面积不少于50 m^2，段木栽培不少于100根，采取多点重复试验，试验结果要进行统计分析，对品种比较试验结果做进一步的验证，再次进行选择。

(6) *区域示范推广试验*　菌种在生产上大规模推广之前，还要做区域示范推广试验。选择有代表性的试验点（不同地区、不同气候条件等）进行较大面积的栽培试验，以进一步考察和确定拟推广的优良菌株，取得成功后就可用于规模化生产使用。

2.3.3　诱变育种技术

诱变育种是利用物理或化学因子处理食用菌的细胞群体，促使其中少数细胞的遗传物质的分子结构发生改变，从而引起其遗传性变异，然后从变异的细胞群体中筛选出少数具有优良新性状的变异菌株。

(1) *诱变因素*　诱变因素分物理因素和化学因素两大类。

物理因素有紫外线、X射线、γ射线、中子射线、α射线、β射线以及超声波、激光等，其中紫外线、X射线、中子射线等应用较多。紫外线与其他物理诱变因素相比，具有无需特殊设备、成本低廉、对人体的损害作用易于防止、诱变效果好等优点，所以紫外线是最常用的物理诱变因素之一。近年来出现了通过搭载卫星和宇宙飞船，利用超真空、超低重力的作用，进行诱变育种的研究。

化学诱变剂的种类很多，常用的有两大类，一类是烷化剂，常用的有甲基磺酸乙酯（EMS）、亚硝基胍（NTG）、乙基磺酸乙酯（EES）和芥子气等；另一类是碱基类似物，常用的有5-溴尿嘧啶（BU）和2-氨基嘌呤（2-AP），此外还有亚硝酸也是常用诱变剂。

（2）诱变对象　要获得理想的诱变结果，使诱变对象处在适宜状态是必需的条件。

首先，诱变对象最好是单细胞或细胞少的菌丝片段，并呈均匀的悬液状态，这有利于均匀地与诱变剂接触。

其次，诱变的细胞应处在生理活动期，研究证明，稍加萌发的孢子比休眠状态的孢子对诱变剂的敏感性增强数倍，诱变效果较好。

最后，被处理的细胞最好是单核的，因为细胞内有两个核时，两核内的遗传物质对诱变剂的反应可能不同，因而在其后代会出现不纯的菌落。

近年来利用原生质体作为诱变对象获得了许多研究成果，其原因在于原生质体没有细胞壁，细胞核更容易接触诱变剂；原生质体往往具有单个核，易于诱变；原生质体一般都是处在生理活动期。所以食用菌原生质体是近年来诱变育种研究首选的材料。

（3）突变株的筛选　无论是物理诱变还是化学诱变，其变异方向都不是确定的，并且产生显著的“正向”（人们期望的）突变的菌株只占极少数，因此诱变后突变株的筛选是一项耗时费力的工作。依据不同育种目的初筛可以采用形态学、生理学 DNA 标记技术等方法进行，然后进行栽培试验，反复比较各菌落的生产性能，择优留取。在发现具有育种目标的性状突变株后，要经过重复栽培，使其完成多次有性生殖，观察其突变性状的遗传稳定性以及其他综合指标，以决定是否可以推广使用。

（4）诱变步骤　食用菌诱变育种的步骤见图 2-6。

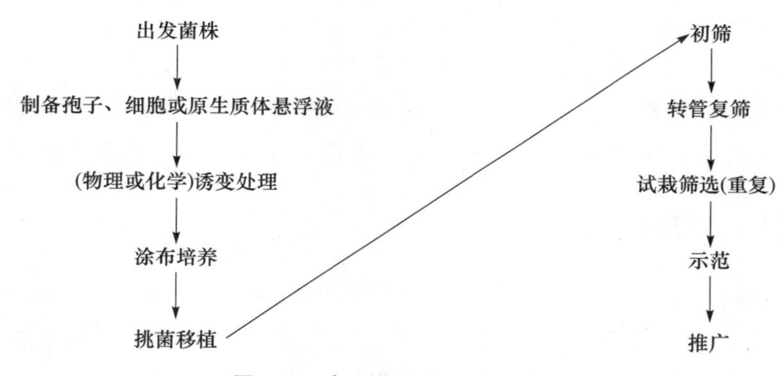

图 2-6　食用菌诱变育种的步骤

2.3.4　杂交育种技术

食用菌能产生有性孢子，并形成有性的单核菌丝，相互亲和的两条单核菌丝就可以相互融合形成杂合的双核菌丝，实现遗传物质的重组过程，从而获得综合了双亲优良性状的杂交新品种。

（1）杂种优势　食用菌通过有性杂交，进行基因的重新组合后，在杂交菌株中可能出现在生长速度、生活力、繁殖力、抗逆性以及产量和品质上的明显改进，这种现象称为杂种优势。

食用菌的杂种优势表现有 3 个方面的特征：

第一，杂种优势的大小，大多取决于双亲性状间的互补性的大小和相互遗传差异的大小。在一定范围内双亲间主要相对性状的互补性越强，相互在生理、生态、遗传间的差异越大，杂交组合后的杂种优势越强，反之就越弱。

第二，好的杂交组合的杂种优势往往许多性状综合表现都突出，而不是某一两个性状单独地表现突出。所以利用杂交育种技术可以获得比较优良的新品种，是现代食用菌育种技术中使用比较广泛的技术。

第三，杂种优势的大小与环境条件有密切的关系，生物性状的表现是基因和环境综合作用的结果，不同的环境条件对杂种优势的表现强度有一定的影响，一般来讲，杂种比其亲本具有更强的适应能力。

食用菌的杂交种在生产上使用比其他有性繁殖的作物具有另一个优势，这就是由于有性繁殖种子的作物从杂交第二代起，其性状会发生分离，使杂种优势减退或丧失，因此只有每年配制杂种供生产使用，如水稻等；而食用菌的生产菌种是用杂交菌株的杂合双核菌丝进行营养繁殖供生产使用，所以只要通过杂交培育出杂种优势明显的杂合双核菌丝，就可以用菌丝体营养繁殖的方法将杂种的优势固定下来，投入生产，省去了繁杂的配种工序。所以食用菌杂交种一旦育成，就可广泛使用。

（2）杂交育种的基本原则　正确选择亲本是杂交育种成功的关键，选择亲本的一般原则首先是双亲本都具有突出的优点，且两者的优点还能互补，如以培育高产菌株为目标时，一个亲本选单菇较重的，一个亲本选菇数较多的；其次亲本之间要有较大的遗传差异，不同生态型、不同地理来源和不同亲缘关系的品种由于相互间遗传基础差异大，杂交后代分离的范围比较广，易于选出性状超越双亲和适应性更强的新品种；最后杂交亲本应具有较好的配合力，配合力是指某一亲本与其他品种杂交时适宜的配合能力。选择亲本时，除注意亲本的优良性状和种性差异外，还要注意选配合力好的亲本。

食用菌的杂交育种主要有两种方式，即单核菌丝与单核菌丝交配（单×单）和单核菌丝与双核菌丝交配（单×双）。

异宗结合的食用菌，由于自交不孕或不能形成正常的子实体，亲本的性别本身即可作为标记。一般来说，只要杂交的两个亲本确实是单孢分离物，那么杂交后凡出现双核菌丝的组合，并能正常结实的，就证明两亲本是能杂交的。同宗结合的食用菌由于其自交可孕，所以不能靠是否产生双核菌丝以及能否正常结实等方法来判别杂种的真实性，这就增加了选择杂交子的难度，一般需要对亲本加以特殊的标记，常用的遗传标记为营养缺陷型和抗药性。

（3）杂交育种的一般步骤　食用菌杂交育种一般可按下列步骤进行。见图2-7。

（4）食用菌杂交育种的方法

① 单核菌株的获取　准确无误地分离单核菌株，是食用菌杂交育种取得成功的基本前提之一。获取单核菌株的途径有两条：一条是通过单孢分离，形成单个担孢子萌发形成的单核菌丝体；另一条是用双核菌丝进行原生质体单核化，通过制作原生质体，从原生质体中挑选出单核原生质体，让其再生形成单核菌丝体。

单孢分离的方法很多，常见的有玻片稀释分离法、平板稀释分离法、显微操作分离法。其中平板稀释分离法因方法简单且易得到大量单孢菌落而得到广泛应用。

用担孢子制作成不同稀释度的担孢子悬液，分别取少量孢子液均匀地涂在培养皿的 CYM 培养基表面，25 ℃培养，当观察到有极小的菌丝形成时，在解剖镜或低倍显微镜下，将由单个孢子萌发形成的菌落转到新的培养基上就可得到单核菌丝体。

原生质体再生获取单核菌丝体是利用双核菌丝在制作原生质体时，往往易形成单核的原生质体球，选择单核原生质体让其再生，或从大量的原生质体的再生菌株中筛选，都可以得到单核菌丝体。

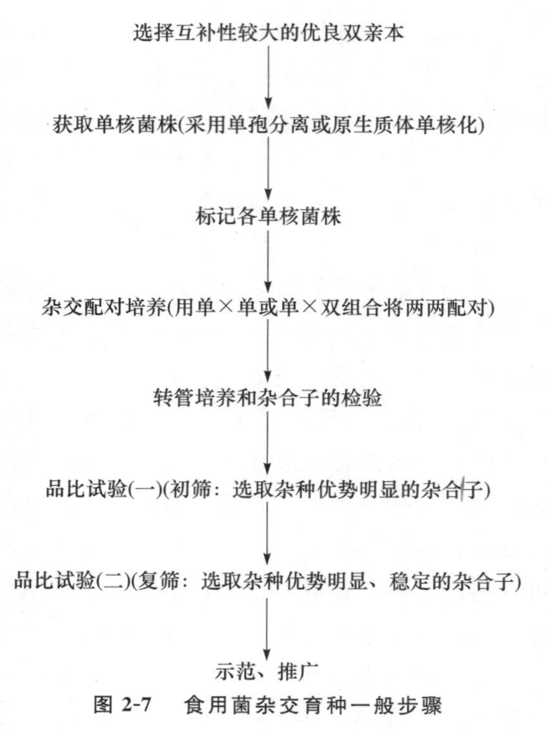

图 2-7　食用菌杂交育种一般步骤

② 单核菌株的标记　为了方便快速地在配对杂交后检出杂合子，有必要对配对杂交的两个单核亲本菌株进行标记，杂交后才能快速地区分是否为杂交形成的新的杂合菌丝体。常用的标记有形态标记，如部分食用菌的单核菌丝无锁状联合，而相互亲和的单核菌丝配对后形成双核菌丝就会产生锁状联合，那么如果在确认了是由无锁状联合的亲本配对的培养基上长出了具锁状联合的菌丝，就可初步认为该菌丝体就是杂交形成的杂合菌丝体。营养缺陷型标记是利用营养缺陷型单核菌丝体不能在特定培养基上生长的特性进行标记的，如果两种不同营养缺陷型的单核菌丝经杂交组合后，可以相互互补，形成野生型的菌丝体，经过特殊培养基的筛选就可判断是否有杂交成功的杂合子形成。同工酶标记是利用单核菌丝的特定酶的同工酶谱作为标记，待杂交配对后，检验是否有具有两个单核菌丝同工酶谱的组合酶谱的新菌丝体，如果发现，就可初步认为该菌丝体就是杂交形成的杂合菌丝体。DNA 分子标记是目前应用最广泛的杂交标记和检验手段，其判别原理近似于同工酶标记，即比较杂交前后是否形成具有配对两个单核菌丝的 DNA 分子标记的共同特征标记。DNA 分子标记有多种，被广泛应用于杂交育种研究，李荣春等采用 RAPD 标记技术成功培育出了新的野蘑菇杂交品种。

③ 杂交配对

单×单杂交：用两个单核菌丝进行杂交配对组合的杂交称单×单杂交。配对杂交可在试管和培养皿中进行，但培养皿较方便。在每个培养皿的琼脂培养基上接入两个杂交亲本的单核菌丝各 1 块，两者相距 1.5～2 cm，在适宜的温度下培养，当两个单核菌丝接触后，在交接处挑出菌丝进行转培养。

单×双杂交：单×双杂交是以布勒现象的原理所设计的一种食用菌杂交育种方式。1931

年加拿大著名真菌学家 A. H. Buller 发现当单核菌丝与双核菌丝配对培养时，单核菌丝体可被双核菌丝体双核化，使单核菌丝形成双核的可产生锁状联合的菌丝体，这一现象被后人命名为"布勒现象"，或单×双交配。单×双杂交时，在培养皿中分别接入单核菌丝体 1 小块和双核菌丝体 1 小块，两者相距 1～1.5 cm，在适宜条件下培养，当单、双核的菌落生长刚相接时，挑取远离双核菌落一侧的单核菌落边沿上的菌丝进行转培养。

④ 杂合子的检验　对转培养的菌落利用前述的单核菌丝标记技术进行检验，检查是否属于真正的杂合子。现在认为利用 DNA 分子标记检验是比较可靠方便的早期诊断杂合子的方法。通过此步检验，可以省去许多后期筛选工作。

⑤ 品比试验、示范推广　用检验出的大量的杂交形成的新杂合子与亲本、其他品种一起进行品比试验研究，筛选出具有明显杂交优势的新菌株进行示范和推广。

食用菌杂交育种的技术路线见图 2-8。

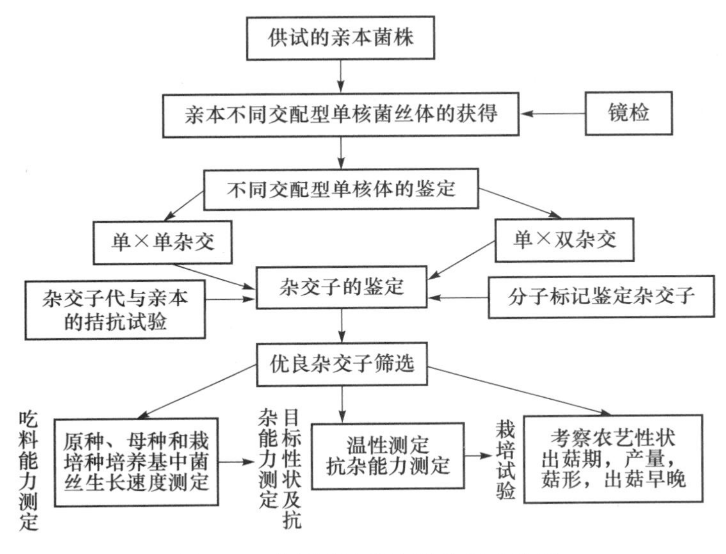

图 2-8　食用菌杂交育种的技术路线

2.3.5　原生质体融合育种技术

原生质体融合育种指通过具有不同遗传类型的菌丝去壁后形成原生质体，这些原生质体在融合剂或电场的作用下进行融合，最终达到部分或全基因组的交换与重组，形成具有新的基因组合的新品种或类型的过程。原生质体融合育种技术实质上是一种不通过有性生殖而达到遗传重组或杂交的育种手段。

食用菌原生质体融合育种技术比传统的杂交育种具有明显的优势。食用菌由于不亲和性因子和细胞壁的存在，使得传统杂交育种时，种外的远缘杂交非常困难，去壁后的原生质体可以跨越这个障碍，实现种间、属间的远缘杂交。

原生质体融合育种可分为五大步骤：直接亲本及其遗传标记的选择、双亲本原生质体制备和再生、亲本原生质体诱导融合、融合重组体分离、遗传标记分析和测定。

2.4 食用菌育种中的分子生物学

2.4.1 分子标记技术

分子标记技术是20世纪80年代发展起来的一类遗传标记技术，广义的分子标记（DNA molecularmarker）是指可遗传的并可检测的DNA序列或蛋白质。目前被广泛认同的是狭义的分子标记概念，主要是指DNA序列标记，是以生物个体间DNA序列变异为基础的遗传标记，是DNA水平变异的直接反映。与其他几种遗传标记相比，分子标记具有很多优越性，如大多数分子标记是共显性遗传，对隐性的农艺性状的选择十分便利；在生物发育的不同阶段，DNA都可用于标记分析等。随着分子生物学的发展，越来越多的DNA分子标记技术不断涌现并应用于食用菌遗传育种、菌种和菌株鉴定、遗传多样性分析、遗传图谱绘制、基因定位等研究中。

（1）限制性片段长度多态性技术　限制性片段长度多态性（restriction fragment length polymorphism，RFLP）技术是一种以DNA-DNA杂交为基础的第一代遗传标记。RFLP基本原理：利用特定的限制性内切酶识别并切割不同生物个体的基因组DNA，得到大小不等的DNA片段，所产生的DNA数目和各个片段的长度反映了DNA分子上不同酶切位点的分布情况。通过凝胶电泳分析这些片段，就形成不同带，然后与克隆DNA探针进行Southern杂交和放射显影，即获得反映个体特异性的RFLP图谱。它所代表的是基因组DNA在限制性内切酶消化后产生片段在长度上差异。由于不同个体的等位基因之间碱基的替换、重排、缺失等变化导致限制性内切酶识别和酶切发生改变从而造成基因型间限制性片段长度的差异。

自RFLP问世以来，已经成功应用于基因定位及分型、遗传连锁图谱的构建、疾病的基因诊断等研究，在食用菌研究中也得到了大量应用。朱坚等在进行36个秀珍菇（*Pleurotus geesteranus*）的遗传多样性分析时，首先采用ITS序列特异性扩增，结果并没有发现36个供试菌株间具有显著的多态性，之后采用RFLP技术将36个秀珍菇的菌株进行分析鉴定，成功将36个菌株分为两类。Urbanelli等应用RFLP技术对杏鲍菇基因型进行鉴定，结果表明RFLP检测菌株间的多态性有足够的灵敏度，证明该技术在食用菌DNA指纹分析中是一种有效可靠的方法。

RFLP技术虽然已经得到大量应用，但是该方法也存在一些缺陷，主要是克隆可表现基因组DNA多态性的探针的获得较为困难；而且，由于该方法是基于基因组DNA的酶切进行分析，所以需要提取大量的基因组DNA，从而造成实验操作较烦琐，检测周期长，同时所需限制性内切酶等试剂的成本费用也比较高；另外，RFLP的多态性信息在部分物种中不明显。

（2）RAPD技术　RAPD技术是建立在PCR基础之上的一种可对整个未知序列的基因组进行多态性分析的分子技术，其主要原理是：对于不同模板DNA，用同一引物扩增既可能得到相同的带谱（模板基因组间可能具有同源性），也可能得到不同的带谱。仅在某一特定模板中出现的条带就可作为该模板的分子标记。事实上，不同基因组DNA总是有一定差异的，所以用RAPD就可以进行分子标记研究。理论上讲，在一定的扩增条件下，扩增的条带数取决于基因组的复杂性。对特定的引物，复杂性越高的基因组所产生的扩增条带数也越多。

90年代前期RAPD技术得到广泛的应用，几乎所有的作物都有这方面的研究报告。近年来，该技术在食用菌的品种鉴定、系谱分析及进化关系的研究等方面也得到了广泛应用。朱朝辉等利用我国使用的19个主要香菇栽培菌种制备了25种原生质体单核体，并以此为材料，运用RAPD技术在分子水平上验证了交配型分析的结果，为交配型基因在菌种鉴定中的作用提供了依据。曾东方等对松口蘑菌丝体进行分离并运用RAPD技术进行DNA亲缘关系鉴定，他们分别从松口蘑子实体的菌盖、菌柄和纯培养菌丝体，及从松口蘑子实体组织上分离得到的菌落作RAPD分析，结果发现RAPD图谱不但能够反映不同松口蘑个体的DNA多态性，同时能够揭示相同个体的RAPD图谱特异性。

（3）*SCAR技术*　SCAR标记是在RAPD技术基础上发展起来的。SCAR标记是将目标RAPD片段进行克隆并对其末端测序，根据RAPD片段两端序列设计特异引物，对基因DNA片段再进行PCR特异扩增，把与原RAPD片段相对应的单一位点鉴别出来。SCAR标记是共显性遗传，待检DNA间的差异可直接通过有无扩增产物来显示。SCAR标记方便、快捷、可靠，可以快速检测大量个体，结果稳定性好，重现性高。

宋春艳等在RAPD扩增的基础上，获得了一个香菇135菌株的SCAR标记。为了验证这一标记的准确性，在163个香菇菌株上进行了SCAR扩增，鉴定出9个都含有135 SCAR标记的菌株。通过进一步对包括Q135和F135在内的11个135系列菌株进行了拮抗实验和AFLP分析，结果显示，这一系列菌株间有着很高的相似性，均都来源于福建三明真菌所的135菌株。因此，利用RAPD-SCAR技术获得的135 SCAR标记用于菌株鉴定是可行和可靠的。

吴学谦等也采用了对RAPD片段进行SCAR标记的方法，建立了两个片段分别为1 166 bp和347 bp的SCAR标记XG116和SX347，并且利用这两个SCAR标记，能在一天时间内准确鉴定出香菇菌株162或申香10号菌株的真伪。

另外，该方法也可以通过ISSR等片段实现。Qin等在进行香菇中菌株差异分析的过程中，首次获得了基于ISSR片段的SCAR标记，其中ISL450F/R7（扩增片段450 bp）能够从85个供试菌株中扩增出唯一片段，从而确定7号菌株，为食用菌菌株鉴定提供了快速的诊断方法。

由此可见，SCAR分子标记是一种快速、稳定、准确鉴定食用菌菌株的方法，可应用于食用菌种质资源保护利用、品种分类与鉴定和假种辨别。

（4）*序列相关扩增多态性技术*　序列相关扩增多态性（sequence-related amplified polymorphism，SRAP）是一种基于PCR的标记技术。它针对基因外显子里GC含量丰富，而启动子和内含子里AT含量丰富的特点来设计引物进行扩增，因不同个体的内含子、启动子与间隔区长度不等而产生多态性。SRAP标记具有简便、中等产量、高共显性、重复性、易于分离条带及测序等优点，在基因组中分布均匀，适合基因定位、基因克隆、遗传图谱构建等生物学研究。在SRAP分子标记中，PCR扩增引物的设计是关键，它利用独特的引物设计对开放阅读框进行扩增，因个体不同以及物种的内含子、启动子与间隔长度不等而产生多态性扩增产物。

许峰等应用SRAP技术对22个金针菇（*Flammulina velutipes*）菌株进行了遗传多样性分析。结果表明，有9对引物可扩增出189条清晰、稳定的DNA条带；进而通过聚类分析将供试菌株分为5大类，揭示了北京地区金针菇菌株的遗传多样性。

Yin等采用了RAPD、ISSR、SRAP方法对15株不同来源的*Pleurotus pulmonarius*进行扩增多态性比较，分别获得361个、283个、131个片段，其中分别获得287(79.5%)、211(74.6%)、98(74.8%)个多态性片段，进一步采用Unweighted Pair-Group Method with Arithmetic Mean（UPGMA）的方法构建系统进化树，发现三种方法的分析结果具有很高的相似性。这些研究表明SRAP技术能够较为准确地进行食用菌菌株的遗传多样性分析，对菌种的知识产权保护具有参考意义。

（5）扩增片段长度多态性技术　扩增片段长度多态性（amplified restriction fragment polymorphism，AFLP）是基于PCR反应的一种选择性扩增限制性片段的方法。由于不同物种的基因组DNA大小不同，基因组DNA经限制性内切酶酶切后，产生分子量大小不同的限制性片段。使用特定的双链接头与酶切DNA片段连接作为扩增反应的模板，用含有选择性碱基的引物对模板DNA进行扩增，选择性碱基的种类、数目和顺序决定了扩增片段的特殊性，只有那些限制性位点侧翼的核苷酸与引物的选择性碱基相匹配的限制性片段才可被扩增。扩增产物经放射性同位素标记、聚丙烯酰胺凝胶电泳分离，然后根据凝胶上DNA指纹的有无来检验多态性。

陈立佼等采用AFLP技术对尖顶羊肚菌子实体进行DNA多态性分析，发现尖顶羊肚菌的单孢和多孢多态性比例为100%，说明其形态上的多态性来源于孢子形成过程中的遗传物质分配和组合，为羊肚菌分子多样性研究提供了重要理论依据。王小艳等采用AFLP技术对30个平菇品种种质资源进行了亲缘关系与多态性分析试验，将30个菌株分为3大类，结果表明AFLP技术能够有效地区分供试菌株，这为侧耳属品种的识别和资源保存提供了分子生物学依据。Pawlik等利用AFLP技术对来自亚洲和欧洲的21个侧耳属（*Pleurotus*）进行品种鉴定，使用PstⅠ限制性内切酶和四对AFLP选择性引物进行检测，产生了371个DNA片段，其中包括308条多态性条带，说明AFLP技术可以用于平菇菌株的分子鉴定。这些研究显示AFLP技术是研究食用菌菌种亲缘关系和多态性分布的常用方法。

（6）简单重复序列技术　简单重复序列（inter-simple sequence repeat，ISSR）是一种微卫星基础上的分子标记。其基本原理是：用锚定的微卫星DNA为引物，即在SSR序列的3′端或5′端加上2～4个随机核苷酸，在PCR反应中，锚定引物可引起特定位点退火，导致与锚定引物互补的间隔不太大的重复序列间DNA片段进行PCR扩增。所扩增的inter SSR区域的多个条带通过聚丙烯酰胺凝胶电泳得以分辨，扩增谱带多为显性表现。

目前，ISSR标记已广泛应用于植物品种鉴定、遗传作图、基因定位、遗传多样性、进化及分子生态学研究中。宫志远等利用16个引物对35个山东主栽的平菇菌株的DNA

进行ISSR-PCR分析，35个菌株分为3个组群，即黑色、灰黑色和白色子实体3个组群。冯伟林等将12个杏鲍菇菌株基因组DNA进行ISSR分析，结果显示这些杏鲍菇菌株遗传相似系数为0.68～1.00，采用平均分类法UPGMA分析表明，在遗传相似系数为0.83处可将这12个杏鲍菇生产性菌株分成3类。

ISSR技术揭示的多态性较高，可获得几倍于RAPD的信息量，精确度几乎可与RFLP相媲美，检测非常方便，因而是一种非常有发展前途的分子标记。

2.4.2 基因工程

基因工程（genetic engineering）又称基因拼接技术和DNA重组技术，是以分子遗传学为理论基础，以分子生物学和微生物学的现代方法为手段，将不同来源的基因按预先设计的蓝图，在体外构建杂种DNA分子，然后导入活细胞，以改变生物原有的遗传特性，获得新品种。基因工程技术为基因的结构和功能的研究提供了有力的手段。

通过利用基因工程技术把外源基因导入受体细胞是现代生物学中的重要手段，同时是现代遗传育种的重要途径之一。而目的基因转化，并整合到受体细胞基因组中是基因工程中的主要环节。经过十多年的研究，研究人员已建立了多种基因转化系统，并且获得了一批有价值的工程植株和工程菌株。

1967年，Hutchinson成功制备出酿酒酵母（*Saccharomyces cerevisiae*）的原生质体，这为外源基因导入真菌细胞奠定了重要基础。Hinnen等在1978年通过应用单倍体酿酒酵母的leu2互补菌株成功实现了酿酒酵母的遗传转化。随后，科研工作者为了提高酵母的转化效率，构建了一系列的质粒并且改进转化方法，这标志着真菌的遗传转化研究进入了一个崭新阶段。自1973年Mishra等首次实现粗糙链孢霉（*Neurospore crassa*）的DNA转化以来，丝状真菌的遗传转化研究得到迅猛发展，已成功实现外源基因转化的丝状真菌大概分为七类：医用真菌（如产黄青霉、顶头孢霉等）、植物病原真菌（如玉米黑粉菌、小麦全蚀菌等）、工业用真菌（如黑曲霉、米曲霉等）、杀虫真菌（如白僵菌、绿僵菌等）、真菌的寄生真菌（如哈氏木霉等）、食用真菌（如裂褶菌、鬼伞等）、菌根真菌（如卷边桩菇、漆蜡蘑等）。而食用菌的遗传转化研究起步较晚，迄今，人们已相继报道了草菇（*Volvariella volvacea*）、糙皮侧耳（*Pleurotus ostreatus*）、香菇（*Lentinula edodes*）、双孢蘑菇、灰盖鬼伞（*Coprinus cinereus*）、灵芝（*Ganoderma lucidum*）等食用菌的遗传转化方法。同时，转化方法也趋于多样化，主要有电激转化法、聚乙二醇（PEG）介导法、限制性酶介导的DNA整合法以及根癌农杆菌介导法（ATMT）等（表2-3），到目前为止已有100余种丝状真菌成功实现遗传转化体系的建立。1986年，Munoz-Rivas等用PEG介导法实现了裂褶菌（*Schizophyllum commune*）色氨酸营养缺陷型突变株的遗传转化，获得正常的裂褶菌菌株。这一研究是有关担子菌转化的首次报道。

（1）PEG法　PEG（Polyethylene glycol）法是以原生质体为受体，把裸露的DNA直接转入原生质体的方法，其主要原理是在聚乙二醇、多聚-*L*-鸟氨酸、磷酸钙及高pH条件下诱导原生质体摄取外源DNA分子。PEG可使细胞膜之间或使DNA与膜形成分子桥，促使相互间的接触和粘连；或是通过引起表面电荷紊乱，干扰细胞间的识别，而有利于细胞间的融合或外源 DNA 的进入。应用 PEG 法对双孢蘑菇、糙皮侧耳、草菇等食用菌的遗传转化已有多例报道。2006 年，Li 等在灵芝中成功引入该方法，每 107 个原生质体每微克质粒 DNA 获得 120～150 个转化子。该方法具有操作简单的主要特点，但 PEG 对原生质体有一定的毒性，存在较高的变异率，同时由于原生质体再生率低引起的转化率较低的现象也较为普遍。该转化系统的转化效率与转化参数存在密切关系，PEG 的分子量和浓度、$CaCl_2$ 的浓度和 pH 都影响转化效率。PEG 转化系统的转化效率还与转化的物种相关，对大型真菌的转化效率较低。

（2）电激法　电激法（electroporation）是利用高压脉冲作用，在原生质体膜上“电激穿孔”（electro-poration），形成可逆的瞬间通道，从而促进原生质体对于外源 DNA 的摄取。自从 1979 年 Zimmerann 发明该法以来，经过多年的研究和改进，已广泛应用于动植物的遗传转化研究。另外，电激法比 PEG 法操作更为简单方便，且所需 DNA 的量少，特别适于瞬间表达的研究。但其具有容易造成原生质体损伤，使之再生率降低的缺点，转化效率与 PEG 法近似，且仪器比较贵。杨树菇、双孢蘑菇、糙皮侧耳、灵芝等食用菌也应用该方法成功获得转化子。2001 年，Sun 等将该方法引入灵芝的分子遗传学研究中。通过应用该方法，转化效率达到每微克质粒 DNA 15 个转化子。近年来，电激法经改良后，可直接在带有细胞壁的组织和细胞上打孔，将外源 DNA 直接导入细胞，这种技术被称为“电注射法”。Mu 等通过采用该方法并进行优化，在灵芝的遗传转化上应用了该方法，并成功获得了表达绿色荧光蛋白的灵芝转化子。

（3）根癌农杆菌介导法（ATMT）　根癌农杆菌（*Agrobacterium tumefaciens*）是一种革兰阴性的土壤杆菌，它侵染双子叶植物的受伤部位并形成冠瘿瘤。在冠瘿瘤的形成过程中，根癌农杆菌只留在植物细胞间隙中，其环状质粒 Ti 上的 T-DNA 在细菌内被加工、剪切、复制后转入植物细胞并随机插入植物的基因组中。该方法首先被用来转化作为其自然寄主的双子叶植物，随后被应用于单子叶植物。

1998 年，de Groot 等首先把农杆菌法应用于真菌的遗传转化，他以真菌的分生孢子和菌丝为受体，成功地把 T-DNA 转入黑曲霉、里氏木霉、粗糙脉孢菌和双孢蘑菇等的受体细胞中。2012 年，Shi 等将该方法成功地应用于灵芝的研究中。通过使用原生质体作为受体，Shi 等成功地将绿色荧光蛋白等基因转入灵芝的受体细胞中。进而，采用该方法先后成功地将灵芝三萜生物合成途径中多个基因进行了过表达研究，为灵芝次级代谢的合成研究提供了重要的理论基础。

（4）限制酶介导的 DNA 整合法　限制酶介导的 DNA 整合法（restriction enzyme-mediated DNA integration，REMI）是 90 年代发展起来的一种能较大幅度提高转化率的方法。Schiestl 等 1991 年第一次在酿酒酵母上成功地使用该方法实现外源基因的遗传转化，次年，Kuspa 等对该方法进行改良，并成功应用于盘基网柄菌（*Dictyostelium discoideum*）。另外，在白假丝酵母（*Candida albicans*）、灰盖鬼伞和香菇等的研究中应用该方法进行外源基因的遗传转化均能有效地提高转化效率。2004 年，Kim 等人在灵芝中成功应用该方法，并获得每微克质粒 DNA 4～17 个转化子的转化效率。相对于前几种转化系统，REMI

增加了单拷贝插入的概率，能够通过质粒拯救和PCR等技术快速分离被标记的目的基因。但REMI也存在一些缺点，如30%～50%转化子不是由DNA转化引起的，这给进一步分离基因带来了困难，造成基因的误译。

（5）基因枪法 基因枪法又称微弹轰击法（microprojectile bombardment）。它的主要原理是将外源DNA包被在微小的金粒或钨粒表面，然后微粒在高气压下被高速射入受体细胞或组织。微粒上的外源DNA也随之被带入细胞并整合到染色体上且得到表达，从而实现了基因的转化。该方法在丝状真菌上已得到成功的应用，而在食用菌领域鲜有报道。

同PEG法、电激法、基因枪法等其他的转化方法相比，ATMT法具有外源基因整合率高，整合后又能够稳定地复制、表达等显著的特点（表2-3）。

表2-3 不同转化方法的比较

评价因素	PEG法	电激法	基因枪法	REMI法	ATMT法
受体材料	原生质体	原生质体	完整细胞	原生质体	完整细胞、原生质体
受体范围	无	无	无	无	有
组织培养条件	复杂	复杂	简单	复杂	简单
转化效率	10^{-5}～10^{-4}	10^{-4}～10^{-3}	10^{-3}～10^{-2}	10^{-5}～10^{-4}	10^{-2}～10^{-1}
操作复杂性	简单	复杂	复杂	简单	简单
设备要求	便宜	昂贵	昂贵	便宜	便宜
工作效率	低	低	高	低	高

2.5 品种品比试验与适应性区试

为了鉴定各地新育成的主要食用菌品种在不同生态条件下的产量、品质、抗性及适宜范围，为全国品种认定提供科学依据，客观评价品种的生产利用价值，国家制定了相关的食用菌品种试验管理办法。由全国农业技术推广服务中心负责组织管理全国食用菌品种区试，并根据食用菌种植布局和产业发展需要，委托有关单位主持（简称“区试主持单位”）实施不同品种的区试工作，安排相关单位承担区试任务。

其中，区试主持单位负责的工作职责为：①贯彻全国农技中心的试验指导意见；②协助全国农技中心或在其授权下起草试验实施方案、制定试验操作规程、组织实地考察；③负责试验资料汇总、总结，并对参试品种提出评价意见；④试验完成后，及时向全国农技中心提供试验报告；⑤处理试验日常工作。

区试承担单位负责的工作职责为：①确保提供有较好的生态、生产代表性，具备完善试验设施和较强技术力量的企事业单位，有专人负责，能保证试验的顺利实施；②必须做到遵守职业操守，对试验资料、材料保密，不扩散和随意利用，以保证试验的科学、严谨、公正；③严格执行试验实施方案和技术操作规程，完成各项任务，提交试验总结。

区试承担单位应选择安排在相应食用菌种类的主产区域，既考虑生态类型和生产方式的代表性，又兼顾行政区划，科学、合理布局。通常由全国食用菌品种认定委员会推荐，全国农技中心核准，且区试承担单位应保持相对稳定，如确需调整，由主持单位按程序提出意见，全国农技中心核准。

2.5.1 试验设置

试验过程中按食用菌种类和品种类型分若干个试验组，根据生产实际和参试品种数量，可以做适当增减试验组。每个试验组在相应区域内设置3个以上区试点。每试验组设1～2个对照品种，对照品种从已认定品种或地方主栽品种中选择。

每组每季参试品种（不含对照）应达到4个以上，选育单位应在2家以上。

参试品种应具备下列条件：

① 具有特异性、稳定性和一致性；

② 经过两个生长季节的栽培或品比试验；

③ 来源清晰，无知识产权纠纷；

④ 具有良好的推广应用价值。

申请参试的品种应提交下列材料：

① 全国食用菌品种认定委员会指定的具有部级鉴定资质单位出具的品种遗传特异性鉴定报告复印件；

② 全国食用菌区试品种申请表；

③ 品种选育报告；

④ 全国食用菌品种认定委员会认为必要的其他材料。

区试申请者应于每年10月31日前将参试品种的相关材料一式两份提交全国农技中心，并报送所在省级食用菌品种管理部门一份备案。经审查符合参加试验条件的品种，须由申请者在规定时间内无偿向全国农技中心指定的单位提供母种，供种质量必须达到规定的菌种标准，供种时应注明品种名称及各项质量指标。过期不提交菌种或提交的菌种数量不足、质量未过标的，视为自动放弃参试权利。

试验菌种由全国农技中心指定单位向区试主持单位提供，再由区试主持单位统一发给各区试承担单位。

2.5.2 试验设计与管理

试验设计统一采用随机区组排列，不少于3次重复，袋栽种类每小区不少于50袋（筒），床栽种类每小区不少于3 m^2，段木栽培种类每小区不少于30根。主要栽培管理措施与当地同类食用菌生产相同。试验有关事项、观察记载项目及标准按年度试验实施方案和技术操作规程执行。试验区内各项管理措施要求及时、一致，同一重复内的同一管理措施必须在同一天内完成。每一轮区试一般进行两个生产周期的区域试验和一个生产周期的生产试验；两个生产周期的区域试验结束后，符合条件的品种进入生产试验。

生产试验在试验品种适宜种植地区布点进行，采用大区对比设计，不设重复；每品种生产试验袋栽种类不少于500袋（筒），床栽种类不少于50 m^2，段木栽培种类不少于200根。

2.5.3　试验总结与品种评价

各试验点根据全国食用菌区试实施方案与技术操作规程，认真完成试验，并在每个生产周期试验完成后作出试验小结，及时向主持单位、全国农技中心提交试验记录表。因自然灾害影响试验正常进行的试点，承试单位应在受灾后15 d内向所在省级食用菌品种管理部门、区试主持单位和全国农技中心提供详细报告。若因自然灾害或人为因素造成试验误差过大或两个以上小区缺区的试验则视为结果无效，数据做报废处理。

主持单位根据各区试点报送的试验资料及时进行整理和汇总总结，提出品种评价及推荐利用初步意见，提交区试年度工作会议审查。年度工作会议由全国农技中心组织召开或委托主持单位组织召开，并根据需要邀请有关专家参加。年度工作会议根据主持单位提交的试验汇总总结，进行审查、讨论，对在区试中符合认定标准的品种，推荐全国食用菌品种认定委员会进行认定。

2.6　品种登记与认定

2.6.1　申请与受理

经过两个生产周期的品种区域试验和一个生产周期的生产试验（区域试验和生产试验可同时进行），并达到认定标准的品种，便可向认定委员会办公室提交申请认定。

认定需以下相关附件材料：

（1）品种选育报告，包括选育方法、世代和特性描述；

（2）区试年度汇总报告；

（3）品种遗传特异性鉴定报告（部级质检资质）复印件；

（4）品种特征描述以及标准图片；

（5）转基因品种还应当提供准许环境释放安全性评价批件，在品种认定前还应提供准许商业化生产的安全评价批件；

（6）无知识产权争议的声明；

（7）认定委员会认为有必要的其他相关材料。

认定委员会办公室对申报材料进行审核，对材料齐全的，提交认定委员会认定；对材料不齐全的，通知申请者在规定时间内补充材料；逾期未答复的视同撤回申请；修正后仍然不符合规定的，驳回申请。

2.6.2 认定与公告

认定委员会对完成食用菌品种区试程序并申报认定的品种进行认定。由认定委员会办公室召集委员召开认定会议，到会的委员人数必须达到总人数 2/3 以上。根据认定标准，对申报品种进行认真审议，采用无记名投票表决，赞成票数超过到会委员人数 1/2 以上的品种，通过认定。认定通过的品种，由认定委员会提出认定意见及推荐栽培区域，公示期一个月；公示期内无异议的品种，统一编号、公告并颁发品种认定证书。

公示期内对拟公告品种有异议的单位或个人，须实名向委员会办公室提交相关书面材料，说明异议理由，由委员会办公室组织有关专家进行调查，并将调查结论提交认定委员会进行审议。对认定未通过的品种由认定委员会办公室在 15 日内通知申请者。申请者如有异议，可在接到通知之日起 30 日内申请复议。认定委员会对复议理由、原申报材料和原认定程序进行复议。复议结果为最终结果。

认定通过的品种，在生产利用过程中如发现有不可克服的缺点，由认定委员会提出不适宜继续使用建议，并对外发布退出公告。

参 考 文 献

[1] 常明昌. 食用菌栽培学 [M]. 北京：中国农业出版社，2003.

[2] 杨新美. 食用菌栽培学 [M]. 北京：中国农业出版社，1996.

[3] 王贺祥. 食用菌栽培学 [M]. 北京：中国农业大学出版社，2008.

[4] 吕作舟. 食用菌栽培学 [M]. 北京：高等教育出版社，2006.

[5] 张金霞. 中国食用菌菌种学北京 [M]：北京：中国农业出版社，2011.

[6] 潘崇环，马立验，韩建明，等. 食用菌栽培新技术图表解 [M]. 北京：中国农业出版社，2010.

[7] 朱坚，刘新瑞，谢宝贵，等. 秀珍菇种质资源的 ITS-RFLP 分析 [M]. 福建农林大学学报（自然科学版），2009，38（2）：186-191.

[8] Schiestl，R，H，Petes T D. Integration of DNA fragments by illegitimate recombination in Saccharomyces cerevisiae [J]. Proc Natl Acad Sci USA，1991，88（17）：7585-7589.

[9] 朱朝辉，陈明杰，谭琦，等. 中国主要香菇栽培菌种交配型基因的遗传分析 [J]. 食用菌学报，2000（3）：2-6.

[10] 曾东方，罗信昌，傅伟杰. 松口蘑菌丝体的分离和 RAPD-PCR 分析 [J]. 微生物学报，2001（3）：278-286.

[11] 宋春艳，谭琦，陈明杰等. 香菇 135 菌株 SCAR 标记的验证 [J]. 食用菌学报，2006（3）：1-7.

[12] Kuspa A，Loomis W F. Tagging developmental genes in Dictyostelium by restriction enzyme-mediated integration of plasmid DNA [J]. Proc Natl Acad Sci USA. 1992. 89（18）：8803-8807.

[13] Brown D H，I V Slobodkin，C A Kumamoto. Stable transformation and regulated expression of an inducible reporter construct in Candida albicans using restriction enzyme-mediated integration [M]. Mol Gen Genet，1996. 251（1）：75-80.

[14] 许峰，刘宇，王守现，等. 北京地区白色金针菇菌株的 SRAP 分析 [J]. 中国农学通报，2010，26（10）：55-59.

[15] Kim S., J Song, H T Choi. Genetic transformation and mutant isolation in Ganoderma lucidum by restriction enzyme-mediated integration [J]. FEMS Microbiol Lett, 2004. 233 (2): 201-204.

[16] 陈立佼，柴红梅，黄兴奇，等. 尖顶羊肚菌遗传多样性的AFLP分析 [J]. 食用菌学报，2013，20 (2): 12-19.

[17] 王小艳，彭运祥，王春晖，等. 两湖地区平菇种质资源AFLP多样性分析 [J]. 食药用菌，2014 (5): 278-281.

[18] Bills S N, D L Richter, G K Podila. Genetic transformation of the ectomycorrhizal fungus Paxillus involutus by particle bombardment [J]. Mycological Research, 1995. 99 (5): 557-561.

[19] 宫志远，任海霞，姚强，等. 35个山东主栽平菇菌株的ISSR遗传差异分析 [J]. 基因组学与应用生物学，2010，(3): 507-512.

[20] 冯伟林，蔡为明，金群力，等. ISSR分子标记分析杏鲍菇菌株遗传差异研究 [J]. 中国食用菌，2009，28 (1): 47-49.

[21] 陈赟娟，韦建福. 丝状真菌遗传转化的研究进展 [J]. 云南农业大学学报，2009. 24 (3): 448-454.

[22] 王关林，方宏筠. 植物基因工程原理与技术 [J]. 北京：科学出版社，1998.

思 考 题

1. 什么是食用菌遗传学？
2. 叙述担子菌纲食用菌的典型生活史，并比较香菇生活史与双孢蘑菇生活史的异同。
3. 食用菌的交配类型有哪些？各种交配类型有什么特点？
4. 简述食用菌杂交育种的程序。
5. 叙述食用菌品种试验及品种登记需要具体流程。

第3章 食用菌菌种生产

食用菌菌种就是用来生产食用菌的种子。从广义上讲，菌种是指以保藏、试验、栽培和其他用途为目的，具有繁衍能力，遗传特性相对稳定的孢子、组织或菌丝体及其营养性或非营养性的载体。根据其使用目的的不同，可分为保藏用菌种、试验用菌种和生产用菌种。从狭义上说，菌种就是指生产用菌种，即指以适宜的营养培养基为载体进行纯培养的菌丝体，也就是培养基质和菌丝的联合体。菌种一般包装在一定的容器里，如试管、玻璃瓶、塑料袋等容器。菌种生产是栽培食用菌的中心环节，没有菌种便不能进行食用菌的人工栽培，没有优良菌种就不能获得优质高产的食用菌。根据食用菌生产栽培对所用菌种的制作工艺程序、扩大步骤、分离接种途径等方面综合因素的不同要求，通常人为地把菌种分为三级，即母种、原种和栽培种。

母种为一级种，又称试管种，通过孢子或组织分离培养获得，经鉴定表现为种性良好，遗传和生理性状相对稳定的在试管斜面上生长和保存的纯菌丝体。母种数量一般较少，它主要用于菌种的分离、提纯、转管、扩大和保藏。

原种为二级种，是母种扩大到木屑或棉籽壳等培养基中培育的菌丝体，是一类菌丝体和天然基质的混合体。原种培养基是多以天然材料为主，并添加了适量可溶性营养物质配制而成的固体半合成培养基，这类培养基更接近于生产基质。

栽培种为三级种，又称生产种，由原种转接到天然基质上扩大繁殖而成的菌种。栽培种也是菌丝体和天然基质的混合体，培养基组成与原种培养基相同。

3.1 食用菌母种生产技术

3.1.1 菌种生产设备及条件

食用菌生产设备指用于分离和扩大培养各级菌种的专用设备和工具。主要有灭菌器、接种室、接种箱、超净工作台、酒精灯、接种针、接种铲、镊子、接种枪等各种接种工具。

3.1.1.1 灭菌与消毒

食用菌生产中常用的灭菌方法有干热灭菌和湿热灭菌二种。

（1）干热灭菌 是利用火焰的灼烧或干热空气进行灭菌的方法。该方法适用于对一些接种工具如接种针、接种铲、接种枪等以及试管口、玻璃瓶口等进行灭菌。干热灭菌器通常是高温干燥箱或干烤箱。玻璃器皿、金属用具等可采用此法灭菌。一般加热到 160 ℃，保持 2 h，可以达到灭菌要求。

（2）湿热灭菌　是利用蒸汽或沸水进行灭菌的方法。该方法使用范围广，不仅可用于培养基的灭菌，也可用于玻璃器皿、金属工具等的灭菌。常用的湿热灭菌方法有高压蒸汽灭菌法和常压蒸汽灭菌法。

高压蒸汽灭菌法：将灭菌物放置于密封的高压锅内，利用加压高温蒸汽在较短时间内达到彻底灭菌的方法。常用的高压锅类型有手提式高压锅、立式高压锅、卧式高压锅（图 3-1）。手提式高压锅容积较小，主要用于母种试管斜面培养基的灭菌；立式高压锅和卧式高压锅容积大，可用于原种和栽培种的灭菌。

图 3-1　不同大小的高压蒸汽灭菌锅

常压蒸汽灭菌法：利用自然压力的蒸汽进行灭菌的方法。适用于原种、栽培种以及食用菌熟料栽培等灭菌。其优点是设备简单、投资少、灭菌容积大，缺点是灭菌时间长，培养料养分损失较多，热效率低，燃料消耗多。

（3）消毒　菌种制作过程中通常需要对接种室、培养室进行消毒。常用的消毒药剂有酒精、甲醛、硫黄、气雾消毒剂、高锰酸钾、生石灰等。

3.1.1.2　接种室及接种设备

（1）接种室　又称无菌室，是分离和移接菌种的小房间。面积一般为 4～8 m^2。接种室装有紫外线灯，用于物体表面和室内空气的灭菌。并装有通风换气设备。

（2）接种箱　又称无菌箱，是分离、移接菌种的专用操作箱（图 3-2）。接种箱一般为木质结构，要求密闭严实、操作方便、易于消毒，以便进行无菌操作。接种箱实际上就是一个缩小的接种室。接种箱的形式很多，目前一般多采用的是长 143 cm、宽 86 cm、高 159 cm 的一人或双人操作的接种箱。箱的上层两侧安装玻璃，能灵活开闭，以便观察和操作。箱中部两侧各留有两个直径为 15 cm 的圆孔口，孔口上再装 40 cm 长的布袖套，双手伸入箱内操作时，布套的松紧带能紧套手腕处，可防止外界空气中的杂菌介入。箱顶装有一只紫外线灭菌灯和一只照明灯。

实物图

示意图(单位：cm)

图 3-2　接种箱

（3）*超净工作台*　是一种局部净化的设备，利用空气洁净技术使一定操作区的空间达到相对无尘、无菌的状态，常放置于接种室内（图 3-3）。开机后 30 min，操作区的空气就可达到净化要求，即可投入正常操作。超净工作台装有紫外线灭菌灯和远红外加热器，可用于杀菌和调节温度。超净工作台具有分离、接种效果好，效率高，操作方便等优点，但其价格较高，需消耗电能，运行费用也较高。

（4）*酒精灯*　菌种分离、移接、接种一般都必须在酒精灯周围进行。酒精灯点燃时，其火焰附近 10 cm 范围内会形成一个无菌区。因此为了保证分离、接种的效果，防止杂菌污染，一般应同时点燃两个酒精灯，扩大无菌区，并在其周围进行接种。

（5）*接种工具*　有接种针、接种铲、接种匙、接种枪、打孔器以及大镊子等。此外还有分离用的手术刀、剪刀和乳胶手套。

3.1.1.3　培养设备

培养设备主要是指接种后用于培养菌丝的设备，如恒温培养箱、恒温恒湿生化培养箱、空调等。

（1）*培养箱*　主要用于母种斜面试管菌种的培养，大型培养箱有时也用于原种的培养，其温度为 20～40 ℃，可以任意调节。恒温培养箱通过电热器加热箱内空气，使箱内温度达到所需的要求（图 3-4）。

图 3-3　超净工作台

图 3-4　恒温培养箱

（2）培养室　是进行菌种恒温培养的房间，一般主要培养原种和栽培种。其设置和结构要求为：①大小适中，以能培养5 000～6 000瓶菌种为宜；②保温性好，在寒冷地区要有双层门窗和夹层墙壁，夹层内填塞木屑、谷壳、泡沫塑料等保温材料；③有调温设备，一般只能装空调；④选址要合理，设置在阴凉、通风、干燥、昼夜温差较大的场所，以利于高温季节降温（图3-5）。

培养室内设置有分层的培养架和干湿球温度计，以便充分利用室内空间，掌握培养室的温度和空气相对湿度。

图3-5　恒温培养室及室内设置

3.1.2　母种培养基种类与制作

食用菌属于异养型生物，其菌丝生长所需的大量营养均需由外界提供。食用菌母种和分离种使用的培养基，一般都制成斜面试管，所以又叫斜面培养基。

3.1.2.1　母种培养基种类

（1）马铃薯葡萄糖琼脂培养基(PDA)　马铃薯200 g、葡萄糖20 g、琼脂18～20 g、水1 000 mL。PDA培养基是食用菌母种分离和培养中使用最广泛的一种培养基，对一般的食用菌母种分离、培养和保藏都有较好的效果。这种培养基又称为基本培养基或基础培养基，是按大多数食用菌所需养分配制而成的培养基。其特点是使用方便，用于培养某种特殊食用菌时，只需在此基础上添加某种特殊营养物质即可。

（2）马铃薯综合培养基　马铃薯200 g、葡萄糖20 g、磷酸二氢钾3 g、硫酸镁1.5 g、琼脂18～20 g、维生素B_1 10 mg、水1 000 mL。此培养基适用于香菇菌种的保藏及平菇、双孢蘑菇、金针菇、猴头菇和木耳的菌种分离和培养。

（3）棉籽壳煮汁培养基　新鲜棉籽壳250 g、葡萄糖20 g、琼脂20 g、水1 000 mL。此培养基主要适用于猴头菇、平菇、木耳及代料栽培母种的培养。

（4）木屑浸出汁培养基　阔叶树木屑500 g、米糠或麸皮100 g、琼脂20 g、葡萄糖20 g、硫酸铵1 g、水1 000 mL。此培养基适用于木腐菌类菌种的分离和培养。

（5）麦芽膏酵母膏培养基(YMA)　麦芽浸膏20 g、酵母膏2 g、琼脂20 g、水1 000 mL。此培养基适用于各种食用菌母种的培养。

（6）稻草浸汁培养基　干稻草200 g、蔗糖20 g、硫酸铵3 g、琼脂18～20 g、水

1 000 mL。此培养基适用于草菇、双孢蘑菇等草腐菌母种的培养。

(7) 麦芽汁培养基　干麦芽 150～200 g 、琼脂 18～20 g、水 1 000 mL。此培养基适用于部分食用菌母种的培养。

(8) 豆芽汁培养基　黄豆芽 200 g、葡萄糖 20 g、琼脂20 g、水1 000 mL。此培养基适用于猴头菇、平菇及黑木耳等木腐菌母种的培养。

(9) 子实体浸出液培养基　鲜子实体 200 g、葡萄糖 20 g、琼脂 18～20 g、水 1 000 mL。此培养基适用于一般食用菌母种的分离、培养，尤其适用于孢子分离法培养母种，它可刺激孢子的萌发。

(10) 粪汁培养基　干马粪或牛粪 150 g、葡萄糖 20 g、琼脂 18～20 g、水 1 000 mL。此培养基适用于双孢蘑菇母种的培养。

(11) 完全培养基(CM)　蛋白胨 2 g、葡萄糖 20 g、磷酸二氢钾 0.46 g、硫酸镁 0.5 g、硫酸氢二钾 1 g、琼脂 15 g、水 1 000 mL。此培养基为培养食用菌母种最常用的合成培养基，有缓冲作用，适用于保藏各类菌种的母种。

(12) 葡萄糖蛋白胨琼脂培养基(DPA)　葡萄糖 20 g、蛋白胨 20 g、琼脂 20 g、水 1 000 mL。此培养基适用于香菇、木耳、灵芝等木腐菌母种的培养，是一种较好的复壮用培养基。

(13) 胡萝卜马铃薯培养基　马铃薯 20 g、胡萝卜 20 g、琼脂 20 g、水 1 000 mL。此培养基适用于一般的食用菌母种的培养，其菌丝生长优于马铃薯培养基。

3.1.2.2　母种培养基的制作

斜面培养基的制作步骤如下。

① 按配比精确地称取各种营养物质。

② 将去皮、挖掉芽眼的马铃薯（或胡萝卜、子实体、黄豆芽、棉籽壳等）切成小块，放入小锅或大烧杯中，加入一定量的水，用文火煮沸 30 min 左右，过滤取汁。玉米粉（高粱粉）加水后，一般加热至 70 ℃左右，并保持 60 min，过滤取汁。麦芽则要加热至 60～62 ℃，保持 60 min，过滤取汁。

③ 补足失水，加入琼脂，文火煮熔。

④ 加入需要的其他营养物质。

⑤ 充分搅拌均匀，并调 pH。

⑥ 趁热分装。培养基的分装量应为试管长度的 1/5 或 1/4，不能过多或过少。操作时应尽量防止培养基粘在试管口上，若已粘上应用纱布或脱脂棉擦干净。

⑦ 装好培养基的试管应及时塞上棉塞。棉塞要用未经脱脂的原棉。棉塞要大小均匀、松紧度适中，长度为 4～5 cm。一般要求 3/5 留在试管内，其余 2/5 露在试管外面。

⑧ 捆扎试管。把塞好棉塞的试管，每 7～10 支捆扎成一把，用牛皮纸或双层报纸包住，再用皮套扎紧或棉线捆好，放入手提式高压锅内。

⑨ 灭菌。采用高压蒸汽灭菌。将捆扎好的试管直立于锅内，以免灭菌时弄湿棉塞。在 $(9.81\sim10.79)\times10^4$ Pa 压力下灭菌 30 min。

⑩ 灭菌完毕后，待其压力自然降至零后立即取出培养基，在清洁的台面或桌面上倾斜排放，摆成斜面，一般斜面长度以达到试管全长的1/2为宜。培养基冷至室温时，自然凝固成斜面培养基。

⑪ 检查灭菌效果。将斜面培养基放在28～30 ℃的条件下，空白培养24～48 h，检查无杂菌污染后，才能使用该培养基。

3.1.3　菌种分离

菌种分离是菌种纯化的基本方法，是制种的重要环节。菌种分离的方法有以下几种。

3.1.3.1　组织分离法

组织分离法是指采用食用菌子实体、菌核或菌索的任何一部分组织培养成菌丝体的方法。该法属于无性繁殖，简便易行，菌丝生长发育快，能保持原有性状。组织分离法是大多数食用菌菌种分离的最简单而有效的方法，通常也是人们野外分离菌种最常采用的简便方法。该法也是食用菌菌种提纯、复壮常用的方法。根据分离所用组织种类的不同又可分为子实体分离法、菌核分离法和菌索分离法。

（1）子实体分离法　是组织分离法中最常用的一种方法。它是采用子实体的菌盖、菌柄或菌肉组织进行组织培养分离获得纯菌丝体的方法。香菇、双孢蘑菇、杏鲍菇等伞菌常采用此法进行组织分离获得菌种。其分离要点如下。

① 种菇选择：选择出菇早、出菇整齐、外观典型、菌肉肥厚、颜色正常、尚未散孢、无病虫害、7～8成熟的优质单朵作为种菇。如香菇以直径在4～5 cm的子实体为佳。灵芝选择幼嫩白色的菇蕾，尤以2～2.5 cm宽的菇蕾为佳。幼嫩子实体细胞分裂旺盛，不仅分离成活率高，而且分离所得的母种菌丝生长快，长势好。

② 种菇消毒：是保证组织分离成功的基础。将选择的种菇在超净工作台或接种箱内用75%的酒精溶液浸泡0.5～1 min，其间上下不断翻动种菇数次，使酒精溶液充分接触种菇以杀死表面的杂菌，用无菌水冲洗2～3次，再用无菌纱布或脱脂棉吸干表面的水分。

③ 接种：在超净工作台上用消毒锅的解剖刀在菇柄与菇盖中部纵切一刀，切开后在菇柄与菇盖交接处的菌肉上切取0.2～0.5 cm见方的小块组织，接种在斜面培养基的中央，塞上棉塞。每个菇体接种6～8支试管，一般每次接种30支以上，以供挑选。

④ 菌丝培养：接种后的试管放置在适宜的环境中培养2～4 d，组织块上便可见长出的白色绒毛状菌丝体，将菌丝体转接到新的试管斜面培养基上，再经过5～7 d的适温培养，菌丝体便长满试管，即为纯菌丝体。

⑤ 出菇试验：分离获得的试管种扩大繁殖，并转接到原种、栽培种培养基中进行出菇试验，选择出菇好、产量高、品种好的作为栽培生产用种。

（2）菌核组织分离法　是从菌核组织分离培养获得纯菌丝的一种方法。如茯苓、猪苓雷丸等药食兼用菌子实体不易采集到，则通常用其营养贮藏器官——菌核进行分离获得。菌核分离与子实体组织分离方法很相似。把菌核表面冲洗干净，在超净工作台上用75%的酒精溶液浸泡 0.5～1 min，用无菌水冲洗数次，用无菌解剖刀将菌核从中部切成两半，取中心位置约黄豆大小的组织块，接种于斜面培养基上，在 25℃环境中培养。当接种萌发出菌丝后，挑取无杂菌、长势旺的菌丝体转管培养后，即可作为母种。

(3) 菌索分离法　是从菌索中分离培养获得纯菌丝的方法。如蜜环菌、假蜜环菌在人工培养条件下不易形成子实体，也不产生菌核，而是以特殊结构的菌索进行繁殖的，这类食用菌就可采用菌索分离法分离菌株。

菌索分离法的具体操作：在超净工作台上挑取生命力旺盛的、风干的菌索的尖端部分，用 75%的酒精棉球擦洗表面，以无菌的解剖刀除去菌索的黑色外皮层（即菌鞘），抽出其中白色菌髓部分剪成小段，接种到斜面试管培养基中，在 25℃左右环境中培养。菌丝生长出来后，经几次提纯转管后即可制成母种。

3.1.3.2　孢子分离法

食用菌孢子是指从成熟子实体上弹射出来的，用于食用菌有性繁殖的单位。孢子分离法就是指在无菌条件下，利用有性孢子（担孢子或子囊孢子）在适宜的条件下萌发成菌丝体而获得菌种的方法。

孢子分离法是有性繁殖的过程。食用菌的有性孢子具有双亲的遗传特性，后代变异性大，生命力强，获得优良菌株的机会较多，是选育新菌株和杂交育种的有效途径。生产中根据食用菌交配型的不同，一般双孢蘑菇、草菇等同宗结合的菌类采用单孢分离法，而香菇、平菇、木耳等异宗结合的菌类则采用多孢分离法。

孢子分离法的过程分为两步，一是孢子的采集，二是孢子的分离。

(1) 孢子的采集　选择出菇早、特征典型、生长健壮、成熟度适宜的第一、二茬的优良个体。清除固体表面的杂物，去除多余菌柄（留下 1.5～2.0 cm）备用。常用孢子的采集方法有以下几种。

① 整菇插种法　常用于伞菌类孢子的采集（如香菇、双孢蘑菇、平菇、草菇等）。将整个成熟的种菇经表面消毒后，插入孢子收集器内收集孢子。

孢子收集器由玻璃罩（顶部有孔）、搪瓷盘、培养皿、支架（钨丝或铁丝绕成）和纱布等组成，其结构为：在搪瓷盘内垫几层纱布，上面放置一个直径为 70～90 mm 的培养皿，其内放入金属支架（插种菇用），培养皿外加盖玻璃罩，顶部孔用棉塞塞好。将组装好的孢子收集器用双层纱布包起来，高温灭菌后备用。

在无菌条件下将种菇用 75%的酒精棉表面消毒 1～2 min，用无菌水冲洗 2～3 次，再用无菌纱布吸干表面的水分，用镊子夹住种菇的菌柄，菌褶向下插到孢子收集器的金属支架上，盖上玻璃罩。为满足种菇开伞弹射孢子时的湿度要求和防止杂菌侵入，可在孢子收集器的搪瓷盘中的纱布上倒少量无菌水。将孢子置于适宜温度下（一般为 16～28 ℃）促进孢子弹射。经过 1～2 d 即可在培养皿中看到落下的孢子印。将收集有孢子印的培养皿用透明胶带封好即可。若要长期保存需放入冰箱内。

② 钩悬法　适用于银耳、木耳等没有菌柄的食用菌孢子的采集。在超净工作台上或无菌箱内，将除去耳根及基质的新鲜成熟耳片用无菌水冲洗干净，用无菌纱布吸干多余水

分，切取一小块耳片，凸面朝下钩在金属钩上，将钩子另一端悬挂于装有灭菌培养基的三角瓶口，塞上棉塞。在25 ℃条件下培养24 h，孢子便会落在培养基上。在无菌条件下，将金属钩子与耳片取出，塞上棉塞，继续培养或把孢子转到试管中培养，从而得到菌种。

③ 孢子印分离法　取成熟的伞菌或胶质菌子实体，经表面消毒，去除菌柄，菌褶向下，放置在灭菌过的有色纸上（红、黑、蓝、白），用通气钟罩罩上，在20～24 ℃条件下放置24 h，大量孢子便落在灭菌过的纸上（白色孢子用黑纸），形成孢子印。从孢子印上挑取少量孢子移入斜面试管培养基上培养，即可获得菌种。

④ 空中孢子捕捉法　伞菌的孢子大量弹射时，子实体周围可以看到“孢子云”，可在“孢子云”飘去的上方倒放琼脂平板，使孢子附在其上，再盖上培养皿盖，用透明胶带封好培养，整个操作过程动作要迅速敏捷。

⑤ 贴附法　在无菌的超净工作台上或接种箱内，取一小块成熟并消毒过的菌褶或耳片，贴附于试管斜面或平板培养基的正上方，注意子实层要朝下，置于适宜的温度下培养，经过6～12 h孢子即可弹射落下，将菌褶或耳片取出，试管或培养皿封好继续培养，即可获得菌种。

⑥ 菌褶涂抹法　在无菌条件下（野外操作通常是点燃酒精灯），将成熟的伞菌用75%酒精对菌盖、菌柄进行消毒，然后用灭菌过的接种环伸入两片菌褶之间，轻轻地抹过褶片表面，再在准备好的斜面培养基或平板培养基上划线接种。操作时要注意勿使接种环抹到菌褶裸露的部分，以免感染杂菌。此法较适用于野外采集孢子，获得菌种。

（2）孢子的分离

① 单孢分离法　是在采集到大量孢子的基础上，经过稀释使孢子之间相互分开，各个孢子单独萌发成菌丝的方法。在杂交育种中，常使两个优良品系的单孢子进行杂交，从而选育新菌种。单孢分离常用的方法有：平板稀释法、连续稀释法及毛细管法。这几种方法均具有操作简单，较易成功的特点。

连续稀释法：在无菌条件下，将收集的孢子制成孢子悬浮液，再用无菌水将孢子逐级稀释，最终将孢子浓度控制在300～500个/mL。以镜检时视野里有1～2个孢子为准，然后吸取0.1 mL稀释的孢子悬浮液于平板培养基上，涂抹均匀，使孢子分散成单个，盖好皿盖，置于25 ℃恒温箱中培养。5 d左右可见到萌发出的星芒状菌落，将单个孢子形成的菌落转接到新的斜面培养基上继续培养，当菌落长到1 cm左右时进行镜检，对于形成锁状联合的菌种，根据锁状联合的有无初步确定是否为单核菌丝菌种。异宗结合的菌类，获得的单核菌丝体需进行配对杂交；而同宗结合的菌类，可直接获得新菌种。

平板稀释法：在无菌条件下，用接种环蘸取少量孢子稀释液，于平板培养基上划“之”字形或划平行线，盖上皿盖。其他步骤与连续稀释法相同。此法最简单，但要多划一些平板才有可能获得成功。

毛细管法：该法孢子悬浮液的稀释与连续稀释法相同，孢子浓度控制在200～300个/mL，用无菌的玻璃毛细滴管（内径约200 μm）将孢子悬浮液滴一小滴在平板培养基上，使每一滴尽量只含一个孢子，从而达到单孢子分离。其他操作步骤与连续稀释法相同。

② 多孢分离法　是将多个孢子接种在同一培养基上，使其萌发，自由交配而获得纯

菌种的方法。由于多个孢子间的种性互补，基本上可以保持亲本的稳定性，此法比较简易，在食用菌制种中应用较为普遍。常用方法有：斜面划线法和涂布分离法。

斜面划线法：在无菌条件下，用接种环从采集的孢子上蘸取少量孢子，在试管斜面培养基上自上而下轻轻划线，避免划破培养基表面。接种完毕，抽出接种环，灼烧试管口，塞上棉塞，置于 25 ℃恒温箱中培养，每天检查，发现有杂菌污染应及时拣出，并检查孢子萌发情况。待孢子萌发出菌丝并自由结合后，挑选长势旺的菌落，转接于新的试管斜面上继续培养，即可得到纯菌种。

涂布分离法：按无菌操作要求，用接种环蘸取少量采集的孢子，放入装有无菌水的三角瓶中，充分摇匀，制成孢子悬浮液。吸取孢子悬浮液，滴 1～2 滴于斜面或平板培养基上，转动试管或培养皿，使孢子悬浮液均匀铺于斜面上，也可以用无菌接种环或刮铲将培养基上的悬浮液涂布均匀。经 25 ℃恒温培养萌发后，挑选发育匀称、健壮、生长快的菌落，移接于新的斜面培养基上培养，即可得到纯菌种。

以上两种方法得到的纯菌种通过制备三级菌种，进行出菇试验，选择优良个体进行组织分离留种。

3.1.3.3 菇木分离法

菇木分离法又称耳木分离法、寄主分离法或基质分离法，是从生长食用菌的菇木或耳木中获得纯菌丝体的方法。此法污染率高，一般能用组织分离或孢子分离获得菌种的菇类均不采用，只有那些孢子不易获得的，菇体小而薄或有胶质的菌类，组织分离较为困难时，才采用这种方法。具体步骤如下。

(1) 菇木的选择　在分离菌类的季节，选择子实体大而肥厚、颜色和形态正常、无病虫害、杂菌少、腐朽程度较轻的新鲜菇木或耳木作为种木。

(2) 菇木的消毒　将种木上的子实体去除，分离前，先把菇木在酒精灯火焰上方燎过数次，以烧死表皮上的杂菌孢子，再锯成 1～2 cm 厚的横断木块，除去树皮和无菌丝的心材部分，然后在超净工作台上或接种箱内，将木块用 75%酒精溶液浸泡 1 min，其间不断翻动木块，再用无菌水冲洗木块 3～4 次。

(3) 分离与培养　消毒过的木块用无菌纱布吸干水分，用无菌刀将木块切成半根火柴大小的小条，截取两头，转接到灭菌斜面培养基上，塞好棉塞，置于 25 ℃条件下培养 2～3 d 后，菇木小条上就会长出白色菌丝，继续培养 15 d 左右，菌丝即可长满斜面。最后从中挑选出发育良好的菌丝作为母种。

3.1.4 母种的转接

母种的转接是食用菌菌种保藏和生产中非常重要的一个环节，是指在无菌条件下，将菌种移接到适宜其生长的新培养基上的操作过程。转接用的母种在使用前，必须认真检查，尤其是棉塞和培养基的前端不能有污染，否则应弃去不用。先用 75%的酒精棉球将双手和母种试管外壁进行消毒，而后移入超净工作台或接种箱内。点燃酒精灯，接种钩和接种铲表面消毒后火焰灭菌，冷凉备用。接种时，再次对母种试管外壁进行消毒。在灯焰形成的无菌区内，左手持母种试管，右手取下试管棉塞，试管口略向下倾斜，用灯焰封住管口，用接种钩将母种斜面横切成若干份（约 3 mm 宽），塞好棉塞。用左手平行并排拿起母种试管和待接斜面培养基，用右手取下两试管的棉塞，随后用接种铲将已横切的母种斜面每一份分成 2～3 小块，取 1 块（带有 1～2 mm 厚的培养基）迅速移入新的试管斜面中部，塞上棉塞。如此反复操作，1 支母种可扩接 30～40 支继代母种。转接中应注意：转接扩大繁殖的次数不宜太多，尽量控制在 3 次以内，防止多次转管造成菌种后代生活力衰退。

3.1.5　母种的培养

接种好的母种放置在 25 ℃左右条件下培养，当菌丝长满试管斜面后，便可置于 4 ℃冰箱短期保藏，或采用其他方法进行菌种的长期保藏。

3.2　食用菌原种和栽培种生产技术

3.2.1　原种、栽培种培养基种类

母种菌丝体转接到由粪草、木屑、棉籽壳或麦粒等原料配制成的培养料上，培养成的菌种称为原种。原种再扩大培养成的菌种，称为栽培种或生产种。制作原种和栽培种的目的就是将优质的母种扩大培养，增加菌种数量以满足食用菌生产的需要。通常原种和栽培种的培养料与制作方法基本相同。

原种培养基配方较多，对不同的食用菌种类应选择适宜的配方，通常分解木质素能力强的食用菌如香菇、木耳、平菇、金针菇等，多采用木屑加麦麸培养基。草腐型菌类如双孢蘑菇、草菇等，多采用农作物秸秆加厩肥培养基。

常见原种、栽培种常用培养基配方有以下几种：

（1）木屑麸皮培养基　阔叶树木屑 78%、麦麸或米糠 20%、蔗糖 1%、石膏 1%，含水量 50%～60%。该培养基为木腐菌通用培养基，适用于香菇、木耳、灵芝、猴头菇、蜜环菌、银耳、毛木耳、灰树花、金针菇、滑菇、鲍鱼菇、榆黄蘑、平菇、凤尾菇等的培养。

（2）棉籽壳麸皮培养基　棉籽壳 88%、麦麸 10%、蔗糖 1%、石膏粉 1%，含水量 65%。

（3）棉籽壳培养基　棉籽壳 98%、石膏粉 1%、蔗糖 1%，含水量 65%。该培养基适用于一般食用菌原种、栽培种的培养。

（4）棉籽壳木屑培养基　棉籽壳 50%、阔叶树木屑 40%、麸皮或米糠 8%、蔗糖 1%、石膏粉 1%，含水量 60%～65%。该培养基适用于一般木腐菌原种及栽培种的培养。

（5）谷粒培养基　谷粒（小麦、大麦、燕麦、高粱、玉米等）97%、碳酸钙 2%、石

膏粉 1%，pH 6.5～7.0，含水量 60%～65%。该培养基适用于除银耳外的大多数菌类的培养，尤其适用于双孢蘑菇的培养。

（6）草粉培养基　麦草粉或稻草粉 97%、蔗糖 1%、石膏粉 1%、过磷酸钙 1%，含水量 60%～65%。该培养基主要适用于草腐菌菌类的培养。

（7）粪草培养基　干粪草 90%、麸皮 8%、蔗糖 1%、碳酸钙 1%，含水量 60%。该培养基适用于双孢蘑菇、草菇原种及栽培种的培养。

（8）稻草培养基　干稻草 78%、麦麸或米糠 20%、蔗糖 1%、碳酸钙 1%，含水量 60%～65%。该培养基适用于草菇及侧耳属菌类的培养。

（9）矿石培养基　蛭石（膨胀珍珠岩）57%、麸皮 40%、石膏粉 1%、蔗糖 1%、过磷酸钙 1%，含水量 60%～65%。该培养基既适用于草腐菌的培养，也适用于木腐菌的原种及栽培种的培养。

（10）甘蔗渣培养基　甘蔗渣（干）78%、麦麸 20%、石膏粉 1%、过磷酸钙 1%，含水量 60%～65%。该配方适用于多种菌类的培养。

（11）木块培养基　木块（枝条、木片）10 kg、红糖 400 g、米糠或麸皮 2 kg、碳酸钙 200 g。将木块在 1%的红糖水里煮沸 30 min，捞出后与米糠、碳酸钙拌匀，装瓶。该培养基适用于多种木腐菌的原种、栽培种的培养。

3.2.2　原种、栽培种培养基的制作

原种制备多使用 750 mL 的罐头瓶或 850 mL 的专用塑料菌种瓶。专用菌种瓶多用棉塞封口，也可用能满足滤菌和透气要求的无棉塑料盖代替，若使用罐头瓶可用两层报纸和一层聚丙烯塑料膜封口。栽培种所用容器可以与原种所用的相同，如金针菇、杏鲍菇等菌类的工厂化栽培，都是采用专用塑料瓶作为栽培容器。此外，生产上也普遍采用塑料袋作为制作容器，如香菇、木耳等代料栽培。常用的塑料袋规格为直径 12～17 cm、长 32～50 cm 的高压聚丙烯塑料袋或低压聚乙烯塑料袋。较短的料袋一端开口，每袋装干料 250～300 g；较长的料袋两端开口，每袋装干料 500 g。栽培种制备配方可与原种完全一样，也可适当增加主料，减少辅料的用量。栽培种需求量大，所需原料也多，为了降低成本，一般就地取材，选用适宜的培养料配方。

目前生产上使用的原种、栽培种培养基多为固体培养基（液体培养基使用较少）。其制作过程为：

（1）根据制种需要选定配方　按一定比例分别称取各培养料，充分拌匀后，检查并调节好水分，调 pH。

（2）装瓶或装袋　在分装棉籽壳、玉米芯、木屑等培养基时，注意上下料的松紧度要一致，装至瓶肩，压平表面。通常为了增加瓶中或袋中料内的通气和固定菌种块，加快接种后菌丝生长，常用一根直径 1.5 cm 的锥形捣木的尖端，在瓶内或袋内中央打一个孔，即接种穴直至瓶底。然后用干布擦净瓶口，用牛皮纸、塑料布扎口、棉塞塞住或塑料绳系紧袋口。

（3）灭菌　有高压灭菌和常压灭菌 2 种方法。高压灭菌就是采用各种高压灭菌器对培养基进行灭菌，灭菌压力为 1.4～1.5 kg/cm^2，灭菌时间为 1.5～2 h，灭菌方法和要求同母种培养基的制备。常压灭菌就是采用各种常压蒸汽灶对培养基进行灭菌。将待灭菌的原种、栽培种瓶（袋）摆放在常压蒸汽灭菌灶内的层架上，封好门，锅内加足水后开始加温，当蒸汽室内温度达到 100 ℃时，开始计时，灭菌时间 8～10 h，自然降温冷却。当蒸汽室内温度降至 40 ℃以下时，取出灭菌好的培养基。

3.2.3　原种、栽培种的接种

将母种接种到原种的培养基上，培养出的菌种即为原种。原种接种时必须在无菌操作的条件下进行。首先用 75%的酒精棉消毒试管外壁，尤其是管口处，然后左手拿起试管，右手拔掉棉塞，试管口在火焰上烤一下，并将接种针在酒精灯上灭菌，灭菌后的接种针稍冷却后伸入菌种管内，在斜面菌种中挑取一小块菌种，移接到原种瓶中的接种穴内，迅速用塑料布或牛皮纸扎好封口，并贴上标签。一般每支母种可扩接原种 4～6 瓶。

将原种接种到栽培种的培养基上，进一步培养出的菌种即为栽培种，栽培种的接种操作要求与原种的相同。在严格的无菌操作条件下，接种时，先除去原种表面的老菌皮或菌膜，用大镊子将原种分成 1～2 cm 的小块若干，每瓶接种 3～4 块，接种于栽培种培养基上，一般栽培种用袋子时，接种量要适当多一些。遵循一瓶原种接种 50～60 瓶或 20～40 袋栽培种的原则（图 3-6）。

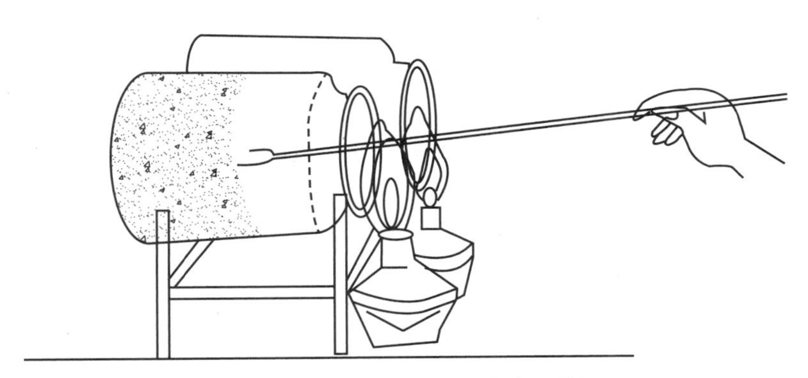

图 3-6　栽培种转接（引自常明昌）

3.2.4　原种、栽培种的培养

接种后的原种、栽培种菌种瓶（袋）应移入温度、湿度等适宜的条件下培养，待菌丝长满后即为原种、栽培种。原种、栽培种数量较大，一般需要在专门的培养室内进行培养，培养条件同母种的培养条件。培养期间要定期检查菌丝体的生长情况，菌丝体生长初期，每天观察新菌丝的生长情况，检查有无杂菌污染，若有污染应及时拣出。当菌丝封住料面并向下深入 1～2 cm 时，每周检查 1 次。一般在适温下 30～40 d 可发满菌瓶（袋）（谷粒菌种长速快，只需 15～20 d）。菌丝长满后，继续培养 7～10 d，使菌丝充分积累营养，更加洁白、浓密，即为原种、栽培种。培养好的原种应尽快使用，也可置于低温、通风、避光、清洁及干燥的贮藏室内短期保存。而培养好的栽培种不易保藏，应及时使用，以免菌丝老化。

3.3 液体菌种的制作

液体菌种是指通过液体培养基培养的方式获得菌种的方法。是相对于固体菌种而言的。液体菌种可以作为原种或栽培种使用。其具有生产周期短、菌龄整齐、菌丝繁殖快，生长过程中还可以根据菌丝体的需要中途补充养分及调节酸碱度等优点。液体菌种在工厂化食用菌生产中具有明显优势，早在20世纪70年代就有食用菌液体菌种栽培的研究。但液体菌种在生产上的应用还是较少，主要是因为生产和应用上存在的一些限制因素，如设备昂贵、能耗大、操作技术要求更高以及液体菌种不易贮存、不利运输等。

3.3.1 液体菌种的培养方式

目前，液体菌种的培养方式主要有：摇瓶振荡培养、浅层静置培养及发酵罐深层发酵培养。

（1）*摇瓶振荡培养* 该法设备较简单，适于农村或小规模生产应用。目前主要有往复式摇瓶机（摇床）和旋转式摇瓶机（图3-7）。具体操作步骤为：将配制好的100～150 mL培养液装入500 mL三角瓶内，同时放入10～15粒小玻璃珠，用8～12层纱布或透气封口膜封口，纱布或封口膜外再包一层牛皮纸，将三角瓶高压灭菌30 min，培养液冷却到30 ℃以下时，在无菌条件下接种，每支斜面母种接10瓶左右。接种后的三角瓶置摇床上进行振荡培养，振荡频率为80～100次/min，振幅6～10 cm，在适温下振荡培养3～4 d。培养结束时，培养液清澈透明，悬浮着大量的小菌丝球，并伴有各种菇类特有的香味。若培养液浑浊，一般是细菌污染所致。培养后培养液的颜色因菌种不同有一定差异，如平菇、金针菇的培养液为浅黄色；香菇、猴头菇的为黄棕色，清澈透明；木耳的为青褐色，黏稠，有香甜味。

摇瓶振荡培养的菌种数量较少，摇瓶振荡培养一般只适用于固体菌种（主要是栽培种）的接种，也可供发酵罐接种用，或用于转接三角瓶。摇瓶振荡培养的液体菌种，在4 ℃冰箱中可保存1～2个月，15～20 ℃室温下可保存7～10 d。

（2）*浅层静置培养* 该方法设备简单，操作简便，也适于农村或小规模生产应用。据胡梅等（1996）报道，采用浅层静置培养金针菇、平菇、黑木耳、草菇等的液体菌种，已获得成功。其具体操作步骤为：以750 mL的菌种瓶或克氏瓶为容器，将配制好的培养液100 mL装入菌种瓶中，再放入10粒左右的玻璃珠，用棉塞和牛皮纸封口，然后高压灭菌30 min。灭菌后冷却至30 ℃，每瓶培养液内接种黄豆粒大小的菌块3～4块，一般每支母种接种3～4瓶。需要注意的是，为了防止细菌污染，通常在接种前加入一定浓度（约40 μL/L）的链霉素。

接种后的液体培养瓶，平放或稍倾斜（瓶口处垫高 1 cm）放在培养架上，使培养液呈现为一浅层。培养室温度 23～25 ℃，第 3 天菌丝开始生长，第 5 天在液体表面能看到以菌种块为中心形成若干直径 2～3 cm 的菌落，第 8 天金针菇、平菇、黑木耳、草菇的菌丝体布满液体表面，即为液体菌种。猴头菇、香菇菌丝生长稍慢，一般要到第 11 天菌丝体才布满液体表面。此过程中需要注意的是，整个培养期间，保持液面的静置，以利于菌丝生长和减少污染。

培养成的液体菌种用于接种栽培种用。接种前先将菌种瓶摇晃 2～3 min，以便打散瓶内的菌丝体，在无菌条件下，将菌液倒入栽培袋内，每袋 10～15 mL。操作过程中注意动作要快，以防止污染。接种后菌丝生长迅速，一般第 3 天菌丝恢复生长开始定植。液体菌种菌丝长满菌瓶或菌袋所需的时间都较固体菌种短，如瓶栽金针菇 20 d 菌丝长满瓶，袋栽金针菇 25 d 菌丝长满袋。

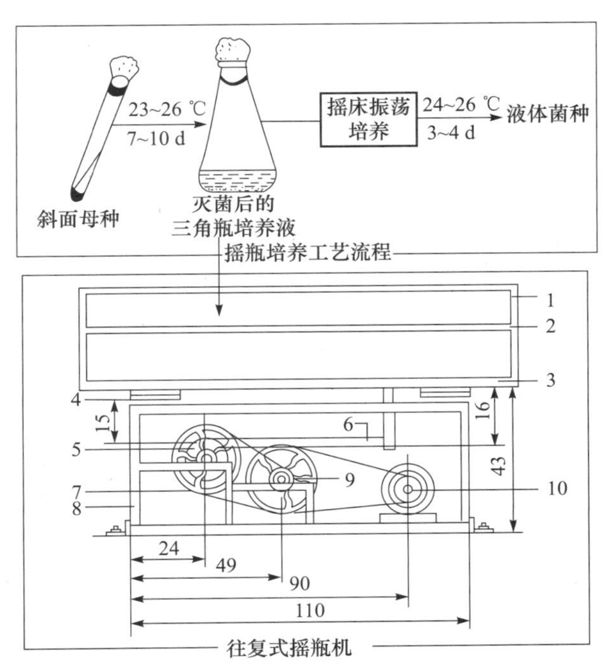

图 3-7　液体菌种的摇瓶培养（单位：cm）（引自潘崇环等）

1. 搁盘铁架　2. 上搁盘铁架　3. 下搁盘铁架　4. 活动活轮　5. 偏心轮　6. 连杆　7. 减速皮带轮　8. 摇床架　9. 轴承及轴壳　10. 1～1.5 kW 三相电动机

（3）*发酵罐深层发酵培养*　是利用发酵罐生产液体菌种的方法。该方法工艺复杂，对设备要求比较高，包括温控系统、供气系统、冷却系统和搅拌系统（图 3-8）。

具体操作方法为：将配制好的液体培养基装入发酵罐内，高压灭菌 30 min，然后用夹层的水冷却至培养温度。发酵罐上端有装料口，也可做接种口。接种时，在无菌条件下，将三角瓶颗粒种倒入罐体内，动作要快，操作准确；接种后，根据不同菌种设定适宜的培养温度。培养期间注意观察并做好记录，如温度、压力、气流等，培养期间可采样检查，几天后菌丝球密度合适时即为液体菌种（图 3-9）。液体菌种老化快，不耐保存，必须尽快使用。

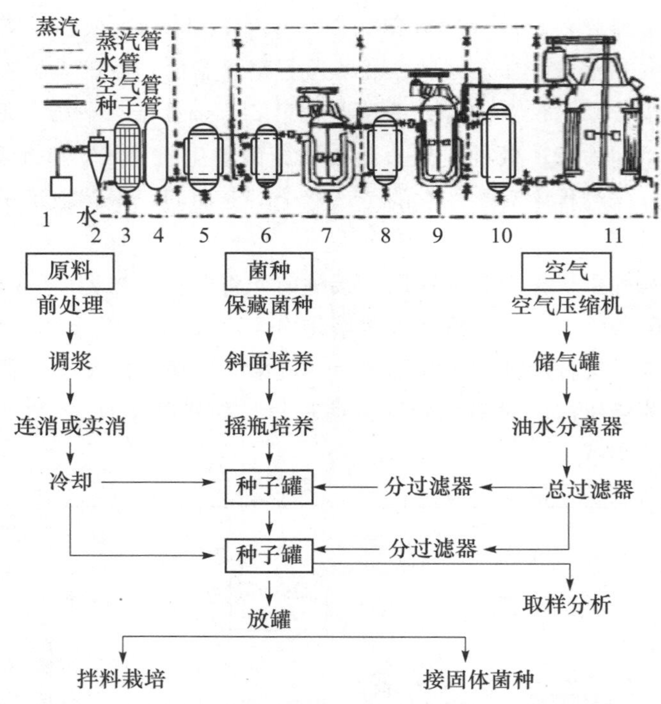

图 3-8　深层液体发酵设备示意图（引自张雪岳《微生物》）

1. 空气压缩机　2. 油水分离器　3. 空气冷却器　4. 贮气罐　5. 总空气过滤器

6、8、10. 分空气过滤器　7、9. 种子罐　11. 发酵罐

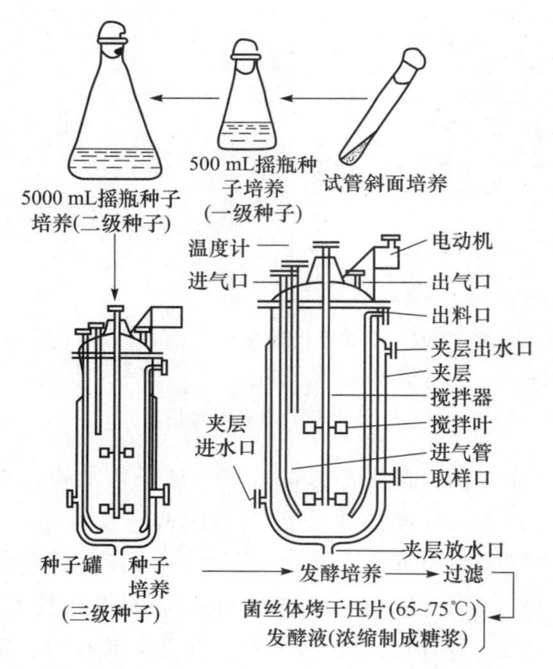

图 3-9　蜜环菌深层发酵工艺流程（引自潘崇环等）

3.3.2　液体菌种培养基的种类

常用液体菌种培养基的配方有以下几种。

① 马铃薯 10%，麸皮 3%，红糖 1.5%，葡萄糖 1%，蛋白胨 0.15%，磷酸二氢钾 0.15%，硫酸镁 0.075%，维生素 B_1 0.01%，pH 6.5。该配方适用于多种食用菌的制种。

② 马铃薯 20%，葡萄糖 2%，蛋白胨 0.2%，磷酸二氢钾 0.05%，硫酸镁 0.05%，氯化钠 0.01%，pH 自然。该配方适用于多种食用菌的制种。

③ 玉米粉 3%，蔗糖 3%，磷酸二氢钾 0.3%，硫酸镁 0.15%。该配方适用于平菇、香菇、猴头菇等多种食用菌的制种。

④ 葡萄糖 3%，豆饼粉 2%，玉米粉 1%，酵母粉 0.5%，磷酸二氢钾 0.1%，

碳酸钙0.2%，硫酸镁0.15%，pH自然。该配方适用于香菇、平菇等多种食用菌的制种。

⑤ 可溶性淀粉4%，蔗糖1%，磷酸二氢钾0.3%，硫酸镁0.15%，酵母膏0.1%，pH 6。该配方适用于平菇、香菇、草菇、后头菇、黑木耳等的制种，尤以平菇最适用。

⑥ 葡萄糖2%，蛋白胨0.5%，磷酸二氢钾0.05%，硫酸镁0.05%，pH自然。该配方适用于香菇、平菇菌种的制种。

⑦ 葡萄糖2%，玉米粉1%，酵母膏0.4%，硫酸镁0.1%，磷酸二氢钾0.1%，碳酸钙0.1%。该配方适用于金针菇菌种的制种。

⑧ 蔗糖4%，玉米粉2%，硝酸铵0.2%，磷酸二氢钾0.1%，硫酸镁0.05%，维生素B_1 0.001%，pH 6。该配方适用于香菇菌种的制种。

⑨ 玉米粉2%，蔗糖2%，磷酸二氢钾0.15%，硫酸镁0.015%，该配方适用于黑木耳菌种的制种。

⑩ 麦粉1%，蔗糖1%，葡萄糖1%，酵母粉1%，蛋白胨0.2%，磷酸二氢钾0.1%，硫酸镁0.05%。该配方适用于草菇菌种的制种。

3.4 菌种的保藏

3.4.1 菌种保藏的目的

无论是母种、原种或栽培种，如果未及时使用，其菌丝就会很快衰老，降低生产力，影响产量和质量。因此，菌种必须进行适当的保藏，其目的是保持菌种的生活力，降低死亡速度，保持菌种原有的优良性状，防止退化，确保菌种单一，防止杂菌感染。

菌种保藏的基本原理，主要是通过采用低温、干燥与缺氧的条件，以中止菌种的繁殖，降低其新陈代谢，使之处于休眠状态。菌种保藏的方法很多，常用的为琼脂斜面低温保藏法、液体石蜡保藏法等，有条件的还可采用冷冻真空干燥保藏法。

3.4.2 菌种保藏的方法

（1）琼脂斜面低温保藏法　是最简便、最普通的保藏菌种的方法。适用于大多数食用菌菌种的保藏。将要保藏的菌种接种在PDA斜面培养基上，在28～32 ℃下培养，待菌丝体长满斜面后，将试管置于2～4 ℃的冰箱中保藏（草菇除外，草菇菌种保藏温度为10～12 ℃）。保藏过程中，每3～6个月转管1次。为防止菌种在保存过程中积累过多的酸，在配制保存母种培养基时添加0.2%磷酸二氢钾或0.02%碳酸钙等盐类，这样做可以对培养基pH的变化起缓冲作用。该保藏方法菌丝代谢仍较旺盛，试管内的培养基也易失水变干，因此，保藏时间短，转管次数多，只适合短期保藏。

为了延长保藏时间，试管口处要用塑料薄膜包扎，以防培养基干固。在农村没有冰箱设备的，可将母种试管用石蜡封口，再用塑料薄膜包封，沉放于清凉的井底保存。

（2）*液体石蜡保藏法* 亦称矿物油保藏法。先将化学纯石蜡油（无色、透明的黏稠液体）装于三角瓶中，塞上棉塞并用牛皮纸包裹，放入高压锅中灭菌 30 min，然后置于 40 ℃的恒温箱中让水分蒸发，至完全透明后备用，使用前先将石蜡油做无菌检查。在无菌条件下，用无菌吸管将无菌石蜡油注入已长好的斜面试管中，用量以高出斜面顶端 1 cm 为宜，目的是使菌种与空气隔绝，阻止水分蒸发，降低细胞的生长代谢活动，然后用石蜡封口后，直立放入室内干燥处保存（15～25 ℃），可以保藏菌种 5 年。使用液体石蜡保藏菌种时，只要用接种针从斜面上挑取少许菌体，放在新鲜的培养基上，经过培养，即可应用。原种则重新蜡封，继续保藏。该方法的优点是成本较低，保藏时间较长，长达数年甚至几十年；缺点是转接培养较慢，往往需要转接培养 2～3 次，才能除去菌丝体上的液体石蜡，使菌种恢复正常生长。

（3）*液氮保藏法* 1960 年 Hwang 首次将此技术应用于真菌的保藏。根据液氮罐的构造类型，液氮保藏法可分为隔氮式保藏法和浸氮式保藏法。隔氮式保藏法是将保藏物保藏于气相中，保藏温度一般在－135 ℃左右；浸氮式保藏法是将保藏物保藏在液氮的液面之下，保藏温度为－196 ℃。

液氮超低温保藏法能使食用菌菌丝的一切生长代谢活动均停止，从而能避免菌种变异。液氮超低温保藏技术有 3 个关键因素影响真菌保藏效果：一是降温速率的控制，理论上保藏前的降温速率控制越慢越好，1 ℃/min 的降温速率适合大多数真菌的保藏；二是复活过程中保藏物是否能快速升温到最适温度，目前处理的方法是将保藏的冻存管快速置于 37～45 ℃的水浴锅中 1～2 min；三是保护剂的种类的选择，常用的保护剂有甘油、二甲基亚砜（DMSO）等。

（4）*自然基质保藏法* 是以不含毒性、刺激性和抑菌性成分而富含营养物质的自然生长的基质做培养基来保藏菌种的方法。自然基质很多，食用菌常用的自然基质有发酵的粪草、木屑及枝条基质等，取材方便，制作方法简便，保藏的时间也较长。使用时，只需取 1 块、1 粒或 1 条培养物放在新鲜的培养基上，并在适温下培养即可。

木屑保藏法：适用于木腐菌。利用木屑培养基做保藏木腐菌的培养基比使用马铃薯葡萄糖培养基好，因为木屑培养基内菌丝生长容易且菌丝量大，有利于菌种保藏。

具体操作步骤为：取 78％的阔叶树木屑，20％的米糠或麸皮，1％的石膏粉，1％的蔗糖，用水拌料，使其含水量为 60％，然后装入试管中进行高压灭菌，冷却后接入所需保藏的菌种，在 25 ℃下培养，待菌丝长满木屑培养基时取出，在无菌条件下操作，换上无菌的橡皮塞。最后放入冰箱冷藏室中保藏，1～2 年转管 1 次即可。

用杂木屑按原种的培养基配制装入大号试管，容量为管高的 2/3，擦净管口，塞紧棉塞，用牛皮纸包扎管口，高压灭菌，然后移入母种，在 25～28 ℃下培养，待长满菌丝后，立即移到低温干燥环境保存，或埋于尿素、硝酸铵中保存，效果更好，并能延长保存时间。

粪草保藏法：是采用发酵过的粪草作为培养基，培养出菌种，放于冰箱或室温下保藏的方法，适用于草菇、双孢蘑菇等草腐菌的菌种保藏。

具体操作步骤为：取发酵的培养料，晒干后除去粪块，剪成 2 cm 长的小块，在清水中浸泡4～5 h，使料草充分浸透之后取出，挤去部分水分，使料草的含水量在68%左右。装进试管，松紧适宜。试管口清洗干净，塞上棉塞，试管高压灭菌2 h，冷却后接入要保藏的菌种，置25 ℃下培养。菌丝长满培养基后，在无菌条件下操作，换上无菌胶塞并蜡封，置于2 ℃冰箱中保藏，2年转管1次即可。

麦粒保藏法：采用该法保藏菌种可达1年以上。

具体操作步骤为：选择籽粒饱满、新鲜、无病虫害的小麦粒，用清水浸泡8～12 h，稍滤干后装入试管，量约为试管长的1/4，塞好棉塞，高压灭菌1 h，28～37 ℃培养24 h后，再灭菌1 h，在无菌环境中操作，将要保藏的菌种接入灭菌好的麦粒培养基内。置25 ℃下培养至菌丝长满培养基，再放入干燥器内干燥1个月，之后于4 ℃冰箱内或室温下保藏。使用时，在无菌条件下操作，在每支斜面培养基中央接1粒麦粒，培养至菌丝长满斜面即可。

（5）*沙土保藏法*　取河沙，用蒸馏水浸泡洗涤数次，过60目筛除去粗粒，加1%稀盐酸煮沸30 min，再用水冲洗至pH达到中性，烘干备用。同时，取非耕作层的土壤，用蒸馏水反复冲洗至pH中性，烘干碾细，过100目筛，将处理好的沙、土按（2～4）∶1混匀，然后分装到小试管（每管0.5 g），高压灭菌1 h，待无菌检验合格后才可使用。将已形成孢子的斜面菌种，在无菌条件下注入无菌去离子水3 mL，制成菌悬液，再用无菌吸管吸取菌悬液滴入沙土管中，以浸透沙土为止。将接种后的沙土管放入盛有干燥剂的真空干燥器中，直至沙土干燥。干燥的沙土管用无菌勺子捣松，每个菌种抽取1支接于斜面培养基上进行培养，观察生长情况。检查无杂菌生长，则将制备好的沙土管用石蜡封口放入冰箱，在低温下可保藏2～10年。真空干燥操作，须在孢子接入后48 h内完成，以免孢子萌发。

（6）*滤纸片保藏法*　取白色（收集深色的孢子）或黑色（收集浅色的孢子）滤纸，剪成4.0 cm×0.8 cm的小纸条，121 ℃下高温灭菌30 min。真菌孢子采用钩悬法收集。将载有孢子的滤纸条放入无菌试管中，用白胶塞封口，再将试管放入干燥器中1～2 d，除去滤纸水分，最后低温保藏。保藏期可达2～10年。转接培养时，将滤纸条取出，放在适宜的培养基上培养，即可培养出所需要的菌种。

（7）*生理盐水保藏法*　食盐溶液具有高渗透性，对杂菌孢子的萌发具有较强的抑制和杀灭作用，从而减少或避免保藏期间菌种的污染；同时，食盐中含有食用菌生长所必需的钠、镁、钙等金属离子，对菌丝的生长有促进作用；转管后，由于水势差，接种菌株吸水能力强，易恢复，成活率较高。以液体培养的菌丝体作为保藏体，用无菌盐水作为保藏液。将需保藏的菌种接入PDA液体培养液中，震荡培养5～7 d，将菌丝球移入装有5 mL无菌生理盐水的试管中，每管接入4～5个菌丝球，塞上橡皮塞，并用石蜡封口，置室温或冰箱中保藏。

（8）*蒸馏水保藏法*　采用无菌蒸馏水保存食用菌菌丝体，适用于绝大多数食用菌菌种的保藏。具体操作步骤为：用移液管吸取4 mL无菌蒸馏水注入无菌安瓿瓶中，将发育成熟的菌落用无菌接种针挑取数块放入安瓿瓶中，加盖密封，室温保存。据报道，真菌用蒸馏水保藏可保藏1～20年，而且菌株污染少。

(9) 真空冷冻干燥保藏法　1945 年 Raper 和 Alexander 首次报道应用真空冷冻干燥保藏产孢真菌，后来该方法被菌种保藏机构应用。这种方法是采用真空、干燥、低温等手段，使菌种新陈代谢活动处于相对静止的状态，在低温下快速冷冻，又在低温下真空干燥，从而使菌种细胞结构与成分保持原来的状态。对于真菌孢子来说，真空冷冻干燥是一种方便的、能够长期保藏的方法，但菌丝体不适宜用该法保藏。

该方法先将安瓿瓶用 2%的盐酸浸泡 10～12 h，用蒸馏水冲洗干净后再用蒸馏水浸泡至 pH 呈中性，干燥后置于高压锅灭菌 45 min，烘干备用。将已生长好的孢子悬浮于无菌的脱脂奶中制成浓菌液，无菌操作将菌液分装于准备好的安瓿瓶中，每支安瓿瓶分装 0.2 mL。分装好的安瓿瓶放入冰箱中冷冻，然后将冷冻后的安瓿瓶置于冷冻干燥箱内，冷冻干燥 8～20 h 后用真空泵抽成真空，并在真空状态下熔封安瓿瓶。菌种冻干之后在 4 ℃下可以保藏 20 多年。

(10) 玻璃化保藏技术　可能是未来食用菌菌种保藏的一个发展方向。玻璃化保藏技术实质就是让水分子处于一种类似于固体状态而不发生结晶，可以通过空气干燥、化学物质干燥蒸发水分，通过渗透液脱水、海藻盐包装脱水、化学保护剂等手段实现玻璃化。通过玻璃化法降温保存细胞时，细胞内外的水都不形成冰晶，细胞结构不会受到机械损伤的破坏。此外，在恢复培养过程中应注意避免晶状体破碎和及时洗去对真菌有毒的玻璃化溶液。

(11) 固定化保藏技术　是将真菌菌株先包裹在藻酸钙中并进行超低温保藏的一种保藏技术。先制备真菌孢子或菌丝的藻酸盐悬浮液，将藻酸钙溶液滴入藻酸盐的悬浮液，此时真菌孢子或菌丝体会包裹在藻酸钙小球中，放置一段时间；将菌丝或孢子小球转移到高渗溶液中进行脱水；最后按照真菌保藏的一些常规方法保藏菌种，如蒸馏水保藏、液体石蜡常温保藏、液氮超低温保藏等。

3.5　食用菌菌种质量控制技术

菌种质量的优劣是食用菌生产成败的关键，必须通过鉴定后方可投入生产。菌种鉴定必须从形态、生理、栽培和经济效益等方面进行综合评价。生产上认为最可靠的方法是进行目测和镜检，通过实际观察，主要鉴定菌种的种性、菌丝生长状态、杂菌、害虫、积水和菌丝自溶等 6 项检验项目，检验结果全部符合质量标准的，为合格品。若其中有一项或多项不符合质量标准者，为等外品或不合格品。出售的菌种必须贴有菌种质量合格标签，注明菌种种类、级别、品种、生产单位和接种日期。

3.5.1　菌种质量标准

(1) 母种　在同一种培养基上具有原菌株的菌落形态特征，无病虫杂菌，菌丝洁白，生长健壮有力，边缘整齐，不发黄，不老化，菌龄掌握在刚长满斜面即用于扩接母种或继代培养。

（2）原种、栽培种 无病虫害，无杂菌感染，菌丝洁白，均匀，粗壮浓密，不萎缩，不发黄，再生力强，移接后萌发快，吃料快。长满菌丝的培养料有蘑菇特有香味。原种接种后应在40～50 d长满瓶，菌龄掌握在菌丝长满瓶10 d左右使用。栽培种接种后应在30～45 d长满瓶，菌龄掌握在菌丝长满瓶后15 d内使用。

3.5.2 菌种质量鉴定

（1）直接观察 肉眼观察包装是否合乎要求，棉塞有无松动，试管、玻璃瓶或塑料袋有无破损，有无病害侵染。菌丝色泽是否洁白均匀，有无老化萎缩现象，闻菌种是否具有蘑菇特有的香味。母种和栽培种可取出小块菌丝体观察其颜色和均匀度，并用手指捏料块检查含水量是否符合标准。

（2）显微镜检查 在载玻片上滴一滴蒸馏水，然后挑取少许菌丝置水滴上，让菌丝体充分展开，盖好盖玻片，再置显微镜下观察。也可通过菌丝体染色后镜检观察。

（3）菌丝萌发、生长速率测定 将所获的菌种转接至含PDA培养基培养皿中央，培养，观察菌种萌发时间。待菌丝生长蔓延时，用直径0.5 cm的打孔器，经灭菌后取边缘菌丝，连同培养基重新接入含PDA培养基培养皿中央，25 ℃培养，每隔24 h测定菌落直径，直至菌落覆盖全皿为止，计算出菌丝平均生长速度。

（4）菌种纯度测定 随机抽取经初步检测的菌种，挑取菌种不同部位菌丝连同培养基转接至含PDA培养基培养皿，每瓶（或袋）菌种转接30～50点，25 ℃培养，观察菌种萌发时有无杂菌或异常生长状况出现。

（5）吃料能力鉴定 将菌种接入新鲜配制的适宜培养料中，置25 ℃下培养，观察菌丝生长情况，如果菌种块能很快萌发，并迅速向培养料中生长伸展，则说明该品种的吃料能力强；如果菌种萌发后生长缓慢，不向四周和料层深处伸展，则表明该品种对培养料的适应能力差。

（6）耐温性测定 用打孔器移接菌种于含PDA培养基培养皿中央，置于10～40 ℃之间不同温度培养，观察菌种萌发时间，测定不同温度下菌丝生长速度。将不同温度生长的菌丝再转接至新的含PDA培养基培养皿中央，置于25 ℃下培养，如果经过不同温度处理的菌丝仍然健壮，则表明该菌种具有较高温度适应性。

（7）菌种病毒病的检测 病毒病是一种由无细胞结构的极微小的生物寄生于活的寄主后所引起的病害，是造成菌种退化，产量下降的因素之一。由于病毒个体极小，普通光学显微镜不能发现，但一旦在播种后造成危害，则很难防治，所以发生可疑迹象时，应对菌种是否遭受病毒感染进行检测。病毒粒子的检测主要有电镜观察法及核酸电泳法两种方法。

（8）出菇试验 将菌种进行出菇试验，观察菌丝生长和出菇情况。优质菌种应具备以下特征：菌丝生长快且长势强；出菇早且整齐；产量高；子实体形态正常；转潮快且出菇潮数多；抗性强，病虫害发生少。

3.6 食用菌菌种管理办法

3.6.1 简介

我国食用菌菌种管理办法于2006年3月27日农业部令第62号公布，经过2013年12月31日农业部令2013年第5号和2014年4月25日农业部令2014年第3号修订，已完善为一套完整的食用菌菌种管理办法。该管理办法是为保护和合理利用食用菌种质资源，规范食用菌品种选育及食用菌菌种（简称菌种）的生产、经营、使用和管理，并根据《中华人民共和国种子法》而制定的，为我国食用菌产业从业者开展新品种选育、菌种生产、销售等提供的法律依据。

食用菌菌种管理办法对在我国从事食用菌品种选育和菌种生产、经营、使用、管理等活动的一切相关人员均适用。本管理办法中所称的菌种包括食用菌菌丝体及其生长基质组成的繁殖材料，并将菌种分为母种（一级种）、原种（二级种）和栽培种（三级种）三级。全国菌种工作由农业部主管，县级以上地方人民政府农业行政主管部门负责本行政区域内的菌种管理工作，且县级以上地方人民政府农业行政主管部门应当加强食用菌种质资源保护和良种选育、生产、更新、推广工作，鼓励选育、生产、经营相结合。

3.6.2 种质资源保护和品种选育

食用菌种质资源受国家保护，任何单位和个人不得侵占和破坏。禁止任何单位和个人采集国家重点保护的天然食用菌种质资源，确因科研等特殊情况需要采集，应当依法申请办理采集手续。任何单位和个人不得私自向境外提供食用菌种质资源（包括长有菌丝体的栽培基质及用于菌种分离的子实体），若确因需要对境外提供，必须由农业部批准。而从境外引进的菌种，也需农业部审批，并应依法检疫，以防止带入检疫性病害，在引进后30日内，送适量菌种至中国农业微生物菌种保藏管理中心保存。国家鼓励和支持单位和个人从事食用菌品种选育和开发，鼓励科研单位与企业相结合选育新品种，引导企业投资选育新品种。选育的新品种可以依法申请植物新品种权，选育者应做好新菌品种的命名规范工作，具体命名规则由农业部另行规定。国家保护品种权人的合法权益。食用菌品种选育（引进）者可自愿向全国农业技术推广服务中心申请品种认定。全国农业技术推广服务中心成立食用菌品种认定委员会，承担品种认定的技术鉴定工作。

3.6.3 菌种生产和经营

我国食用菌菌种管理办法规定，从事菌种生产经营的单位和个人，应当取得《食用菌菌种生产经营许可证》。而仅从事栽培种经营的单位和个人，不需办理《食用菌菌种生产经营许可证》，但经营者要具备菌种的相关知识，具有相应的菌种贮藏设备和场所，并报县级人民政府农业行政主管部门备案。

从事母种和原种生产和经营的单位和个人所需的《食用菌菌种生产经营许可证》，由所在地县级人民政府农业行政主管部门审核，省级人民政府农业行政主管部门核发，报农业部备案。

从事栽培种生产和经营的单位和个人所需的《食用菌菌种生产经营许可证》，由所在地县级人民政府农业行政主管部门核发，报省级人民政府农业行政主管部门备案。

申请母种、原种生产经营许可证的单位和个人，应当具备以下条件：

① 生产和经营母种、原种所需注册资本达到100万元以上，生产经营原种注册资本达到50万元以上；

② 必须拥有经省级人民政府农业行政主管部门考核合格的检验人员1名以上、生产技术人员2名以上；

③ 必须具有相应的设备和场所（如灭菌、接种、培养、贮存等）及有相应的质量检验仪器和设施。母种生产单位还需具有出菇试验所需的设备和场所。

④ 母种和原种生产场地环境卫生及其他条件必须符合农业部食用菌菌种生产技术规程的各项要求。

申请栽培种生产和经营许可证的单位和个人，应当具备下列条件：

① 所需注册资本需10万元以上；

② 必须具有经省级人民政府农业行政主管部门考核合格的检验人员1名以上、生产技术人员1名以上；

③ 有必要的灭菌、接种、培养、贮存等设备和场所，有必要的质量检验仪器和设施；

④ 栽培种生产场地的环境卫生及其他条件符合农业部《食用菌菌种生产技术规程》的要求。

此外，任何单位和个人申请食用菌《菌种生产经营许可证》，应当向县级人民政府农业行政主管部门提交下列材料：

① 食用菌菌种生产经营许可证申请表；

② 注册资本证明材料；

③ 菌种检验人员、生产技术人员资格证明；

④ 仪器设备和设施清单及产权证明，主要仪器设备的照片；

⑤ 菌种生产经营场所照片及产权证明；

⑥ 品种特性介绍；

⑦ 菌种生产经营质量保证制度。

如果申请母种生产经营许可证的品种为授权品种，则还应当提供品种权人（品种选育人）授权的书面证明。县级人民政府农业行政主管部门受理母种和原种的生产经营许可申请后，可以组织专家进行实地考察，并在自受理申请之日起20日内签署审核意见，并报省级人民政府农业行政主管部门审批。省级人民政府农业行政主管部门应当自收到审核意见之日起20日内完成审批。符合条件的，发给生产经营许可证；不符合条件的，书面通知申请人并说明理由。县级人民政府农业行政主管部门受理栽培种生产经营许可申请后，可以组织专家进行实地考察，并在自受理申请之日起 20 日内完成审批。符合条件的，发给生产经营许可证；不符合条件的，书面通知申请人并说明理由。

食用菌菌种生产经营许可证有效期为 3 年。若有效期满后需继续生产经营，被许可人应当在有效期满 2 个月前，持原证按原申请程序重新办理许可证。在菌种生产经营许可证有效期内，许可证注明项目变更的，被许可人应当向原审批机关办理变更手续，并提供相应证明材料。

通常食用菌菌种按级别生产，下一级菌种只能用上一级菌种生产，栽培种不得再用于扩繁菌种。获得上级菌种生产经营许可证的单位和个人，可以从事下级菌种的生产经营。严格禁止无证或者未按许可证的规定生产经营菌种；禁止伪造、涂改、买卖、租借“食用菌菌种生产经营许可证”。生产单位和个人必须按照农业部《食用菌菌种生产技术规程》进行菌种的生产，并建立菌种生产档案，载明生产地点、时间、数量、培养基配方、培养条件、菌种来源、操作人、技术负责人、检验记录、菌种流向等内容。并保存生产档案应当至菌种售出后 2 年。同时应当建立菌种经营档案，载明菌种来源、贮存时间和条件、销售去向、运输、经办人等内容。经营档案也应当保存至菌种销售后 2 年。销售的菌种必须附有标签和菌种质量合格证。标签应标注菌种种类、品种、级别、接种日期、保藏条件、保质期、菌种生产经营许可证编号、执行标准及生产者名称、生产地点等内容。标签标注的内容应当与销售菌种相符。在菌种经营过程中，经营者应当向购买者提供菌种的品种种性说明、栽培要点及相关咨询服务，并对菌种质量负责。

3.6.4 菌种质量监督

菌种质量监督抽查的规划由农业部负责制定，县级以上地方人民政府农业行政主管部门负责对本行政区域内菌种质量的监督，根据全国规划和当地实际情况制定本级监督抽查计划。由县级以上人民政府农业行政主管部门委托菌种质量检验机构对菌种质量进行检验。且菌种质量监督抽查不得向被抽查者收取费用。并禁止重复抽查。承担菌种质量检验的机构应当具备相应的检测条件和能力，并经省级人民政府有关主管部门考核合格。

菌种检验员应当具备以下条件：

① 具有相关专业大专以上文化水平或者具有中级以上专业技术职称；

② 从事菌种检验技术工作 3 年以上；

③ 经省级人民政府农业行政主管部门考核合格。

任何单位和个人禁止生产和经营假劣菌种。如以非菌种冒充菌种以及菌种种类、品种、级别与标签内容不符等情形之一，则均为假菌种；若菌种质量低于国家规定的种用标准、质量低于标签标注指标以及菌种过期、变质等情形之一，则为劣菌种。

3.6.5 菌种的进出口管理

从事食用菌菌种进出口的单位和个人，不仅要具备菌种生产经营许可证，还应当依照国家外贸法律、行政法规的规定取得从事菌种进出口贸易的资格。填写《进（出）口菌种审批表》，经省级人民政府农业行政主管部门批准后，进行依法办理进出口手续。一般审批单有效期为3个月。

进出口的菌种应当符合以下条件：

① 属于国家允许进出口的菌种质资源；

② 菌种质量达到国家标准或者行业标准；

③ 菌种名称、种性、数量、原产地等相关证明真实完备；

④ 法律、法规规定的其他条件。

从事进出口菌种的单位和个人应当提交以下材料：

①《食用菌菌种生产经营许可证》的复印件、营业执照副本和进出口贸易资格证明；

② 食用菌品种说明书；

③ 符合进出口菌种应当具有的其他证明材料。

若单位和个人因为境外制种而需要进口菌种，则只需提供对外制种的合同，不需要提供菌种生产经营许可证，但进口的菌种只能用于制种，其产品不得在国内销售。且从境外引进试验用菌种及扩繁得到的菌种均不得作为商品菌种出售。

3.6.6 其他相关附则

从事菌种生产经营的单位和个人必须严格遵守该管理办法所规定的内容，若有违反将依照《中华人民共和国种子法》的有关规定予以处罚。

食用菌菌种管理办法中所述的菌种种性是指食用菌品种特性的简称，包括对温度、湿度、酸碱度、光线、氧气等环境条件的要求，抗逆性、丰产性、出菇迟早、出菇潮数、栽培周期、商品质量及栽培习性等农艺性状。对于野生食用菌菌种的采集和进出口管理，则按照《农业野生植物保护办法》的规定，办理相关审批手续。

该办法从2006年6月1日起开始施行。而1996年7月1日农业部发布的《全国食用菌菌种暂行管理办法》同时废止，依照《全国食用菌菌种暂行管理办法》领取的菌种生产、经营许可证自有效期届满之日起也随同失效。

3.7 食用菌菌种生产、销售溯源体系

食用菌菌种生产、销售溯源体系是指食用菌菌种在生产及销售的各个环节中，质量安全及其相关信息能够被追踪或者回溯，从而使食用菌的整个生产和经营活动始终处于有效监控之中。能有效处置不符合安全标准的食用菌菌种，从而保证食用菌菌种的质量安全。

我国已于2010年12月，由商务部和财政部研究制定了肉类、蔬菜流通追溯体系建设的总体方案。

3.7.1 食用菌菌种生产、销售溯源系统

“食用菌菌种生产、销售溯源体系”是一个能够连接菌种生产者、检验、监管和食用菌生产者各个环节，让食用菌生产者能了解菌种的安全质量，提高生产者放心程度的信息管理系统。该体系要求建立从“菌种生产者到菌种使用者”的追溯模式，提取菌种生产、流通、菌种销售等供应链环节生产者关心的公共追溯要素，建立菌种生产、销售的安全信息数据库，从源头上保障菌种消费者的合法权益。

3.7.2 食用菌菌种生产、销售溯源架构

（1）上层数据中心　主要是由相关监督管理部门，通过构建追溯信息查询系统，对每一个过程的流通做到“来源可溯、去向可查、责任可究”，能够满足食用菌菌种监管部门对菌种流通各个环节的监管，并在监管的基础上实现食用菌流通环节重要数据的统计和关键数据的分析等功能，供相关部门决策。

（2）下层运营管理　主要包括生产环节、流通环节和销售环节，以及中间的物流环节，每一个环节都要做到信息的共享与数据查询服务，包括相关菌种流通中的档案资料，都可以随时调用，做到每一个环节都不落下，每环节之间都紧密相连。

3.8 追踪溯源管理

3.8.1 菌种原料的追踪溯源

详细记载制作菌种所需各种主料及辅料信息。包括采购原料的基本信息，如生产厂家、生产批次、保质期、采购日期、采购量、使用日期、负责人等。菌种生产使用时也必须做好详细记载，包括供应厂家、生产日期、出入库日期、数量、负责人等信息，以便追溯。

3.8.2 菌种生产过程管理

（1）菌种生产企业的编号　按照相关规范要求对菌种生产企业进行考察，经风险评估与检测合格后，制作企业编号等，以便追溯。

（2）菌种生产过程　主要记录菌种生产过程中的信息，包括批次信息、环境信息、工序管理及报警信息。

一是培养料制作方法，对菌种制作所需的原料、培养料配方、配制方法、所用容器、制作日期、制作人等详细记载。

二是菌种培养管理，菌种培养过程中采取的培养条件，包括温度、湿度、通风等信息进行记录。

3.9 菌种的包装管理

将指示牌上的内容（批次）写在包装外面。要按批次进行，不可将不同企业所生产的菌种包装在一块，详细记载工厂代号、包装日期、包装批次等信息。

3.10 产品识别代码标识

食用菌产品识别代码组成见表3-1。

表3-1 产品识别代码组成

时间信息组			产品代码	产品信息组		生产信息组	
年	月	日	产品名称中文及英文字母	企业	车次	车间	批次
××	××	××	××	××	××	××	××

3.11 菌种保藏追踪溯源管理

储运部实行严格的批次管理，并挂牌加以区分，挂牌上要注明加工车间、加工班组、加工日期。

参考文献

[1] 常明昌. 食用菌栽培学 [M]. 北京：中国农业出版社，2003.
[2] 杨新美. 食用菌栽培学 [M]. 北京：中国农业出版社，1996.
[3] 王贺祥. 食用菌栽培学 [M]. 北京：中国农业大学出版社，2008.
[4] 吕作舟. 食用菌栽培学 [M]. 北京：高等教育出版社，2006.
[5] 张金霞. 中国食用菌菌种学 [M]. 北京：中国农业出版社，2011.
[6] 潘崇环，马立验，韩建明，等. 食用菌栽培新技术图表解 [M]. 北京：中国农业出版社，2010.

思考题

1. 食用菌菌种的概念及三级菌种的关系是什么？
2. 常用的消毒与灭菌方法有哪些？
3. 常用的菌种的分离方法有哪些？各自有何特点？
4. 简述液体种的优缺点。
5. 叙述菌种保藏的原理及常用方法。
6. 如何鉴别菌种质量的优劣？常用的鉴定菌种质量的方法有哪些？

第4章　食用菌栽培模式

自然界中已知的能形成大型子实体的真菌约有 14 000 种，其中可食用的有 2 000 多种。而我国已发现的食用菌约 1 000 种。其中能进行人工栽培的有 92 种，商业化栽培的达 30 多种。在这些种类繁多的食用菌中，其菌丝体和子实体的生长特性、生态的适应性以及栽培管理方法等差异很大。栽培过程中可依据营养方式、栽培方式、培养料处理方式、覆土形式等分为不同的类型。

4.1　按营养方式分类

根据食用菌菌丝生长所需养分的类型，食用菌可分为腐生菌、寄生菌及共生菌 3 种类型。其中腐生菌分为木腐菌、草腐菌和土生菌；寄生菌可分为专性寄生、兼性寄生；共生菌可分为与植物共生、与动物共生及与微生物共生几种。

4.1.1　木腐菌

通常菌丝生长在枯木或活立木的死亡部分，以木质素为优先利用的碳源。常在枯木的形成层生长，导致木材腐朽的一类菌类。人工栽培的食用菌中绝大多数属于木腐菌。如香菇、木耳、银耳、平菇、金针菇、茶树菇等。

4.1.2　草腐菌

通过在草本植物残体或腐熟有机肥料中吸取养料而进行生长的菌类。菌丝多生长在腐熟堆肥、厩肥、烂草堆上，优先利用纤维素，几乎不能利用木质素，可用秸草、畜禽粪为培养料。如草菇、双孢蘑菇、鸡腿菇、姬松茸、大球盖菇、金福菇等。

4.1.3　土生菌

菌丝生长在腐殖质较多的落叶层、草地、肥沃田野等场所。如羊肚菌、马勃等。

4.1.4　寄生菌

菌丝寄生于寄主体内或体表，从活细胞中吸取养料进行生长的菌类。如冬虫夏草等。

4.1.5 共生菌

这类菌的生长必须与其他的生物共同生活在一起，形成相互依存、互惠互利的关系。许多食用菌类都是与高等植物共生，如牛肝菌、块菌、鸡油菌、松乳菇等；有些菌类与动物形成互利的共生关系，如鸡枞菌与白蚁共生；有些菌类与微生物形成共生关系，如天麻与蜜环菌、银耳与香灰菌、金耳与粗毛革菌共生。共生菌与自然环境形成的这种生态关系若受到破坏或改变，则食用菌的生长会受到不良影响甚至不能正常生长。目前这类食用菌的人工栽培比较困难。

4.2 按栽培方式分类

根据食用菌栽培过程中栽培方式的不同，分为床式栽培、代料栽培和瓶栽等类型。

4.2.1 床式栽培

床式栽培是将菌种播种在铺好培养料的室内多层菌床上进行食用菌栽培的方式，又可分为生料床栽和发酵料床栽。如双孢蘑菇、草菇、竹荪等菌类的栽培。

4.2.2 瓶栽

将按照配方配制好的培养料装在合适大小的玻璃瓶或塑料瓶（规格为750 ml、800 mL或1 000 mL）中进行食用菌栽培的方式。瓶栽是现代食用菌规模化、工厂化生产中采用较多的一种方法。如金针菇、白玉菇、蟹味菇、杏鲍菇、蛹虫草等菌类的栽培。

4.2.3 代料栽培

将按照配方配制好的培养料装在合适大小的聚丙烯塑料袋中（规格为长40 cm、宽17 cm或长38 cm、宽16 cm，厚度0.05～0.06 mm）进行食用菌栽培的方式。这是我国广大食用菌生产地区采用最多的一种栽培方式。如香菇、木耳、银耳、灵芝、平菇、猴头菇等的栽培。

4.2.4 畦式栽培

畦式栽培是将地块整地做畦，菌种播种于畦上进行食用菌栽培的方式，尤以冬闲稻田居多。选择四周开阔、水源方便、排灌畅顺、环境清洁的地块。土地深翻晒白后，整地作畦，一般畦宽1.5 m，高15～20 cm，长则根据地形而定，在畦面上撒一层生石灰粉进行消毒。把配制好的培养料铺放于畦上，料厚约10 cm，整平后稍压实即可播菌种。播种后用竹木材料做成框架罩在菇畦上，覆盖黑色或深蓝色塑料薄膜。为了保湿和遮光，薄膜上再覆盖一层用稻草、茅草、蔗叶编织成的草帘。如草菇、双孢蘑菇、鸡腿菇等的栽培。

4.3　按培养料处理方式分类

食用菌人工栽培过程中，根据对培养料的处理方式可分为生料栽培、熟料栽培及发酵料栽培几种类型。

4.3.1　生料栽培

将配制好的培养料不经过高温灭菌，采用拌药消毒栽培食用菌的方法。这种方法在我国北方地区和南方低温季节栽培中采用较多。生料栽培的主要优点是：培养料不需要高温灭菌；接种为开放式，不需要专门的设施；方法简便易行，易于推广；省工、省时、省能源，能在短时间内进行大规模生产而不受灭菌量的限制；管理粗放，对环境要求不严格，投资少，见效快；发菌可在室内外进行。其缺点是：不适合在高温地区和高温季节栽培；菌丝体容易受到培养料中虫卵孵化成的幼虫啃食；对培养料的新鲜程度和种类要求较严，原料必须新鲜，不结块、不霉变；拌料时料中的水分一定要适宜；生料栽培发菌慢，要求接种量大；料中必须拌有消毒剂如多菌灵或克霉灵等。如草菇、平菇、凤尾菇等食用菌的栽培。

4.3.2　熟料栽培

按照配方将培养料加水拌匀、装袋、灭菌后再接种栽培食用菌的模式。这种栽培方式的优点是菌种用量少，培养料中的养分易于吸收，发菌不易受外界环境影响，在较高的温度下也可以发菌，产量高，病虫害较易控制等。但缺点是接种、灭菌的工作量大，操作麻烦，消耗燃料多，成本较高。如灵芝、香菇、金针菇等菌类的栽培。

4.3.3　发酵料栽培

按配方将培养料加水拌匀后经发酵以杀灭有害杂菌和虫卵，并使培养料腐熟，然后用于食用菌栽培的方法。发酵料栽培时培养料不需经高温灭菌，是一种介于生料和熟料两者之间的栽培方法，也称半生料栽培。发酵培养料的灭菌、养料分解程度都介于生料和熟料之间。发酵料栽培与生料栽培相比，杂菌污染率低，易成功，产量高，但又比熟料栽培投资少，工艺简单，因此是广大贫困农村采用较多的食用菌栽培方式。如双孢蘑菇、鸡腿菇、巴西蘑菇、金顶侧耳等菌类的栽培。

4.4　按覆土形式分类

食用菌栽培中，根据出菇时对菌床或菌棒是否进行覆土可分为覆土栽培和不覆土栽培。草腐菌栽培一般都需要覆土，而木腐菌既可采取覆土栽培也可不覆土栽培。如香菇、平菇、杏鲍菇等。生产中常根据各地区具体情况和种植习惯采取相应的栽培方式。

4.4.1　覆土栽培

食用菌栽培过程中，为了达到高产和优质的目的，对菌床进行覆土处理的栽培方式。覆土是一项增产增收的有效措施，生产上应用很广。床栽、畦栽及脱袋地埋栽培均需覆土。覆土可改善培养料内部环境，补充水分及某些元素，减少光线及温度变化对菌丝的影响，有利于出菇和菇体生长发育。对草腐菌如双孢蘑菇、草菇、鸡腿菇等栽培时必须覆土才能出菇，否则出菇少、产量低、质量差。而木腐菌覆土可以保持培养料的含水量，达到高产。具体而言，覆土可以起如下作用：① 保持培养料水分，有利于子实体发育，获得高产优质产品；② 改变培养料中二氧化碳浓度，覆土后二氧化碳浓度升高，刺激菌丝从营养生长向生殖生长转变，形成子实体原基；③ 覆土中含有益微生物对菌丝体生长和子实体分化有促进作用；④ 覆土对子实体生长起支撑作用；⑤ 覆土中施加的石灰粉可减缓菌床酸碱度过速下降，减少杂菌危害。

对覆土的土壤有一定的要求，首先土壤要有一定的粒状结构，有利于透水透气，浇水后表层不板结。一般采用泥炭河泥，砻糠和颗粒状的菜园土等作为覆土材料。土壤用石灰水调节到 pH 6.5～7.5，草菇可调到 pH 9。其次覆土要求一定的厚度，一般平菇和草菇 1.5～2.5 cm，蘑菇可适当加厚些。覆土的材料应有一定的湿度，以一团土壤摔地能成碎颗粒状为宜。覆土厚薄需均匀，表层用较粗糙的颗粒土，喷水后必须有稳定的颗粒土存在以保持良好的透气性。

各类食用菌生物学特性不同，栽培工艺有异，因此生产上对覆土的要求也有差异。如：袋栽平菇出 2～3 潮菇后，脱袋采用畦式覆土和菌墙覆土栽培模式，还能再出 2 潮菇，提高了产量。而草菇栽培时必须覆土，覆土可在播种后立即进行，也可在播种后 7 d 内（即当菌丝发好封面后）进行。香菇块（棒）出菇后，如菌块仍很紧密，也可采用覆土栽培的方式继续出菇。灵芝覆土栽培一般采用埋沙法，将发好菌的菌棒或木块按次序排放在畦内，上面覆盖 2 cm 左右厚的沙，这样栽培能有效提高灵芝产量。

常用覆土材料有：① 草炭土，作为食用菌覆土材料处理很简单，效果最好，但国内资源较少，且分布不均，主要集中在东北地区，是一种成本较高的覆土材料；② 普通土制备，在一般耕地上，取耕作层土壤或耕作层 20 cm 以下土层，经过杀菌处理作为覆土材料，制备简单，短时间内可用，省工省力，但生产中要防止菇床出现“板结”对生产造成的不利；③ 糠土制备，将稻壳与河泥淤土按重量比例约为 1∶10 配制，每 100 m^2 栽培面积约需 4 000 kg 河泥土、500 kg 稻壳及辅料；④ 腐殖土制备，其使用效果与草炭土相当，作为覆土材料，其物理通透性、松紧度均极有利于菌丝爬土和子实体生长。配方为牛粪粉 600～1 000 kg，豆饼 100 kg，钙镁磷肥 80 kg，尿素 40 kg，石灰粉 60 kg，石膏粉 30 kg。

覆土材料的消毒：覆土栽培中，若覆土材料为草炭土、泥炭、河泥、塘泥等，则不需要消毒，便可直接使用。若以普通土（菜园土）作为覆土材料，由于土壤中带有病原菌或者虫卵，需要进行消毒处理后才能使用。消毒的方法有：① 可将覆土材料置烈日下暴晒几天，以杀死病菌孢子和虫卵。② 可将覆土材料放在密闭的室内，通入 76 ℃的蒸汽处理 1 h。③可将覆土材料先在阳光下暴晒几天，然后在覆土上喷甲基托布津 500 倍液和敌百虫 800～1 000 倍液，建堆后用薄膜密闭 5 d，杀灭病菌孢子。采用药剂处理的覆土材料要注意等药味消失后才能使用。

4.4.2　不覆土栽培

食用菌栽培过程中不进行覆土就能出菇的栽培方式。采用代料和段木栽培的多种木腐菌类不需覆土都能获得高的产量。代料栽培时，将发好菌的菌袋转移到出菇环境中，经过常规管理达到出菇。在设施条件下栽培木腐菌时，不覆土的代料栽培很常见。而段木栽培，是将菌种接种在一定长度的阔叶树段木孔穴内，经过发菌培养后，将菇木上架出菇栽培的方法。段木栽培是木腐菌传统栽培中最早采用的栽培方式。如木耳、银耳、香菇等菌类的栽培。

4.5　按出菇生态条件分类

人工栽培食用菌是在一定的气候生态条件下进行的农业活动。随着现代食用菌种植技术水平的提高以及设施、设备的不断改善，食用菌的种植方式已由传统的栽培模式向着工厂化、设施化方向发展。根据出菇生态条件的差异，大致可分成全条件调控的工厂化栽培模式、部分条件调控的设施设备下的栽培模式以及自然生态条件下的栽培模式几种。

4.5.1　全自动可控条件下的工厂化栽培

采用现代工业设施及严格的管理技术，人工模拟食用菌的生态环境技术，实现生产操作机械化、生长环境控制智能化、鲜菇生产周年化、产品质量标准化的一种食用菌栽培模式。如双孢蘑菇、杏鲍菇、金针菇、蟹味菇、滑菇、小平菇等菌类的栽培。

早在 1894 年，美国就已出现第一个商业化、床架式栽培双孢蘑菇的工厂。到 20 世纪 60 年代，在欧美国家工厂化栽培已成为主流。到 80 年代，欧美国家双孢蘑菇研究机构和大型生产公司的菇厂就已实现全电脑控制，菇房的温度、湿度、通气和光照等双孢蘑菇生长发育的重要生态因子都由电脑实现全自动控制，且堆肥的二次发酵过程也实现了电脑控制。

在我国台湾地区 80 年代首先引进日本瓶栽式栽培方式，开始尝试木腐菌金针菇的工厂化瓶式栽培。同时我国又从欧洲引进双孢蘑菇工厂化生产线，开始了我国草腐菌工厂化的栽培。20 世纪 90 年代，我国台湾商人开始在大陆兴建金针菇工厂化生产基地，大陆部分企业也在借鉴国外先进经验和基础上，开始建立具有中国特色的食用菌工厂化生产基地。随着我国食用菌产业在智能化、自动化、工厂化等方面的不断改善和提高，大规模工厂化栽培得到了快速的发展。

目前食用菌工厂化栽培的主要模式有以下几种。

（1）*以欧美草腐菌为主导的工厂化生产模式* 这种栽培模式的特点是专业化分工精细、机械化程度高、自动化及智能化控制技术先进，培养料采用三次发酵技术，投入高，产量高，品质优，主要栽培品种为双孢蘑菇、棕色蘑菇等草腐性菌类。是欧美发达国家生产双孢菇的主要模式。例如，法国的索梅塞尔公司是当今专业化、企业化最高的公司，年生产菌种达 1 万 t，畅销数十个国家；荷兰的奥特多尔萨姆堆肥生产合作社，专门生产双孢蘑菇的培养料，7 d 生产 5 t 发酵后的培养料；美国 Sylvan 公司专门生产双孢蘑菇菌种，在全球建立了十几家双孢菇菌种生产连锁公司，采用三区制的栽培方式，每年获利达 2 670 万美元。工厂化生产双孢蘑菇 1 m^2 产量可达 30～35 kg，一年种植 6 次，具有高产、优质、高效的特点。而且专业化分工精细，原料生产标准化，覆土材料的生产和栽培出菇均实现专业化，菌种生产也实行登记检验制度化。

（2）*以日韩等木腐菌为主导的工厂化生产模式* 这种栽培模式的特点是专业化分工精细，机械化、自动化程度高。工厂化机器设备比欧美的要小，但具有多功能性，适合于多种木腐菌类的工厂化栽培。目前主要以生产白色金针菇、杏鲍菇为主。例如，日本从 20 世纪 60 年代开始就广泛推广由接种车间、菌丝培养车间、催蕾车间、生长车间、包装车间和库房构成的标准菇房生产模式。拥有北研株式会社、森产业株式会社和食用菌中心等三大著名研究机构，拥有先进的仪器设备和一流的专业技术人员。菌种由专门的企业生产，工厂化生产能力和环境控制水平较高，并且普遍使用液体菌种。而韩国仿效日本技术，实现了食用菌机械化生产，菌场规模较大。例如，韩国的大兴农场日产金针菇达 10 万瓶，整个生产过程采用计算机智能控制，仅在少量环节加以人工辅助操作。实现了高技术、高投入、高效益的生产模式。目前韩国工厂化生产的金针菇、杏鲍菇、小平菇等菌种基本实现了液体菌种培养。其工厂化设施栽培处于国际领先水平。

（3）*具有中国特色的食用菌工厂化生产模式* 这种栽培模式的特点是土洋结合、半机械化生产、半自动化控制、产量和质量稳定、资金投入相对较少、回报率高，适合中国国情。栽培品种具有多样化，不仅草腐菌中的双孢蘑菇菇、草菇、鸡腿菇，而且木腐菌中的白色金针菇、杏鲍菇、白灵菇、真姬菇等都实现了工厂化栽培。我国栽培食用菌的菌种主要采用固体菌种，仅极少数经济实力雄厚的大公司采用液体菌种（如上海浦东天厨菇业有限公司）。20 世纪 80 年代山东九发食用菌股份有限公司从美国引进了双孢蘑菇工业化生产线，并运营成功；上海浦东天厨菇业有限公司借鉴国外先进经验，在中国率先建立了金针菇工厂化生产基地；上海丰科生物技术有限公司、北京天吉龙食用菌公司采用引进设备和自创技术相结合，先后建立了日产 4～6 t 的金针菇、真姬菇生产基地；北京金信食用菌有限公司 1997 年创立了白灵菇工厂化栽培模式；福建农林大学 2002 年创建了中小型南方模式的白色金针菇工厂化栽培。近十几年来，我国在消化吸收日本、韩国等先进技术的基础上，相继研制出了食用菌生产和加工关键环节的一些相关设备，对推进食用菌生产机械化、工厂化和规模化发挥了积极作用。

4.5.2　部分可控条件下的设施栽培

部分可控条件下的设施栽培是指利用温室、大棚、荫棚、地下室、废弃厂房等进行食用菌生产的方式。这是我国目前应用最广泛的食用菌栽培方式。我国食用菌产量的95%左右是由这种栽培模式生产而来。除目前不能人工栽培的食用菌外，其他菌类均可采用部分设施进行栽培。常见的菌类如香菇、木耳、银耳、平菇、草菇、竹荪、灵芝、双孢蘑菇等均可在部分设施条件下进行栽培。

设施栽培食用菌时首先要选择合适的栽培场所，其关系到栽培管理的难易、工效的高低、污染率以及经济效益。通常要考虑以下几个方面：① 清洁的水源与环境。水质的优劣，关系到食用菌污染率的高低及质量的优劣。栽培场所要求水源充足，水质优良。环境清洁，远离村舍、畜禽场所以及产生有害物质的工厂等地，以免周围地下水和河流水污染。② 便利的交通。食用菌生产过程中，需要大量原材料进入栽培场，生产的食用菌也需要及时运往销售市场。因此，在选择栽培场所时要考虑到交通是否便利。③ 充足的电力。食用菌生产过程中需要一定的机械设备。这些设备要有充足的电力供应作为保证。④ 平坦的场地。栽培场地地势平坦，栽培区排水良好。使用发酵料栽培的种类，菇房附近要有足够的场地用来发酵，且发酵场与菇房至少间隔100 m，中间有建筑物或绿化带作间隔，以阻止发酵场的病虫害侵染菇房。

部分设施控制的栽培方式主要有以下几种。

(1) *菇房栽培*　菇房多用砖瓦和泥草建筑而成。建筑菇房时要注意墙壁和屋顶要尽量厚些，以减少自然温度对菇房内温度的影响。菇房一般座北朝南，长7～10 m，宽6～7 m，不宜过大。若生产规模较大，菇房建造时要打隔断分成若干间，并独立开门，以便消毒灭虫。南北两面墙上开窗，以利菇房内温度、湿度和光强的控制。在门窗上要安防虫网，防止害虫侵入。房顶开排风筒，利于通风透气。菇房内可根据栽培种类的不同设置菇床、床架或其他栽培设施。如双孢蘑菇、草菇等的菇房栽培。

(2) *大棚栽培*　食用菌大棚栽培模式是当前最主要的栽培方式。一般采用钢管、钢丝及配件组装而成，大棚跨度7～15 m，拱形，棚中脊高度2～2.5 m，棚肩高1～1.3 m，棚长依地块面积而定，一般80～100 m。生产上很多的菌类如香菇、平菇、木耳等均可采用这种方式栽培。

(3) *温室栽培*　温室栽培是北方地区广泛采用的食用菌栽培模式，常用的温室有三折式温室、半拱圆形温室、日光温室等。其中尤以日光温室栽培最常见。温室建造材料主要是砖、土、泥、钢材、水泥、竹竿、竹条、木材、草帘、塑料薄膜等。日光温室的建造为北侧是一道砖或土墙，也可用三合土，脊高为2.0～2.2 m，跨度6 m左右，采光面以倾斜30°～35°为适宜，北墙厚度为基部1.5 m，向上渐薄，墙顶厚1 m。其除北墙较厚外，其他构造和建造方法与其他温室基本相同。如平菇、香菇、双孢蘑菇、灵芝等常采用日光温室栽培。

（4）中小拱棚和阳畦栽培　中拱棚的结构一般宽3～5 m，中高1.5～2.0 m，长10～15 m，多坐北朝南，两侧是山墙，棚顶用竹木支架做成拱棚，支架外覆一层塑料薄膜，薄膜外再加盖草苫，一般无加温设备，完全靠日光增温。小拱棚在结构上比中拱棚小，一般采用细竹竿、竹片、荆条等作支架，在宽1.3～1.6 m的畦面上，沿两侧畦埂每隔30～60 cm顺序插入架材，深20～30 cm，弯成拱形骨架，高约1 m，长度依地块大小而定，骨架上覆盖塑料薄膜和草帘。阳畦则是在小拱棚的基础上发展起来的一种简易设施。棚的北侧有一道土墙，骨架的一端插入畦埂，另一端插入墙中，形成半拱圆形，棚外加盖塑料薄膜和草帘，北墙设通风孔。如双孢蘑菇的中拱棚栽培；鸡腿菇、大球盖菇的大田小拱棚栽培；平菇、榆黄蘑、竹荪等的阳畦栽培。

（5）半地下菇棚栽培　半地下菇棚是北方较干燥寒冷地区的很好的种菇设施。它既能保证食用菌的正常生长，又节约了设施成本，且便于管理。半地下菇棚的优点是造价低廉、冬暖夏凉、通风良好、保温保湿性能强。半地下菇棚有一面坡形和拱顶形两种。不论是哪一类型，建棚场地必须高燥。适宜于多种食用菌的栽培，如平菇、猴头菇、滑菇等。

（6）荫棚栽培　荫棚类似于大棚，其基本构造是四周就地挖土打成土墙或砌成砖墙，墙一般高1～1.5 m，墙顶与顶棚盖之间留有20～50 cm高的架空间隔，以利通风降温。内立柱子，上用草苫或草帘和竹木等搭成荫棚顶盖，顶盖的薄厚和形状可根据不同季节和生产的需要随时调整。各个季节、各个地区都可以使用。如夏季可加厚，冬季可加一层用塑料薄膜包裹的草苫以利增温，墙顶与顶棚间的距离空间也可在不同季节随时调节。如荫棚在华北和中原地区冬春季适于栽培金针菇，夏秋季适于栽培平菇、柱状田头菇，早春和秋季还可栽培杏鲍菇和白灵菇。主要作用是遮光降温，

4.5.3　自然生态条件下的食用菌栽培

自然生态条件下的栽培是人工配料播种、半保护栽培条件下的近野生栽培方式。通过与自然界紧密接触，开放式生产，子实体可充分享受大自然的温热及风吹，在保证产品的外观质量前提下，提高了产品的内在质量。这种栽培模式遵循自然规律，将生态学原理，生物多样性理论和循环经济理论运用于食用菌栽培而建立起的一种新型食用菌栽培方式。在我国历史上香菇“砍花法”栽培就是最早的食用菌自然条件下的栽培模式。自然生态条件下栽培食用菌能充分利用自然资源和环境，对设施条件要求低，栽培技术简单，适合在自然环境条件优良的山区、林区以及农业产区农村推广。

自然条件下食用菌栽培的方式主要有林下栽培及田间套作栽培等。

4.5.3.1　林下食用菌栽培

食用菌生性喜荫，天然野生食用菌一般生长在林下、林缘或草丛等环境中。林下为食用菌生长提供了天然的遮阴、温度、湿度和通风环境，适合食用菌的生长。选择栽培食用菌的林区一般没有工业污染，其产品具备天然、营养、有机的特点。林下种植食用

菌，有效利用林下空间环境，降低生产成本，简化栽培程序，促进菌业和林业的共同发展，提高农民的收入。食用菌菌渣给树木生长提供有机肥料，促进林木的生长。林下食用菌栽培“以菇促林、以林种菇”是一种良性循环的种植模式，该模式在广大林区应用前景广阔。

食用菌林下栽培采用人工接种菌包，培养菌丝体，菌丝体成熟后返回到适宜食用菌生长发育的树林环境中进行栽培的方式。具体做法有以下几种：① 将发好菌的菌包脱袋之后覆土栽培于树林下菇；② 直接将菌包放置于在树林下；③ 将菌种播种于树林下的菌床中。然后在天然温度、通风、光照环境中，结合人工喷水，管理出菇，采收子实体。适合林下栽培的食用菌种类多样，如平菇、鸡腿菇、香菇、黑木耳、毛木耳、草菇等。

4.5.3.2 田间套作食用菌栽培

农作物与食用菌的套作栽培是许多农业产区采取的一种栽培模式。农作物生长的中后期套种食用菌，作物的生长给土层遮阴，建立一个温湿度适宜的田间小气候，为食用菌的生长创造适宜的生长环境。食用菌采收后的菌渣残留在土壤中，增加了土壤有机质，改良土壤理化结构，提高土壤保水保肥能力。具有不与人争粮、不与粮争地、不与地争肥、不与农争时的优势，是生态、节能、高效的农业。该模式投资少、见效快、易于掌握，对广大食用菌栽培技术比较落后的农村地区，做到充分利用土地空间，有效地提高单位面积的产出，增加了经济收入。如生产上玉米套作平菇及木耳、苎麻套作木耳及香菇、小麦套作羊肚菌、水稻套作黑木耳等。

农作物生长期间一般气温较高，因此套作时应选择耐高温的食用菌品种。套作具体方法是：菌丝长满菌袋后，将菌袋移到作物的行间进行套作，摆放菌袋时注意与作物根部保持一定的距离。根据食用菌品种的出菇方式不同，而采取不同的套作排放方式：① 采用菌袋两端出菇的品种（如平菇），采取堆码的方式进行套作；② 采用菌棒周身出菇的品种（如木耳、香菇等），采取搭架的方式进行套作；③ 采用脱袋覆土出菇的品种（如鸡腿菇），将菌棒搬入套作区，脱去塑料外袋，采用立埋和卧埋的方法排放。注意菌棒之间尽量不留空隙，然后进行覆土。

田间套作栽培食用菌管理上应注意以下几点：① 确保田间的湿度，当田间地面相对湿度低于80%时，需要喷水，确保田间的湿度为85%～95%；② 遇阴雨天气，应在雨前采菇，不能采摘时用塑料薄膜盖好，以免雨水溅起的泥沙影响菇体质量，而降低其商品价值；③ 当气温较高时，应注意遮阴降温，防止菌丝高温老化，加强出菇管理，可延长出菇期，增加产量。

4.5.3.3 其他套作栽培

（1）菜园套作食用菌栽培　选择生育期较长的搭架蔬菜进行套作食用菌，利用蔬菜为食用菌遮光、降温来满足食用菌生长的要求，食用菌的基质为蔬菜生长补充营养，改善作物根际生长条件，形成良性循环。栽培中应选择土壤肥力较好、排灌方便的地块，食用菌类型及品种依据不同季节气温来确定。一般春秋季节以中温型或广温型种类为宜，如平菇、双孢菇等；冬季应以中低温型为宜，如双孢菇、鸡腿菇、金针菇等；夏季应以高温型为宜，如草菇、平菇等。蔬菜宜选择黄瓜、南瓜、丝瓜、扁豆等株型较大的类型。食用菌套作时期以蔬菜爬满架或植株高大茂密已进入果实生长期为宜。此外，随着日光温室的推广应用，在北方地区兴起一种日光温室内菜菌套作栽培的节能型农业模式。

（2）果园套作食用菌栽培　选择树龄较大，遮阴较好的果园，如柑橘、葡萄、香蕉、龙眼、苹果、梨等果园中套作食用菌的模式。套作的菌类多种多样，各地区根据气候特点选择香菇、鸡腿菇、木耳、草菇、平菇、金福菇等菌类的适合品种。栽培方式也多样，如畦栽、袋栽、段木栽培等。

参考文献

[1] 常明昌. 食用菌栽培学 [M]. 北京：中国农业出版社，2003.

[2] 王贺祥. 食用菌栽培学 [M]. 北京：中国农业大学出版社，2008.

[3] 黄毅. 食用菌工厂化栽培实践 [M]. 福州：福建科学技术出版社，2014.

[4] 孟庆国. 食用菌栽培中覆土的好处及方法 [J]. 西北园艺，2011，(03)：49-51.

[5] 修翠娟，孟庆国. 食用菌覆土栽培的技术要点 [J]. 山东蔬菜，2011，(4)：45-46.

[6] 德宾. 食用菌栽培中的覆土材料制备 [J]. 农业工程技术・温室园艺，2007，(6)：54-55.

[7] 范崇慧. 食用菌栽培覆土材料的消毒方法 [J]. 农业知识（瓜果菜），2013，(6)：59-61.

[8] 李东，朱元弟，马付元，等. 大棚栽培蘑菇草碳覆土技术 [J]. 中国食用菌，2007，26 (6)：28-30.

[9] 施玉良，徐霞. 食用菌覆土丰产技术 [J]. 中国食用菌，1991，10 (1)：29-30.

[10] 范可章，陈灵，张振，等. 平菇2潮后菌棒畦式覆土法和菌墙法效果比较 [J]. 中国食用菌，2011，30 (4)：23-25.

[11] 管道平，胡清秀. 对食用菌生产基地建设的思考 [J]. 食用菌. 2008，(3)：4-6.

思考题

1. 食用菌按营养方式可将分为哪些类型？常见食用菌都属于哪些类型？
2. 熟料栽培与生料栽培的区别，并简述其培养料制作程序。
3. 覆土栽培的优点有哪些？有哪些常见的需要覆土栽培的食用菌？
4. 简述食用菌工厂化栽培方式的特点及现有模式。
5. 什么叫自然生态条件下的栽培方式？常见的栽培方式有哪些？

第5章　工厂化食用菌栽培技术

5.1　双孢蘑菇

5.1.1　简介

双孢蘑菇（*Agaricus bisporus*）别名蘑菇、洋蘑菇、白蘑菇，欧美各国生产经营者常称之为普通栽培蘑菇（common cultivated mushroom）或纽扣蘑菇（button mushroom）。双孢蘑菇在分类上隶属担子菌门伞菌目蘑菇科蘑菇属。因其肉质肥厚细嫩，味道鲜美，营养丰富，又具有较高的保健功能，被欧洲人誉为“植物肉”，美国人称为“上帝的食品”，深受国内外消费者欢迎，双孢蘑菇是我国出口的主要食用菌之一。目前全世界有100多个国家或地区栽培双孢蘑菇，产值数十亿美元，有“世界菇”之称，也是最早实现周年化、工厂化生产的食用菌，其中产量最多的是中国、美国、法国、荷兰、英国等。在发达国家，工业化生产是双孢蘑菇栽培的主导模式，在我国随着市场常年对双孢蘑菇鲜品强烈的需求，双孢蘑菇的周年生产技术日益受到重视。1983年以来，我国有关部门和省份先后从国外引进了约10条工厂化双孢蘑菇生产线，但是由于技术原因、市场原因和管理因素等问题，绝大多数都被迫停产放弃，工厂化生产曾一度处于低潮。到了20世纪90年代，随着改革开放的进一步深入，国内再次掀起了进军食用菌工厂化生产的投资热。但直到21世纪10年代以后，我国的双孢蘑菇工厂化栽培才有了突破性的进展。目前国内企业在学习借鉴国外成功经验的基础上，采用引进设备和技术自主创新相结合的方式，逐步探索和完善着适合我国的双孢蘑菇工厂化生产工艺，产业正处于转型时期，工厂化栽培水平和规模还处于起步阶段。

双孢蘑菇的基本形态可分为两大部分，一是构成菌床主体的菌丝体，二是生长在菌床表面的子实体。

菌丝体　双孢蘑菇菌丝体是由无数管状细胞组成，被称作营养器官，菌丝体多为白色至灰白色，在培养菌期间，菌床中的菌丝体形态主要为绒毛状。菌床在覆土调水时，特别是在喷结菇水前后，土层中的菌丝体由绒毛状转变成线状。线状菌丝除具备结菇功能外，还会继续交织、增粗，形成菌丝束。菌丝束呈现束状或根须状，主要作用是输送养分和支撑子实体的生长。

子实体　双孢蘑菇子实体俗称菇体，它由菌丝发育而来，是供人们食用的部分，被称作繁殖器官。双孢蘑菇子实体多为白色，发生初期，其体形很小，似米粒状或铆钉帽状的原始小菇蕾，所以人们俗称其为米菇、钉头菇。菇蕾逐渐分化发育，长出菌盖，菌柄的雏形，呈倒葫芦形，黄豆粒大小时，菌柄逐渐增粗，菌盖不断长大，并由球形变为半球形，菇蕾发育成纽扣状幼菇。幼菇长大后，子实体发育并进入成熟期。成熟后的子实体外形呈伞状，它由菌盖、菌柄、菌褶、菌膜等部分组成（图5-1）。

图5-1 双孢蘑菇

5.1.2 栽培农艺特性

5.1.2.1 营养需求

双孢蘑菇是一种草腐菌，属异养型生物，体内无叶绿素，不能通过光合作用来制造养分。所需的营养物质主要是碳源、氮源和无机盐。碳源主要来自作物秸秆，常用的氮源是粪肥、饼肥和化肥。双孢蘑菇菌丝分解纤维素和木质素的能力差，也不能直接吸收蛋白质，不能用未经发酵腐熟的培养料栽培双孢蘑菇。培养料必须通过堆制发酵，经物理、化学的作用和微生物降解，才能达到能够被双孢蘑菇利用的状态。

双孢蘑菇生长发育所需要的无机盐包括大量元素磷、钾、钙、镁等和微量元素铁、铜、锌、硼、钼等，在培养料、覆土层和栽培用水中均有一定含量，不足部分一般在培养料配制时加入。提供双孢蘑菇营养的原材料有以下几种。

草料 主要为双孢蘑菇生产提供碳水化合物，原料有很多，例如麦草、稻草、黍子秸、玉米秸、玉米芯、油菜秆、杏鲍菇废料、金针菇废料等。麦草作为优质的原料被双孢蘑菇工厂化生产广泛应用。麦草的理化性质：麦草纤维坚挺，吸水发酵后能够保持一定的结构。含碳量47%，含氮量0.48%。生产中对麦草的要求是：① 要有一定的长度和结构，保持麦草新鲜和良好的结构是蘑菇稳定生长的基础，发热后蜡质层被破坏的麦草是不合适的。② 水分含量20%以下的麦草不会造成发热，25%以上含水量的麦草不适宜长期储存，尤其是目前麦草都是大捆打包的。③ 灰分的要求，灰分的存在基本是没有价值的，麦草灰分要求在10%以下。例如泥土、沙石，麦草中存在泥土的原因是：① 收割时混进泥土；② 不良商家掺杂泥土增加重量；③ 预湿和一次发酵时带进的泥土。泥土的危害是使二次发酵难以达到理想的灭菌效果。另外，培养料黑腐病和胡桃肉状菌可能与堆肥被泥土污染有关。

畜粪 主要为双孢蘑菇生产提供氮源，原料有鸡粪、马粪、牛粪、尿素、豆粕、酒糟、油渣等。粪可以提供廉价的氮源，并且含有大量微生物促进发酵，但是占比过多的粪会影响发酵料结构，造成发黏等现象。一般将尿素、豆粕、酒糟、油渣等归类为辅料，补充不足的氮源。但是豆粕、油渣、花生饼等价格较高。尿素在二次发酵中氨气不易转化。

鸡粪是双孢蘑菇生产中氮素的主要来源。鸡摄入的饲料中约50%的营养没有被消化吸收，因此鸡粪是所有禽畜粪便中养分最高的，其中大量的粗蛋白和脂肪是蘑菇高产的基础。还含有丰富的磷肥，所以添加了鸡粪的培养料是不用再加过磷酸钙的。

干鸡粪一般湿度小于15%，适合长期储存，及时在硬化地面晾晒的干鸡粪能够保持鸡粪的所有养分。其优点是造料过程中添加的量容易把握，鸡粪的混合过程能保证均质性。

湿鸡粪含水量60%～80%，优点：① 未发酵的湿鸡粪营养保存完好；② 非常廉价。然而，湿鸡粪在实际生产中的缺点很多，这也是工厂化生产中要想办法克服的问题，包括：① 供应的鸡粪水分不一致，确定准确的干物质量很困难；② 批次与批次之间的氮素含量不一致，需要经常检测含氮量；③ 季节不同，鸡粪质量差别很大，应及时调整配方；④ 有的湿鸡粪较厚重，对均匀混拌是个挑战，要开发能够将鸡粪混合均匀的技术；⑤ 湿鸡粪要防止早期发酵，时间久的鸡粪已失去氨和活性；⑥ 冬天结冰之后很难融化，不易操作。

鸡粪理化性质：水分含量不一，35%～40%、65%～75%、80%以上的。含氮量2%～5%。纯鸡粪灰分小于20%。

鸡粪分类：雏鸡粪，水分35%～40%，含氮量4.5%～5%，颗粒小，干燥，养分高，易于分散，是质量最好的鸡粪。肉鸡粪，水分65%以上不等，含氮量3.5%～4.5%，有的较厚重，不易分散。蛋鸡粪，水分65%以上不等，含氮量2%～3%，是质量较差的鸡粪。雏鸡粪比肉鸡粪含氮量高的原因是饲料里的蛋白质含量更高一点。蛋鸡粪是饲料里添加了矿石或者贝壳等补钙辅料，鸡粪的灰分可能高达30%～50%，导致含氮量偏低。含水量和雏鸡粪、肉鸡粪、蛋鸡粪并无直接关联，主要和养鸡场清理方式有关。有定期在鸡粪上撒稻壳，一定数量后清理出来的稻壳干鸡粪。有用水冲洗场地，出来的是湿鸡粪。有将湿鸡粪收集之后烘干或者晾干的干鸡粪。

石膏　作用是：① 直接补充钙、硫元素。② 固氨，使氨态氮转化成化合态氮。③ 能使秸秆表面的胶体凝集成大颗粒，产生凝析现象，增加培养料的通透性。④ 石膏解决了添加鸡粪而造成的油腻，鸡粪量增加，石膏的量也要相应地增加。⑤ 石膏还能中和菌丝生长形成的草酸，稳定酸碱度。石膏的种类有天然石膏、脱硫石膏、生石膏和熟石膏等。

天然石膏相对于脱硫石膏价格要高很多，天然生石膏市售较少，一般要到矿上才能买到，是栽培蘑菇的理想添加物。脱硫石膏是电厂等厂矿的附属产品，价格低廉，在加工成熟石膏的过程中由于设备和技术不同，质量参差不齐，其中可能含有亚硫酸钙和其他有害重金属元素，不建议使用。

生石膏是二水硫酸钙（$CaSO_4 \cdot 2H_2O$），生石膏粉是由原矿粉碎研磨而成。熟石膏是半水硫酸钙（$CaSO_4 \cdot 0.5H_2O$），由生石膏煅烧而来，吸水后会发热膨胀重新变成生石膏。蘑菇栽培两种石膏都可以使用。

碳酸钙　碳酸钙（$CaCO_3$）是一种无机化合物，俗称灰石、石灰石、石粉、大理石等。呈中性，基本上不溶于水，溶于盐酸。碳酸钙是动物骨骼或外壳的主要成分。碳酸钙是重要的建筑材料，工业上用途甚广。碳酸钙主要用于覆土，提高pH，增加钙元素含量以及提高覆土的比重。

5.1.2.2 生长条件

影响双孢蘑菇生长发育的环境条件很多，主要有温度、水分、空气、光照、酸碱度及覆土层等。

（1）*温度* 双孢蘑菇不同温型的品种以及在不同的生长发育阶段，对温度的要求不同。常用的中低温型品种的发菌温度为6～32 ℃，最适温度为22～24 ℃，超过33 ℃基本停止生长，35 ℃以上死亡。出菇的温度范围为6～22 ℃，最适温度为13～16 ℃。双孢蘑菇发菌阶段除注意环境温度变化外，更要注意料温的检测，后者一般较前者要高。出菇期间，要保持菇场内温度相对稳定，温度变化急剧，对菇体发育不利。

（2）*水分* 双孢蘑菇所需水分主要来自培养料和覆土层，其次是空气湿度。双孢蘑菇培养料在堆制发酵期间，含水量应调节在65%～70%，产菇期培养料含水量应控制在62%～65%。覆土层的含水量一般控制在18%～22%。发菌期间，空气湿度要求在60%～70%，不得超过75%。出菇期间空气相对湿度应提高到90%左右。湿度过低菌床容易失水，菇盖会产生鳞片，菌柄会出现空心，即空心菇现象。湿度过高，菌床易发生病害，菇体会出现锈斑、红根等症状。

（3）*空气* 双孢蘑菇是一种好氧性真菌，其呼吸作用是吸收氧气，排出CO_2，在栽培双孢蘑菇过程中，菌丝体和子实体的呼吸作用以及对培养料的分解过程中会不断产生CO_2、NH_3、硫化氢等有害气体，如果这些有害气体积累到一定浓度，就会对菌丝生长和子实体发育产生抑制或毒害作用。因此，菇房经常性的通风换气，是栽培双孢蘑菇中极重要的管理工作。

（4）*光照* 双孢蘑菇菌丝体和子实体生长发育阶段都不需要光照，在黑暗条件下，子实体发育顺利，且菇体色泽洁白度高，双孢蘑菇忌阳光直射，菌床管理可采用无光线的黑暗条件。但间接微弱的散射光对双孢蘑菇生长没有妨碍。

（5）*酸碱度* 双孢蘑菇适宜在中性偏酸的环境中生长，菌丝生长的最适pH为6.8～7.0，子实体发育阶段最适pH为6.5～6.8，栽培过程中由于菌丝的代谢作用会产生碳酸、草酸等有机酸，致使菌床逐渐变酸。所以，播种时培养料的pH应调节至7.5左右，覆土层的pH调节到7.5～8.0。

（6）*覆土层* 覆土层是双孢蘑菇出菇的必要条件。菌床不覆土就不会出菇。覆土材料的质地、结构、土层的厚度、持水量、酸碱度以及覆土的时机等，都直接影响到结菇性能和子实体的质量。

5.1.3 双孢蘑菇育种和品种特性

5.1.3.1 双孢蘑菇的生活史及其有性生殖系统

双孢蘑菇通常担子上仅产生两个担孢子，而且单个担孢子萌发生长即可完成营养积累、子实体发育、子代担孢子成熟散发的整个生活史；其菌丝无锁状联合，无性繁殖阶段能产生厚垣孢子和次生孢子。双孢蘑菇属于次级同宗配合类型，有特殊的二极性次级同宗配合的生活史，其有性生殖具有两个分支，一支是含“+”“-”两个不同交配型细胞核的担孢子，不需要交配就可以完成生活史，即异核孢子是以次级同宗配合的遗传方式来完成其生活史的。另一支是仅含有“+”核的担孢子和仅含“-”核的担孢子，萌发成菌丝后，需经交配才能完成生活史，即单核孢子或同核的双核孢子是以异宗配合的遗传方式来完成其生活史的。

虽然双孢蘑菇有80%以上的担子通常是双孢的，而且每个孢子通常具有2个不同交配型的核，因此是自体可育的，具有结菇能力。但是，在双孢蘑菇菌褶上还可观察到3孢、4孢担子等，据统计，1孢担子占3%，2孢担子占81.8%，3孢担子占12.8%，4孢担子占1.2%，5孢担子占0.013%，7孢担子占0.003%。这些异常担子上的孢子大多数情况下只得到单个核，因此无结菇能力。就是双孢担子上的部分孢子也有自体不育的，这些孢子虽然具有双核，但2个核具有相同的交配型。即双孢蘑菇减数分裂后形成的4个单倍体核有非姐妹核进入同一孢子的非随机迁移倾向。核非随机迁移行为导致绝大多数孢子为异核的现象，被解释为是由于该物种为防止同核体隐性纯合可能导致的菌株致残、致死效应，而进化出的适应性遗传机制，该机制最大程度地保持了亲本的异核性质。担子中减数分裂产生的4个核随机配对迁移入两个担孢子是双孢蘑菇种的特征。

5.1.3.2　双孢蘑菇的优良品种

我国双孢蘑菇菌种经历了以下的变迁。1981—1985年引进菌种：8211、8213、C1、111、176等。1985—1991单孢分离菌株：闽1号（114-5）、浙农1号。第一代杂交菌株的后代：闽2号（As1671）、闽3号（As1789）、1991—2011年第二代杂交菌株的后代：闽4号（As2796）、闽5号（As3003）、闽6号（As4607）。2011年至今推广第三代杂交菌株：W192、W2000。2015年第三代杂交菌株的后代福蘑38育成。国外双孢蘑菇的品种选育和菌种制作技术都比较先进，主要集中在Sylvan、Amycel和Lambert等几大公司。国外品种多为贴生型菌株，诱导出菇的环境条件相对比较容易达到要求，出菇的密度大，如何控制出菇密度是提高蘑菇品质的关键技术。国内外品种特性之间的差异如表5-1所示。

表5-1　国内外品种特性之间的差异

菌株名称	W192、W2000、W38	As2796	A15（Sylvan）
菌丝形态	贴生-半气生型	半气生型	贴生型
菇形	盖圆整，柄适中	盖圆整，柄适中	盖圆整，柄较长
子实体颜色	白色、光滑	白色、光滑	白色、有鳞片
菌褶颜色	粉红	粉红	偏红
菇质	好，适合鲜销和制罐	好，适合鲜销和制罐	稍差，适合鲜销
合格率	好	好	一般
平均产量	高，25～30 kg/m²	较高，20～30 kg/m²	高，30～35 kg/m²
产量集中度	较集中，3潮80%	较平均，5潮80%	很集中，3潮90%
适合生产模式	农业及工厂化	农业及中国式工厂化	工厂化

AS2796 自20世纪80年代选育以来，该菌株一直是我国具有自主知识产权的主栽培品种。是应用酯酶同工酶为遗传标记，在高产菌株02（H型）与优质菌株8213（G型）的同核不育株间做了380个组合的配对杂交，选出杂交种子一代（F1）W95-2等，再经单孢分离出2 000多株单孢培养物，从中筛选获得高产优质的杂交种子二代（F2）菌株As2796。该菌株酯酶同工酶PAGE表型为HG4型，呈典型的杂合态。菌丝培养特性与栽培特点与高产亲本02相似，在PDA培养基上菌丝呈银白色，基内和气生菌丝均很发达，生长速度中等偏快，在麦粒或粪草培养基上菌丝生长快，强壮有力，一般不结菌被，在含水55%～70%的粪草培养基中菌丝生长速率相似，最适生长含水量是65%～68%。在16～32 ℃下菌丝均能正常生长，最适为24～28 ℃。在24 ℃仍能结菇，平均单产比优质亲本菌株8213（G型）提高50%～100%。鲜菇与罐藏质量表现与优质亲本8213相似。生产推广应用20多年。

该菌株适于用二次发酵培养料栽培，较耐肥、耐水和耐高温，出菇期迟于一般菌株3～5 d。但是，菌丝爬土能力中等偏强，扭结能力强，成菇率高，基本单生，20 ℃左右一般仍不死菇。1～4潮菇结构均匀，转潮不太明显，后劲强。鲜菇圆整、无鳞片、有半膜状菌环、菌盖厚、柄中粗较直短、组织结实、菌褶紧密、色淡、无脱柄现象，每千克含菇90～100粒。鲜菇含水量较高，预煮得率65%，制罐质量符合部颁标准。工厂化每平方米可达20～30 kg。

该菌株菌丝在10～32 ℃下均能生长，24～28 ℃最适；结菇温度10～24 ℃，最适14～20 ℃。该菌株耐肥，后劲强，要求投料量足，薄料或含N量太低，可能产生薄菇，甚至空腹菇。该菌株比较耐水，料湿度65%～68%为宜。要求在菌丝爬土至离土层表面0.5～1.0 cm时喷结菇水，加大通风，控制在此区域扭结成菇。若扭结过于表层，结菇太密易挤成畸形，且影响后期产量。一般在喷结菇水后5 d，菇蕾长至黄豆大，每平方米喷出菇水0.4 kg，早晚喷，连续2～3 d，总用水量每平方米27 kg左右，以不漏到培养料为准则。每潮菇采收后应去除根头，补土并停止喷水2～3 d，让菌丝恢复生长后再喷水。当菇房湿度偏低、覆土层含水偏低，而床面上有大量正在迅速生长的纽扣菇（1.5～2 cm）时，应先提高菇房湿度，调整覆土层含水量适宜后再喷出菇水。不调整菇房与覆土层湿度而直接喷出菇水，极易使子实体突然大量吸水，细胞膨大异常迅速而造成空腹。该菌株特点是边扭结边生长，留大菇既影响小菇生长，又影响质量，一般掌握在直径2.5～3.5 cm时采收，密度大时2.5 cm采收。

W192 该菌株在遗传上呈典型杂合态，同工酶谱呈HG4型，在PDA培养基上菌丝呈贴生生长，在麦粒或粪草培养基上菌丝生长快，不易生长菌被。生长适应性广，最适生长温度为24～28 ℃，耐高温，子实体在22 ℃温度持续高温3～4 d仍正常生长，不易死菇，但在低温时出菇较少，因此遇低温时要减少喷水量，以保湿为主，要防止喷水漏料，导致菌丝老化，待到气温回升再调水出菇，延长出菇期。该菌株比较耐水，料湿度65%～68%为宜，出菇期间需水量与高产型菌株相似。适用于二次发酵制备的培养料进行栽培，较耐肥，要求投料量足。

菌株爬土能力强，扭结快，成活率高，因此覆土后要注意观察菌丝爬土情况，控制喷结菇水时期与通风强度，使菌丝体在离土表 0.5～1.0 cm 处扭结成菇，并适当控制扭结密度，有利于减少球菇，提高成菇率，增加单生菇，使转潮不太明显，后劲才能发挥。菇体直径 2.5～4 cm 时采摘，不要留大菇，形成边采收边扭结边生长，有利于提高产量和质量。

福蘑 38 福建省农业科学院食用菌研究所育成，以杂交品种‘W192’为亲本，应用单孢分离技术选育而成。菌落形态贴生、平整，气生菌丝少，子实体多单生，菌盖为扁半球形，表面光滑，绒毛和鳞片少，直径 3.5～5.5 cm；菌柄近圆柱形，直径 1.3～1.6 cm，子实体大小适中，平均单粒重 23.1 g，子实体结实，不易开伞，鲜菇商品性状明显优于对照‘W192’。菌种播种后萌发快，转潮比较明显，从播种到采收 36～40 d（杏鲍菇菌渣栽培 50 d 左右），与对照‘W192’相当。

A15 美国 Sylvan 公司中型杂交菌株，蘑菇颜色洁白，菇球状，丰满，口感好，含水量大，货架期长，生长时间短。A15 菌种的抗病能力强，发菌快，潮次分明，蘑菇直径 3～8 cm，可以根据市场需求，生产大小合适的蘑菇。

栽培技术要点：菌丝生长需要均匀、优质的新鲜培养料，空气温度与培养料温度需要有适宜的温差，但对不同质量的培养料有较强的适应性。培养料进菇房时含水量控制在 66%～68%，含氮量在 2.1%～2.5%。发菌最适料温 25～26 ℃，14～15 d 菌丝长满培养料。进料时，每平方米装料量在 85 kg 或以上（3 次料，2 次料在 110～120 kg）。应注意培养料在进料时可压得结实，但当培养料湿度大，结构欠佳时，需要稍微松散一些。培养料的氨气浓度要在 5 ppm 以下。A15 易扭结，要用较粗颗粒覆土材料，采用国产的草炭土，持水量在 70%。催蕾（第 0～6 天）时每天降温 1～1.5 ℃，结合通风，出菇（第 6～10 天）时缓慢将空气相对湿度和 CO_2 降低，将空气温度适当变化，以使第一批菇蕾发育并均匀分布。采收前 2～3 d 料温应降到 19～20 ℃，防止子实体过早成熟，导致分布不均。随着菇蕾的发育，增加新鲜空气通入量，气温降至 17.5～18 ℃。出菇过程中喷水存在风险，喷水影响质量和分布。此时控制系统应优先考虑温度和空气相对湿度，而 CO_2 控制则较为次要。出菇管理期间空气相对湿度以 88%～90%为宜。采收期间室内空气温度应缓慢升高，以保持最优蒸腾作用和活力。在料温有所升高、菇盖直径大于 2 cm 两个条件同时达到前，不可喷水。第一潮后，气温应保持较高状态，持续 24～36 h，以控制第二潮现蕾的数目。此时需要良好的蒸腾作用，以刺激第二潮较早出现的菇蕾发育。最后 36 h，气温可降至 18 ℃。若此阶段留下些许蘑菇，有助于第二潮蘑菇的出现，并用于观察蒸腾和生长的情况。以后相对湿度和 CO_2 应每潮分别降低 2%和 0.02%。

5.1.4 双孢蘑菇生产系统

在世界范围内双孢蘑菇的生产工艺流程已经非常成熟，包括选择原料与配方—预混—一次发酵—二次发酵—三次发酵（走菌）—覆土—出菇—采收。重要的设施设备包括抛料机、铲车、上料机、运料机、播菌机、覆土搅拌机、冷库等。双孢蘑菇的栽培是一个系统工程，需要机械设备、空调、计算机、生物环境等多学科协同起来。一个工厂化的双孢蘑菇厂需要从建厂设计开始，设计、施工的理念对栽培与经营的影响深远，与场地选址、市场原材料、物流、土地价格、环境、人力资源地方政府支持密切相关。

5.1.4.1　工厂选址、平面布置和工艺路线

工厂化双孢蘑菇项目主要包括原料堆放场、堆料场、出菇房、配套机械和水电路系统等的建设，通常是一次建成使用多年，菇房的总体规划很重要，平面布置得是否合理，对后期生产影响很大，如菇房、覆土加工间的规划，物料流程规划，菇房建设方向，菇房进风和排风口位置，原料辅料和产品的运输路线规划等。应掌握以下原则：

① 选择交通运输方便、地势开阔的地方。运输麦秸、稻草的车辆和运送鲜菇的冷藏集装箱车辆一般都比较高大、重型，应尽量避免在道路比较窄，电线、电话线架设比较低的村庄内或通过大型车辆有一定难度的场地建厂。

② 培养料生产基地远离城市和村庄。培养料堆制场地要与居民区、学校、医院、办公机关和污染企业有一定距离。发酵培养料时的气味较大，很容易影响周边的人，培养料发酵之后是很干净的基质，也不要被周边的污染企业所影响。

③ 要选择水、电充足的地方。特别是水质一定要先分析化验浑浊度（含沙量）、pH、硬度、矿化度、腐蚀性等指标。以便根据水质和水资源及电价情况确定最优化的菇房空调系统。

④ 工厂平面布置要合理。应根据场地的形状、地势、主要风向等因素，布局菇房和堆料场。尽量减少培养料生产和出菇房相互污染，最好选择培养料生产基地和栽培出菇房有一定距离，尽量避免出菇房和一次发酵隧道靠在一起，二次发酵隧道与出菇房之间也应有一定距离。一次发酵隧道和二次发酵隧道之间也要有隔离或者有一定的距离。

⑤ 生产的工艺路线安排要合理。在满足工艺要求的情况下尽量减少运料距离和方便装载机的节油。雨季排水和泡料肥水回流要分开，要让培养料预湿和堆制时多余的肥水回流到肥水池内，尽量减少泡料肥水外流。原料、辅料和产品的运输路线要规划好，避免运输麦草、鸡粪等原料的车辆经过菇房前。

⑥ 有效利用地形地貌和风向。将培养料堆制场地安排在地势低的地方比较好，菇房建在地势高的地方。

⑦ 菇厂的工艺方案和工艺设施一定要匹配。菇房的大小、面积要和隧道造料体积匹配，设施隧道数量要和菇房数量配套，菇房的空调及通风系统要与菇房的栽培面积和产能匹配，栽培床架结构要和上料方式、上料设备匹配，机械设备要和菇房的生产能力相匹配。

⑧ 菇房的主要环节一定要重视。菇房要密封和保温，通风系统要满足均衡通风的要求等。

要提倡因地制宜、适度规模、科学设计双孢蘑菇工厂化厂房。因地制宜：南方和北方利用稻草和麦草工艺流程的标准化。适度规模：最佳投资与产出（日产量）。如上海建设

金针菇工厂，2000年入门规模的日产量是2 t，2010年起步的最低规模则是10 t。科学设计：① 工艺先进。工艺决定产量和质量，单产要达到国际中等水平，国内先进水平，25～30 kg/m^2。② 流程合理（循环利用）。③ 操作环境人性化。④ 整体布局要美观。

5.1.4.2 一、二次发酵隧道建设

一、二次发酵隧道是双孢蘑菇工厂化栽培的一个重要工艺设施，是一项集微生物发酵、机械制造、电子控制的综合工程，需要几个部门共同合作。

二次发酵隧道内进行的巴氏消毒和控温培养过程，是一个非常复杂而又要求精准的生物转化过程，是决定培养料出菇能力的关键环节，是双孢蘑菇栽培高产的基础。建设的二次发酵隧道应当做到进出料和设备维护方便，能有效控制通风，一年四季都能实现整个隧道内培养料的升温、恒温、降温和均衡控温。

① 隧道的具体长、宽尺寸应和出菇房的栽培面积配套，一般情况是一个二次发酵隧道的一批培养料供一个或两个菇房的栽培用料。若人工上料，在一个隧道内的培养料一天不能全部出完时，可考虑建设小的二次发酵隧道，两个隧道供一个标准菇房的栽培用料，但这样隧道的造价会提高很多。隧道的高度应根据隧道的布料设备和出料设备确定，满足方便进出料即可，不宜过高，一般在5～6 m。

② 隧道通风设备应和隧道通风底面的结构及隧道内布料厚度相匹配，通风能力过大或过小都造成能源和投资浪费，并影响发酵质量。

③ 隧道的个数一定要和菇房个数配套，如果隧道个数不足会影响菇房利用效率，影响产能。一个效能比较好的二次发酵隧道每月最多能产四批料，通常情况可按一个隧道两个月产七批料来计算工序平衡。

5.1.4.3 工厂化栽培空调菇房的设计与要求

空调菇房是双孢蘑菇出菇的场所，其空气调节系统是一年四季保证鲜菇产量和质量的重要设施，菇房的空调系统要能够有效调节菇房内的温度、湿度和CO_2浓度，满足栽培双孢蘑菇的工艺控制要求，菇房内的床架、走道等也都要与双孢蘑菇的栽培工艺相配套。

空调菇房与传统菇（棚）房在通风方式和栽培工艺上不同。传统菇房是靠自然通风，料层比较薄，一般在10～15 cm，风量、风温都不能精确控制，一批料单产在8～15 kg/m^2。空调菇房用现代栽培工艺控制通风，进入菇房的室外空气都要经净化过滤，风量、风温、湿度及CO_2浓度都是根据栽培工艺要求严格控制，一批料单产在20～30 kg/m^2。传统菇房每年只能在温度适宜的季节出菇，空调菇房可以四季出菇，每年可以栽培4～8个周期。传统栽培追求的是每批料的产量，工厂化栽培的空调菇房在追求每批料高产的同时还要追求菇房全年的产能，空调菇房只有在栽培床架全年产量达至120 kg/m^2以上时才能获得较好的效益。

空调菇房要满足高温蒸汽消毒、湿度大、通风量大的要求，因此对菇房的保温材料和空调设备要求较高，菇房还要满足上下料、人工作业等要求，要注意以下几个方面的设计。

(1) 空调菇房的平面结构设计　空调菇房的平面结构一般采用整体双排结构、整体单排结构。

整体双排结构的空调菇房采用整体式建筑，一栋菇房内建 10～24 间空调菇房，分两排布置。中间是公共走廊通道，菇房专用空调装置可以安装在走廊内，也可以置于走廊顶部，走廊宽度 5～6 m。每间空调菇房占地 130～260 m^2，栽培面积为 260～600 m^2，菇房的上、卸料门装在两侧外墙上。采菇门装在走廊侧的内墙上。主要特点是：① 走廊通道内的温度波动较小，可减少开关采菇门对菇房内温度的影响。避免采摘的鲜菇直接与室外高温接触，有利于菇体保鲜。② 两排空调菇房共用一个走廊，可节省部分建筑费用。③ 菇房的设备都集中在公共走廊内，便于管理。

整体单排结构的空调菇房也是采用整体式建筑，一栋菇房内建 6～12 间空调菇房，单排布置，一侧为走廊通道，菇房专用空调装置可以安装在走廊内，走廊宽 3～4 m，每间空调菇房的占地面积和栽培面积与双排空调菇房基本相同，菇房的上、卸料门装在没有走廊的外墙上。采菇门装在走廊侧的内墙上。主要特点是：① 与双排空调菇房一样，走廊通道内的温度变动较小，可减少开关采菇门时对菇房内温度的影响。② 单排空调菇房走廊的一侧墙体直接与室外接触，便于引进新风和走廊采光。③ 菇房的设备也都集中在走廊内，便于管理。

(2) 空调菇房进、出料门设计　进、出料门的设计是空调菇房设计的重要部分，直接影响到保温质量和生产效率及成本。进、出料门的位置、形式、大小是由进、出料的方式而定的，一般有三种情况：① 正对出菇床。这个位置只适合拉布式机械化上料方式，门的大小与栽培床架匹配，门的宽度一般在 1 200～1 800 mm，高度一般是高于最上层菇床面 300 mm，门的安装形式可采用悬挂移动式、铰链侧开式或滑道平移式。② 正对两排菇床架中间。这个位置适用传送带上料或人工上料方式，门的尺寸及安装形式与①相似。③ 对应两排菇床架及中间通道安装一个大门。这种门既可机械化上料，亦可传送带或人工上料，门的宽度一般在 3 800～4 600 mm，高度一般是高于最上层菇床面 300 mm，门的安装形式一般采用悬挂移动式。

(3) 空调菇房栽培床架设计　空调菇房内大多都是采用层架式栽培，栽培床架可以采用热镀锌型钢材、不锈钢和铝合金型材。热镀锌型钢材的优点是造价低，但焊接点处容易生锈氧化，使用年限较短；不锈钢和铝合金型材结实、稳固，耐受菇房的高温高湿，耐腐蚀，使用年限长，但造价高，一次性投资较大。每间菇房内安装两排或四排栽培床架，每排长度18～20 m，为方便播种上料时的机械作业，每排长度可以加到 40 m 左右。栽培床架每层间距 60 cm，一般不超过 6 层。每层床面的宽度一般在 120～150 cm。料层厚度一般 18～23 cm，栽培床架要有一定承重能力，每平方米栽培面积的培养料重量一般在 80～120 kg。栽培床架的侧面要便于采菇和通风。采用栽培床架直接支撑保温房顶的结构，可有效降低菇房建设成本；采用宽菇房短床架的布置方式，更容易控制菇房内的通风，但机械播种作业时会增加上料机械移动的次数，增加操作难度。

经过几年的实践总结，国内也在逐渐完善国产菇房床架的结构，逐步实现人力资源与简单设备的有机结合。应注意的问题有：菇房建设和床架加工时，应考虑为将来进一步改进上料方式预留空间，应按标准化设计，先简化安装，逐步完善。如床架的框架部分采用标准结构的热镀锌钢材，床面、侧板的安装孔全部加工好，先用廉价材料替代。技术熟练、生产销售顺畅后可分步添加，逐步实施机械上料，提高效率。另外对于目前的上料方式不要盲目追新，选择上料方式要综合考虑长期运营成本。打包上料方式，从工艺、生产、卫生安全方面考虑都是比较理想的，但长期运营成本很高，需要在工厂化发展的高级阶段逐步实现。

（4）*菇房专用空调装置的设计* 菇房专用空调装置是一年四季内保证菇房鲜菇产量和质量的重要设施，关系到菇房是否能实现四季出菇和稳产高产。菇房专用空调装置包括温度调节、湿度调节、CO_2 浓度调节及净化控制系统。温度调节、湿度调节、CO_2 浓度调节三因素是既相互独立又相互联系制约。菇房专用空调装置要在保证净化控制的前提下，能够有效调节菇房内的温度、湿度、CO_2 浓度，满足栽培双孢蘑菇的工艺控制要求。

设计菇房专用空调装置时，主要是根据菇房的大小、保温情况和栽培面积来确定空调装置的制冷量、制热量和通风能力。其中，栽培面积和单位产量是确定菇房专用空调装置负荷的重要参数。一般要求菇房的温度应在 15～28 ℃范围内可调，相对湿度在 70%～98%范围内可调，CO_2 浓度在 600～5 000 ppm 范围内可调，培养菌丝阶段一般不用主动控制 CO_2 浓度。净化控制系统包括净化过滤系统和正压控制系统。空气只能通过装有过滤器的进风口进入菇房内，在整个栽培过程中，菇房内应始终保持正压。菇房专用空调装置选型时，在考虑菇房结构尺寸、栽培面积、净化要求等因素的同时，还要考虑地区环境的温度、湿度、海拔高度以及双孢蘑菇的销售方式等因素，如果是以鲜品销售为主，对空调的除湿能力要求高一些；如果是为罐头、速冻等加工做原料，对空调的除湿能力就要求低一些。

对于整体结构有公共走廊的标准空调菇房，可选用单体水源冷（热）空调机组，在北方地区也可考虑集中制冷（制热）分散控制的中央空调装置。对于菇房较少或分散建设的菇房，应考虑单体空调装置。地下水资源丰富的地区可考虑水源热泵机组。专用空调装置要保证菇房内各部位通风量一致。特别要提醒的是在出菇时要控制 CO_2 浓度，千万不要把冷库或金针菇菇房的制冷机组或空调装置作为双孢蘑菇菇房的专用空调装置，那样会严重影响鲜菇的产量和质量。

（5）*空调菇房水系统设计* 菇房内的水系统包括床面喷水用的净水系统、清洗用水系统、空调用水系统及排水系统。栽培床架喷水用的水源要达到饮用水标准，每间菇房至少有一个接口。清洗用水系统主要用于菇房地面、走廊地面、工具、周转箱等的清洗。走廊内要有清洗槽，空调用水应按空调装置的要求安装。

排水系统主要是针对菇房清洗排水和空调冷凝水排水。菇房的排水系统要保证菇房之间不串气，室外污水及空气不能倒灌进入菇房内。在设计空调菇房时，除考虑以上设计要点，还要考虑栽培的具体品种、原材料、环保、节能等因素。总之，工厂化栽培双孢蘑菇是一个系统工程，要根据具体项目、具体环境、具体工艺来具体分析、具体对待。一个规模、品种相同的项目，在南北方不同的地点建造，设计要求也是不同的，不要照搬一个模式。

5.1.5　培养料堆制技术

双孢蘑菇培养料的制作过程称为堆肥，就是将植物有机质和氮素快速转化为蘑菇生长所特别需要的营养物质，这个过程是通过微生物和化学分解完成的。高产蘑菇堆肥的特性是能让蘑菇高产、只适合蘑菇生长、结构适当、低灰分含量、高持水力、高度降解和高含氮量。

堆料对原材料的基本要求是有营养、结构好、经济实惠。好的堆料完全取决于均衡合理的配方，在严格控制的堆肥操作中，完成彻底的生物转换。用科学指标如含水量、氮素、氨、灰分、碳素、pH 来鉴定堆肥好坏，但更快更准确的评价可以用近红外分析进行有机物测定，包括半纤维素、纤维素、木质素的测定指标，全面测定转化程度。

5.1.5.1　培养料的配比

工厂化双孢蘑菇生产常用的原料有麦草、稻草、玉米秸秆、鸡粪、饼肥、石膏、磷肥等。原料的选择，既要考虑营养，又要考虑到培养料的通透性，麦草和鸡粪是首选原材料。

麦草要求新鲜无霉变，含水量 18%～20%，含氮量 0.4%～0.6%，黄白色草茎长者为佳。鸡粪要尽量干燥，不能有结块，含水量 30%左右，含氮量 4%～5%，以雏鸡粪最好，蛋鸡粪次之，也有人用含水量 60%左右的湿鸡粪。碳酸钙、石膏等辅料，要求无杂质，不含重金属，特别是镁含量不宜过高，MgO 含量控制在 1%以下。

培养料配制原则：首先要计算初始含氮量，然后确定粪草比，最后确认培养料中碳和氮的比例。以粪草培养料配方为主的初始含氮量控制在 1.4%～1.7%，以合成培养料配方为主的初始含氮量控制在 2.0%左右。培养料配制的粪草比不能超过 1∶1，否则游离氨气将很难排尽。水分 73%～75%，pH 8.3～8.5，碳氮比（23～27）∶1，理想情况下小于 30∶1。

关于培养料配制中碳和氮的比例，国内资料推荐碳氮比为（30～33）∶1，这种比例是基于国内相应的生产条件所适应的，在工厂化生产的培养料配制中碳氮比应为（23～27）∶1，这种碳氮比的配制将在料仓和隧道系统中发挥优势。在培养料的堆制过程中，含氮量过低，会减弱微生物的活动。含氮量偏高时，将会造成 NH_3 在培养料中的积累，抑制蘑菇菌丝的生长。国内推荐配方：① 麦草 25 t，鸡粪（含水量 60%左右）50 m^3，石膏 2 t。② 麦草 1 000 kg，鸡粪 1 400 kg，石膏 110 kg，其中麦草水分 18%，含氮量 0.48%，鸡粪水分 45%，含氮量 3.0%。培养料配方中初始含氮量 1.6%，碳氮比 23∶1。荷兰常用的双孢蘑菇堆肥配方：秸秆 1 000 kg、鸡粪 800 kg、石膏 75 kg、水 5 000 m^3，可堆制二次发酵料 3 000～4 000 kg。

生产中常规的做法是每吨干草配 700～800 kg 鸡粪。要想用 1 t 干草，得到 3.5～4 t 堆肥，这取决于所用麦秸的水分含量，起始水分含量越高，最后制成的堆肥越少。每吨一次发酵之后的堆肥，用 18～20 kg 的石膏。要获得好的堆肥效果需要使用质量最好的原材料，确保原料的供应商准确地知道生产蘑菇对每种原料成分的选择标准。尤其注意禽粪，质量差的、含有土壤的禽粪能够使堆肥过程产生病原菌，土壤能够增加堆肥的灰分含量，而灰分并不能使蘑菇生长。秸秆和粪肥营养含量因地域和种类均有不同，使用之前需要测定和计算配方。表 5-2 是常用原料的养分含量，仅供参考。

表 5-2　几种常用原料的基本理化性状

秸秆种类	pH	EC 值（mS/cm）	灰分（%）	含碳量（%）	含氮量（%）	粪肥等	pH	EC 值（mS/cm）	灰分（%）	含碳量（%）	含氮量（%）
麦草	6.2～7.7	1.4～1.5	4.7～10	46～53	0.48～0.81	鸡粪	6.2～7.8	5.8～8.8	15～21	43～46	2.0～4.3
稻草	7.2～8.7	1.4～2.6	4.3～13	42～53	0.7～0.8	牛粪	7～8	5.43	20～29	30～39	1.3～1.8
玉米秸秆	5.4～7	1.6	4.4～8	46～53	0.48～0.69	羊粪	7～8	2.5～4	13	48	1～1.8
玉米芯	4.9	1.77	1.66	42	0.48	豆粕	6.76	3.3	5.36	53	6.5
草原羊草	5.6～6.6	1.5～2.8	4.8～7.6	51～53	1.～1.3	啤酒糟				47	6
棉籽壳				56	2	尿素					46

5.1.5.2　一、二次发酵技术

（1）预湿和建堆　麦草预湿、鸡粪及石膏等混合是隧道发酵前非常重要的工作。良好的堆料过程以优质原料以及良好的预湿为开始，预湿之后的混合十分重要。混合过程不能破坏原料的结构，鸡粪颗粒必须细小，且为保证良好的混合质量，湿度不得低于 40%。一些大型的堆肥企业具备价格昂贵的混合流水线和旋床。

混合后的原料通常做成高 1.5～1.8 m、3～4 m、长度不限的堆体，称为建堆。充分预湿并混合的堆肥在常温范围（<50 ℃）中应该有充足的反应时间。反应过程中水分、原材料结构以及通风的管理非常重要，整个过程的任何时刻都要有良好的通风，以防止厌氧堆料。在预湿之后不要浇太多水，要正确地使用循环水，回收水是堆料微生物的重要来源。

在起始阶段嗜中温菌开始活动，堆料微生物的种类如图 5-2 所示。一些淀粉酶、木聚糖酶、漆酶、转化酵素、β-葡萄糖苷酶的活性开始启动。

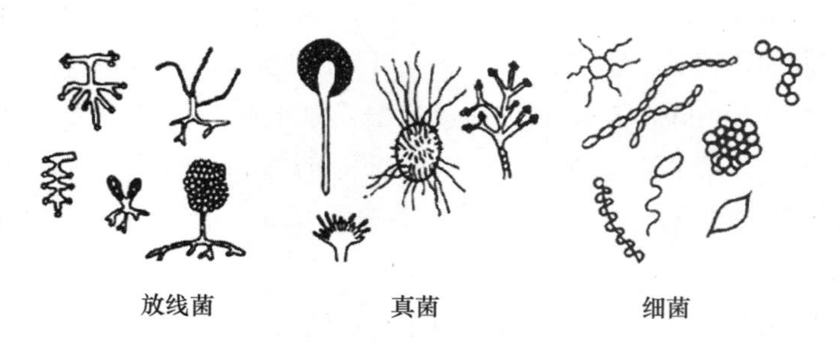

(每克堆肥中10万~1亿个)(每克堆肥中1万~100万个)(每克堆肥中1亿~10亿个)

图 5-2　堆料微生物（摘自 Jeoff）

（2）一次发酵及其过程中的生物化学和物理变化　一次发酵阶段是指通过预湿、搅拌、翻堆一系列动作后，将培养料均匀地填入一次发酵隧道，其间经过翻堆和一段时间的生物反应，使培养料具有均质性和选择性。这个阶段的主要目的是：① 让所有原材料充分混合；② 利用自然发酵对原材料进行分解；③ 堆制出含水量72%～74%和含氮量1.9%～2.2%且均匀的混合料。国内有两种隧道，一种是遮雨篷下（料仓）自然环境条件下的隧道，一种是封闭式的一次发酵隧道。国外一次发酵技术采用高压喷气嘴封闭通气隧道，隧道主要技术参数，压力：4 500～6 000 Pa，每吨培养料通风量5～20 m^3/h，风机频率取决于培养料的含氧量及温度，培养料温度控制在76～80 ℃，培养料内氧气浓度8%～12%。一次发酵料仓温度和通风管理可以做到完全由电脑控制，根据堆料温度进行通风，利用氧气测定感应进行通风。高水平的填料质量，控制水、干物质与氧气间比例，可以使堆料温度快速升温至80 ℃甚至更高。

一次发酵开始时，在水分、氧充足情况下，中温型微生物开始生长繁殖，代谢产生的热使料升温，随后嗜热性、高温性微生物开始生长。不同温区分布不同微生物区系，刚开始发酵料温在40～60 ℃，以中温型产芽孢和不产芽孢的细菌为主，还有生长较快的真菌、包括藻状菌、霉菌（曲霉、根霉、毛霉）。随着温度上升至高温区，耐高温的放线菌和喜温单胞杆菌、假单胞杆菌开始生长。料温达到65 ℃以上，料内有机氮和无机氮同时被微生物氨化，当温度上升至80 ℃左右时，微生物活动迅速下降，化学反应为主过程，氧化还原类反应直接依赖高温下碳水化合物的降解或微生物降解的不稳定中间产物。氨的存在促进发热及料的氧化作用。在80 ℃左右、有氧和氨存在、pH 8.5左右时，碳水化合物和微生物是不稳定的，反应及产物是多样的，其中发生焦糖化（糖分子逐渐失水，碳含量比例上升，料色变暗，最后碳化）而产生的高碳化合物，是蘑菇菌丝碳代谢主要的碳化源。一次发酵过程中容易降解的碳水化合物被分解，形成复杂的木质素-腐殖质复合物。这种复合物对双孢蘑菇菌丝体具有选择性，不适合其他霉菌的生长。当然培养料的这种选择性不是绝对的。

不良的设备维修体系会影响堆肥的质量。在一次发酵的料仓中，确保排气口、空气管道、除水装置能够经常清洗，风扇得到保养，保证堆肥过程需要的O_2。

一次发酵料的理化参数：水分含量72%～74%，NH_3浓度：2 000～4 000 ppm，氮含量1.8%～2.0%，灰分（ash）含量18%～22%，pH 8～8.5。

（3）二次发酵过程中的生物化学及物理变化　采用控温、控湿、控气的隧道式二次发酵技术。二次、三次发酵采用低压格栅地板通气隧道。压力：1 500～3 000 Pa，隧道的规格：宽4 m、长度20～40 m、高4～4.5 m。近年来这一阶段采用电脑控制的自动化技术已经成熟。这个阶段的主要目的是：① 通过巴氏消毒，杀死培养料内残存的有害微生物。通过嗜热微生物的有效繁殖，培养特定的微生物群落以分解堆肥，提高培养料的选择性。使堆肥形成特别适合于双孢蘑菇菌丝生长的最佳营养状态和最佳生态环境。② 使NH_4^+浓度降低到最低限度。③形成理想质地和密度的堆肥。④ 使堆肥的含水量、含氮量分别达到66%～68%和1.9%～2.1%。

为了达到此目的，二次发酵要经过几个阶段及步骤：经过一次发酵的堆肥转入二次发酵隧道后，关闭通道门口和风机让其自然发酵升温，16～20 h 后温度升至 50 ℃左右；适时通入热（蒸）气使升温过程持续进行，达到 58 ℃后开启调节设备使堆肥温度控制在 58～60 ℃持续 6～8 h，以杀死各种有害微生物和害虫；然后将堆肥温度调控到 47～49 ℃持续 5～7 d。这期间要监测排出气体中的氨气浓度，当不能嗅到氨气时给予冷风，使堆温下降到室温左右。二次发酵阶段的加热通气量和发酵时间是随着堆肥原料的不同而不同，随着一次发酵堆肥的成熟度的不同而不同，随着外界温度的不同而有所差异。

二次发酵的生物化学及物理变化主要是微生物生长繁殖、消长变化的进程，要保持好气嗜热微生物生长，丰富群落，同时消除有害群体。过程中的优质管理，能消除蘑菇的病原体，也就是消除杂菌，能制造有选择性的堆肥，满足蘑菇的最佳产量和质量。温度的管理至关重要，表 5-3、表 5-4 是害虫、病原菌以及嗜热真菌存活的温度临界值。嗜热“色串孢”真菌（*Scytalidium thermophilum*）是二次发酵阶段最占主导位置的嗜热真菌，它降解秸秆中的纤维素且促进蘑菇菌丝生长。

表 5-3　害虫、病原菌以及有益嗜热真菌的热致死点

害虫和病原菌		有益嗜热真菌				
种类	热致死点	种类	热致死点			
			59 ℃	62 ℃	65 ℃	68 ℃
蚤蝇和尖眼蕈蚊	55 ℃　5 h（几个小时）	嗜热毛壳菌	30 h	1 h	0	0
线虫	53 ℃　5 h（几个小时）	灰腐质霉	30 h	12 h	90 min	30 min
螨虫	55 ℃　5 h（几个小时）	特异腐质霉	30 h	12 h	3 h	0
瘿蚊	46 ℃　1 h	腐质霉属真菌	240 h	72 h	4 h	45 min
褐色石膏霉	60 ℃　4 h	一种嗜热真菌	48 h	30 min	0	0
蛛网病	50 ℃　4 h 或 60℃　2 h	米黑毛霉	18 h	8 h	30 min	0
蘑菇红地霉	60 ℃　6 h 或 50℃　16 h	微小毛霉	48 h	12 h	4 h	45 min
干泡病	60 ℃　2 h 或 55℃　4 h	多锈霉	4 h	0	0	0
湿泡病	60 ℃　2 h 或 50℃　4 h	嗜热侧孢霉	24 h	1 h	0	0
腹菌，大团囊菌	60 ℃　几个小时	嗜热杆霉	2h	0	0	0
橄榄绿霉病	60 ℃　6 h	嗜热踝节菌	240 h	12 h	1 h	0
毛状根病	60 ℃　2 h　50℃　16 h	嗜热子囊菌	6 h	4 h	0	0
细菌性斑点病	50 ℃　10 min	嗜热梭孢壳菌	8 h	1 h	0	0
双孢蘑菇孢子	65 ℃　72 或 70℃　3 h	嗜热圆酵母菌	24 h	90 min	0	0

表 5-4　嗜热真菌和放线菌的最适温度（摘自 Ray Samp）

分类及拉丁名	中文名	基本温度（℃）		
		最低	最适	最高
Basidiomycetes	担子菌类			
Coprinus sp.	担子菌纲-鬼伞属	20	45	55
Phanerochaete chrysosoporium Burds.	黄孢原毛平革菌	≤12	36～40	50
Deuteromycetes	半知菌类			

续表 5-4

分类及拉丁名	中文名	基本温度（℃）		
Acremonium alabamensis	阿拉巴马顶孢霉	≤25	—	>50
Acrophialophora fusispora	梭孢端梗霉	14	40	50
Aspergillus candidus	白曲霉	10～15	45～50	50～55
A. fumigatus Fres	烟曲霉	12～20	37～43	52～55
Calcarisporium thermophile	嗜热齿梗孢属真菌	16	40	50
Cephalosporium	头孢霉属真菌	—	—	≥50
Chrysosporium sp.	金孢子菌属	25	40～45	55
Basidiomycetes	担子菌类			
Humicola grisea var. *themoidea*	灰腐质霉	20～24	38～46	55～56
H. insolens	特异腐质霉	20～23	35～45	55
H. lanuginosa	疏棉毛状腐质霉	28～30	45～55	60
H. stellata	星状线囊座菌	<24	40	50
Malbranchea pulchella var. *sulfurea*	一种嗜热真菌	25～30	45～46	53～57
Paecilomyces puntonii	彭氏拟青霉	>30	—	>50
P. variotii Bainier	宛氏拟青霉	5	35～40	50
Paecilomyces spp. Group b，7 str	淡紫拟青霉菌	<30	45～50	55～60
Paecilomyces spp. Group c，6 str	拟青霉属	<30	45～50	55～60
Paecilomyces spp. Group d，4 str	拟青霉属	<30	45～50	55～60

完成二次发酵堆肥需要 6～7 d。涉及调平、巴氏灭菌、调节和降温四个不同的部分。历史上，通过将第一阶段结束时的堆肥装载到木箱或专门建造的房间内的盘中并使用蒸汽对堆肥进行巴氏消毒来完成第二阶段堆肥。现代化设施更多通过将二期堆肥装载到特殊构造的隧道内，通过压力通风系统从压力室将过滤的高压空气强制送过去。堆肥中的生物反应为整个过程提供足够的热量，并且通过调节被迫通过堆肥的再循环空气和新鲜空气的比例来控制堆肥温度。温度和氧气由可编程逻辑控制器或计算机监测与控制。

根据堆肥中微生物的活性，调平过程需要 8～48 h。足够的新鲜空气穿过堆肥使整体质量达到恒定温度；所选择的温度在很大程度上取决于堆肥技术员的偏好，但通常在 47～50 ℃。在二次发酵过程中主导的微生物是嗜热菌，并且在调平期间培养了足够数量的微生物群体以保证在巴氏灭菌期存活，以及在调节段期间也是有活性的。

巴氏灭菌可以杀死在后续的生长过程中与蘑菇菌丝竞争的任何顽固的杂草霉菌孢子、昆虫和其他病原体。为了实现巴氏灭菌，允许堆肥温度升高至 58 ℃，并在该温度下保持最少 8 h。应注意，堆肥温度不可超过 60 ℃，任何时间段高于此温度许多嗜热生物体会迅速达到其热死亡点，这就使得在调节过程中没有充足的生物体将氨转化为蛋白质。在巴氏杀菌后，将堆肥温度降至嗜热菌活性最佳的温度范围内，在 72 h 的时间内允许从 55 ℃降至 45 ℃。需要注意的是用于调节的最佳堆肥温度为 46 ℃，这是 20 世纪 80 年代由 Ross 和 Harris 得出的结论。在该温度下，在二次发酵中测得所有微生物都是有活性的。在该温度调节下的堆肥中的氨气被迅速清除，形成适宜蘑菇菌丝生长的选择性培养基。在调节阶段嗜热细菌和真菌通过固定氨气在堆肥中合成蛋白质。

在二次发酵过程中均匀地填充隧道非常重要，将隧道完全填充，不要留空隙，一旦隧道内填充完毕，尽快关闭隧道，打开风扇。要确保新鲜空气，过滤器保持整洁，根据堆肥日程更改二级过滤器。同时确保堆肥与空气温度检测探针准确校准，温度探针读数准确是非常重要的，因为二次发酵堆肥过程需要非常精确的温度控制。

二次发酵阶段隧道堆肥四个重要阶段的管理：

温度调节（调平）：通过内部循环 5～10 h 的时间，以每小时 1～1.5 ℃的速度自然升温。使培养料温度达到平衡、均一，堆肥温度差异<3.5 ℃，在巴氏灭菌前，先建立微生物群，根据堆肥活性，或农场是否有绿霉，调整时间可以是 8～36 h。

巴氏杀菌：巴氏灭菌是将一次堆料加热到一定程度，能破坏所有不良生物体，而不会损坏有益微生物——嗜热真菌和放线菌的过程。对于有效的巴氏杀菌法，保持堆肥温度在 58～60 ℃持续至少 8 h。不要使堆肥温度升到 60 ℃以上，温度超过之后微生物总数降低，而且如果堆肥温度超过 61 ℃，菌群就会被破坏，堆肥中的氨成分不易清除。始终给以少量新鲜空气，避免缺氧，同时加大循环量。

调节：调节的目的是通过有益微生物将现有的碳水化合物、脂肪和氮化物（氨）等物质，转化成最适合双孢蘑菇生长的培养料。巴氏杀菌之后大量引入新风，5～8 h 内把料温降到 47～50 ℃，堆肥下的空气温度以每小时 3～4 ℃的速度降低，直到底部空气达到 50℃，再以每小时 0.7～0.8 ℃速度降低，直到底部空气达到 45 ℃。之后在底部和上方空气温度保持 3 ℃差别，而堆肥温度在 47～48 ℃。

冷却：一旦空气输送管通道中氨气含量少于 5 ppm，就可以开始降温过程。堆肥空气每小时降低 3 ℃，最低达到 24 ℃。达到 27 ℃时便可以准备接种。尽量减少循环量，保持理想的含水量。

经过正确发酵获得的二次培养料的理论参数为：水分 66%～68%，pH7.5～7.7，氨气 50～100 ppm，氮 2.0%～2.3%，灰分 21%～32%，碳氮比（14～16）∶1。

二次发酵料温很快升到 60 ℃以上，新风量很大也不下降，表明培养料太活跃，是因为一次发酵进行得不彻底，有太多容易降解的碳水化合物。此时用新风量控制空气温度 55 ℃左右，等料温平稳后再做巴氏消毒。但料往往会出现比较严重的脱水，所以说一次发酵一定要做得彻底，一次发酵做不好很难通过二次发酵加以修正。

二次发酵料温上升得太慢，如果隧道有蒸汽系统，则送入少量的蒸汽就可以解决；没有蒸汽就要关闭新风，减小循环量。由于温度上升得慢，说明微生物不活跃，所需氧气量也少，只有到 55 ℃以上可以间隔送入少量新风，慢慢提升温度。

(4) 三次发酵　三次发酵即在二次发酵料上接种双孢蘑菇的菌种，在适宜的温度下培养，也称为发菌或走菌。在国外一般在三次发酵隧道完成，国内目前多在菇房培养架上完成，随着三次隧道的建成和发展，国内发菌方式也会改变。

接种量为培养料重量的 8%～15%。发菌温度 25 ℃，15 d 左右发菌结束，转入覆土阶段。隧道发酵全程的温度管理见图5-3。三次发酵后的理化参数为含水量62%～66%，pH 6.2～6.5，含氮量2.1%～2.6%，灰分28%～32%。

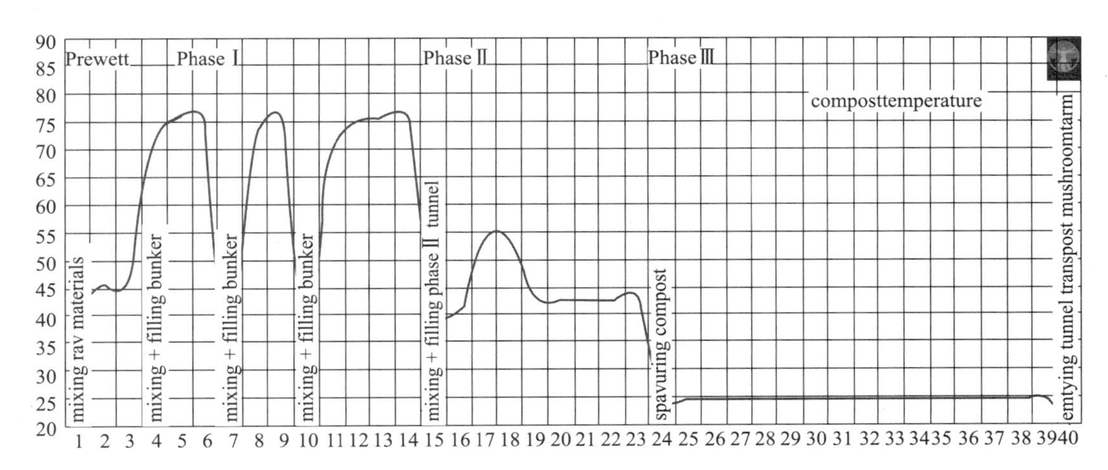

图5-3 蘑菇堆肥过程的温度控制

目前在荷兰、英国、波兰等国家双孢蘑菇堆肥都是由专业公司进行生产，专业化程度极高。隧道发酵技术缩短了堆制时间，堆肥的得率高，堆肥质量高。国外培养料发酵过程中物质重量变化和主要参数变化如表5-5所示。

表5-5 培养料发酵过程中物质重量变化

阶段	总重量变化		干物质变化	
	总重量（kg）	损耗（%）	总重量（kg）	损耗（%）
准备阶段	1 424	0	356	0
一次发酵	1 000	40	260	37
二次发酵	710	40	220	18
三次发酵	610	16	201	10

5.1.6 播种、培菌和菇房管理

国内培养料经过二次发酵后，一般以每吨堆肥5～7 L菌种的比例进行播种，或是0.6～0.7 kg/m^2，菇床铺料89～100 kg/m^2，在菇床或发菌隧道（三次发酵隧道）内经15～17 d完成发菌。菇房播种前进行消毒，播种在一天内完成。

播种后启动菇房空调，维持料温在24～26 ℃，以监测料温为主调节气温。室内空气湿度控制在70%左右，二氧化碳浓度控制在5 000～11 000 ppm。菌丝长满培养料，覆盖的地膜下出现黄色水珠时，即可去除覆盖地膜，进行覆土。发菌期间保持地面湿润。发菌结束后良好的控制数据为：水分64%～66%，pH6.3～6.5，含氮量2.1%～2.3%，灰分29%～35%，碳氮比（12～15）：1。

荷兰等国的播种、培菌过程通常在隧道中完成，也称为三次发酵。

5.1.7 覆土

5.1.7.1 覆土材料特性

覆土是仅次于营养的第二重要因素，是随后所有人工栽培操作的基础，也是双孢蘑菇出菇的必要条件，至今为止，世界上最先进的双孢蘑菇栽培技术仍需覆土。

覆土是蘑菇生长的平台，是蘑菇营养物质和水分供给的纽带，是催蕾出菇控制的主要影响因子。覆土材料要具有较强的持水性、保水性，具有一定的黏度（可以避免脏蘑菇），不含营养物质，低盐，粗糙的质地，较低的 pH，理化性质与蘑菇的生理特性不冲突。覆土材料的差异很大，不管选择哪一种覆土材料都要对它进行一定的处理以满足需要。世界范围内使用最广泛的覆土材料为：泥灰、黏土、泥炭土。

泥炭土（peat soil）是由于长期积水，水生植被茂密，在缺氧情况下，大量分解不充分的植物残体积累并形成泥炭层的土壤。泥炭本质来讲，是植物死亡分解后的残留物。

泥炭土分布于世界各地，从低温的永久冻土到高温的热带，不同的环境条件如温度、水文地理和纬度导致产生了不同类型的泥炭土形成。90％的泥炭土分布在温度寒冷的北半球，世界范围内主要有 3 种泥炭土用于蘑菇的栽培中，波罗的海泥炭土、加拿大泥炭土、德国泥炭土。

泥炭按照形成时间的长短，分为两种，一种是地下底层的结构紧实含有更多植物分解物的黑色泥炭，100 g 黑泥炭吸 400～800 g 水；另外一种是比较年轻的、分解程度低、结构疏松的表层粗泥炭，100 g 粗泥炭吸 800 g 水；按照产地纬度高低，分为高位泥炭和低位泥炭，双孢蘑菇覆土需使用高位泥炭，其质量稳定，植被的种类相对较少，无菌，pH 3.5，比地势低的泥炭更酸。高位泥炭是苔藓类植物死亡后的分解物，有机质含量高，饱和含水量 80％～90％；中低位泥炭是莎草、芦苇等维管束植物死亡后的分解物，大部分是木质素成分，饱和含水量 70％～75％ 。国内外泥炭的原材料特性见表 5-6。

表 5-6　国内外泥炭的原材料特性

项目	波罗的海泥炭	加拿大泥炭	德国泥炭	东北泥炭
含水量（％）	55	45	50～55	50
容重（kg/m^3）	400	350～400	700～800	350～400
持水量（％）	75	75～80	80～85	65～70
特点	结构稳定、空气水分比例平衡	颗粒细致、结构稳定性弱	质地粗糙高可塑性	质量不稳定、持水性弱

国外的覆土材料通常由专业覆土公司进行原料开采、覆土制作、质量监控和技术指导。国内缺少利用泥炭进行商品开发的企业，对于原料质量没有判定指标，各菇厂利用经验制作覆土，覆土质量参差不齐。国产泥炭理化特性指标：pH 4.5～6.5，EC 50～500 μS/cm，饱和含水量 70％～80％，充气孔隙度 20％～40％，含氮量＜2％，有机质含量 30％～60％，灰分含量 30％～50％。

泥炭覆土时的含水量会影响双孢蘑菇产量。就国产泥炭而言，覆土时最适含水量为

60%～65%。尽管覆土后可通过喷水增加含水量，但在覆土时保持泥炭合适的含水量可提高双孢蘑菇产量和质量。覆土过干时，团粒微细，菌丝细弱且过度生长，覆土被菌丝包裹，难以水合，原基多，蘑菇品质差；覆土过湿时，多余的水分渗入培养料，使培养料腐烂、失活；过多的水残留在覆土表面，影响 CO_2、O_2 气体交换，破坏料土接触层，抑制菌丝生长。实际生产中，搅拌机械、搅拌方式和搅拌时间都会影响覆土的物理结构，进而影响蘑菇的产量和质量。理想的覆土层厚为 4.5～6 cm(40 kg/m²)，土层太薄会导致一潮菇、二潮菇后很难补充水分，二潮菇、三潮菇水分供给不足。太厚对产量增加没有帮助，只会增加覆土成本。

5.1.7.2 蘑菇对覆土材料的要求

(1) *覆土酸度和无机物浓度（盐度）* 双孢蘑菇菌丝生长的最适 pH 为 7 左右；覆土 pH 6.8～7.5，pH 低于 6.8 会大大增加木霉菌（杂菌/绿霉）污染的风险；pH 高于 7.5，蘑菇生长慢，质地较硬。高浓度的无机盐会增加覆土的渗透压，影响水分吸收，降低蘑菇产量，增加子实体干物质量。

(2) *覆土的持水性和水分的蒸发* 双孢蘑菇子实体含有 90%～95%的水分，水分供应，特别是子实体生长期间，明显影响蘑菇的产量和质量；含水量越大，子实体可利用的水分越多；覆土需要有良好的水分吸收和保持功能。水从覆土蒸发，有助于菇房维持理想湿度；蒸腾作用是蘑菇水分吸收和利用的动力；矿物质和有机物随水分的吸收和流动被吸收和运送到子实体各部分。

(3) *覆土对菇蕾形成的刺激作用* 覆土中的假单胞细菌对刺激形成原基起相当大的作用。假单胞细菌由双孢蘑菇菌丝副产物刺激生长，反过来刺激形成原基，它还可以代谢掉菇蕾形成过程中产生的有毒代谢产物，例如乙烯、乙醛等。

覆土中的微气候构成了菇蕾形成的环境，菇房管理人员设定菇房宏观气候参数以及菇房内的空气流动都会影响微气候的变化，菇房的宏观气候和覆土中的微气候一起决定了蘑菇的产量和质量。

(4) *覆土对培养料的保护作用* 培养料提供菌丝的持续生长所需的营养物质，但培养料对外界环境是十分敏感的，所以在出菇的时候需要在表面覆盖一层没有杂质的物质。覆土要保证没有病菌感染，含有尽可能少的营养物质，这可以避免覆土中的菌丝生长受到寄生的真菌和杂草的破坏。

(5) *覆土的结构* 土壤毛细管作用使覆土中水分运输，覆土里的大小孔隙可以保证气体和水分交换，保证菌丝支撑生长，覆土良好的团粒结构也是子实体生长发育的载体。

5.1.7.3 覆土前的准备和覆土

(1) *处理草炭土* 国产草炭土在使用之前，需要加入碳酸钙（或轻质碳酸钙）、石灰，用于提高 pH、增加钙元素含量以及提高覆土的比重。比例为一方草炭土加入碳酸钙 20 kg（或石灰岩粉）、石灰 15 kg、甲醛 4 kg、哒螨灵 1∶550、水 25～28 L，密闭 72 h。覆土前一天揭开膜去除冷凝水和甲醛气味。pH 调整为 7.5～7.8。通常采用搅拌机械进行覆土的拌土，以保证混合搅拌均匀。

（2）覆土　料床准备需要提前一天掀膜，使料床表面水分蒸发，采用机械（上料机）覆土 4.5～5 cm，厚度、平面一致，覆土时，人员、工具等的卫生要充分注意，覆土完毕清房加杀虫处理。国外覆土时常加入覆土菌种（CAC，CI），以加快菌丝在土里的穿透和提前降温，增加均匀性。

5.1.8　覆土后的管理

覆土后维持培养料温度在 25～26 ℃（温度超出 27～28 ℃有利杂菌生长），保持相对少的空气流动和新风以维持 CO_2 水平在高位，启动内循环以防料温的不一致。

覆土后 1～1.5 d，只要菌丝开始入土即可浇水（加杀虫剂），第一天不用重水，以后几天发现病虫害可最大程度地应用杀菌剂和杀虫剂（0.5～1 L/m^2），尽可能提高覆土的含水量（75%～80%），但要多次轻浇，维持至骚菌。每天查验含水状况和覆土与培养料面间的情况。

所谓骚菌即在菌丝穿透覆土至 60%～70%时，均匀地翻动表层，改善覆土结构和增加原基均一性。骚菌断裂的菌丝一般半小时后即恢复生长。覆土应持高位含水量（骚菌后）。此期 CO_2 至少高于 3 000 ppm。

5.1.9　催蕾和出菇管理

当菌丝在覆土大部分表面可见即可开始催菇处理。催菇主要是改变环境，通常降温至空气温度 17～18 ℃，料温至 20～22 ℃，CO_2 降至 800～1 000 ppm，80%～100%新风，增加空气流动（内循）以使降温、降 CO_2 过程顺利。在降温期间尽可能维持高湿以免伤害菌丝。

降温后避免重水，第一次浇水在原基黄豆粒大小，所有水需经 $NaClO_3$（80～100 ppm）处理，保持覆土湿润，经常检查整个菇房。内循环新风维持 CO_2 1 000 ppm 以下，尤其浇水后以增加蒸腾作用，内循环至最大。温度 17～19 ℃（空气）、20～24 ℃（料），避免料温下降至 19～20 ℃。

相对湿度保持 83%～85%，当外部空气干燥，地面保湿，外部空气潮湿，增加内循环。这一阶段是菇蕾形成、菇蕾大小、蘑菇产量和质量决定的重要时期，各个菇场和技术人员采用调控方案不同，所获得的蘑菇产量、质量也会不同。

5.1.9.1　结菇管理设定的目标

结菇管理的目标通常是床面形成交错的菇蕾、大蘑菇、高正品率、采摘高效率和高收益、良好的货架寿命。

良好的催蕾在于出菇期控制，蘑菇大小在很大程度上是由蘑菇生长空间决定的，通过形成高矮大小不同的蘑菇来增加第一潮菇的生长面积，给蘑菇周围足够的空间呼吸和生长。形成交错的菇蕾有助于提高采收能力（图 5-4）。

图 5-4　双孢蘑菇菇房

菇蕾的形成是一个连续的过程，它能通过三种途径来控制。包括利用环境（通风）来限制菇蕾数量，通过覆土限制和控制菌丝生长以达到控制菇蕾数量，已形成的菇蕾在其生长发育过程中，仍可通过再次造成不良环境来修正菇蕾的数量。

通过环境控制形成理想的菇蕾构成进而出菇。刺激（环境变化）越激烈，菇蕾形成越多。

缓和的刺激菇蕾形成少，而且分散。要善于使用环境参数，如温度、湿度、CO_2、空气流量、流速。如要形成适度的菇蕾将给予的条件是：空气温度 19 ℃、1 d，然后 18 ℃、5 d，培养料温度 28～21 ℃、3 d，CO_2 浓度 2 000 ppm、2 d，然后 1 500 ppm，相对湿度 92%、3 d，然后 90%，风机速度 60%。较少的菇蕾形成给予的条件是：空气 21 ℃、1 d，20 ℃、2 d，然后 18.5 ℃，培养料 28～22 ℃、5 d，CO_2 浓度 3 000 ppm、1 d，2 000 ppm、2 d，然后 1 500 ppm，相对湿度 95%、3 d，然后 92%，风机速度 50%、2 d，然后 60%。总之需要很多原基时的环境设置：气温快降，CO_2 速降，冷空气维持在±16 ℃，料温冷却快降，风扇速度高，土表平坦，不搔菌，加水无或少。完美的原基的环境设置：气温慢降，CO_2 逐渐降，冷空气维持在±20 ℃，料温慢降，风扇速度温和，土表起伏，搔菌，降温期间可加水。

在降温后，可通过保持地面潮湿使得相对湿度保持在 90%～94%，一旦菇蕾长成 5～8 mm 时（豌豆大小），相对湿度降至 82%～85%，这样会增强蒸发来带动菇房床内水的移动，促进营养快速输送至发育的菇蕾，此时可以施加每平方米 1 L 水。空气温度在 17～18 ℃。每平方米浇水量（L）在数值上相当于每平方米出菇的总重量（kg）。

通风方面，为了去除热量和 CO_2，必须通风。菇床的风机容量，需最大容量约 20 $m^3/(h \cdot m^2)$。常温下每增加 1℃，热量和 CO_2 会增加 20%。室外 CO_2 平均水平在 0.04%或 0.8g/m^3 空气，在采摘菇期，最大 CO_2 水平 0.09%～0.1%或 1.8～2.0 g/m^3 空气，为了维持此水平就要保持通风，以每小时 1 m^3 新风对应每平方米 1 kg 蘑菇。例如，250 m^2 生长区域产生 4 kg 菇至少需 1 000 m^3/h 的新鲜空气，才能保持 CO_2 始终低于 0.1%，如果温度上升 2 ℃，需增加 40%新风。在第一、二潮菇期间，保持空气温度在 17～18 ℃。蘑菇覆土至 3 潮菇期间，温度、湿度、CO_2 和水分的管理见图 5-5。

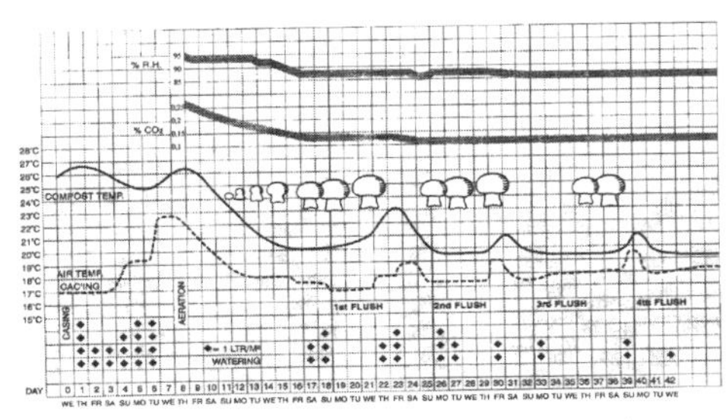

图 5-5　蘑菇覆土至 3 潮菇期间温度、湿度、CO_2 和水分的管理

5.1.9.2 催蕾、出菇的管理及其依据

（1）CO_2 若 CO_2 高于 0.2%（2 000 ppm）会抑制营养生长转入生殖生长，一旦在覆土和表面可见菌丝即要引进新风，将 CO_2 降至 800～1 200 ppm（土表以上）以利催蕾；若 CO_2 在 0.4%～0.6%床面上菌丝生长良好，但原基干涸；0.2%～0.4% CO_2 原基发育犹如洋葱型蘑菇，会形成长柄，易开伞；0.06%～0.2% CO_2 形成良好原基和发育生长为良好菇蕾，最终长成壮实的蘑菇（图 5-6）。

（2）温度 催蕾时床温降至 20～22 ℃，通常温度下降越低，第一潮的菇蕾会越多。空气温度降至 16～17 ℃保持约 48 h，可以促使营养生长转向生殖生长，起始形成的原基进入出菇。

（3）相对湿度 在降温时，相对湿度要保持在 90%～94%，并保持地面湿润；一旦原基形成至 5～8 mm，相对湿度就要降至 82%～85%，这样会形成强有力的蒸腾作用来引发水和溶于水的营养通过菌丝输送至正发育的菇，这时第 1 次打水可开始，通常这之前不打水，如果施水的话，也是轻水。

（4）浇水 一旦菇蕾长至 5～8 mm 即可开始浇水，以 3/4～1 L/m^2 为宜，这时相对湿度要降至 83%～85%，需水量具体是以 kg/m^2 的产量＝L/m^2 浇水量。

（5）通风量 为去除热和 CO_2（产生自培养料和蘑菇发育）的通风量与产生的蘑菇量相关，通风量应控制在能保证 CO_2 在 1 000 ppm 以下；如果蘑菇量是 3 kg/m^2，应保证新风至少 3 m^3/(m^2 · h)，尤其第一潮还需更多些通风和施水。

第一潮菇和菌株、菇房气候控制、覆土厚度关系密切。

注意的事项：

a. 通风、内循会产生干的部位点，尤其是菇房设计不太到位的情况下，这样浇水就要有侧重，干的点多施，湿的点少施，这样就要求管理人员勤查、多查点，根据实际情况来施水。有句内行话，即用双手来决定施水，意即一只手不断地查验含水情况，另一只握喷头，一定要前后、上下料面全查才能更好掌控实际情况。

b. 若有个别菇已可采摘，不要等到其他后续的菇长大再采，这样会延缓采菇潮。

c. 每潮次间隔 6～7 d（菌株不同会有不同）。

d. 应至少留 1～2 d 的时间无成熟菇可采（在床面），需要在潮次间有休整的时间供施水和施用杀虫剂。

e. 避免在成熟菇上施水，尤其是半天后要采收的蘑菇。

f. 大多数菇成熟即可采收（4～5 d），随后小菇蕾启动生长（为后 1 潮发育）。

g. 为了加速发育，1 潮菇尽可能在 4～5 d 完成，哪怕还有没发育成熟菇，不要等最后 1 个成熟，留成熟菇不采收会影响后潮菇的生长。

h. 室温 18～20 ℃会使菇发育较快，但质量会很差，原因是高温限制菌丝提供食物和水，较高温度拉升较高活力，菇长得快以至于无法及时采收。所以最好控制室温在 17～18 ℃，尤其在第一二潮时。

5.1.9.3　气候控制的几个概念

为了较好地理解气候改变后的影响，需要了解以下几个概念。

(1) 湿度　空气总是包含一定量的水汽。在空气调节技术领域，空气质量是以重量来计，而不是以体积来计，这样更精确，易表述。常温常压下空气是 1 300 g/m^3。

空气单位和空气的湿度：空气中水汽的量不是一直一样的，当空气湿度高时，空气包含较多水汽；通过测量湿度和相对湿度，可以计算出多少水汽被空气吸收或释放。

湿度饱和点（饱和湿度 SPH）：在 1 m^3 空气中，某温点时最大可容的水汽克数。不同温度下 1 m^3 空气的饱和湿度如表 5-7 所示。

表 5-7　不同温度下空气的饱和湿度

t(℃)	SPH(g/m^3)	t(℃)	SPH(g/m^3)
−5	3.3	21	18.2
0	4.8	22	19.3
5	6.8	23	20.5
10	9.4	24	21.6
11	10	25	22.9
12	10.6	26	24.2
13	11.3	27	25.6
14	12	28	27
15	12.8	29	28.5
16	13.6	30	30.1
17	14.4	40	48.8
18	15.3	50	94.2
19	16.2	55	116.7
20	17.2	60	157.3

绝对湿度：1 m^3 空气中实际存在的水汽克数（不会超过饱和湿度）。饱和湿度表明多少水汽能存在于空气中，绝对湿度表明实际多少水汽在空气中，二者的差别称为“饱和差”。

相对湿度（RH）＝绝对湿度/饱和湿度×100％。

例如：某刻 14℃时 1 m^3 空气中水汽是 9.6 g，而 14℃时饱和湿度应为 12 g 水汽，则 RH＝9.6/12×100％＝80％，饱和差：12－9.6＝2.4 g/m^3。

a. 如果将此刻（14 ℃）的空气降温至 10 ℃（饱和湿度 9.4），饱和点将达到，此时相对湿度 100％。

b. 如果将空气温度升至 26 ℃（饱和湿度 24.2），不增加湿气，RH 将下降至 50％，饱和差：24.2－9.6＝14.6 g/m^3。

(2) 凝结水　当 20 ℃时饱和湿度为 17.2 g/m^3；当降至 10 ℃时饱和湿度为 9.4 g/m^3，多出来的 7.8 g（17.2－9.4）水汽称之为凝结水。比如墙体是 10 ℃，每立方米空气会贡献 7.8 g 水汽（凝结水），这是墙体需要好的绝缘、尽可能和室温保持一致的原因，否则很难下调相对湿度。

(3) 热和 CO_2

a. 蘑菇含水 90%～94%、干物质 6%～10%，蘑菇需吸收有机物作为能量以满足生理活动的需要。

b. 1 kg 菇约 90 g 是干物质（91%含水量），约 220 g 有机物质参与其中：90 g 在菇中，130 g 参与生理活动。

c. 主要供能量的有机物是碳水化合物即碳水化合物氧化反应，反应式为：

$$180\ g(C_6H_{12}O_6)+192\ g(O_2)\rightarrow 264\ g(CO_2)+108\ g(H_2O)+2831K$$

产生 1 kg 菇没有用掉 180 g，是 130 g，所以 $130/180\times264\ gCO_2=190\ gCO_2$，$130/180\times108gH_2O=78gH_2O$，$130/180\times2\,831\ K=2\,045\ K$（30%供生理活动，70%散热，即约 1431K 会散发），1 kg 菇（7～8 d，170～190 h）约 190 g CO_2 会产生出来，这样每千克菇在床面上将产生 1 g CO_2/h。

图 5-6　出菇菇床

d. 室外 CO_2 浓度在 0.04%或 0.8 g/m^3（CO_2 重量是 2 000g/m^3 常温常压下），出菇期间能承受的 $CO_2$0.09%～0.1%或 1.8～2.0 g/m^3，外部空气 CO_2 和室内 CO_2 的差是 1 g/m^3，所以我们可以输送 1 g/m^3 的通风空气，即每千克菇在床面上的发育必须通风 1 m^3 新风/h。如果是 478 m^2，第 1 潮 10 kg/m^2 就需要至少 4 780 m^3/h 新风来维持，CO_2 在 0.1%，在设定的温度范围内，每升高 1 ℃，热量和 CO_2 会相应提高 20%，如果温度高于设定温度 2 ℃，就要额外提高 40%新风（图 5-6）。

5.1.10　采收与包装

为了优质高效、低成本和愉快地采菇，一个好的采菇系统是重要的。大多数种菇者只关心蘑菇在床面产量的多少，而不太关心如何将其采摘下来。事实上采收是投入和产出最大化的最后机会，是产量最大化和经营效率的关键。在培养方面完成了大小先后台阶式的菇蕾形成，应该一成熟就采收，每天多次采收或连续采收能使菇产量最大化。采菇并不简单，需要加强训练。最佳战略：疏菇间苗，每天采收。按照正确的分工（协调员、班长、组长）、采菇员培训和采后装盒进行采收。具体方法参考二维码内容。

二维码　国外蘑菇采菇员工培训

5.2　杏　鲍　菇

5.2.1　简介

杏鲍菇［*Pleurotus eryngii*（DC. ex Fr）Quél］又名刺芹侧耳、杏味鲍鱼菇、雪芹、雪茸、干贝菇等，它是白灵菇的近缘种，隶属于担子菌纲伞菌目侧耳科侧耳属。

5.2.1.1　形态特征

杏鲍菇由菌丝体和子实体组成。

（1）菌丝体　菌丝白色，浓密，粗壮，生长快，有锁状联合，具有很强的爬壁现象，在适宜的条件下可使试管斜面培养基的色泽变为淡黄色，有时会出现子实体扭结的现象。

（2）子实体　子实体单生或群生，菌盖直径 2～12 cm，初期盖缘内卷呈半球形，后渐平展，中央浅凹至漏斗状、圆形或扁形，成熟后菌盖平展，但边缘不会上翘。菌柄长 2～8 cm，直径 0.5～3 cm，偏生，棍棒状或球茎状，表面光滑，近白色至浅黄白色。菌肉白色，菌褶延生、密集、乳白色，见光易变黄（图 5-7）。孢子近纺锤形，(9.6～12.5) μm×(5.0～6.3) μm，表面光滑，无色。孢子印白色至浅黄色。

图 5-7　杏鲍菇

杏鲍菇大多着生于枯死的刺芹、阿魏等植物根部及四周土层中，具有一定寄生性。广泛分布于德国、意大利、法国、印度、巴基斯坦、中国等国。在我国主要分布在新疆、四川北部、青海等地。

5.2.1.2　营养价值

杏鲍菇菌肉肥厚，菌柄组织细密结实，菌盖和菌柄一样质地脆嫩，味道鲜美，具有愉快的杏仁香味，素有“平菇王”“草原上的美味牛肝菌”的美称。杏鲍菇营养丰富、均衡，含有大量的蛋白质，含量高达 40%，含有 18 种氨基酸，其中人体必需的 8 种氨基酸齐全，占氨基酸总量的 42%，还含有多糖活性物质和多种维生素、矿质元素等，可与肉类、蛋类食品相媲美。

中医学认为，杏鲍菇有益气、杀虫和美容的作用，可促进人体对脂类物质的消化吸收和胆固醇的溶解，对肿瘤也有一定的预防和抵制作用，经常食用具有明显的降血压作用，对胃溃疡、肝炎、心血管病、糖尿病有一定的预防和治疗作用，并能提高人体免疫能力，是老年人、心血管疾病及肥胖症患者理想的营养保健食品。

5.2.1.3 国内外栽培现状及主要栽培模式

法国人 Cailleux（1956）首先对杏鲍菇子实体的形成条件提出研究报告。Kalmar 在 1958 年第一次进行了杏鲍菇的驯化栽培试验，1970 年 Henda 在印度北部克什米尔高山上发现野生杏鲍菇并首次在段木上进行了栽培，1977 年 Ferri 首次成功地进行了商业性栽培。我国从 1993 年开始进行杏鲍菇生物学特性、菌种选育和栽培技术的研究，并获得成功。

目前国内外杏鲍菇主要以工厂化生产为主，分为瓶式和袋式两种栽培模式。韩国、日本、美国的工厂化生产多采用瓶式栽培模式，而我国内主要采用袋式栽培模式，如连云港香如、福建中延菇业、江苏绿雅、福建绿宝等企业。2007 年我国杏鲍菇鲜菇总产量为 20.2 万 t，2015 年已高达 136.49 万 t。

5.2.2 栽培农艺特性

（1）温度　杏鲍菇属低温型菌类。菌丝生长温度为 6～32 ℃，最适温度 24～26 ℃。原基形成的最适温度为 12～15 ℃，子实体生长发育温度因菌株不同而异，一般适宜温度为 15～21 ℃，但有的菌株不耐高温，以 10～17 ℃为宜，低于 8 ℃不会形成原基，高于 20 ℃时易出现畸形菇，并易遭受病菌侵染，引起菇体变黄萎蔫。

（2）水分和湿度　培养料含水量以60%～65%为宜。菌丝培养阶段空气相对湿度控制在 60%左右，子实体生长期要求空气相对湿度在 85%～90%，超过 95%，易引起病虫害和子实体腐烂，影响产量和质量，低于 80%，很难形成原基，或原基干裂不分化，已形成的子实体也会萎缩死亡。

（3）空气　杏鲍菇是好气性菌类。菌丝生长和子实体发育都需要新鲜空气，但在菌丝生长阶段，一定浓度的 CO_2 对菌丝生长有良好的促进作用，子实体生长阶段则需要充足的氧气，如通风不良，子实体难以正常生长发育，若遇到高温高湿，则会使子实体腐烂。

（4）光照　杏鲍菇是喜光性菌类。菌丝生长不需要光线，强光对菌丝生长有抑制作用；子实体生长发育阶段需要 500～1 000 lx 的散射光，完全黑暗条件下，不能形成子实体。光线强弱还影响子实体的品质，光线强，子实体发黄；光线稍弱，子实体颜色白，商品价值高。杏鲍菇还具有明显的趋光性。

（5）酸碱度（pH）　杏鲍菇适宜在中性偏酸环境中生长发育，菌丝在 pH 4～8 时均能生长，但以 pH 5～6 最为适宜。在生产时则要将培养料的 pH 调到 9～10 为宜。

（6）营养　杏鲍菇属木腐性菌类。其分解纤维素、木质素能力较强，栽培时需要丰富的碳源和氮源，特别是氮源丰富时，菌丝生长旺盛粗壮，生长速度快，产量高。

5.2.3 栽培生产技术

5.2.3.1 工艺流程

国内现在已经建立了一套相对比较完整的袋栽杏鲍菇工厂化生产工艺流程：菌种选

择→培养料制备→拌料→装袋→灭菌→接种→发菌培养→催蕾→出菇管理→采收。

5.2.3.2 培养料制备

(1) 栽培原料与配方 杏鲍菇袋栽常使用的原料和其他食用菌栽培所使用的原料基本相同，主要有杂木屑、玉米芯、棉籽壳、甘蔗渣、麸皮、米糠、豆粕、玉米粉、石灰粉、轻质碳酸钙等。原料要求新鲜、干燥，加工储运过程中没有污染，杂质率小，没有腐变、霉变、病虫害等，生产中常用的配方如下：

配方1：棉籽壳16.5%，杂木屑29%，玉米芯21%，麸皮20%，豆粕6%，玉米粉6%，轻质碳酸钙1.5%。

配方2：棉籽壳15%，杂木屑26%，玉米芯23%，麸皮18%，豆粕8%，玉米粉8%，轻质碳酸钙1%，石灰1%。

配方3：棉籽壳5%，甘蔗渣15%，玉米芯20%，杂木屑25%，麸皮23%，豆粕5%，玉米粉5%，轻质碳酸钙1%，石灰1%。

以上配方培养料含水量控制在64%～66%，灭菌前pH 9～10。

(2) 搅拌、装料 大规模企业生产前原料要进行预处理，可采用“假堆”方式，即玉米芯经一夜浸泡预湿，再和预湿过的木屑、甘蔗渣等分层混合堆积，前后仅堆积1 d，一般上午堆积，下午翻堆数次，第2天上午使用。这种做法保证了所有颗粒充分地吸湿，解决了生产上生产规模大、搅拌时间不足、含水量不均匀、影响培养同步性差的问题。

中小规模企业生产时，将玉米芯倒入搅拌机，一边淋水一边搅拌，淋水适量后停止淋水，搅拌至玉米芯颗粒结块充分破碎。依次将杂木屑、棉籽壳、麸皮、豆粕、玉米粉、石灰、轻质碳酸钙倒入搅拌机，淋水搅拌，淋水适量后停止淋水，充分进行一级搅拌，使得培养料充分混合均匀。也可将提前预湿的杂木屑、玉米芯、甘蔗渣等按照配方比例，和其他原料直接投入拌料机内进行一级搅拌。

一级搅拌结束后，经过传送带将料传送到二级搅拌继续搅拌，再搅拌15 min以上，同时调节含水量64%～66%、pH 9～10。搅拌结束后经过提升机将料进入上方输送机，从上往下落料，将料源源不断地送到各装袋机料斗上。

现在大多数企业使用转盘式装袋机装袋，应注意调节装袋机的下料的开关，使每包的重量在标准范围之内。栽培袋常用18 cm×35 cm×0.005 cm的聚丙烯折角袋，单袋装料在1.2～1.3 kg，填料高度为18 cm，偏差为±0.5 cm，上下松紧一致。装料完成后将料袋口收拢、对齐，再套上直径38 mm、高30 mm的喇叭套环，配套无纺布塑料塞封口。

5.2.3.3 灭菌、冷却、接种

(1) 灭菌 目前国内大多数工厂化企业采用抽真空双门高压灭菌锅灭菌。将装好的料袋置入周转筐内，每周转筐放置12包或16包，再将周转筐放在周转车内，推入高压灭菌锅进行灭菌。注意灭菌时小车间的距离，保证小车之间蒸汽的循环流动。灭菌时首先要把灭菌锅里面的冷空气抽干净，温度从0 ℃升温到100 ℃，保温1 h，100～105 ℃再保温1 h，最后温度稳定在123 ℃，灭菌3 h，达到灭菌要求，最后排气达到常压。

(2) 冷却　灭菌结束，将小车从灭菌锅另外一端的门推入冷却室冷却，分为一冷和二冷。在一冷室，栽培包散发的热量通过对流排出，栽培包肩温度降至 35 ℃以下时，进入二冷间冷却，直至包心温度降到 24 ℃以下。冷却室安装有臭氧发生器进行清洁消毒，高温季节需要开启制冷机组强制冷却，在整个冷却过程要保持冷却室正压。

(3) 接种　待包心温度降到 24 ℃以下时送入净化间接种，净化间要求达到万级以上净化要求，接种区域达到千级以上。接种室外专人从周转小车上将冷却好的栽培包连同周转筐放到接种传送带上，自动传送到接种岗位。接种人员要互相配合，一人先将塑料塞拔出，另一人将枝条菌种插入包内预留的孔内，再在料面撒一些菌种封面，以防止杂菌污染，再将塑料塞塞回。整筐接种完成后从传送带上流出室外，进入培养室进行培养。目前也有使用麦粒菌种接种的，还有企业使用液体菌种。

净化接种间必须经常使用平板检测接种环境的无菌度，看是否达到技术要求。按常规方法制作 PDA 培养基平板，接种前和接种过程中，在所需要测定的地方打开培养基盖，30 min 后重新盖上，反置于 22 ℃培养室中培养 48 h，观察平板培养基上的菌落数，一般接种环境局部空间（每立方米）不多于 3 个菌落为合格。若超过，则需要寻找和分析原因，并加以解决。

5.2.3.4　发菌管理

栽培包接上菌种后要及时移入发菌室进行培养，要求培养环境干净、干燥、微光、通风良好。发菌室温度调节到 22～25 ℃，空气相对湿度 65%～70%，CO_2 浓度控制在 3 000 ppm 以下，并进行避光发菌。一般接种 4 d 后菌种萌发开始生长，可以进入发菌室检查，发现有感染杂菌的菌袋要及时剔除处理。7 d 后菌丝生长优势即可表现出来。10 d 后菌丝的积累数量增长加速，料内温度会自然升高，此时应注意控制料温，防止包心温度超过 25 ℃，可通过加强室内的通风换气降低料温。为了降低能耗，可采用晚上气温较低时打开发菌室的门及通风洞进行通风换气。

菌袋发菌可采用网格架，栽培包直接插入网格中，这样解决了杏鲍菇发菌期间发热产生烧菌的可能。但随着人工成本的上升，多数企业采用了专用发菌库培养。

发菌室管理人员要定期检查，发现污染的菌袋尽早挑出并及时清除。一般杂菌的菌丝色泽、形态与杏鲍菇菌丝不同，如出现黄点、黑斑、绿斑等杂菌现象，要根据杂菌的不同情况找出污染原因。杂菌生长迅速，处理不及时易在发菌室传播蔓延，造成生产上的成批报废。经过温、光、气、湿的管理，一般 30 d 左右菌丝即可长满袋。

5.2.3.5　出菇管理

将生理成熟的杏鲍菇菌包移至出菇房。每间出菇房的面积控制在 50～70 m^2 比较合适，房内的出菇架可以使用层架式，或者网格式，两者管理接近，略有差异，目前大多数杏鲍菇企业使用网格式出菇，因此重点介绍网格式出菇管理。

(1) 催蕾　将栽培包插入网格架中，第一层离地面 20 cm 左右，最上面一层距离房顶 15 cm 左右。摆放完毕后拔掉上面的塑料塞，用清水冲洗干净，地面用漂白粉消毒，将菇房的温度调节到12～15 ℃，进行低温刺激，保持300 lx左右的光照。

3 d后进行拉袋，将料面压实，塑料套环拉到袋口，留一小孔，保证栽培袋表面维持一段的湿度，将温度调节到16～19 ℃，刺激菌丝生产，促进菇蕾分化。

（2）生长　第9天后去除塑料套环并关灯，将袋口微微向上倾斜，温度降低到14～17 ℃，延缓杏鲍菇的生长，促进菌柄的伸长。第12天前后杏鲍菇进入快速生长期，需要增加菇房湿度，空气相对湿度保持在85%～95%。生产中常以地面泼水辅助，让地面内的水分逐渐蒸发出来，增加空间相对湿度。高湿的环境能增加杏鲍菇菌柄的生长速度，同时也使菇体变得更加洁白。

（3）疏蕾　为了提高商品菇的质量需控制菇蕾数量，一般在14 d左右进行人工疏蕾。根据菇蕾长势和市场需求，每袋留1～2个健壮菇蕾。选留位置好、菇形正、个体大的菇蕾，将其余的用消过毒的小刀在其菌柄膨胀下部平滑割除。在此后的培养过程中，要经常到菇房检查，发现疏过的菇旁边又有小菇冒出时，将其除去，保证养分集中供应到留下的主体菇上。疏蕾后，立即清理地面，保持高湿度，适当减少通风量，促使菌柄向外拉长，同时将温度降低到12～15 ℃，使杏鲍菇的组织结构更加致密，有效延长杏鲍菇采后的贮存时间。

5.2.3.6　采收与包装

（1）采收预冷　从开袋到采收17～19 d。当子实体基本长大，菇体伸长16～18 cm，菌柄腰圆鼓起，基部隆起但不松软，菌盖大小与菌柄一致，菌盖基本平展但中央下凹，颜色变浅，边缘稍有内卷，菌褶初步形成，尚未弹射孢子时，可及时采收。可先对达到成熟标准的进行采收，稍微欠缺的，进行分批采收，第3天全部采收。

采收后，菇筐放在采收车上，应快速运到预冷间进行预冷，特别是夏季，出菇房内外的温差大易导致菇体表面结露。为了延长货架期，预冷间能够在30 min内使菇柄中心温度降到4～6 ℃。

（2）包装　包装间的温度应在10～15 ℃，削去杏鲍菇底部料根及边缘部分，按照子实体的大小、质量，分等级放在不同的周转筐内，根据市场的需求进行包装。包装人员操作时应戴上手套，以免指纹印留在菇柄上，影响商品外观。一般采用环保聚乙烯袋抽真空包装，每包2.5 kg，扎紧袋口，边包装，边装箱。如果不及时发运的要入库冷藏。冷藏温度为2～4 ℃，环境相对湿度维持在85%左右，以达到较长时间的保藏。

5.3　金　针　菇

5.3.1　简介

金针菇［*Flammlina velutipes*（Fr.）Sing.］又叫冬菇、朴菇、构菌、毛柄金钱菌、青杠菌、冻菌、金菇、朴蕈等，英文名为Winter Mushroom、Golden Mushroom，隶属于伞菌目

（Agaricales）白蘑科（Tricholomataceae）小火焰菌属（*Flammulina*）。

5.3.1.1　形态特征

金针菇由菌丝体和子实体组成。

（1）菌丝体　金针菇菌丝体为白色绒毛状，具粉质感，稍有爬壁现象，生长速度中等。白色品系菌丝浓白密集，生长速度稍慢。显微镜观察，金针菇菌丝粗细均匀，有横隔和分枝及锁状联合。

（2）子实体　子实体丛生，菌盖直径 2～8 cm，幼小时球形至半球形，后渐平展，表面湿润时黏滑，淡黄色至黄褐色，中部深肉桂色，边缘乳黄色且有细条纹，边缘早期内卷，后呈波状或上翘。菌肉近白色，中央厚，边缘薄。菌褶白色至淡黄色或奶油色，凹生或延生至菌柄，担孢子成熟时从菌褶两侧弹射出来。菌柄麦秆状，稍硬，中生，圆柱形，长 4～18 cm，直径 0.2～0.8 cm，上下等粗或上方稍细，上半部逐渐变淡黄色，最上部有时几乎白色，下半部暗褐色且密被黑褐色绒毛，纤维质，内部松软，初期内部有近木质的髓心，后期变中空，基部往往延伸似假根并紧靠在一起，孢子印白色（图 5-8）。孢子平滑，无色或淡黄色，椭圆形或长椭圆形，（5～8）μm×（3～4）μm。

图 5-8　金针菇

5.3.1.2　营养价值

金针菇味道鲜美，柄脆盖滑，十分可口，而且是一种高蛋白、低热量、多糖类的营养型保健食品。据上海食品工业研究所测定，每 100 g 鲜菇中含水分 89.73 g、蛋白质 2.72 g、脂肪 0.13 g、灰分 0.83 g、糖 5.45 g、粗纤维 1.77 g、铁 0.22 mg、钙 0.097 mg、磷 1.48 mg、钠 0.22 mg、镁 0.31 mg、钾 0.37 mg、维生素 B_1 0.29 mg、维生素 B_2 0.21 mg、维生素 C 2.27 mg。又据福建农学院测定的结果，金针菇中含有 18 种氨基酸，每 100 g 干菇中含氨基酸总量达 20.9 g，其中人体所必需的 8 种氨基酸占总量的 44.5%，高于其他菇类，尤其是赖氨酸和精氨酸的含量特别丰富，分别为 1.024 g 和 1.231 g，十分利于儿童的智力发育和健康成长，因此有“增智菇”和“智力菇”之称。

金针菇不但营养丰富，还具有较高的药用保健功能。金针菇含有的“朴菇素”（flammulin）是一种相对分子量为 2 400 的碱性蛋白质，对小白鼠肉瘤 180 的抑制率达 81.1%～100%，对艾氏腹水癌的抑制率为 80%。金针菇中还含有酸性和中性的植物性纤维，它可吸附胆汁酸盐，调节体内的胆固醇代谢，降低血浆中胆固醇的含量。金针菇又有促进胃肠蠕动，强化消化系统的功能，因此经常食用，可以预防高血压和治疗肝脏疾病及消化道溃疡病，实为一种理想的保健食品。

5.3.1.3 国内外栽培现状及主要栽培模式

金针菇是我国最早进行人工栽培的食用菌之一。早在公元6世纪（533—540年），贾思勰在《齐民要术》中就记载了我国劳动人民用构树枝段接种培养金针菇的方法，至今已有1400多年的历史。1928年日本的森木彦三郎发明瓶栽法，利用木屑和米糠为原料，暗室内培养出菌盖、菌柄白色的金针菇。1965年日本长野县创建了第一个金针菇的工厂化瓶栽生产基地并获得成功，由此开创了世界木腐菌工厂化栽培的先河。20世纪30年代裘维蕃等也进行了金针菇的瓶栽试验，1964年福建三明真菌研究所开始在全国各地采集野生菌株，驯化栽培与育种工作同时进行，1983年选育出了“三明1号”菌株。20世纪80年代以来，我国台湾地区首先引进日本栽培模式，开始了金针菇的工厂化瓶栽生产。20世纪90年代，国内部分企业在借鉴国外先进经验的基础上，开始建立具有中国特色的食用菌工厂化生产基地，除少部分企业如上海浦东天厨菇业有限公司，采用工厂化瓶栽生产外，我国绝大部分企业均采用塑料袋栽培，且生产工艺不断完善，产量与质量均得到明显提高，金针菇逐步成为我国人工栽培的主要食用菌之一。近年来，随着市场需求的变化，目前我国金针菇生产的主要生产模式已从原来的袋栽转变为瓶栽，并出现了上海雪榕、如意情、天水众兴、福建万辰等大型代表性生产企业。2015年鲜菇总产量已达261.35万t，在我国各种食用菌中总产量位居第四，名列香菇、黑木耳、平菇之后。

5.3.2 栽培农艺特性

（1）温度　金针菇属低温型恒温结实性菌类。孢子在15～25 ℃时萌发形成菌丝体；其菌丝体生长温度范围为3～34 ℃，以23 ℃左右为最适宜。菌丝耐低温的能力很强，在−21 ℃的低温下经过3～4个月仍具有旺盛的生活力，但对高温的抵抗力很弱，34 ℃以上停止生长，甚至死亡。子实体分化的温度为5～23 ℃，最适温度为12～15 ℃，个别耐高温品种在23 ℃时，仍能出菇，但长出的子实体菇形差，商品价值较低。子实体生长发育的最适温度为8～14 ℃，在5～10 ℃时，子实体生长要比12～15 ℃时慢3～4 d，但生长健壮，不易开伞，颜色浅，更具商品价值，此外金针菇虽能忍耐较低的温度，但在3 ℃以下培养时，菌盖颜色变为麦芽糖色，0 ℃以下变为褐色，并且子实体朵形差。

（2）水分与湿度　金针菇是喜湿性菌类，抗旱能力较弱。适于菌丝生长的培养料含水量为65%左右。当含水量低于60%时，菌丝生长细弱，且不易形成子实体；若培养料含水量过高，则会引起料中缺氧而抑制菌丝的生长。菌丝体培养阶段空气相对湿度宜控制在70%，高于75%、低于50%则生长缓慢甚至生长停止。子实体形成期要求培养料含水量以60%～65%为宜，空气相对湿度控制在80%～85%。

（3）空气　金针菇属好气性菌类，在菌丝体培养阶段，培养室要经常通风换气，保持空气清新，促使菌丝健壮生长。在出菇阶段，则对CO_2的浓度比较敏感，实验表明，CO_2浓度是决定菌盖大小与菌柄长短的主导外界因子。当CO_2浓度在0.04%～4.9%，金针菇菌盖直径随着CO_2浓度的增加而变小。CO_2浓度超过1%时，就会显著地抑制菌盖的发育，而促进菌柄的伸长；当 CO_2 浓度超过 5%时，则不能形成子实体，因此在栽培管理中采取套筒盖膜局部调高 CO_2 浓度，是控制菌盖长大、促进菌柄伸长、生产优质商品金针菇的有效措施。在子实体生长阶段，也不能认为 CO_2 浓度越高越好，而忽视菇房的通风换气。

(4) *光照*　金针菇菌丝生长不需要光照，原基在完全黑暗的条件下，也能形成，但菇柄伸长而不形成菌盖。因此，光是促进子实体成熟的必需条件。一定的散射光有利于子实体分化，光还能直接影响金针菇的品质。当光线强时，菌柄短且开伞快，色泽深，菌柄基部绒毛多；在光线微弱的条件下，则菇体色泽浅，呈黄白色或乳白色，而且可抑制菌柄基部绒毛的发生及色素的形成；若长期处于黑暗中，就会形成菌柄细长、无菌盖的针状菇。金针菇子实体还具有向光性的特点，当菇柄长至 8～10 cm 时，采用弱光垂直照射，可使菌柄成束向上生长，增加菌柄长度，提高商品率。

(5) *酸碱度（pH）*　金针菇喜弱酸性环境条件，在 pH 3～8.4 的范围内菌丝均可生长，但以 pH 5.5～6.5 最适宜，生产实际中多采用自然 pH。出菇期间以 pH 5～6 最佳，产菇量最高。

(6) *营养*　金针菇是一种木腐性菌类。由于金针菇菌丝体分解木材的能力较弱，因此在坚硬的树木砍伐后，未达到一定的腐朽程度是不会产生子实体的。在生产中，一般堆积发酵、陈旧的、经过部分分解的木屑更适合于金针菇的栽培。

金针菇除需碳、氮营养外，还需要一定量的矿质营养，如磷、镁、钾、铁、铜、锰、锌等，尤其对于粉孢子多、菌丝稀疏的品系，添加一定量的磷、镁、无机盐后，菌丝生长旺盛，速度快，并能促进子实体的分化形成。金针菇在生长中还需要微量的维生素营养，尤其是维生素 B_1、维生素 B_2 的天然营养缺陷型，常常在培养料中掺入一定的麸皮、米糠或玉米粉，以补充维生素 B_1、维生素 B_2。

5.3.3　栽培生产技术

5.3.3.1　工艺流程

目前金针菇栽培主要以工厂化生产为主，栽培的品系以白色占主导，主要生产模式已从原来的袋栽转变为瓶栽，冷库控温立式床栽出菇，其生产工艺如下：

5.3.3.2　培养料制备

(1) *栽培原料与配方*　金针菇是木腐性菌类，生产中常用木屑、棉籽壳、玉米芯、麸皮、米糠、豆秸、轻质碳酸钙等原料。原料要求新鲜、干燥、无腐变，木屑在使用前要预堆积、淋水发酵，使木屑内的树脂、单宁等有毒物质流失，同时使木屑部分降解、软化，木屑孔隙度提高。生产中常用的配方如下：

配方 1：棉籽壳 48.5%、麸皮 30%、玉米芯 10%、木屑 10%、轻质碳酸钙 1.5%；

配方 2：棉籽壳 41.5%、麸皮 33%、玉米芯 24%、轻质碳酸钙 1.5%；

配方 3：棉籽壳 34.5%、麸皮 31%、玉米芯 33%、轻质碳酸钙 1.5%；

配方4：玉米芯35%、米糠35%、麸皮8%、豆皮4.9%、啤酒糟4.9%、棉籽壳4.9%、甜菜粕4.6%、壳灰2.1%。

（2）拌料、装瓶 采用搅拌机进行拌料，先将各种原料混合均匀，加一定比例水缓慢混合均匀，使其含水量达到66%～67%。为了达到搅拌均匀，在加水前10 min，提前开启搅拌机进行原料干搅，随后再加水搅拌约30 min以上。

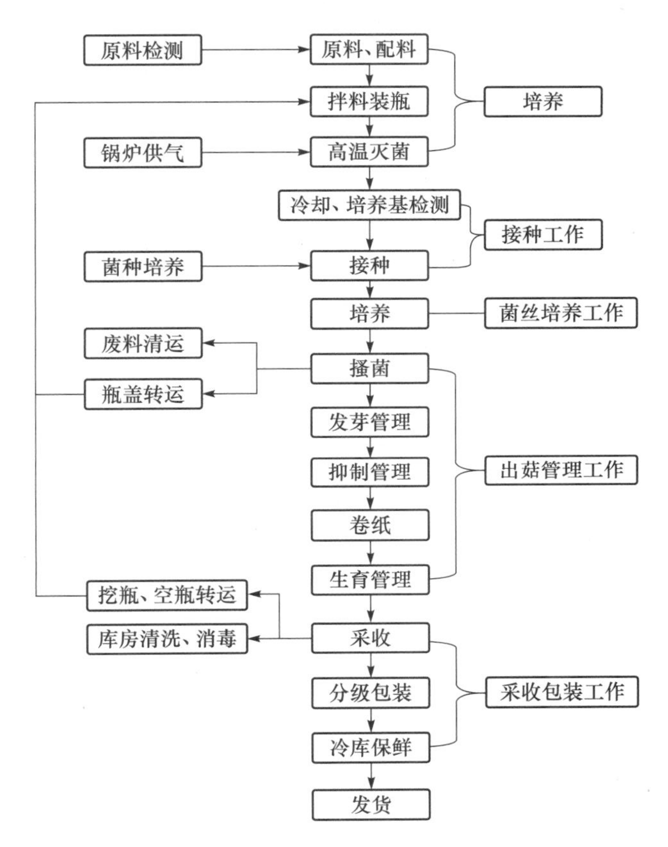

工厂化生产采用自动化生产线，进行装料、压实、打孔、扣盖等一系列操作，要保证装料的松紧度和重量的均匀。其间要进行水分、pH以及糖分的检测。目前工厂化栽培瓶以1 100～1 450 mL为主，平均含水率控制在65%，常规1 100 mL的栽培瓶每瓶栽培料的重量为760 g，干料为266 g；常规1 200 mL的栽培瓶每瓶栽培料的重量为890 g，干料为311.5 g；常规1 400 mL的栽培瓶，每瓶栽培料的重量为1 250 g，干料为437.5 g。

5.3.3.3 灭菌、冷却、接种

（1）灭菌 灭菌时锅内放置灭菌专用层架，架上置带有网孔的垫板，可放置8～10层（1 450 mL/瓶，8层；1 100 mL/瓶，10层），每层排放灭菌筐3个，每筐16瓶。采用高压抽真空灭菌的方式进行灭菌，这个过程主要注意灭菌锅的正常运行，其次关注温度和灭菌时间是否达到要求。灭菌后需要再次进行水分、pH以及糖分的检测，对比灭菌前后的变化，以备异常分析。

（2）冷却　灭菌结束，当压力降为0时，打开锅盖，将灭好菌的菌袋拉入专用冷却室进行冷却。冷却室要提前进行消毒处理，以减少空间杂菌的基数。冷却室一般分为一级冷却室和二级冷却室，二级冷却室与接种间相连接。栽培瓶在灭菌后直接拉至空调冷却房进行强冷20 h左右，空间设置在14 ℃左右，冷却完毕后需测定栽培料温度，冷却到25 ℃左右为宜。

（3）接种　菌瓶温度低于25 ℃时，即可在无菌净化接种间开始接种。目前金针菇工厂化生产多采用液体菌种接种，少数中小型厂家仍多采用固体菌种接种。接种时采用自动接种机进行接种，接种标准为液体菌种20～25 mL/瓶。在接种过程中，确保接种量以及接种质量，更要保证接种环境干净、无杂菌。

5.3.3.4　发菌管理

接种后将菌瓶通过传送带送入发菌库进行发菌培养，此阶段要求培养环境干燥、防潮、避光，保持房内空气新鲜。发菌室内的菌瓶合理的堆放密度为450～500瓶/m^2，堆放高度12～15层，每区域留通风道。整个过程分为前培养和后培养。接种后的前5 d属菌丝萌发阶段，培养室温度控制在18～20 ℃。发菌5 d后，制冷系统将温度自动调整到17～19 ℃，湿度保持在60%～70%。在整个培养过程中利用换新风系统保持培养室内良好的通风，CO_2浓度控制在3 000 ppm以下，而且使通风气流达房间的每一个角落，以使发菌均匀一致，方便后期管理。在此条件下共培养30 d左右即可满瓶。

5.3.3.5　出菇管理

（1）搔菌　菌丝培养满瓶后放置1～2 d后通过传送带送至搔菌室进行搔菌，搔菌前对搔菌室使用紫外线消毒，并通40 ℃以上蒸汽2 h。搔菌时将栽培瓶倒置放入搔菌机，以去除菌瓶表面老化菌皮并平整表面，深度一般为瓶肩起始位置。搔菌有两个作用：一是进行机械刺激，有利出菇；二是搔平培养料表面，使将来出菇整齐。搔菌后及时通过补水机进行菌瓶补水，以喷湿菌瓶表面为宜，补水时所用的水必须是经过处理的无菌水。将搔菌补水后的菌瓶及时转入发芽室。

（2）发芽　金针菇发芽阶段为1～8 d，将温度调整到14～16 ℃，CO_2浓度控制在2 500 ppm以下，用超声波加湿器产生雾化水进行加湿，也可采用发生细雾的自动增湿机来加湿，使相对湿度保持在90%～98%，使受伤的菌丝恢复。搔菌后4～6 d，培养基表面会发生白色棉绒状气生菌丝，接着便出现透明近无色的水滴，过6～8 d就可出现菇蕾。

（3）均育　第9～12天为均育阶段，温度控制在8～10 ℃，湿度95%以上，CO_2浓度0.3%～0.5%，进行适当光照。均育的目的是不让抵抗力弱的菇蕾枯死，增强其抵抗力。

（4）抑制　第13～20天为抑制期，温度控制在3～5 ℃，湿度90%～95%，CO_2浓度0.3%～0.5%。抑制的目的是抑大促小，使生长快的菇芽受抑制生长变缓慢，生长慢的菇芽长得快，能达到拔齐的目的。抑制的方法主要为光照抑制和吹风抑制两种。对纯白色金针菇来说，光照也有抑制效果，错过光照适期，就会妨碍原基的生长。在抑制中期至后期，在距离菇体50～100 cm处，用200 lx的光照射，每天照2 h，分数次进行，抑制效果最好。风抑制是在栽培瓶移到抑制室后2～3 d，菌柄长2 mm左右开始吹风。风速3～5 m/s，每天吹2～3 h，分别吹风3 d左右。在吹风抑制时，结合光抑制，对金针菇的子实体形成有效。当子实体伸长到瓶口时，可提高风速，有利于培养色白、干燥、质硬的金针菇。

（5）生育　菇芽经抑制后生长会较整齐。待菇芽长出瓶口2～3 cm时套上套筒，即把塑料筒膜卷起直立固定在瓶口上，以使小范围内的CO_2浓度增加，从而起到促柄抑盖的效果。筒膜天蓝色、塑料薄片、底边20 cm、上顶34 cm、高15 cm、开角15°左右，上面打有孔洞。将生育室温度控制在3～5 ℃、湿度85%～90%、CO_2浓度0.6%～0.8%。再经7 d左右菇可长到菇片的高度，即可进入采收阶段。

5.3.3.6　采收与包装

（1）采收　当子实体长到13～15 cm高，菌盖内卷呈半球形，直径在0.8～1.0 cm时即可采收。将成熟待采收的菌瓶从生育室通过传输带送入采收室，人工去除包菇片，一手按住瓶口，一手轻轻握住菇，从培养基质上拔下，轻轻放在塑料筐内待包装。采收后的金针菇菌瓶应及时送到挖瓶室进行处理，空瓶集中回收重新流入装瓶车间，重新使用。

（2）包装　采收后的鲜菇送入包装中心，送至各个包装机，包装工人按照市场需要规格称重，置于自动包装机自动包装、封口。小包装放置在流水线上，通过金属探测仪后输送至装箱处进行装箱。包装室温度控制在12～14 ℃，操作人员穿戴洁净的工作服、帽、口罩。分级包装后的金针菇要在2～4 ℃冷藏库中临时贮存或在相同的温度条件下运输上市。

5.4　海　鲜　菇

5.4.1　简介

海鲜菇为真姬菇（*Hypsizygus marmoreus*）的一个品系，又名玉蕈、胶玉蘑、鸿喜菇等，在真菌分类中隶属于层菌纲伞菌目白蘑科离褶菌族玉蕈属。真姬菇有灰色和白色品系，灰色品系商品名称为蟹味菇。白色品系周身雪白，长度较短，与蟹味菇类似的商品名为白玉菇，菇柄拉长至14 cm左右，形成不同外观的称之为海鲜菇。经鉴定，海鲜菇、白玉菇、蟹味菇均为同一个种。

5.4.1.1　形态特征

（1）菌丝体　海鲜菇菌丝洁白、整齐浓密、棉毛状、无色素分泌，能产生节孢子和厚垣孢子。生长速度中等，气生菌丝少，稍有爬壁现象。显微镜观察，海鲜菇菌丝粗细均匀，具横隔和分枝，有锁状联合，菌丝成熟后呈浅灰色。

（2）子实体　子实体丛生，中等至较大，菌盖直径1～7.5 cm，幼小时球形至半球形，成熟后渐平展，白色，表面有大理石状斑纹。菌柄圆柱状，内实中生，肉质白色，基部略有膨大，不同菌株间长度有差异，菌柄直径1.5～3.5 cm（图5-9）。菌褶白色，呈密

图 5-9　海鲜菇

集排列，不等长弯生。担子呈棒状，其上着生卵圆形担孢子 2～4 个，孢子印白色，担孢子光滑无色，内含少量颗粒。

5.4.1.2　营养价值

海鲜菇味道鲜美，质地脆嫩，营养价值高，是一种低热量、低脂肪的保健食品。经测定每 100 g 鲜海鲜菇中含粗蛋白 3.0 g，粗脂肪 0.08 g，粗纤维 1.03 g，碳水化合物 7.4 g，灰分 0.70 g（主要是磷、钾、铁、钙、锌等矿物质元素），维生素 B_1 0.64 mg、维生素 B_2 5.84 mg、维生素 B_6 186.99 mg、维生素 C 13.8 mg，富含 18 种氨基酸，占干重的 13.27%，其中 7 种人体必需氨基酸占氨基酸总量的 36.82%。

海鲜菇还具有较高的药用价值。海鲜菇子实体中提取的 3-*D*-葡聚糖具有很高的抗肿瘤活性，而且从海鲜菇中分离得到的聚合糖酶的活性也比其他菇类要高许多，其子实体热水提取物和有机溶剂提取物有清除体内自由基作用，因此，有防止便秘、抗癌、防癌、提高免疫力、预防衰老、延长寿命的独特功能。

5.4.1.3　国内外栽培现状及主要栽培模式

海鲜菇栽培模式主要有瓶式栽培和袋式栽培两种。其中，瓶式工厂化生产模式主要引自日本。近几年，中国食用菌工厂化企业仿造金针菇袋栽模式，将矮丛状的白玉菇菌柄拉长，形成目前的海鲜菇栽培模式。现在全国各地均有工厂化企业生产，其中福建省顺昌县是国内最大的海鲜菇生产基地。

5.4.2　栽培农艺特性

（1）温度　海鲜菇属中温偏低温型菌类。在自然条件下多于初春或秋末发生。菌丝生长温度为 5～30 ℃，最适 22～25 ℃，超过 35 ℃或低于 4 ℃时菌丝不再生长，在45 ℃以上无法存活。原基形成的最适温度为 13～15 ℃。环境温度控制在 14 ℃左右，子实体商品性状最佳。

（2）水分和湿度　培养料的含水量以65%～68%为宜，生理成熟后，应在进行出菇管理前适当补水，补充培养料含水量至 70%左右，才能满足后期子实体生长的需要；菇蕾分化期间，菇房的空气相对湿度应控制在 90%～95%；子实体快速生长期，菇房的空气相对湿度应调到 85%～90%，子实体成熟阶段，注意间歇性加湿，如果长时间空气相对湿度高于 95%，子实体则质地松软易产生黄色斑点。

（3）空气　海鲜菇是好气性菌类。在菌丝体培养阶段，培养室要经常通风换气，保持空气清新，促使菌丝健壮生长，CO_2 浓度较高时，则菌丝长速和长势降低。在出菇阶段，

尤其是菇蕾分化对 CO_2 浓度非常敏感，菇蕾分化时菇房的 CO_2 浓度要求在 0.2%以下，子实体快速生长对菇房的 CO_2 浓度要求在 0.2%～0.4%，实际生产中，往往通过间歇性减少换气把 CO_2 浓度提高在适当浓度，延缓开伞，促进菌柄生长，提高商品菇的品质和产量。若出菇房 CO_2 浓度长时间高于 0.4%以上，子实体易出现畸形。

（4）光照　海鲜菇是喜弱光性菌类。菌丝生长阶段不需要光照，培养室光线强度太高不仅会使菌丝色泽加深，抑制菌丝生长；原基分化阶段，一定的弱散射光有利于促进原基的正常分化；子实体生长阶段，具有明显的趋光性，缺少光线诱导，不仅会抑制其菌盖分化，而且还易形成畸形菇和白化菇。出菇管理阶段，依据子实体生长的不同发育阶段，光照强度控制在200～1 000 lx 为宜。

（5）酸碱度（pH）　海鲜菇适宜在中性偏酸环境中生长发育，菌丝在 pH 5.0～8.0 时均能生长，不同菌株对 pH 要求有所差异，一般情况下菌丝生长最适酸碱度以 pH 6.5～7.5 为好。在实际生产中，培养基的酸碱度调整到 pH 8.0～9.0 为宜。

（6）营养　海鲜菇属木生白腐菌类。其分解纤维素、木质素能力较强，栽培时需要丰富的碳源和氮源，特别是氮源丰富时，菌丝生长旺盛粗壮，生长速度快，产量高。木屑的粗细以及原料配比是确保培养基的持水力和空隙度、菌丝生理成熟和子实体生长发育的重要环节。

5.4.3 栽培生产技术

5.4.3.1 工艺流程

目前国内海鲜菇主要采用冷库控温熟料袋栽，其生产工艺流程同杏鲍菇工厂化生产工艺流程相似。

培养料制备→搅拌→装袋→灭菌→冷却→接种→发菌→搔菌催蕾→生长管理→采收包装。

5.4.3.2 培养料制备

（1）栽培原料与配方　海鲜菇袋栽常使用的原料有杂木屑、棉籽壳、甘蔗渣、玉米芯、麸皮、米糠、玉米粉、石灰粉、轻质碳酸钙等。所使用原料的处理方法同杏鲍菇，生产中常用的配方如下：

配方1：棉籽壳 48%，木屑 35%，麸皮 10%，玉米粉 5%，石灰 1%，石膏粉 1%，适用于棉籽壳、木屑较多的地区。

配方2：玉米芯 40%，木屑 40%，麸皮 12%，玉米粉 5%，石膏粉 1.5%，石灰 1.5%，适用于玉米芯、木屑较多的地区。

配方3：玉米芯 30%，棉籽壳 46%，麸皮 16%，玉米粉 5%，石灰 1.5%，石膏粉 1.5%，适用于棉籽壳、玉米芯较多的地区。

以上配方培养料含水量控制在 65%，灭菌前 pH 7～8.5。

（2）搅拌、装袋　按配方准确称取各种材料。拌料时，先将木屑、棉籽壳、玉米芯等主料倒入搅拌机，边加水边搅拌 20 min，然后加入麸皮、玉米粉、石灰等辅助材料再搅拌 15～20 min，培养料水分控制在 63%～65%、pH 7.0～8.5。

采用对折口径 18 cm×33 cm×0.005 cm 聚乙烯塑料袋，利用双冲压装袋机进行自动装袋、打孔。每袋填装湿料 1.1～1.2 kg，料高 15～16 cm。为了保证预留的孔洞不被堵塞，料中间插上孔径 2.5 cm、长 13 cm 规格的专用塑料棒（接种时再拔出来），袋口套上喇叭口塑料套环，拉紧套环使其与料面紧贴，盖上透气型防水塑料盖。

5.4.3.3 灭菌、接种

目前国内大多数工厂化企业采用抽真空双门高压灭菌锅灭菌。灭菌方法可参照杏鲍菇。

灭菌结束后，将菌包及时移至洁净冷却室内进行机械强制冷却，待料温降至 25 ℃以下时开始接种。接种前 6～8 h 自动开启接种室消毒杀菌设备，接种前 1 h 开启空气净化系统通风换气，并确保整个接种过程空气清新舒适。接种人员要穿戴已经消毒灭菌的工作服经风淋室进入接种室，双手与接种工具用浓度 75%酒精棉球擦拭消毒，接种工具还要经酒精灯火焰灼烧后冷却备用。

适于接种的海鲜菇栽培种菌龄应在发菌满瓶后 12～15 d，从侧上方观察接种口菌丝体呈淡米色或淡粉油色，伴有轻微清亮色的生理吐水。接种前将检查合格的菌种，在接种车间采用消毒工具将菌种表层 2～3 cm 的老菌皮挖弃备用，然后倒置于固体自动接种机接种。人工接种时将菌种捣碎后倒入打孔棒形成的孔穴内，接种量标准是将孔穴及斜面与袋口之间的空隙内填满菌种即可，一般每标准瓶菌种可接 25～30 袋菌包。

5.4.3.4 发菌管理

海鲜菇发菌培养分为定植期、生长期和后熟期。

（1）*定植期* 将接种后的菌袋移入提前经消毒处理的发菌室进行发菌培养。采用层架式培养时，栽培包接种口朝上整框排放，菌包与菌包之间应留少许空隙，避免发菌期间发热烧菌。一般接种 5 d 内为定植期，发菌室温度控制在 22～24 ℃，空气相对湿度在 60%～70%，避光培养，每间隔 4 h 或 6 h 通风换气 1 次，保证室内空气清新。接种后的第 10 天检查杂菌感染情况，及时挑除被污染的菌包进行集中处理。

（2）*生长期* 定植后菌丝生长速度加快，降解培养料，新陈代谢逐渐旺盛，此时应注意控制料温，防止料温超过 25 ℃，应加强室内的通风换气。一般每天通风 2 次，每次 30 min，空气相对湿度保持在 60%～70%，CO_2 浓度控制在 4 000 ppm 以下。培养 35～40 d，菌丝可长满栽培袋，之后进入后熟管理。

（3）*后熟期* 海鲜菇菌丝刚发满后，菌丝稀疏细弱，养分积累少，还需继续培养促使菌丝积累更多养分，完成生理成熟才能出菇。后熟培养期间，发菌室温度控制在 22～24 ℃，空气相对湿度控制在 70%左右，应注意通风换气，保持空气新鲜。海鲜菇后熟培养期时间的长短，不同栽培者认识意见不一致，应依据不同栽培条件参照具体的温度波动、通风状况、光照强度等影响因素所导致的菌袋内菌丝生长状况确定。菌袋生理成熟的指示性标志为：袋内菌丝由洁白转为浅黄色，有较为明显的菌丝束形成，菌丝束间有少量土黄色的分泌物出现；菌包内基质收缩，表面呈现凹凸不平皱缩状，菌包重量明显变轻，呈松软状；实测培养料 pH 6 左右，即可移至出菇房进行出菇管理。

5.4.3.5　出菇管理

（1）搔菌补水　挑选菌丝生理成熟的菌包，拔除塑料塞和套环，将塑料袋口向外翻卷至料面上方4 cm 处，进行“搔菌”处理，即用经 75%酒精消毒的搔菌耙去除培养料表面 0.4～0.6cm 厚的气生菌丝。搔菌后的菌包转移至提前一天用高锰酸钾和甲醛空间消毒的出菇房内，温度控制在 15～18 ℃，覆盖洁净的无纺布，并喷水增湿，保持空气相对湿度 90%～95%。喷水实质上是补水，软化表层培养料，使菌丝能够“吊出”料面。

（2）催蕾管理　菌包搔菌后损伤的菌丝逐渐恢复，5 d 前后，菌丝逐渐“返白”（袋口料面产生一层白色气生菌丝组成的菌膜），开始进入现蕾期。每天保持 200～300 lx 光照，连续照射 8～10 h，温度降至 13～15 ℃，通常 7～8 d 后料面菌丝扭结形成米粒状凸起，进而发育成浅灰色针头芽原基，此时应适当降低湿度，减少芽原基数量。再经过 3～5 d，原基的尖端逐渐出现小白点，并逐渐长大成直径 0.2～0.3 cm 的三角形白色菇蕾。

（3）生长管理　菇蕾形成后第 15 d 前后，停水 1～2 d，并适度增加通风量，进行控干疏蕾，让健壮的菇芽向上生长，弱小的菇芽因失水逐渐枯萎。温度控制在 14～16 ℃，光照强度 400～500 lx、空气相对湿度 90%～92%、二氧化碳浓度 2 000～3 000 ppm，2～3 d 后，菌盖白色平面中央开始凸起，颜色开始逐渐转深。3～4 d 后，形成完整的乳白色菌盖，直径在 0.5～0.8 cm，菌柄开始增粗和伸长。

子实体菌盖形成后，生长速度加快，迅速加厚平展，菌柄迅速加粗伸长，此阶段子实体代谢旺盛，对出菇房环境条件反应敏感，出菇房温度控制在 13 ℃左右，相对空气湿度提高至 95%～98%，二氧化碳浓度提高至 3 000～5 000 ppm，实现拉长菌柄，抑制菌盖展开。根据菇体生长状况给予一定的光照，光照有助于菇芽长整齐，但也能促进菌盖展开。柄短、盖大则减光或不开灯，反之，保持光照 2 h/d。采收前 3 d 左右，将空气相对湿度降低至 85%左右，以延长采收后的保鲜期。

5.4.3.6　采收与包装

（1）采收　当海鲜菇菌盖呈半球形、孢子未喷射、直径 1.0～1.5 cm、整丛菌柄长 13～15 cm、粗细均匀时即可采收。采收时，一手抓住菌包，一手握住菌柄将整丛菇拧下，以菇盖对菇盖或者菇根对菇根方式轻轻放入采收筐，注意不要碰坏菌盖和菌柄，防止菇体破损和变色而降低商品性。

（2）包装　在 10～15 ℃的包装车间，削去海鲜菇基部料根及边缘部分，根据市场的需求进行分级，利用固定模具一根根排放在包装模具盒内，两头向外，进行半抽真空，每包装 2.5 kg。海鲜菇分装后放置在聚苯乙烯泡沫箱内，不封盖，转入冷藏库，使包内中心温度继续下降至 5 ℃，发货前再封箱，以便达到较长时间的保藏。

5.5 蟹 味 菇

5.5.1 简介

蟹味菇为真姬菇（*Hypsizygus marmoreus*）的一个品系，又名斑玉蕈、胶玉蘑、荷叶离褶伞等，在真菌分类中隶属于层菌纲伞菌目白蘑科离褶菌族玉蕈属。因其具有独特的蟹香味，因此得名蟹味菇。目前栽培的真姬菇品种有浅灰色和纯白色两个品系。灰色品系，商品名称为蟹味菇。

5.5.1.1 形态特征

（1）菌丝体　菌丝浓白密集，生长整齐，棉毛状，无色素分泌，能产生节孢子和厚垣孢子。生长速度稍慢，气生菌丝少，稍有爬壁现象。显微镜观察，菌丝粗细均匀，具横隔和分枝、有锁状联合，菌丝成熟后呈浅灰色。

（2）子实体　子实体丛生，菌盖直径1.5～3.5 cm，幼时近球形至半球形，表面平滑，具有大理石状斑纹，顶部茶褐色，成熟后色泽逐渐变淡；菌肉质韧而脆，结构致密；菌褶白色或浅黄色，不等长弯生；菌柄圆柱状，中生内实，基部略有膨大，不同菌株间长度具有差异，柄长5～8 cm，上下粗细均匀，稍弯曲（图5-10）。担子呈棒状，其上着生卵圆形担孢子2～4个，孢子印白色，担孢子光滑无色，内含少量颗粒。

图5-10　蟹味菇

5.5.1.2 营养价值

蟹味菇营养丰富，含有丰富的维生素和17种氨基酸，其中赖氨酸、精氨酸的含量高于一般菇类，有助于青少年益智增高。据测定，每100 g蟹味菇含有蛋白质2.1 g、脂质0.3 g、碳水化合物4.4 g、铁0.4 mg、钙1 mg及维生素等。

蟹味菇还具有较高的药用价值，特别是子实体的提取物具有多种生理活性成分，其中真菌多糖、嘌呤、腺苷能增强免疫力，促进抗体形成；抗氧化成分能延缓衰老、美容等等。

5.5.1.3 国内外栽培现状及主要栽培模式

1972年，日本宝酒造株式会社首先人工栽培成功蟹味菇，并申请取得专利权。1973年开始在长野县投入生产，近30年来蟹味菇的产量增加了20余倍，在日本已成为仅次于金针菇的重要品种。上海丰科生物科技股份有限公司是国内最早自日本引进成套的自动瓶式工厂化生产蟹味菇的企业。近年来，蟹味菇工厂化生产已遍及全国，上海、福建、北京、山西、河北、河南、山东等省市均有规模大小不等的生产，且以瓶式工厂化生产为主要生产模式。

5.5.2　栽培农艺特性

（1）温度　蟹味菇属偏低温型菌类。在自然条件下多于初春或秋末发生。菌丝生长温度为 5～30 ℃，最适 22～24 ℃，超过 35 ℃或低于 4 ℃时菌丝不再生长，在45 ℃以上无法存活。原基在 8～22 ℃均可分化，最适宜温度为 13～15 ℃。环境温度控制在 15 ℃左右，子实体商品性状最佳。

（2）水分和湿度　培养料的含水量以 65%～68%为宜，生理成熟后，应在出菇前适当补水，补充培养料含水量至 70%左右，才能满足后期子实体生长的需要；菇蕾分化期间，菇房的空气相对湿度应控制在 90%～95%；子实体快速生长期，菇房的空气相对湿度应调到 85%～90%；子实体成熟阶段，注意间歇性加湿，如果长时间空气相对湿度高于 95%，子实体则质地松软易产生黄色斑点。

（3）空气　蟹味菇是好气性菌类。在菌丝体培养阶段，培养室要经常通风换气，保持空气清新，促使菌丝健壮生长，CO_2 浓度较高时，则菌丝长速和长势降低。在出菇阶段，尤其是菇蕾分化对 CO_2 浓度非常敏感，菇蕾分化时菇房的 CO_2 浓度要求在 0.2%以下，子实体快速生长时，菇房的 CO_2 浓度要求在 0.2%～0.4%，实际生产中，往往通过间歇性减少换气把 CO_2 浓度提高在适当浓度，延缓开伞，促进菌柄生长，提高商品菇的品质和产量。若出菇房 CO_2 浓度长时间高于 0.4%以上，子实体易出现畸形。

（4）光照　蟹味菇是喜弱光性菌类。菌丝生长阶段不需要光照，培养室光线强度太高不仅会使菌丝色泽加深，还抑制菌丝生长；原基分化阶段，一定的弱散射光有利于促进原基的正常分化；子实体生长阶段，具有明显的趋光性，缺少光线诱导，不仅会抑制其菌盖分化，而且还易形成畸形菇和白化菇。出菇管理阶段，依据子实体生长的不同发育阶段，光照强度控制在 200～10 001x 为宜。

（5）酸碱度（pH）　蟹味菇适宜在中性环境中生长发育，菌丝在 pH 5.0～8.0 时均能生长，不同菌株对 pH 要求有所差异，一般情况下菌丝生长最适酸碱度以 pH 6.5～7.5 为好。在实际生产中，将培养基酸碱度调整到 pH 8.0～9.0 为宜。

（6）营养　蟹味菇属木生白腐菌类。其分解纤维素、木质素能力较强，栽培时需要丰富的碳源和氮源，特别是氮源丰富时，菌丝生长旺盛粗壮，生长速度快，产量高。木屑的粗细以及原料配比是确保培养基的持水力和空隙度、菌丝生理成熟和子实体生长发育的重要环节。

5.5.3　栽培生产技术

5.5.3.1　工艺流程

蟹味菇主要以工厂化瓶式栽培为主要生产模式，其生产工艺流程可参照工厂化瓶栽金针菇。

5.5.3.2 培养料制备

（1）栽培原料与配方 蟹味菇生产常使用的原料有杂木屑、棉籽壳、甘蔗渣、玉米芯、麸皮、米糠、玉米粉、石灰粉、轻质碳酸钙等。生产中常用的配方如下：

配方1：木屑20%，玉米芯44%，麸皮30%，玉米粉5%，碳酸钙1%。

配方2：木屑78%，麸皮20%，石膏1%，过磷酸钙0.8%，硫酸镁0.2%。

配方3：杂木屑25%，玉米芯25%，棉籽壳15%，甘蔗渣12%，麦麸13%，玉米粉5%，豆粕4%，石灰1%。

（2）拌料、装瓶 蟹味菇工厂化生产中拌料一般使用拌料机，具体步骤参见白色金针菇工厂化生产拌料。

采用装瓶机进行装瓶，操作人员只需要将塑料空瓶放在架子上，装瓶机自动完成装瓶工作，调节打孔机使孔穴距瓶底2～3 mm，培养基料面距瓶口15 mm左右，装料松紧度均匀一致，瓶肩与瓶颈无间隙。培养料表面要压实，并保证每瓶装入的培养料相等，松紧一致，高低一致，这是将来蟹味菇发菌一致，出菇同时、菌柄长短一致的前提。目前大多数生产厂家多采用800或850 mL聚乙烯培养瓶，每瓶装料550～600 g，含水量为65%。装瓶完成后采用自动加盖机或人工加盖，瓶盖封好后要立即进行灭菌处理。

5.5.3.3 灭菌、接种

目前国内大多数工厂化企业采用抽真空双门高压灭菌锅灭菌。灭菌方法可参照金针菇。

灭菌结束后，将菌瓶及时移至洁净冷却室内进行强制冷却，待料温降至25 ℃以下时开始接种，接种在无菌净化间内进行。在进入接种间之前，操作人员一定要换上经过消毒的工作服，同时经过风淋室才能进入接种间。操作时要注意每瓶菌种接30瓶左右，并确保接种量一致，不漏接，接种完成以后就可以将菌瓶转入发菌室中进行培养。

5.5.3.4 发菌管理

接种后的菌瓶整齐的摆放在专用发菌室中，将温度控制在23～25 ℃，相对湿度60%～70%的条件下正常生长，经过55 d左右的培养，菌丝就长满菌瓶了。这时候还要再继续进行后熟培养35～40 d，整个发菌培养的时间为85～90 d。菌瓶生理成熟的特征为：瓶内菌丝由洁白转为浅黄色，有较为明显的菌丝束形成，菌丝束间有少量土黄色的分泌物出现，菌瓶重量明显变轻，呈松软状。

5.5.3.5 搔菌补水

搔菌实际上就是去掉瓶盖，使用搔菌机把菌瓶上部与瓶盖接触的老菌丝挖掉，挖的时候注意形成中间略高的馒头状，这样可以促使原基从料面中间残存的菌种块上长出成丛的菇蕾，促使幼菇向四周长成菌柄肥大、紧实，菌盖完整、肉厚的优质菇。机器搔菌完毕后还要有工人进行检查，把机器搔菌不彻底的菌瓶进行再次搔菌操作，搔菌后在料面注入清水，每瓶注水10～15 mL，注水完毕后5 min把水倒出，因为经过了90 d左右的培养，培养料内的水分有了很大的损失，注水就是对料内水分的补充。

5.5.3.6 出菇管理

蟹味菇在8 ℃以下、22 ℃以上时子实体很难分化，在8～10 ℃的温差刺激下有利于子实体的快速分化。所以出菇房内的温度保持在13～15 ℃，并间隔2 d将出菇房的温度调到8～10 ℃，给瓶内的蟹味菇温差刺激，再经过3～5 d的黑暗培养给予微弱的散射光，光线不能太强，控制在150～200 lx，这样经过10～15 d的管理，料面就可以出现针头状的灰褐色菇蕾了。

当瓶内出现原基时要注意控制好出菇房内的空气湿度，如果空气湿度过低，子实体难以分化，菇蕾容易死亡。空气湿度也不能过大，长期的过湿环境也会影响子实体的正常发育，所以这时候要求出菇房内的空气湿度达到85%，可以用无纺布盖在瓶口上，防止空调机吹出的风直接打在料面上，使料面水分降低，影响菇蕾生长。

随着菇蕾的生长，在菇蕾的尖端出现一个小白点，逐渐长大成直径1～3 mm的圆形白色平面，这一时期被称为显白。子实体显白期需要稍强的散射光，所以菇蕾显白后要及时揭去覆盖在瓶口上的无纺布，并把出菇房的温度调到15 ℃左右，室内湿度保持在90%左右，进行一定的温差刺激，但温度不能忽高忽低，长期的低温会造成菌盖畸形，出现大脚菇；如果长期保持在22～25 ℃的高温，则会出现蟹味菇菌柄徒长、菌盖下垂，影响它的产量和品质。蟹味菇生长期间需要潮湿而空气清新的环境，菇房内的CO_2浓度过高时会造成子实体生长缓慢，而且容易出现畸形菇，所以早中晚各通风一次，保持空气新鲜。

5.5.3.7 采收与包装

（1）采收　蟹味菇采收的基本标准是菌盖上大理石斑纹清晰、菌盖呈半球形、孢子未喷射、大多数菇体柄长4～6 cm、粗细均匀就应及时采收。采收偏晚的话，则子实体易发苦；达不到采收标准的还需要再生长2～3 d，留待下次采收。采下的菇连菇根一起单层、整丛摆放在采收筐中，送入包装车间，注意不要碰坏菌盖和菌柄，防止菇体破损和变色。每次采菇完毕后对菇房进行打扫消毒。

（2）包装　采收后鲜菇在包装间完成包装，包装间温度控制在10～15 ℃。由于蟹味菇是丛生，发育过程中难免出现参差不齐，必须通过人工将无效菇剔除，以保证鲜菇的质量。包装人员用刀削掉菇根上带有的培养料，捡出有伤残、过大或者是损坏的蘑菇，称重，送入自动包装机进行自动包装。蟹味菇一般采用小包装，分装后装箱，转入冷藏库，使包内中心温度继续下降至5 ℃，以便达到较长时间的保藏。

5.6 白　灵　菇

5.6.1 简介

白灵菇［*Pleurotus nebrodensis* (Inzengae) Quél.］又名白灵侧耳、翅鲍菇、鲍鱼菇、阿魏菇、白阿魏蘑、百灵菇、雪山灵芝等，是杏鲍菇的近缘种，隶属于担子菌纲伞菌目侧耳科侧耳属。

5.6.1.1　形态特征

白灵菇由菌丝体和子实体组成。

（1）菌丝体　菌丝较粗，有分枝，锁状联合结构明显。在试管斜面上或平板上培养时，菌丝多匍匐状贴于培养基表面生长，呈束状，气生菌丝少，灰白色，生长速度比平菇菌丝慢。

图 5-11　白灵菇

（2）子实体　子实体单生或丛生，一般较大，菌盖直径 5～15 cm 或更大，初期近扁球形，很快扁平，基部渐下凹或平展，纯白色，中央厚，边缘薄，表面平滑，干燥时易形成龟裂状斑纹。菌褶白色，后期带粉黄色，延生。菌柄侧生或偏生，少中生，长 3～8 cm，直径 2～3 cm，上下等粗或上粗下细，表面光滑，中实，细嫩，纯白色（图 5-11）。孢子无色，光滑，长椭圆形或柱状椭圆形，(9～13.5) μm×(4.5～5.5) μm，孢子印白色。

5.6.1.2　营养价值

白灵菇形似灵芝，色泽洁白、味如鲍鱼、菌肉肥厚、质地细腻、脆嫩可口，享有“素鲍鱼”之美称，是一种珍贵的高品位食用兼药用菌。据国家食品质量监督检验中心检测，白灵菇蛋白质中含有 17 种氨基酸，含量高达 14.7%，人体必需的 7 种氨基酸含量占氨基酸总量的 35%，尤其是精氨酸、赖氨酸的含量比称为“智力菇”的金针菇还要高，碳水化合物 43.2%，脂肪 4.3%，粗纤维 15.4%，灰分 4.8%。每 100g 干菇中含钾 1 639.8 mg、磷 519 mg、镁 59.7 mg、钠 19 mg、钙 9.8 mg、锌 1.75 mg，还有铜、锰、硒等微量元素，其中钾和磷含量丰富。在碳水化合物中，多糖含量丰富，每克多达 190 mg。

白灵菇不仅营养丰富，还有较高的药用价值，所含真菌多糖具有调节人体生理平衡、增强人体免疫功能、抗肿瘤的作用。据《中国药用真菌图鉴》记述，白灵菇具有消积、杀虫、健胃等功效，并用于治疗腹部肿块、肝脾肿大等。在新疆民间被誉为“天山神菇”“西天白灵芝”“草原牛肝菌”。

5.6.1.3　国内外栽培现状及主要栽培模式

1983 年，新疆生物土壤沙漠研究所的牟川静采用云杉木屑、棉籽壳和麸皮培养基驯化栽培白灵菇，并获得成功。1990 年以来，新疆首先开始大面积栽培。1996 年北京金信公司从新疆木垒引种栽培成功，翌年开始大面积栽培。1997 年卯晓岚将该栽培标本鉴定为白灵侧耳，首次将其商品名定为白灵菇。经过广大食用菌工作者的研究，白灵菇栽培技术日趋完善，栽培面积不断扩大，在新疆、北京、河南、河北、山西、天津、青海、甘肃、内蒙古、云南等地都进行过季节性规模化栽培，目前栽培规模有所下降，但已经实现了工厂化生产。

5.6.2　栽培农艺特性

（1）温度　白灵菇属中低温型变温结实性菌类。菌丝生长温度 5～34 ℃，最适温度为 22～25 ℃，5 ℃以下生长缓慢，在 35 ℃以上时菌丝停止生长；子实体分化的温度为 5～22 ℃，子实体原基形成时需要 0～13 ℃的低温刺激，同时菌袋生理成熟后也需要较长时间的温差刺激；子实体生长温度在 3～22 ℃，但在 8～13 ℃下，子实体生长慢，质地紧密，口感滑嫩，品质好。出菇期间菇房温度高于 20 ℃时，子实体开伞快，颜色变黄，组织疏松，口感下降，品质差。

（2）水分和湿度　培养料含水量以 60%～65%为宜，菌丝体生长时空气相对湿度以 65%左右为宜，一般不超过 70%。子实体原基形成、分化和生长阶段要求较高的空气湿度，以 85%～90%为最适，但应干湿间隔，长时间维持较高的空气相对湿度易出现产生黄色斑点，甚至是黄菇，但长时间维持过低的空气相对湿度则易产生菌盖龟裂。

（3）空气　白灵菇是好气性菌类，菌丝体生长和子实体发育均需要足够的氧气。菌丝体培养阶段，培养室要经常通风换气，保持空气清新，促使菌丝健壮生长，CO_2 浓度较高时，则菌丝长速和长势降低。在出菇阶段通风不良时，原基分化受阻，子实体生长缓慢，甚至变成菌盖反翘或柄长盖小的柱状或拳头状畸形菇。

（4）光照　白灵菇是喜光性菌类。菌丝生长不需要光照，在完全黑暗条件下生长更好。发菌室光线强度太高不仅会使菌丝色泽加深，抑制菌丝生长，培养基表面还易形成菌皮，影响出菇。原基分化阶段，一定的弱散射光有利于促进原基的正常分化，强光和黑暗条件下则原基分化困难。子实体生长阶段，需要 200～500 lx 的较强光照，这样有利于形成菌柄短，菌盖大，掌状或马蹄状的菇；光照过弱时，白灵菇子实体菌盖发育困难，菌柄纤细，易形成质地疏松的盖小柄长的柱状或拳头状畸形菇。

（5）酸碱度（pH）　白灵菇适宜在中性偏碱的条件下生长发育。白灵菇生长的阿魏根系土属微碱性土壤，其 pH 一般为 7.85～8.5。菌丝在 pH 5～11 均可生长，最适 pH 6.5～7.8。在实际生产中，配制培养基时，pH 调整到 7.5～8.5，这样有利于抑制酸性霉菌的生长。

（6）营养　白灵菇属木生白腐菌类。其分解纤维素、木质素能力较强，栽培时需要丰富的碳源和氮源，特别是氮源丰富时，菌丝生长旺盛粗壮，生长速度快，产量高。木屑的粗细以及原料配比是确保培养基的持水力、空隙度、菌丝生理成熟和子实体生长发育的重要环节。

5.6.3　栽培生产技术

5.6.3.1　工艺流程

袋栽白灵菇工厂化生产与杏鲍菇工厂化生产相似，其工艺流程如下：

菌种选择→培养料制备→拌料→装袋→灭菌→接种→发菌→培养→催蕾→出菇管理→采收。

5.6.3.2 培养料制备

(1) 栽培原料与配方 人工栽培白灵菇的主要原料有阔叶树木屑、棉籽壳、玉米芯、甘蔗渣、豆秸等，这些原料主要供应碳源，必须新鲜、无霉变。为了补充氮源，还需要添加麸皮、玉米粉。除此之外，石膏、过磷酸钙、碳酸钙、石灰等可作为矿物质元素和维生素的添加剂。生产中常用的配方如下：

配方1：棉籽壳60%，玉米芯20%，麸皮18%，石膏1%，过磷酸钙1%。

配方2：棉籽壳40%，玉米芯30%，阔叶树木屑15%，麸皮5%，玉米面5%，豆粕3%，石膏1%，过磷酸钙1%。

配方3：棉籽皮40%，玉米芯20%，木屑20%，麸皮8%，玉米面5%，豆饼粉2%，石灰粉2%，石膏粉1%，蔗糖1%，过磷酸钙1%。

(2) 培养料处理 白灵菇培养料装袋前最好进行堆制发酵处理。将配制的培养料充分浸泡湿润后，建成宽1.2～1.5 m、高1.3～1.5 m、长度不限的梯形堆，堆上每隔30～50 cm打一透气孔，其孔径为7～10 cm，每侧各打2排透气孔。堆上面盖薄膜保湿，堆下部留30～50 cm不盖薄膜。当料堆中心温度上升到65 ℃左右时，保持24 h后翻堆。待料温再次升至62 ℃时，维持24 h进行第二次翻堆，而后装袋。

(3) 装袋 采用冲压式装袋机装袋，料袋常采用17.5 cm×36 cm×0.005 cm的聚丙烯折角袋。填料要紧实、均匀，装好料的料袋应达到料面平整，外壁光滑，不皱褶，预留孔居中，高度为17 cm，料袋湿重为1.0 kg左右。为了保证预留的孔洞不被堵塞，插上专用塑料棒（接种时再拔出来），用喇叭口塑料套环套紧，塞上塑料塞，具体步骤参见杏鲍菇工厂化生产装袋。

5.6.3.3 灭菌、冷却、接种

灭菌采用抽真空双门高压灭菌锅灭菌，灭菌完毕后进入冷却室冷却，具体操作参照杏鲍菇工厂化生产技术。

料袋温度低于25 ℃时采用固体自动接种机或人工流水线接种，严格按无菌操作规程进行。保证整个接种口表面均匀地布满菌种，还有部分菌种进入预留孔中。750 mL的菌种瓶每瓶接种13～15袋。

5.6.3.4 发菌管理

接种后的料袋移入发菌室培养，在装卸、搬运、摆放菌袋过程中要轻拿轻放，防止破损，造成污染。此期的管理重点是促菌快发，早日满袋，菌丝密壮。发菌室温度控制在23～25 ℃，空气相对湿度为65%～70%，避光培养，注意通风换气，一般30～35 d菌丝即可长满袋。培养期间3～5 d检查一次，发现有感染杂菌的菌袋要及时剔除。

5.6.3.5 后熟期管理

白灵菇菌丝长满袋后，尚未达到生理成熟，不能开袋出菇，应及时转入后熟管理。在温度20～22 ℃、空气相对湿度65%～70%的环境下再继续避光培养40～60 d，袋内菌丝颜色明显变深，直至菌袋略有收缩，表面有部分皱折，出现少量米黄色生理吐水，菌袋变轻，使菌丝达到生理成熟后，即可移至出菇房进行出菇管理。

5.6.3.6 出菇管理

（1）定位搔菌　将后熟完的菌袋移入出菇房床架上，用消毒剂进行空间消毒，第二天拔除塑料塞和塑料套环，进行“搔菌”处理，即用经75%酒精消毒的搔菌耙，在培养料表面中央偏上的位置，耙去表面厚白的老菌皮，厚度0.1～0.2 cm，面积2 cm^2，再将袋口轻旋转，恢复原来封闭状态。温度控制在6～10 ℃，相对湿度80%～90%，保持弱光，3～5 d后搔菌面形成青灰色绒毛状菌丝，进入催蕾管理。

（2）催蕾管理　白灵菇催蕾阶段中的变温操作环节极为重要。每天先将温度控制在0～2 ℃维持6 h，之后进行0～10 ℃温差刺激12 h，再将温度控制在8～10 ℃维持6 h，直至绒毛状菌丝表面形成针尖状小斑点。将温度调节至8～10 ℃，相对湿度80%～90%，采用灯带增加散射光刺激，3～5 d后形成白色米粒状斑点。再经过5～7 d培养，形成绿豆大小的菇蕾，将袋口完全敞开，进入疏蕾环节。

（3）疏蕾　催蕾完成后1～2 d进行疏蕾。一般每袋选留1～2个位置好、菇形正、个体大的菇蕾，其余的用消过毒的小刀剔除。一般选择中间的菇蕾，注意疏蕾工具不能碰伤保留的幼菇以及幼菇基部的菌丝，造成机械伤。

（4）子实体生长管理　当子实体长到乒乓球大小时，温度控制在14～17 ℃。若温度超过18 ℃，子实体易变黄；温度低于12 ℃，子实体生长慢。子实体生长期间空气相对湿度保持在80%～90%。湿度偏小时，菌盖表面上易出现鳞片，生长慢，菇体小，采用雾化水增湿，切忌直接向菇体喷水，否则菇体顶部易发黄、发黏。出菇期间光照强度保持500～800 lx。每天通风，二氧化碳浓度控制在0.1%以下。

5.6.3.7 采收与包装

（1）采收　当菇体七八分成熟、边缘尚微微卷边、尚未散发孢子时，应及时采收。采收过早，影响产量；采收过晚，孢子大量释放，风味变差，商品价值下降。采收前1天停止加湿，并间歇通风，直至菇体表面略干，以利采收和后期储藏与运输。采摘人员的手要洗净，最好带上塑料手套。采收时用大拇指和食指捏紧白灵菇的菌柄基部，用锋利的小刀割下，并削去多余的菌柄基物，轻轻放入提前消毒的采收筐里，及时转入0～1 ℃冷库预冷。

（2）分级包装　包装间温度需控制在5～10 ℃，工作台要保持清洁，每日定时清洗、消毒，并应及时清理台面。用不锈钢刀具将预冷过的子实体进行基部修整，剔除菇柄上基质培养料，用毛刷去除菇体附着的杂物，按照市场需求进行分级。采用符合要求的专用保鲜纸将菇体裹好，摆放在聚苯乙烯泡沫箱中。经分级包装后的白灵菇及时入库冷藏，冷藏温度为 0～3 ℃，环境相对湿度维持在 90%～95%。

5.7 绣 球 菌

5.7.1 简介

绣球菌［*Sparassis crispa*（Wulf.）Fr.］又名绣球菇、绣球蕈、花椰菜菇、花瓣茸、对花菌、干巴菌、椰菜菌、白绣球花等，隶属于担子菌亚门层菌纲非褶孔菌目绣球菌科绣球菌属。

5.7.1.1 形态特征

绣球菌由菌丝体和子实体组成。

(1) 菌丝体　菌丝洁白，健壮，浓密，生长整齐均匀，菌丝舒展，不分泌色素。有锁状联合。在适宜的条件下培养 15 d 左右可使长满试管斜面培养基。

图 5-12　绣球菇

(2) 子实体　子实体中等至大形，直径 10～40 cm，肉质，白色至浅黄色，在似根状基部着生一个粗大的柄，并呈头状层生出许多分枝，分枝顶端分化出形似银杏叶状或扇形的瓣片，较薄，边缘弯曲不平，洁白的花团状外形像个绣球，这也正是人们称它为绣球菌的缘故（图 5-12）。子实体干后色深，孢子无色，光滑，卵圆形至球形，(3～5) μm×(4～4.6) μm。

5.7.1.2 营养价值

绣球菌是一种珍稀名贵的食药用菌，它在食用菌中仅次于冬虫夏草、羊肚菌、块菌等珍品。其香味怡人、肉质脆嫩、口感佳美、风味独特，被国内外美食家公认为菌中食味较好的山珍。

绣球菌子实体中还含有大量的高分子多糖、β-葡聚糖及绣球菌醇，尤其是β-葡聚糖含量可达 40%以上，有的甚至可达 50%，比灵芝和姬松茸高出 3～4 倍，可以说是菇中之最。β-葡聚糖是一种生物活性物质，经医学研究证实，具有免疫调节、抗肿瘤、抗炎、抗病毒、抗氧化、抗辐射、降血糖、降血脂、保肝等多种功能。绣球菌还含有大量维生素和矿物质，主要有维生素 C、维生素 E，其维生素

E含量位居菌藻类食物前列，这些维生素具有抗氧化作用。绣球菌还含有麦角固醇，在阳光和紫外线照射下可转变为维生素D，能促进钙、磷吸收，有利于骨骼形成，预防儿童佝偻病、成人骨质疏松症和骨质软化症。绣球菌含有相当高的钾元素，而钠的含量较低，这种高钾低钠食品有利尿作用，对高血压患者是十分有益。绣球菌中还含有大量抗氧化物质，据测定，绣球菌中超氧化物歧化酶的含量位居各种食用菌之首。因此，国内外食用菌市场中绣球菌产品一直处于供不应求的状况。

5.7.1.3 国内外栽培现状及主要栽培模式

绣球菌属于中低温型珍稀菇类，市场潜力巨大，但由于其独特的生物学特性，对条件的要求极为苛刻，生长速度十分缓慢，成熟期较长，自然条件下难以满足它们对环境因素下的要求，所以目前都是采用工厂化栽培。目前国外仅有以海洋性气候为代表的日本的部分地区较为成熟，采用了工厂化瓶栽模式。在国内福建、山西等省极少数食用菌企业实现了生产，主要是工厂化袋栽。

5.7.2 栽培农艺特性

（1）温度　绣球菌属中温型菌类。菌丝生长温度为6～32 ℃，最适温度24～26 ℃。原基形成的最适温度12～15 ℃，子实体生长发育温度因菌株不同而异，一般适宜温度为17～19 ℃，温度太高或太低都难以形成子实体，适宜的温度则菌体肥厚、产量高、品质优。

（2）水分和湿度　绣球菌培养料含水量以60%～65%为宜。菌丝培养阶段空气相对湿度控制在60%～65%，子实体生长期要求空气相对湿度在85%～90%，超过95%，易引起病虫害和子实体腐烂，影响产量和质量，低于80%，很难形成原基，或原基干裂不分化，已形成的子实体也会萎缩死亡。采收前相对湿度控制在70%以下，可延长产品的货架期。

（3）空气　绣球菌是好气性菌类。菌丝生长和子实体发育都需要新鲜空气，但在菌丝生长阶段，一定浓度的CO_2对菌丝生长有良好的促进作用，子实体生长阶段则需要充足的氧气，如通风不良，子实体难以正常生长发育。

（4）光照　绣球菌是喜光性菌类。菌丝生长阶段不需要光照，强光对菌丝生长有抑制作用。子实体生长发育阶段需要500～800 lx的散射光，完全黑暗条件下，不能形成子实体。绣球菌具有明显的趋光性，光线强弱还影响子实体的品质，光线强，子实体发黄；光线稍弱，子实体颜色白，商品价值高。

（5）酸碱度（pH）　绣球菌适宜在偏酸性条件下生长，培养基的pH在3.5～7时，菌丝可以正常生长，但以pH 4～5最为适宜。pH超过7.5时菌丝生长会受到阻碍，pH低于3时，菌丝难以生长。

（6）营养　野生绣球菌多分布在海拔较高的落叶松、云南松以及园林树地面，属木腐性菌类，其分解纤维素、木质素能力较强，但栽培时对树种的选择性很强，同时需要丰富的氮源，菌丝生长旺盛粗壮，生长速度快，产量高。

5.7.3 栽培生产技术

5.7.3.1 工艺流程

目前绣球菌栽培主要采用工厂化袋栽，其工艺流程如下：

菌种选择→培养料制备→拌料→装袋→灭菌→接种→发菌→管理→催蕾→生长管理→采收。

5.7.3.2 培养料制备

(1) 栽培原料与配方 绣球菌对原料的选择性很强，同时需要丰富的氮源，菌丝才能生长旺盛。马尾松、云南松、华北落叶松等是绣球菌栽培的最佳树种，生产中常用的配方如下：

配方1：松木屑80%，麸皮15%，玉米粉3%，过磷酸钙1%，石膏1%；

配方2：松木屑78%，麸皮20%，磷酸二氢钾0.5%，石膏0.5%，过磷酸钙1%。

以上配方培养料含水量控制在60%～65%，pH 6～7。

(2) 拌料、装袋 工厂化生产一般采用二级搅拌机拌料，配制时先将各种原料混合均匀，提前开启搅拌机进行原料干拌，随后再加一定比例水缓慢混合均匀。通过二次搅拌，使其含水量达到60%～65%。搅拌结束后经过提升机将料进入上方输送机，从上往下落料，将料送到各装袋机料斗上。

采用冲压式装袋机装袋，料袋多选择17.5 cm×38 cm×0.005 cm的聚丙烯折角袋，装料高度为15 cm，单包湿重0.9～1.1 kg，为了保证预留的孔洞不被堵塞，插上专用塑料棒（接种时再拔出来），用喇叭口塑料套环套紧，塞上塑料塞，具体步骤参见杏鲍菇工厂化装袋。

5.7.3.3 灭菌、冷却、接种

灭菌采用抽真空双门高压灭菌锅灭菌，灭菌完毕后进入冷却室冷却，具体操作参照杏鲍菇工厂化生产技术。

料袋温度低于25 ℃时采用固体自动接种机或人工流水线接种，严格按无菌操作规程进行。保证整个接种口表面均匀地布满菌种，还有部分菌种进入预留孔中。

5.7.3.4 发菌管理

接种后的料袋移入发菌室，采用层架式培养，菌袋整框排放，袋口朝上均匀摆放。菌丝生长的最适宜温度为24～26 ℃，空气相对湿度为65%～70%，避光培养，注意通风换气。菌丝封面之前，室内温度控制在25 ℃，以利于接种菌块萌发生长；当菌丝生长盖面以后，会产生生物热，使菌袋内的温度比袋外的温度高，因此将温度控制在22～24 ℃为宜。绣球菌的菌丝生长比较缓慢，室内的温度要保持适温状态对加速菌丝生长是至关重要

的，经过50～60 d的培养菌丝即可长满袋，就可以转移到出菇室进行出菇管理了。

5.7.3.5 出菇管理

(1) 催蕾 菌丝长满袋后，将温度控制在21～23℃，空气相对湿度保持在80%左右，光照强度为500～800 lx的散射光。在这种环境下继续培养20～25 d，可在袋口看见菌丝聚集、扭结，发育快的已有原基块出现，这时要把空气湿度调到90%以上，原基随着原基块的发育而不断增大，表面会吐出水珠，出现突起组织，即原基进入分化阶段。

(2) 生长管理 当原基形成并开始进入分化的时候，我们要及时开袋。将长满原基的菌袋袋口的塑料塞及塑料套环拔除，袋口拉直，之后用橡皮筋将袋口接触培养料的部分固定。温度控制在22～24 ℃，每天保持400 lx光照8～10 h，空气相对湿度85%～90%。绣球菌对湿度的要求非常高，它要求不能出现明水，所以采用超声波雾化加湿，使水滴的细度达到几微米的程度。

一般20 d左右子实体能够长至菌袋袋口，用消毒后的刀片将袋口纵向划破至料面，促使子实体自由伸展。随着子实体逐渐长大，喷水量逐渐增加，绣球菌瓣片吸附水分的能力极强，但应注意结合通风，保持干湿交替间隔的环境，防止出现腐烂。

5.7.3.6 采收与包装

(1) 采收 一般现蕾后30～40 d即可采收。绣球菌的采收无明显标志，待绣球菌子实体扁平带状瓣叶片展开，边缘呈波浪状，背部略出现白色绒毛，菇体健壮美观，疏松且富有弹性，子实体颜色由白色转为淡黄色时，即可采收。采收前12 h要停止喷雾。采收时，用刀片紧贴蒂基割下，注意保持朵形完整。

(2) 包装 在包装室内削去绣球菌基部料根及边缘部分，根据市场需求进行包装，一般先用聚乙烯塑料盒进行单独小包装。操作人员准确称重，送入自动包装机进行自动包装，再装入聚苯乙烯泡沫箱内。绣球菌鲜品耐储藏性好，在温度3～5 ℃条件下可保鲜20 d以上。

思 考 题

1. 简述双孢蘑菇菌丝体特点及生长所需养分。
2. 简述双孢蘑菇出菇的必要条件及其他生长条件。
3. 简述双孢蘑菇育种过程中的难点。
4. 简述双孢蘑菇简要生产工艺。
5. 简述双孢蘑菇培养料配比应注意的问题及发酵流程。
6. 杏鲍菇生长发育需要哪些条件?
7. 怎样进行杏鲍菇的出菇管理?
8. 简述杏鲍菇采收标准。
9. 简述金针菇的营养特点。
10. 论述金针菇工厂化生产的操作要点，并对搔菌和抑制工艺谈谈自己的看法。
11. 海鲜菇生长发育需要哪些条件?

12. 怎样进行海鲜菇的出菇管理？
13. 蟹味菇生长发育需要哪些条件？
14. 简述蟹味菇的栽培技术管理。
15. 试述白灵菇的营养价值和药用价值。
16. 在栽培管理中如何提高白灵菇的品质？

参考文献

[1] 常明昌. 食用菌栽培学［M］. 北京：中国农业出版社，2003.

[2] 常明昌. 食用菌栽培. 2版［M］. 北京：中国农业出版社，2009.

[3] 黄毅. 食用菌工厂化栽培与实践［M］. 福州：福建科学技术出版社，2014.

[4] 李荣春. 双孢蘑菇生物学及最新栽培技术［M］. 昆明：云南出版集团，2016.

[5] 李荣春. Noble R. 优质双孢蘑菇堆肥的现代堆制模式［M］. 中国食用菌，2001，20（1）：24-26.

[6] 李荣春. Use of different Terra-Care products on mushroom casing. 云南农业大学学报［J］，2003，18（3）：273-276.

知识扩展：扫描二维码阅读

双孢蘑菇栽培1

双孢蘑菇栽培2

第6章　设施设备下的食用菌栽培技术

我国现代食用菌栽培技术经过40多年的发展，生产模式经历了从手工分散式栽培、大棚保护地栽培、集约化设施栽培到工厂化周年栽培的发展演变。现在人工栽培的食用菌种类达60多种，其中规模栽培种类达到30余种。在这些菇种中，除了少量采用工厂化模式栽培外（见本书第5章），大部分采用集约化设施设备条件下的栽培模式，主要包括平菇、香菇、黑木耳、毛木耳、银耳、茶树菇、灵芝、猴头菇、滑菇、金福菇、秀珍菇、灰树花等木腐菌，也包括草菇、姬松茸等草腐菌。随着食用菌栽培技术的进步和大众消费升级，一些野生食药用菌也被规模化栽培，如裂褶菌和暗褐网柄牛肝菌等。由于采用了可控条件下的设施设备栽培技术，栽培区域也突破了原有野生状态下的自然生态限制，在我国从东到西、从南到北广为分布，成为高效、生态现代农业的重要组成部分。

6.1　平　　菇

6.1.1　简介

平菇，是侧耳属［*Pleurotus*（Fr.）Kummer］中一类可以人工栽培的种类的总称，又名北风菌、冻菌、蚝菇等，属担子菌门（Basidiomycota）层菌纲（Hymenomycetea）伞菌目（Agaricales）侧耳科（Pleurotaceae）其特征是子实体成熟时，菌柄多生于菌盖的一侧，形似人体的耳朵，故统称侧耳。

世界上目前已知的侧耳属有31种，已进行人工栽培可供食用的有10多种，包括紫孢侧耳（美味侧耳）、佛罗里达侧耳（华丽侧耳）、漏斗状侧耳（凤尾菇）、金顶侧耳（榆黄蘑）、白黄侧耳、鲍鱼侧耳（鲍鱼菇）和糙皮侧耳（平菇）等，其中以糙皮侧耳（学名：*Pleurotus oystreatus*，英文名 Oyster mushroom）最为常见。

6.1.1.1　形态特征

侧耳属不同种的菌丝体和子实体之间的形态特征差异较大。本节以常见种糙皮侧耳（平菇）为例进行描述。

菌丝体：由其担孢子萌发而成，分单核菌丝（初级菌丝）和双核菌丝（次级菌丝）两类。菌丝体是糙皮侧耳的营养器官，在光学显微镜下，单核菌丝纤细，无锁状联合；双核菌丝粗壮，有分支、横隔和锁状联合。双核菌丝借助于锁状联合不断进行细胞分裂，产生分枝，无限地进行繁殖，因此具有结实性。在PDA平皿培养基上，双核菌丝体呈绒毛状、洁白、粗壮、浓密、整齐，气生菌丝发达，爬壁能力强；生长快，约7 d可长满PDA试管斜面，一般不产生色素，在培养时间过长或温度过高或老化时会出现黄色斑块。双核菌丝易在培养基中形成原基。

子实体：由其菌丝体经分化而成，由菌盖、菌柄、菌褶三部分组成，是糙皮侧耳的繁殖器官，常呈丛生或覆瓦状叠生。菌盖呈扇形，直径大于5 cm，色泽幼时深灰或灰黑，成菇时变灰白或浅灰色。菌盖与菌柄连接处下凹，常有一层白色绒毛。菌柄侧生或偏生，呈圆柱形、实心，长度和直径因生长环境不同而差异较大（图6-1）。菌褶在菌盖下方，与菌柄延生，呈不等长的刀片状，白色，质脆，显微镜下可见褶皱的横切面两面是子实层，中间为菌髓细胞，两边是担子，担子无隔，顶端有4个担子小梗，每个小梗上着生一个担孢子，担孢子圆柱形或长椭圆形、表面光滑，大部分孢子的一端有一脐点。孢子印为白色。

图6-1 平菇

与所有的侧耳属种类一样，糙皮侧耳子实体发育过程需经历6个时期，即原基分化期、桑葚期、珊瑚期、成形期、生长期和成熟期。

6.1.1.2 营养价值

平菇肉质、味鲜，是一种常见并广受喜爱的食用菌。其营养丰富，干品中含蛋白质20%左右，氨基酸种类达到18种，含钾、钠、钙、镁、锰、铜、锌、硫等矿物元素。此外，还含有B族维生素及酸性多糖体等生理活性物质。因此平菇是一种营养丰富，对人体健康和增强免疫力有一定效果的健康食品。

平菇还具有一定的药理功效。中医认为，平菇性味甘、温，具有追风散寒、舒筋活络的功效，对腰腿疼痛、手足麻木、经络不适等有一定的疗效。

6.1.1.3 国内外栽培现状和主要栽培模式

平菇人工栽培历史较长，早期均采用木屑培养基栽培，如国外报道最早的有意大利在20世纪初利用木屑人工栽培获得成功，而后日本、德国等相继用阔叶树木屑进行栽培，但数量一直有限。20世纪中叶后，随着Joth（1969）等用玉米芯为原料取代木屑栽培平菇获得成功后，国内外研究人员纷纷利用稻草、废棉花等农作物秸秆进行栽培，取得良好效果，使平菇的人工栽培面积迅速扩大。特别是刘纯业（1972）利用棉籽壳生料栽培平菇获得成功后，平菇生产在我国得到了大面积的推广。由此开始，我国也一跃成为世界上平菇栽培第一大国。20世纪90年代后，随着栽培品种的更新、消费的升级，姬菇等一些小平菇品种被各地引种栽培，由于其商品性好、经济效益高而深受人们喜爱，栽培面积快速增长。

目前我国栽培平菇的模式较多，从培养料处理方式不同分，有生料栽培、发酵料栽培和熟料栽培等；从栽培容器分，有瓶栽、袋栽和床栽等；从栽培设施分，有室内（菇房）栽培、塑料大棚栽培等；从出菇方式分，有覆土栽培和不覆土栽培等。另外，阳畦栽培和与其他农作物生态立体套种也发展较多。就栽培所用的原料而言，提倡因地制宜，多采用本地农作物秸秆经粉碎处理后用于栽培。

6.1.2　栽培农艺特性

平菇的适应性虽然很强，如果环境条件不适合，也不能生长发育良好。因此在栽培过程中，要满足以下几个因素的要求。

6.1.2.1　营养

平菇生长所需的营养主要包括碳源、氮源、矿物元素和生长因子等。对于碳源，平菇作为一种降解木质素、纤维素和半纤维素等大分子碳水化合物能力极强的木腐菌，其菌丝体可利用大部分木质类和纤维质类的植物残体，将其降解为葡萄糖吸收利用。另外，菌丝可直接利用的碳源还有蔗糖、淀粉、有机酸和醇类等。在氮源中，有机氮源如蛋白质、氨基酸等可被菌丝优先分解吸收，各种氨盐、硝酸盐等无机氮也能被转化利用。矿物元素中，菌丝生长既需要钙、镁、钾、磷、硫等大量元素，还需要铁、钴、锰、钼、硼等微量元素。生长因子中，B族维生素有促进菌丝生长和刺激出菇的作用。

栽培时，按上述营养需求，选择棉籽壳、玉米芯、甘蔗渣、木屑、稻草等农作物秸秆为主要碳源，添加麦麸、米糠、豆饼或尿素等作为氮源。这些原料在配制时，根据其不同碳氮含量，按折算后培养基中的碳氮比（20～25）∶1进行配方，同时按比例加入石膏（硫酸钙）、碳酸钙、磷酸二氢钾、硫酸镁等矿物元素补充剂。由于农作物秸秆或有机氮源中已含有足够的天然维生素和其他微量元素，因此栽培配方中无需再添加。

6.1.2.2　温度

侧耳属的不同种类，按其子实体生长发育对温度的要求，可分为三大类型，即低温型、中温型和高温型。在菌丝体生长阶段，多数种类在5～35 ℃下都能生长，20～26 ℃是共同的适宜温度范围，其中低温和中温型品种的最适宜生长温度为24～26 ℃，高温型品种的最适宜生长温度为25～27 ℃。在子实体形成期，不同温型的种类对温度的要求差异较大，低温型最适宜温度为13～17 ℃，最高不超过22 ℃；中温型最适宜温度为20～24 ℃，最高不超过28 ℃；高温型最适宜温度24～28 ℃，最高不超过30 ℃。大部分平菇的担孢子形成期需要的温度范围是12～20 ℃，担孢子萌发温度宜控制在24～28 ℃。

平菇是变温结实性菇类，在适宜温度范围内，昼夜温度变化越大，子实体分化越快。人工栽培时，变温或加大温差，可促使子实体分化。子实体发育时，温度低，生长慢，菌盖厚，品质优；反之，温度高，子实体生长过快，菌盖薄，品质差。

6.1.2.3 水分和空气相对湿度

培养基的水分、空气相对湿度对菌丝和子实体生长发育有较大的影响。在菌丝体生长阶段，培养基的含水量以60%～65%为宜，如基质中含水量不足，会抑制菌丝生长，出菇推迟，这一阶段的空气相对湿度须保持在70%左右。子实体发育期培养基的含水量要提高到65%～70%；空气相对湿度保持在85%～95%，若低于80%，会使子实体因缺水而开裂，但若长时间高于95%，会导致菇体变色、腐烂或病虫害多发。

6.1.2.4 空气

平菇是一种好气性真菌，其子实体生长发育需要充足的氧气，但菌丝体在高于空气正常CO_2浓度5倍以上的环境中也能生长良好，所以菌丝体培养阶段可以在相对密封的情况下进行。而出菇阶段则需要在通风良好的环境中，一般CO_2浓度在0.05%～0.10%条件下，子实体才能正常发育，否则，如果CO_2浓度过高，不但原基分化困难，还会使已经形成的子实体发育成畸形菇，严重时会导致呼吸障碍而死菇。

6.1.2.5 光照

平菇是需光性真菌，但菌丝体生长阶段不需要光照，超过100 lx的光照会抑制菌丝的生长，因此，发菌期间应在黑暗或弱光环境条件下。在子实体分化和发育期间，光照须满足300～500 lx之间，否则弱光环境导致原基不易分化，对发育期的幼菇出现柄长、盖小、肉薄的劣质菇。此外，光照强度还影响子实体的色泽，加强光照使子实体色泽变深；光照减弱，子实体色泽较浅。

6.1.2.6 酸碱度

平菇菌丝喜中性偏酸的生长环境。菌丝体生长适宜pH是5.0～9.0，最适pH为5.5～6.5。在栽培中，由于菌丝体新陈代谢产生有机酸等次生代谢产物，会导致培养料的pH下降，所以配制培养料时，常加入石灰将培养料初始pH调整到7.5～8.5。尤其是在生料栽培时，偏碱性的培养料可以抑制霉菌滋生，确保正常发菌。

6.1.3 栽培季节安排

在自然温度下进行平菇栽培，要充分满足菌丝体营养生长和子实体生殖生长对温度的需求。在栽培季节的选择上，一要考虑不同栽培方式在季节选择上的要求，如发酵料栽培，由于是在开放条件下播种和发菌，为保证正常发菌、防止污染，要求播种时的温度略低于菌丝营养生长所需的最适温度。二要考虑不同品种的生长特性，尤其是子实体发育所需的最适温度范围，往往存在较大差异，如低温型品种适合秋播，其产菇高峰期在晚秋或者冬季；高温型只适合春播，初夏即可进入产菇高峰期。

平菇栽培已遍布我国几乎所有地区，不同区域的气候和地理差异巨大，栽培季节的确定不能千篇一律。一般来说，在我国大部分地区秋季气温前高后低，与平菇生长发育所需要的温度变化趋势相同，且有大棚、菇房等设施保护，能保证栽培的安全高产，因而在秋季9月份以后，气温低于20 ℃时进行栽培较为理想。此时栽培，在品种的选择上，往往以中温型和低温型品种为宜，如糙皮侧耳、紫孢侧耳、佛罗里达侧耳等都是较为适宜秋季栽培的种类。春季栽培时，早春低温使得发菌时间延长，出菇期进入初夏，温度偏高，所以要选用高温型品种，如金顶侧耳、鲍鱼侧耳等较为合适。但要注意，大部分高温平菇品种都不耐32 ℃以上的高温。平菇菌丝体萌发的下限是5 ℃，所以低温季节播种不能低于这个温度，否则播种时受损伤的菌丝不能尽快萌发定植，随时间延长其活力逐渐减弱，最后会由于培养料或菌种的失水、污染而使栽培失败。

6.1.4　栽培生产技术

平菇栽培模式多样，现将生产中应用最为普遍的发酵料栽培和熟料栽培技术做一介绍。

6.1.4.1　发酵料栽培

1. 工艺流程

原料准备→配方→堆置发酵→散堆降温→装料播种→发菌管理→原基诱导→成菇管理采收→转潮管理

2. 设施设备

平菇发酵料栽培可采用大棚、菇房等设施进行。大棚规格一般为长30 m，宽6～8 m，单个菇棚的面积180～240 m^2。坐北朝南建造，分外棚（遮阴棚）和内棚（出菇棚）两部分。外棚为遮阴棚，棚高2.5～3.0 m，用遮阳网覆盖；内棚为出菇棚，棚高1.8～2.0 m，用透光大棚膜覆盖，配备雾喷设施。栽培菇房面积以50 m^2为宜，长10 m、宽5 m、高3.5 m，房顶设置排气窗，菇房两侧底部留通风口。为提高利用率，一般在菇房内设置床架，床架宽0.25～0.30 m（单边操作）或0.8 m（双边操作），共3～4层，层间距0.5 m，底层距离地面0.2 m，操作道宽0.7～0.8 m。菇房内需配备雾喷和补水设施。

3. 配方

采用发酵料技术栽培，常用配方如下：

配方1：棉籽壳95%，麸皮3%，石灰1%，石膏1%。将石灰溶于适量水中，均匀地淋在棉籽壳上，加水翻拌均匀，使培养料含水量到达65%～70%为宜。

配方2：玉米芯45%，棉籽壳45%，麸皮7%、过磷酸钙2%，石灰1%。拌料方法同上。

配方3：甘蔗渣85%，麦麸10%，石膏粉2%，石灰粉3%。拌料方法同上。

另外，可因地制宜选择甜菜渣、稻草以及其他农作物秸秆等代替上述配方中的棉籽壳等主料，也可以2～3种原料互相搭配，混合使用。注意所使用的原料要新鲜、无霉变。

4. 堆置发酵

配制后的培养料采用室外一次性堆制发酵工艺进行处理。通过发酵，一是有效地改善培养料的理化性状，有利于菌丝的定植；二是利用生物发酵热，杀灭培养料中的杂菌和虫卵，使培养料不易污染；三是通过微生物作用，使部分大分子木质纤维素和蛋白质等有机物得到降解转化为小分子化合物，易于被平菇菌丝体吸收利用。

培养料发酵的质量关系到平菇栽培产量的高低和栽培的成败，是生产中的重要技术环节，具体发酵工艺如下：

（1）建堆　拌料后，要立即建堆。建堆高100～140 cm、宽110～150 cm、长度不限，截面呈梯形，料堆顶部呈龟背形。建堆后，要立即在料堆上用直径5 cm的木棒从堆顶及四周向底部打通气孔，孔间距20～30 cm。最后在料面上覆盖薄草帘或麻袋进行保温、保湿，注意切忌用塑料薄膜覆盖，以免造成厌氧发酵，使培养料劣变。

（2）翻堆　建堆后，随着料堆中有益微生物的繁殖，堆温逐渐上升，当料堆中心温度达到（65±2)℃（巴氏消毒温度）时，要进行第一次翻堆，翻堆要尽量均匀。翻堆后重新建堆，当堆温达到55 ℃以上时，进行第二次翻堆。如此操作，共翻堆3次，周期为6～8 d。

（3）散堆　当发酵料布满白色放线菌，呈深咖啡色，无氨臭味，无虫，略带甜面包香味时，立即进行散堆，此时发酵料的pH在6.5～7.0，含水量62%～65%。在料温下降到30 ℃以下，尽快出料铺床接种。

5. 播种

发酵料播种时，采用开放式播种技术。播种前，先做好栽培场所的消毒工作，同时准备好播种所需的菌种及各种物料，清理好菇床。播种时，可选择层播、混播或穴播法，一般采用层播法为多。先在床面上铺好塑料薄膜，再在薄膜上铺一层发酵培养料，厚约5 cm，然后播撒一层菌种，如此重复，共播上、中、下共3层培养料和3层菌种，播种后菌床的总厚度在15 cm左右，培养料单位面积质量为50～75 kg/m^2（湿重），菌种用量约3 kg/m^2，其中上、中、下3层用菌种比例为2：1：1。播种后的料面要整平压实，呈龟背形，上盖塑料薄膜保温、保湿，以利于发菌。

发酵料也可采用塑料袋播种、栽培，具体参见“熟料栽培”。

6. 发菌管理

发菌期间要始终保持菇房的黑暗。播种后前7 d，控制菇房内温度21～22 ℃，培养料温23～25 ℃，空气相对湿度80%～90%，同时注意保持菇房通风，防止料温过高产生“烧菌”。播种后7～15 d，菌丝生长旺盛，菌丝深入培养料中，呼吸作用增强，应定时将覆盖薄膜揭开通风换气。播种20 d后进入发菌后期，这时菌丝基本长满培养料，料温开始平稳，管理中要继续加强菇房的通风和菇床的揭膜换气。播种后25～30 d，菌丝可发满料层，手按料面感觉结实、富有弹性，闻之有清香味，表面有淡黄色水珠分泌物出现，表明菌丝发菌完成，可进行出菇管理。

7. 原基诱导和出菇管理

原基诱导管理措施有：降低菇房温度，增加温差，加大散射光照，提高菇房湿度，同时每天揭膜2次，增强通风换气，促进原基分化。

平菇子实体生长，从原基形成到成菇，要经历桑葚期、珊瑚期、成形期、生长期和成熟期5个不同阶段，每个阶段的管理措施也有所不同。桑葚期、珊瑚期以增加空间相对湿度为主，使菇房湿度保持在90%～95%，同时适度通风，注意不能直接向幼菇喷水。在幼菇菌盖直径长到3 cm以上时进入成形期，此阶段需要大量水分和氧气，可加大喷水量，直接向菇体上喷水，配合通风、适度增加光照等措施，促进菇体迅速地生长。

8. 成菇采收

当子实体菌盖基本展开，色泽由深灰色变为淡灰色或灰白色，孢子即将弹射时，是最适宜的采收期，这时的成菇菇体肥厚，商品性好，产量高。采收方法是：从生菇用锋利的小刀在菌柄基部紧贴料面处割下；单片菇可用一手按住培养料，另一手握住菌柄轻轻旋下。采收时要采大留小，不能拉松料面，否则会损伤菌丝，影响下一批菇的形成。采下的鲜菇，要及时削去菇根，将菌盖表面向下、菌柄朝上，层层装筐，冷藏贮运、销售。

平菇子实体生长快，如采收过迟，菌盖质地会变疏松，菇柄老化粗硬，质量下降，还会影响下一批菇的生长。尤其是过熟的平菇子实体会散发大量担孢子，飞散到其他未成熟的幼蕾及子实体上，会产生一种黏液，引起菌丝腐烂退化；如被吸入人体，会引发咳嗽、过敏等不良反应，影响身体健康。

9. 转潮管理

每潮成菇采收后，要及时清理床面的残留死菇，强化通风一次，喷水补充培养料的水分，然后盖膜，重新养菌4～5 d，再少量喷水，加大空间湿度，增加光照和通风，经10 d左右，料面再度长出菇蕾，重复上一潮出菇管理步骤，直到全部菇潮采收完毕。一般情况下，平菇一次播种可采收4～6潮菇。

6.1.4.2 熟料栽培

在高温季节栽培时，一般选择熟料栽培法。此法的优点是菌种用量少、菌袋成品率高、出菇早、产量高、品质好，但其工艺要求比发酵料栽培法高。

1. 工艺流程

熟料栽培时，一般采用塑料袋作为栽培容器，其流程如下：

原料准备→配方→装袋→灭菌→冷却→发菌管理→原基诱导→成菇管理→采收→转潮管理。

2. 设施设备

平菇熟料栽培所需栽培设施与发酵料栽培基本相同。由于比发酵料栽培法增加了灭菌、冷却和无菌接种3个环节，所以要增添高压或常压灭菌器、冷却室和接种箱（室）等设施。

3. 配方

熟料栽培常用配方如下：

① 棉籽壳90%，麸皮8%，石灰1%，石膏1%。将石灰溶于适量水中，均匀地淋在

棉籽壳上，加水翻拌均匀，使培养料含水量到达65%～70%为止。

② 玉米芯40%，棉籽壳40%，麸皮17%，过磷酸钙2%，石灰1%。拌料方法同上。

③ 木屑80%，麦麸18%，石灰2%。拌料方法同上。

4. 装袋、灭菌

选用低压聚乙烯或聚丙烯菌种袋，规格为宽（20～22）cm×长40 cm×厚0.003 cm为宜。选用装袋机装袋，要求松紧适宜。装袋后中间插入一根直径2 cm、长15 cm的接种棒，用塑料颈圈和无棉封盖封口后，立即灭菌。灭菌可采用高压灭菌或常压灭菌法。高压灭菌时，在温度121～126 ℃时，保持2.5～3 h（每次灭菌6 000袋）；常压灭菌时，升温至100 ℃，维持14～16 h灭菌结束。灭菌后待温度下降到80 ℃时，趁热移出料袋，移入已经消毒处理的冷却室内冷却。

5. 接种、培养

待料袋温度降至30 ℃以下时可以开始接种。接种时按常规无菌操作法，在无菌接种室或接种箱内进行。接种时，先将事先插入料袋中间的接种棒取出，再将大小2～3 cm的菌种块接入接种孔中，并尽量使菌种填满全孔上下。接种后的菌袋立即移入培养室（或棚内）培养。培养室要求黑暗，室温控制在22～25 ℃，袋内温度不能超过28 ℃。接种3～5 d后，菌丝开始吃料，这时需检查菌袋，若发现菌丝污染则即刻清除；10 d后再次检查菌袋，并进行翻堆，调换菌袋位置，以利袋内菌丝生长整齐。随着菌袋内菌丝延伸，新陈代谢加强，二氧化碳释放增加，在管理上要随着菌袋培养时间的延长相应加强室内通风换气，防止因袋温过高而发生"烧菌"。30～35 d后，菌丝发满全袋，即可准备出菇。

6. 原基诱导和出菇管理

按6.1.4.1发酵料栽培法进行。

6.1.4.3 病虫害防治

平菇栽培常见病虫害有以下几种：

1. 非生理性病害

主要由竞争性杂菌引起。常见的有木霉、青霉、曲霉、脉孢霉、根霉、枝孢霉、黏菌、鬼伞类以及酵母等。

预防措施有：

① 选用新鲜培养料。

② 做好培养、栽培场地清洁和消毒工作。

③ 发酵料栽培时，培养料堆制要防止厌氧发酵。

④ 选用优良菌种，禁用老化、劣质菌种。

⑤ 注意防鼠，堵塞鼠洞。

2. 生理性病害

在培养或栽培过程中，由于环境条件及管理措施不当造成的菌丝和子实体异常现象，称为生理性病害。主要有：

（1）菌丝徒长　表现为菌袋或料面表层气生菌丝浓密，造成出菇延迟或不能出菇，主要是由于栽培室通风不良、空气湿度大。防治办法是加强通风、降低湿度。

（2）大脚菇　表现为子实体菌盖极小，菌柄粗长。原因主要是栽培室通风不良。防治办法是加强通风和光照。

（3）幼菇枯萎　表现为菇蕾或子实体生长停滞，并逐渐萎缩、干枯和腐烂。原因主要是栽培室空气相对湿度低，通风过大。防治办法是增加空气相对湿度，保持料面湿润，通风时勿让气流直吹菇蕾或子实体。

（4）药害死菇　表现为菇蕾或幼菇在喷药后（如敌敌畏）菌盖停止生长，边缘形成一条黑边、翻卷。防治办法是禁止使用农药。

（5）锈斑　表现为菌盖、菌柄上产生锈褐色斑点。原因主要是栽培室通风不良、湿度过大。防治办法是加强通风，降低湿度。

6.2 香　　菇

6.2.1 简介

6.2.1.1 香菇分类地位

香菇，国内有香蕈、冬菇等别称，商品名还有花菇、光面菇，日本称椎茸。学名 *Lentinus edodes*（Berk）Sing，隶属于真菌门（Eumycophyta）担子菌亚门（Basidiomycotina）层菌纲（Hymenomycetes）伞菌目（Agaricales）侧耳科（Pleurotaceae）香菇属（*Lentinus*）。

6.2.1.2 形态特征

子实体单生或丛生，菌盖圆形，直径5～25 cm，表面黄褐色、茶褐色或暗褐色，有浅到暗色的鳞片。菌盖幼时半球形，边缘有黄色或白色的棉毛，随着菌盖生长，菌盖平展，菌盖下面的菌幕破裂，在菌柄上形成不完整的菌环，菌环易消失，丝膜状，白色；菌肉白色、肥厚，近菌盖表面处淡红褐色；菌褶密集，长短不一，褶缘平直或锯齿状，白色，与菌柄弯生或凹生，但常与菌柄分离，似离生；菌柄中生或偏心生，通常中部最粗，少数基部稍膨大，圆柱形，常侧扁，中实、纤维状，长2～12 cm，直径2～5 cm，菌环以上部分白色，平滑，菌环以下，白色或淡褐色，被纤毛，干燥时呈鳞毛状（图6-2）。孢子无色，椭圆形至圆柱形，(5～7)μm×(3.4～4)μm，孢子印白色。

图6-2　香菇

6.2.1.3 香菇的营养价值

香菇因其香气沁人而得名，它味道鲜美，营养丰富，据分析，干香菇固形物中含粗蛋白19.9%、粗脂肪4%、可溶性无氮物质67%、粗纤维7%、灰分3%。在蛋白质中，含有18种氨基酸，人体所必需的8种氨基酸，香菇就占了7种。香菇中还富含多钟对人体有益的微量元素、维生素。每100 g香菇菌盖部分中，含钙124 mg、磷415 mg、铁25.3 mg、维生素B_1 0.07 mg、维生素B_2 1.13 mg、维生素B_5 18.9 mg。特别是香菇的维生素D原含量很高，对促进人体钙质的吸收，防止钙质流失、防治佝偻病等具有积极效果。营养学家把香菇誉为“植物性食品的顶峰”

香菇不仅味道鲜美、营养丰富，还是传统中药，明代著名医药家李时珍著的《本草纲目》中载：“香菇乃食物中佳品，味甘性平，能益胃及理小便不禁”，并具“大益胃气”“托痘疹外出”之功。现代医学研究发现，占67%的可溶性无氮物质多为香菇多糖（β-1，3葡聚糖），香菇多糖可调节人体内有免疫功能的T细胞活性，对癌细胞有强烈的抑制作用，对小白鼠肉瘤180的抑制率为97.5%，对艾氏癌的抑制率为80%。香菇还含有双链核糖核酸，能诱导产生干扰素，具有抗病毒能力。

6.2.1.4 香菇国内外栽培现状及主要栽培模式

（1）大棚秋栽模式　该模式利用塑料大棚冬季增温效果好的特点。菇棚结构为蔬菜塑料大棚，可以采用镀锌管材或竹材做大棚骨架，棚上覆盖遮阳网，该模式与传统的树枝、茅草等遮阳的荫棚相比，香菇生长的温湿度环境大为改变，显著的优点是总产高、秋冬菇比例高，由于秋冬菇产量高、售价高，经济效益显著提高；还有是菇棚取材容易，搭棚只需毛竹、薄膜、遮阳网、铁丝，无需木材、茅草、树枝，也可租用城郊蔬菜大棚及北方日光温室。

（2）高棚层架栽培模式　该模式采用高棚（高2.5 m），搭架4～5层排放菌棒，该模式适合生产花菇、光面菇等优质香菇。其生产的香菇组织致密，含水量低，耐贮藏保鲜，货架期长，有利于长途运输，同时提高土地利用率，每亩可栽培3.2万袋，与常规袋栽香菇相比，土地利用率提高3倍，节约农地（图6-3）。

图6-3　层架式栽培香菇

（3）夏季香菇地栽模式　南方夏季气温都在30 ℃以上，35～40 ℃经常出现，一般情况下，气温均超过了香菇出菇的适宜温度范围，是香菇上市的空档期，在国内、国际市场供不应求，价格高。该模式通过菌棒覆土、菇棚覆盖、灌水和利用高海拔小气候等措施，在夏季创造气温较低的出菇环境，选用抗性强、产量高、品质优的中高温香菇品种，以及适宜的配方和出菇阶段科学管理，实现香菇冬季接种，春夏、早秋出菇的香菇栽培新模式。

6.2.2 栽培农艺特性

6.2.2.1 香菇生长发育的营养条件

香菇生长所需的主要营养成分是碳源和氮源，以及少量的矿物质和维生素等。

（1）*碳源* 碳源是香菇生长发育最重要的营养元素，主要是糖类，香菇对碳源的利用以单糖类如葡萄糖、果糖最好，双糖类如蔗糖、麦芽糖次之，含糖类如淀粉再次。生产香菇的培养基中木屑、木材富含纤维素、木质素，需要通过相关的酶将它们分解成葡萄糖、果糖才能被香菇利用。是香菇栽培最主要的碳源。

（2）*氮源* 用于香菇细胞内蛋白质和核酸等的合成。香菇菌丝能利用蛋白胨、氨基酸、尿素、麦麸、米豆饼等有机氮和铵态氮，生产香菇的培养基中麦麸、米糠等是香菇最主要的氮源。

（3）*矿质元素* 香菇生长所需的矿物质元素有钙、硫、磷、钾、镁，微量元素有铁、铜、锌、锰、钼，它们是细胞和酶的组成部分，生产中铁、铜、锌、锰、钼，需要量少，在培养料中已有，无须添加。

（4）*维生素* 维生素对香菇的酶活动产生影响，维生素 B_1 在马铃薯、麦芽、麸皮、米糠等材料中有较多的含量，使用麸皮、米糠作为培养基氮源时，已能满足，不必再加入维生素。

6.2.2.2 香菇生长发育的环境条件

香菇的生长发育所需要的条件主要是指温度、湿度、空气、光照以及适当的酸碱度等。

（1）*温度* 香菇菌丝生长的温度广，在 5～34 ℃均能生长，而以 24～27 ℃为最适，36 ℃以上菌丝受损严重，40 ℃以上，菌丝会很快死亡。菌丝体比较耐低温，－10～－8 ℃仍可越冬。香菇子实体发生要求较低的温度，一般在 5～24 ℃，而以 15～20 ℃最适宜，昼夜温差 10 ℃的条件下生产，出菇最多，质量最好。

（2）*水分* 菌丝生长阶段，基质适宜的含水量为 50%～60%，空气相对湿度以 65%～75%较好，不高于 80%。子实体形成时，菇木含水量以 60%左右较好，空气相对湿度以 85%～90%为宜，菇木经受一段时间干燥后，一旦得到适量的水分，便能大量出菇。

（3）*空气* 足够的氧气是保证香菇正常生长发育的重要环境因子，培养场地应注意通风良好，以保持空气新鲜。

（4）*光照* 菌丝生长阶段可以不需要光线，强光会抑制菌丝生长，在子实体形成阶段需要有一定的散射光，所以发菌和出菇场所要有良好的遮阴条件。

（5）*酸碱度* 香菇喜酸性环境。菌丝在 pH3～7 范围内均能生长，而以 pH5～6 为最合适，菌丝生长快而健壮，香菇生产中按常规配方，无须调整 pH。

6.2.3 主要栽培品种

香菇秋栽模式以早中熟中温型、中温偏高型为主，主选品种为 L808（168、236）、939 系列（9015、908）、937（庆科 20）L212。

1. 香菇 L808 品种

香菇 L808 品种是丽水市林科院应国华、吕明亮等选育的菇形及菇质优良的中高温型香菇品种。2008 获得国家认定（国品认菌 2008009）。是目前国内应用量最广的香菇主栽品种。

L808 子实体单生，中大叶，朵型圆正，畸形菇少，菌盖直径 4.5～7 cm，半球形，深褐色，颜色中间深，边缘浅，菌盖丛毛状鳞片较多，呈圆周形辐射分布。肉质厚，组织致密，白色，不易开伞，厚度在 1.2～2.2 cm。菌褶直生，宽度 4 mm，白色，不等长，密度中等。菌柄短而粗，长 1.5～3.5 cm，粗 1.5～2.5 cm，上粗下细，纤维质，实心白色，圆柱形，基部圆头状。孢子印白色。

L808 品种属中高温型中熟品种。菌丝粗壮、抗逆性强、适应性广；菌龄 100～120 d。菌丝生长温度 5～33 ℃，最适生长温度 25 ℃，出菇温度为 12～25 ℃，最适出菇温度为 15～22 ℃；子实体分化时需 6～10 ℃以上的昼夜温差刺激。菌丝生长阶段室内相对湿度 70%以下，菇蕾分化阶段以 90%左右为宜；子实体生长阶段以 85%比较适宜；培养料的含水量比常规菌株稍高，以 55%为宜。

2. 庆元 9015

庆元县食用菌科研中心独家选育中温型香菇品种。子实体朵型十分圆整、盖大肉厚、菌肉组织致密、畸形菇少，菌丝抗逆性强、较耐高温，接种期可跨越春夏秋三季，越夏烂筒少，在适宜条件下易形成花菇，

庆元 9015（花菇 939）系中温型中熟菌株，其最适出菇温度在 14～18 ℃，从接种到菌段菌丝生理成熟，可以出菇需要 90 d 以上时间，子实体分化需要 6～8 ℃的昼夜温差刺激。

6.2.4 大棚秋栽栽培技术

6.2.4.1 工艺流程

菇场选择→搭棚→畦床整理→搭架；备料→配料→拌料→装袋→灭菌→冷却→接种→培养→排场→脱袋→转色管理→出菇管理→采收→鲜销或烘干

6.2.4.2 栽培技术

1. 栽培季节

秋季栽培季节确定要按照使用的香菇品种的菌龄，从接种日算起往后推该品种菌龄期天数的日平均气温不低于 12 ℃，这样子实体才能在秋季顺利出菇。以浙江丽水市为例，

地处长江流域，夏季炎热，香菇菌丝无法生长，立秋后气温下降较快，适宜制棒的季节较短，为了尽早赶在气温开始适宜出菇的季节能够出菇，延长出菇期，提高产量及生产效益，菌棒接种期宜安排在7月下旬至8月下旬，海拔提高300 m，接种期提前半个月。

2. 主要栽培原料

木屑　木屑是香菇栽培的主要原料，香菇栽培以壳斗科、桦木科、金缕梅科、槭树科等树种最佳。苹果、梨等果树枝条也是香菇栽培的优良树种。安息香科、樟科等阔叶树以及松、柏等针叶树不宜选用。木屑大小以60%的10～15 mm、40%的10 mm以下的木屑组成，菌棒孔隙度好，氧气足，发菌快、产量高。而锯板木屑因颗粒太小不宜使用，刚粉碎的木屑最好堆积发酵一个星期以上。

麦麸　是香菇菌丝生长所需氮素营养的主要供给者，是袋栽香菇的最主要辅料。能促进香菇菌丝对培养基中木质素、纤维素的降解，提高生物学效率。麦麸要求新鲜、不结块、不霉变，要防结块的麸皮吸不透水而造成夹心，导致灭菌不彻底现象发生。

玉米粉　含有丰富蛋白质和淀粉，营养丰富可以部分代替麦麸，替代麦麸量在2%～10%，可增加碳素、氮素等营养，增强香菇菌丝活力，显著提高产量。

糖　生产上常使用的是红糖（主要成分为蔗糖），作为一种双糖，添加适量有利于菌丝恢复和生长，但不宜多。

石膏　其化学名为硫酸钙，主要提供钙素和硫素，具有一定的缓冲作用，调节培养料pH。石膏分生石膏和熟石膏两种，两种皆可使用。

轻质碳酸钙　提供钙元素，能中和香菇菌丝在分解培养料过程中产生的有机酸，调节培养料pH。重质碳酸钙即直接粉碎的天然方解石、石灰石、白垩、贝壳等制成的不能用于香菇栽培。

七水硫酸镁　提供镁素和硫素，镁是一种微量元素，是某些酶的激活剂。

塑料筒袋　塑料筒袋是香菇栽培的重要材料，香菇菌棒生产选用高密度低压聚乙烯，筒袋呈白蜡状、半透明、柔而韧，抗张强度好。

筒袋规格为半径15～18 cm，长度53～60 cm，厚度0.004 5～0.006 cm（即4.5～6丝），湖北的随州、河南的泌阳选用的筒袋折径20～24 cm，河南的西峡县选用的筒袋折径17 cm，南方不宜选太大的，菇农可以根据实际选用。

为提高菌棒生产的成活率，丽水的菇农广泛采用双袋法（筒袋加套袋），双袋法是丽水食用菌科技工作者创新的又一实用新技术，即在常规筒袋装料后，套上一个薄的外袋，其作用是为菌棒接种后的菌种提供一个相对稳定洁净的环境，对高温季节提高接种成品率具有很好的作用。

3. 料棒制作

(1) 培养料配方　香菇使用的配方多种多样，主要配方有：

① 杂木屑78%，麦麸20%，糖1%，石膏1%，为常规经典配方；

② 杂木屑81%～83%，麦麸16%～18%，石膏1%，外加丰优素0.2%，丰优素是温州青山化工厂开发的香菇栽培专用营养剂；

③ 杂木屑80.5%～82.5%，麦麸16%～18%，石膏1%，硫酸镁0.5%。

(2) 培养料配制　按配方要求配比准备原辅材料，具体方法是先用一编织袋木屑进行装袋机试装，得出一编织袋木屑可装的菌棒数，再按照生产的菌棒数量计算出需要多少袋木屑。麦麸用量按照一支菌棒用量多少计算，如一般早期生产每支菌棒麦麸用量为0.18～0.2 kg，石膏或碳酸钙则按每1 000支菌棒加10 kg计算。

将石膏粉、麦麸等不溶于水的辅料混合均匀，把木屑堆成长方形堆，把混合好的辅料均匀撒上，将干料拌匀，再将糖、七水硫酸镁溶于少量水，倒入干料中，加水拌匀，适宜的培养料含水量可以用手握紧培养料，指缝间有水溢出但不下滴，松开手指，料能成团，落地即散比较适合。一般每支标准菌棒（15 cm×55 cm规格筒袋）重为1.8～2 kg，高于2 kg的则含水量偏高。

拌料　拌料尽量采用机械拌料，如自走式拌料机，价格低，效率高，反复2～3次即可，拌料力求均匀，要求木屑与辅料混合均匀，干湿搅拌均匀，酸碱度均匀。拌料切忌草率，操作速度要快，防止拌料时间太长，培养料发生酸变。

香菇培养料的pH以5.5～6为宜，按照常规香菇配方的pH都适宜，无须调整。气温较高时，为了防止培养料酸化，配料时加入0.5%～1%石灰。

(3) 装袋　日产5 000袋以下的小规模生产采用简易单筒装袋机装料，一台装袋机配8人为一组，其中铲料1人、套袋1人、装料1人、递袋1人、捆扎袋口4人。

日产5 000～20 000袋的规模化生产，需要使用效率更高的成套大型装袋机，先进的一条流水线，8 h可装2万支菌棒。装袋要松紧适宜。接种季节偏迟的菌棒，装料偏松效果好，出菇快，冬菇产量高。

料袋搬运过程要轻拿轻放，装料场所和搬运工具需铺放麻袋，防止料袋被刺破。装袋要及时，防止培养基发酵、胀袋。

(4) 扎口　市场上有许多种扎口机，有手动、电动的，有台式、立式的，只需将装好料的筒袋，清理好袋口，将预留的袋口收拢，放到扎口机的扎口，用力按下扎口机压杆，即完成扎口，最先进的装袋机带有自动扎口装置，节约大量劳力。

扎口机使用前必须调整好扎口机扎口后卡扣的松紧度，如果卡扣太紧，灭菌后会产生涨袋现象，如果卡扣太松，则容易导致扎口污染。如何掌握卡扣的松紧度是使用扎口机扎口的关键。最佳的扎口松紧度是，将扎好的菌棒放入水中，用力挤压菌棒，扎口处有小气泡断续钻出水面。

(5) 灭菌　灭菌的作用：一是通过高温蒸汽杀灭香菇培养料中一切微生物，为香菇菌丝定植生长创造无菌的环境；二是使培养料熟化，使香菇菌丝更易吸收利用培养料中的营养。适当延长灭菌时间，可加快菌丝生长速度，增加产量。

香菇培养料棒灭菌一般采用常压蒸气灭菌法，即通过水加热产生蒸汽对料棒进行加温，当料温达到100 ℃后需要保持12～14 h才能达到灭菌效果。香菇产区灭菌灶有多种多样。

料棒堆叠　灭菌的料棒堆放要合理，一是堆放能确保蒸气畅通，温度均匀，灭菌彻底；二是防止塌棒。木灶、铁灶的采用一字形叠法，每排间留一定的空隙，菌棒与灭菌锅四周留出2～3 cm的空隙。塑料薄膜灶的要在底部垫一层宽幅低压聚乙烯膜（质量好的大棚膜），在膜上放格栅木架作为料棒摆放的底座，料棒堆叠时，采用井字形，与相连的菌棒采用互连“井”字形排列，这样就可防止塌棒且蒸汽畅通。装完后盖上宽幅低压聚乙烯膜和帆布、灭菌布等，四周用绳子捆扎，底部放好蒸汽管与蒸汽炉蒸汽出口相连，再用沙袋将宽幅低压聚乙烯膜和帆布、灭菌布四周压实，形成一个上下膜压成的灭菌室。

温度调控　灭菌开始时，火力要旺。争取在最短时间内使灶内温度上升至 100 ℃，以防升温缓慢引起培养料内耐温的微生物继续繁殖，影响培养料质量。

塑料薄膜灶的，往往灭菌的菌棒数量大，料温上升慢，为了减少料温在 30～60 ℃区间的时间，必须注意灭菌的料棒数量与蒸汽炉蒸汽发生量的匹配，即料棒数量多，与之相配的蒸汽炉产气量要大，其次可以在菌棒表面加盖具有保温的材料如棉被、厚地毯等。灭菌过程中保持盖膜鼓起。

出锅冷却　灭菌结束后，待灶内温度自然下降至 80 ℃以下把料棒搬到冷却室冷却。冷却以 4 袋交叉排放，每堆 8～10 层，或“一”字形排放，待料温降至 28 ℃以下，用手摸无热感时即可接种，冷却时在料棒上盖薄膜以防灰尘落至料棒上，影响接种成品率。如果是开放式接种，将料棒直接移到接种场地，减少料棒的搬动和灰尘污染。

4. 接种

接种是香菇生产的关键环节，目前多数采用开放式接种法，开放式接种具有接种速度快、工作效率高的优点，缺点是技术要求较高，高温季节效果不够稳定，再就是灭菌药品用量大。另一种是洁净室接种法，适用于集约化、大规模生产的料棒接种，可以采用洁净室配合药物效果更好，优点是效果好稳定，缺点是投入大。

开放式接种法　是丽水市科技人员为适应单户种植数量增加，在接种箱基础上改进创新而来的一种实用接种法，对香菇集约化生产具有重大意义。

料棒冷却　开放式接种法的冷却场所即为接种场所，因此冷却场所必须相对密封，卫生条件较好的环境，若空间太大，则应挂接种帐篷（用 8 丝农用薄膜制成），将已灭菌的料棒搬入接种场地，冷却过程中注意保持料棒在冷却过程中不受或少受外界不洁空气的影响。

消毒　将菌种及其他物品放置料棒堆上，然后用气雾消毒剂按每 1 000 棒 5 盒 200 g 点燃，并用薄膜把料棒覆盖严密，尽量不要让气雾消毒剂的烟雾逸出来，消毒时间 3～6 h。

接种前放气　开放式接种先把房门或塑料棚帐式打开放气，待接种人员不适感觉不明显后，方可进行接种。接种时，打开盖在菌棒上的薄膜，将菌棒搬至操作台上，打孔、塞菌种、套袋。

接种完毕，对于采用地膜胶水封口或菌种封口的菌棒，待浊空气排完后将薄膜重新覆盖菌棒堆。每天清晨或夜里掀膜一次，5～7 d 菌种成活定植后即可去膜或去篷翻堆，可大大提高成活率。

接种环节需要注意的几个问题，一是操作人员在接种前做好个人卫生，洗净头、手、更换干净衣服。二是对于菌种封口的菌种与接种穴膜要吻合，不留间隙，接种后需把菌棒接种穴口靠紧，以防水分蒸发，并注意防止种块脱落。三是接种应避开一天的高温期，秋栽早期接种应安排在晚上至凌晨，可以提高成活率。

5. 菌棒发菌管理

菌棒的发菌管理是香菇栽培的关键环节，关系到菌棒的菌丝生长的健壮与否，影响香菇产量高低。管理的要点是通过合理堆放、翻堆、刺孔、通风等操作，为香菇菌棒菌丝生长创造良好的环境条件，要注意防止烧棒等严重影响产量的问题发生。

(1) 菌棒培养场地的选择与棚的搭建　发菌场地要求通风、干燥、光线暗，可以是闲置的空房，如村集体会堂、闲置厂房、学校教室等。现通常是发菌棚和出菇棚合二为一，即外棚为遮阳棚，用遮阳网等材料具有很好的隔热降温效果，内棚为塑料大棚，可以避雨，四周薄膜可以掀起通风降温，必要时在棚上设置喷水带，可以较好地降低棚内温度。

(2) 菌棒的堆放　刚接种后的菌棒采用一层四袋“井”字形横直交叉排放。也可以采用柴片式纵向一字型堆放方法，接种孔朝侧面，不能朝下，层高一般 10 层左右，每行或每组之间留 50 cm 的走道，实际堆叠的层数及数量以当时的气候环境及通风状况而定。

(3) 发菌期不同阶段的管理要点　发菌期要求培养料的温度控制在适合香菇菌丝生长的范围内，一般控制在 30 ℃以下，环境空气相对湿度在 70%以下，暗光，通风良好。接种后环境尽量调控在 28 ℃左右，促进菌种迅速恢复，恢复定植越快，杂菌污染的概率越低；早秋温度太高，要采取措施如棚顶加盖遮阳物，必要时在中午时喷水降温。接种后 7～10 d，接种穴口菌丝直径可达 2～3 cm，此时菌丝量较少，袋温比气温低。10 d 后进行第一次翻堆，结合检查菌棒污染杂菌情况，翻堆即把上下、里外、侧面菌袋互相对调。接种后 11～15 d，菌丝已开始旺盛生长，接种口菌丝直径达 7～10 cm，菌棒堆温因菌丝的呼吸发热略高于气温，此时加强通风。接种后 21～30 d，此时穴与穴之间菌丝相连，逐渐长满全袋，当菌丝发满，菌棒可脱去套袋，脱套袋不宜太早，否则菌棒的杂菌感染率会显著增加；室内培养要分批脱套袋，防止脱套袋后，菌丝生长加速而导致堆温过高的烧菌现象。接种后 31～50 d，菌丝逐渐长满菌袋，当菌棒接种口起瘤状物时，要注意适时刺孔增氧，此时可用 1.5 寸铁钉或竹签等物品，在接种口面进行刺孔，刺孔宜浅，深度在 1～1.5 cm，孔数每袋 20～30 个。第二次刺孔通气掌握在脱袋前 7～10 d，这次刺孔为大通气，刺孔深度要达 2 cm，全袋孔数 40～60 个，进一步促进菌丝达到生理成熟的作用，同时起作“惊蕈”诱导出菇；刺孔还有排除香菇菌丝生长产生的废气作用；并可大大减少第一批菇中的畸形菇数量。

严禁在未长有菌丝之处刺孔，以免造成杂菌感染；刺孔后要减少单位面积的堆放量，改 4 棒“井”字形排放为“△”形或 3 棒“井”字形，或降低堆高，以防堆温升高，导致烧菌；增大空气湿度到 70%～80%，减少菌棒水分散失。

不同的杂菌感染的菌棒及处理方法：在接种后短时间内发现菌棒四周不固定的地方出现花点状霉菌，是因为培养料灭菌不彻底，应及时割袋拌入新料重新装袋灭菌接种；对于接种口感染绿霉、青霉，这些杂菌不仅与香菇争夺养分，还能分泌毒素使香菇菌丝自溶而死。若每袋接 4 孔的有 3 孔好 1 孔感染杂菌，且在菌棒靠头上的可继续保留，若 4 孔中有 2 孔以上杂菌，应剖袋后重新制作；对于接种孔感染黄曲霉、毛霉、根霉，只要香菇菌丝萌发良好并深入料内的，可继续保留，香菇菌丝最终会覆盖黄曲霉、毛霉、根霉而能正常出菇；对于感染链孢霉的菌棒应及时用湿布包住置室外阴凉通风的场地或埋于土中，在通风良好的环境，链孢霉菌丝会减退消失，香菇菌丝能够发满全袋而正常转色出菇，从而减少损失。

6. 菌棒转色管理

(1) 菌棒排场脱袋　脱袋管理包括时机的选择，脱袋后的温湿度、通风调控等管理，脱袋时机的选择是初栽者甚至老种植户都难掌握的环节。

脱袋时机的选择　菌龄是菌棒从接种发菌培养直至脱袋的天数，不同品种都有相对稳定的菌龄，可以作为脱袋期选择的一个参数，L808、168 等品种的菌龄为 100～120 d；939、9015、908、937、庆科 20 等品种的菌龄为 90～120 d。

菌棒生理成熟：袋栽香菇的品种多，差异大，脱袋时间的把握以生理成熟为标准是最确切的。菌棒生理成熟的标志：至少有一半菌棒转色，部分菌棒出现菇蕾；菌筒重量比接种时降低 15%以上；用手抓菌棒弹性感强。

天气是脱袋时机选择的另一关键因素，脱袋时的温度必须在该品种的出菇范围内。

脱袋方法　菌棒第二次刺孔后再培养 7～10 d，然后将菌棒搬到出菇棚，经过 7～10 d 的培养，菌棒表面出现淡黄色或棕褐色菌皮，整个菌棒手感弹性好，到小孔均被菌丝布满，一些菌棒开始出现小菇蕾，方可开始脱袋。

脱袋方法有多种。一次性脱袋法：脱袋时左手拿菌棒，右手拿刀片，先在菌棒两端划割一圈，再在袋的竖直方向划割两行，顺手把袋膜脱去，然后斜靠在菇架上，用薄膜罩好。两次脱袋法：按脱袋要求划破膜后，斜靠在菇架上，这样就可起到破膜增氧，促进菌棒袋内自然转色的使用，待形成的菇蕾顶空袋膜后再脱袋，该方法适于气温过高（超过 25 ℃）或过低（低于 12 ℃）。

(2) 转色管理　菌棒培养 50 d 后，菌丝棕色分泌物增多，进入转色期。菌棒转色不同，直接关系到出菇快慢、产量高低、品质优劣，关系到菌棒的抗杂能力及菌棒的寿命。

转色过程　脱去袋膜的菌棒全面接触空气，氧气非常充裕，在适宜的温度条件下，表面长出一层洁白色绒毛状的菌丝，在通风、适当干燥的条件下，菌棒表面的菌丝倒伏，形成一层薄薄的白色菌皮，白色菌皮分泌色素，吐出黄色水珠，菌棒由白色转为粉红色，逐步加深至红棕色、棕褐色，最后形成一层似树皮状的菌皮。

影响转色的主要因素包括：① 品种。品种不同，菌棒转色的生理表现也不相同。在秋栽品种中，大部分品种要在转色良好后长菇，才能获得优质高产，特别是菌龄较长的品种，如 L808、168、939、9015 等。② 温度。温度影响转色时期菌棒表面菌丝的生长和分泌色素。转色期间温度应保持在15～23 ℃，最好为 18～22 ℃。高于 28 ℃，气生菌丝旺盛，徒长难以倒伏，倒伏后形成厚菌皮，影响出菇。低于 12 ℃，则菌棒表层菌丝恢复极为缓慢，转色缓慢，颜色浅。菌龄适宜但气温长时间不适菇蕾的形成只适菌丝生长，导致菌丝交织收缩→菌丝恢复→倒伏→恢复→倒伏→菌皮厚，菌丝吐黄水增多，局部菌皮厚而硬。③ 湿度。湿度影响菌棒表面菌丝的生长和倒伏及色素的分泌，是影响转色主导因素。空间湿度控制在 80%～90%较理想，菌棒脱袋后，若湿度低于 80%，菌棒表面菌丝易失水，无法恢复形成菌皮，若长期高于 95%，导致菌棒表面菌丝徒长结厚菌皮。管理需要进行通风变湿、变温。④ 光照。光照直接影响色素的分泌，影响转色的深浅，同时光照对温度和湿度会产生影响。转色过程中，要求有充足的散射光。⑤ 培养基碳氮比。培养基中氮含量直接影响菌棒的成熟时间，只有碳氮比达到一定的比例，菌丝营养生长才会转向生殖生长。实践表明，袋栽香菇培养基的最佳碳氮比为 63.5∶1，按配方配比，碳氮比比较合适。⑥ 菌龄。菌龄直接影响菌棒的生理成熟程度，菌棒菌龄太短，会导致菌丝仍处于营养生长阶段，脱袋后菌棒表面菌丝恢复过旺，不易倒伏，倒伏后仍会再生菌丝，使菌皮逐步加厚。

转色的管理　菌丝恢复阶段：管理的要点是通过创造适宜的温湿度，使脱袋后的菌棒表面菌丝及时恢复；具体操作要领是，脱袋后要及时盖严薄膜，湿度控制在 85%～95%、温度 18～23 ℃。当温度超过 25 ℃时，要通过喷水，并进行通风换气，在降低菇床温度的同时，保持菌棒表面不干燥。

菌丝倒伏阶段：管理的要点是通过通风换气降湿，使菌棒表面的绒毛菌丝倒伏，形成菌皮。当菌棒表面菌丝恢复形成近 0.2 cm 厚时，要及时通风，每天掀膜 1～2 次，结合喷水，如此降湿、变温、变湿管理，促使绒毛菌丝倒伏，喷水后不要马上覆膜，以免造成菌棒表面吸水多、湿度大，使白色菌丝继续生长难以倒伏。

褐色菌皮形成阶段：管理的要点是通过控制温度、湿度、通风，增加光照，促使菌棒表面菌皮菌丝分泌酱色液，使白色菌皮转成褐色菌皮。具体做法是适当增加光照；温度控制在 15～23 ℃，每日结合喷水掀膜通风一次，通风至菌棒水珠消失后盖膜。1～2 周后菌皮由白色变为红褐色至棕褐色。

转色情况与产量、质量的关系　同一品种的菌棒，由于转色形成的菌皮厚薄、色泽深浅差异，其出菇的产量和菇型大小等品质有明显的差异。

菌皮厚薄适中：呈红棕色或棕褐色、有光泽是转色最好的菌棒，出菇疏密较匀，菇形、菇肉适中。这样的菌棒菇潮明显，冬菇和整体产量高、质量好。

菌皮较薄：呈黄褐色或浅棕褐色、浅褐色是较好的菌棒，这种菌棒第一潮菇出菇早、个数多，菇形中等偏小，菇肉偏薄，质量稍差。这种菌棒冬季和整体产量高。

菌皮较厚：呈黑褐色或深棕褐色，是中等菌棒，其出菇偏迟，菇座较稀，菇形较大，肉厚，质量优，产量中等偏上，但冬菇产量比例较低，产量多数集中在春季。

菌皮薄：呈灰褐色或浅褐色并夹带“白斑”，是较差的菌棒，通常是接种太迟或发菌过程中受到高温损伤的菌棒。这种菌棒往往出密而薄皮的小菇，质量差，且易遭霉菌侵染而烂棒。

菌皮厚：呈深褐色或铁锈色是劣等菌棒，其出菇迟而稀少、个大，不采取特殊措施的话，往往秋冬菇很少，次年春天产量也不高。

7. 出菇管理

(1) 场地选择与菇棚搭建

场地选择　场地选择影响菇棚的温、湿、光、气等因子，选择日照长、冬季温暖、冬菇产量高、靠近活水源、地势平坦、交通方便、土壤透水保湿性能好的田地。

菇棚搭建　菇棚少数由竹材搭建的，多数采用蔬菜钢管大棚，北方用日光温室大棚。规格多种。

畦床设置　菇棚畦床根据棚宽划分，以采菇操作人员拿菌棒方便为宜，畦沟（兼人行道）间走道宽50 cm。

菇架搭建　竹木菇架：在畦面纵向按间距要求，打两排立桩，桩露出地面高30 cm，用两条竹木绑在立桩上，纵向架框架上每隔20 cm放一比木架长10 cm的横档，用绳或铁丝固定好，形成梯形菇架。

铁丝菇架　在畦床上每隔2.5～3 m设一高30 cm左右的横档，然后用铁丝纵向拉线，用纤维绳将铁丝固定在横档上，两端的铁丝绕在木桩上，敲打入地以拉紧铁丝，逐条拉好即完成，为了防止纵向铁丝拉不紧，在纵向铁丝中加入螺丝扣，可以调节拉紧。

每隔1.5 m设一横跨畦面的弧形竹片，用于覆盖小棚膜。

(2) 秋菇管理　秋季香菇，价格较高，秋季出菇管理的关键是出好第一批“领头菇”。

秋季香菇管理要点是控高温、催蕾、防霉。一是拉大温差，刺激原基的发生和菇蕾的形成（出菇）。昼夜温差越大，越容易诱发子实体原基形成。二是保持相对湿度，此阶段最理想的相对湿度为80%～85%。三是增加通风，减少畸形菇发生。四是适时喷水。

催蕾　菌棒脱袋后，及时采取温差刺激、震动刺激等方法催蕾。白天关闭棚膜，使温度上升，傍晚打开棚门，通风1～2 h，降低棚温，使菇床温差拉大，连续3～4 d，大量菇蕾发生，菇蕾形成后，在早晨或傍晚对菌筒喷水1次，并打开棚膜通风换气，待菌筒游离水蒸发后盖好薄膜。

震动刺激，要选好时机，最好是临近冷空气来临之前2～3 d，采用拍打菌棒震动方法，促使其出菇；结合含水量较少的菌棒，通过注水，起到湿差刺激的作用，促使菌棒出菇。

控高温、防霉　秋季大棚式栽培的脱袋时间一般是10月下旬至11月，此时气温最高温度还可接近30 ℃，棚内温度超过30 ℃，要控制高温，保湿度。采取适当增加遮阳物，控制菇床温度，加强通风，通风与保持湿度相结合，先喷水增加空气湿度，然后再通风，每天1次，每次约半小时。若高温又下雨，把盖膜四周拉空通风，加大通风量可以防止或减少霉菌侵染。

转潮管理　一潮菇采收后，停止喷水增加通风，降低菇床湿度，当采过香菇的穴位又长出白色菌丝时为养菌结束，一般7～10 d。含水量较高的要放低覆盖薄膜，拉大温差、湿差，刺激原基形成。若菌棒较轻（原重的1/3～1/2），养菌7 d左右后，采取注水，补充水分，使菌棒含水量达60%左右，直观标准注水至菌棒表面有淡黄色水珠涌出为宜，再拉大温差刺激。3～4 d后，促使下一潮菇形成。

菌棒补水　补水的要领，一是必须在适宜出菇的温度范围，若温度不适宜，补水后不会出菇，且会导致菌丝缺氧、烂棒；二是菌棒的含水量下降40%以下或重量减轻1/3～1/2；三是补水量以达到第一潮菇时菌棒重的95%为宜，随着出菇潮次的增多，补水量要适当减少；四是水要清洁，温度高的季节，补水的水温要低于菌棒的温度，低温时，补水的水温最好高于菌棒温度，温差越大，越有利于菇蕾的发生。

(3) 冬菇管理　冬季香菇生长慢，品质好，同时市场消费量大，菇价高，但由于冬季气温低，出菇量不多。管理重点是提高菇棚温度和选择合理的催蕾方法，缩短菇蕾形成时间，增加菇蕾形成数量，尽量多长几潮菇。提高棚温是促进冬菇多出的基础条件，具体方法一是把遮阳网与大棚膜内外对调，使阳光更多射入棚内提高棚温；二是在气温低时，把遮阳网撤掉，移入大棚内，直接覆在小拱膜上，防止太阳直射菌棒；三是利用加温设施，对保温性能好的菇棚进行加温，提高出菇数量。

对于白天盖膜、傍晚掀膜拉大温差的方法效果不理想的，可以采用刺激强度更大的方法。

日照保湿催蕾法催蕾　选晴朗天气，在阳光能照射的地方，地面垫薄膜把菌棒堆叠在一起，以井字形为好，堆高 80 cm，长度不限，上盖一层稻草后，用薄膜覆盖好，每天在阳光下放置 4～5 h，温度要达到 20～31 ℃，超过 31 ℃，要及时掀膜通风，待菇木表面水珠晾干后再盖薄膜。大部分经过 7～10 d 菌棒就会长出大量菇蕾，待菇蕾有蚕豆大小时再移入菇床内进行管理。该催蕾法对于转色深、菌皮厚、低温季节不出菇的菌棒效果很显著。

蒸汽催蕾法　菌棒的叠放同日照保湿催蕾法，盖好薄膜后，点燃蒸汽发生炉，用皮管把蒸汽通入，处于薄膜内的最好用通了节、钻了孔的竹管，使菌堆温度均匀升高。堆温保持 20～25 ℃、4～5 h 停火，连续一个星期，就会形成大量菇蕾，待菇蕾有蚕豆大小时，再移回菇床内进行管理。加快转潮速度，提高冬菇产量。

通风管理　管理上每天结合采菇通风一次，每次 30 min，采菇后要及时喷水保持棚内湿度，待菌筒表面游离水风干后，再盖好薄膜。催菇结束后，可以根据市场行情，加盖遮阳网、增加通风，可以减缓香菇成熟时间，推迟采摘 2～3 d，错时上市，提高售价。

(4) 春菇管理　春天气温升高，昼夜温差大，湿度大，是香菇出菇的高峰期。管理重点是控湿、通风防霉，及时补充水分，抓转潮管理，多出菇，后期结合补水添加适量营养物，提高产量。

早春管理　春季前期气温不高，主要是做好养菌，菌棒养菌结束后及时补水，增温闷棚，促进菇蕾发生，菇蕾发生后要根据气温及时通风，也可以结合采菇喷水通风，视天气状况决定喷水量，直至采收，采收后及时养菌补水催蕾。

中晚春管理　白天气温高，晚上低，温差大，加上降雨增多，湿度大，重点是降温，控湿，防霉。降温方法包括重盖遮阳网，早晚喷水通风每次 30 min，达到降温、增氧、保湿的作用，采收后打开两端棚膜门养菌 3～4 d，在注水时加入 0.1%尿素与 0.3%过磷酸钙、三十烷醇 1.5 ppm 或 0.2%磷酸二氢钾、0.01%～0.02%柠檬酸，提高产量。

8. 鲜菇外运销售简易保鲜技术

鲜菇外运销售简易保鲜技术是实现鲜香菇远距离、低成本运输销售的关键技术，技术流程包括：香菇挑选剪柄→称重→装袋→抽真空→扎袋口→装箱封箱。

选菇、剪柄　根据收购的鲜香菇大小、厚薄、成熟度进行挑选分级，剪柄后，装入不同的塑料周转箱。

称重　将挑选剪柄后的香菇，进行称量，一般每袋2.5 kg，或按经销商要求重量。

装袋　将称重的香菇装入香菇包装专用塑料袋。

抽空气　装入香菇的塑料袋口扭转，然后将吸尘器的吸入口插入扭转的袋口，启动开关，抽袋内空气。

扎袋口　抽去袋内空气后，扎紧袋口。

装箱封箱　装袋扎口的香菇，装入纸箱，一只香烟箱可装2袋2.5 kg的香菇，装满后用胶带封口。

6.3 黑　木　耳

6.3.1 简介

6.3.1.1 名称及分类地位

黑木耳［*Auricularia auricla*（L. ex Hook.）Underw］，又名木耳、光木耳、木娥，它隶属于担子菌纲木耳目木耳科木耳属。在我国广泛分布，北至黑龙江，南至广东，西至西藏，海拔由低到高均有分布。

6.3.1.2 形态特征

菌丝体：是黑木耳的营养器官，菌丝纤细、无色透明、分隔有分枝，粗细不匀，有锁状联合，菌丝体在斜面上菌苔呈灰白色、绒毛状贴生或气生，老熟后分泌暗褐色色素。

子实体：子实体单生，初期呈豆粒状，后发育成杯状、耳状、叶片状，群生为菊花状，胶质、半透明，有弹性，宽径多为3～10 cm，大的达15 cm，干后收缩强烈，呈角质状，硬而脆，发泡率8～20倍。子实体有背腹之分，背面有毛，呈青灰色，腹面中凹光滑。孢子光滑，成肾形，长9～14 μm，宽5～6 μm（图6-4）。在显微镜下，子实体横切面分为柔毛层、致密层、亚致密上层、中间层、亚致密下层及子实层，黑木耳内部结构无髓而有中间层，是区分毛木耳的主要特征。

图6-4　黑木耳

6.3.1.3 营养与保健价值

黑木耳质地鲜脆，口感丰富，可与多种食材搭配，深受消费者喜爱，被誉为“素中之荤”。

黑木耳口感风味独特，营养丰富。黑木耳中含有蛋白质、脂肪、碳水化合物、无机盐、多种维生素等营养成分。每百克黑木耳含蛋白质 10.4 g、脂肪 1.2 g、碳水化合物 69.5 g、灰分 4.2 g、粗纤维 4.2 g、游离氨基酸 7.9 g、钙 357 mg、磷 201 mg、铁 185 mg；还含有维生素 B_1、维生素 B_2、胡萝卜素、烟酸等多种维生素和无机盐、磷脂、植物固醇等。黑木耳的含铁量是肉类的 100 倍，是芹菜的 20 倍，猪肝的 7 倍，是一种非常好的天然补血食品；而钙的含量是肉类的 30～70 倍，鲫鱼的 7 倍。

黑木耳的药用价值　黑木耳具有益智健脑、滋养强壮、补血治血、滋阴润燥、养胃通便、清肺益气、镇静止痛等功效。祖国医学认为，黑木耳能“益气不饥，轻身强志”。黑木耳中含有丰富的纤维素和一种特殊的植物胶质，能促进胃肠蠕动，促使肠道脂肪食物的排泄，减少食物脂肪的吸收，从而起到减肥作用。

黑木耳中的胶质，有润肺和清涤胃肠的作用，可将残留在消化道中的杂质、废物吸附排出体外，因此它也是纺织工人和矿山工人的重要保健食品之一。

据美国明尼苏达大学医学院的研究发现，黑木耳内还有一种类核酸物质，可以降低血中的胆固醇和甘油三酯水平，对冠心病、动脉硬化患者颇有益处。另外黑木耳中的多糖有抗癌作用。

6.3.1.4　黑木耳主要栽培模式

我国黑木耳栽培可分为段木栽培和代料栽培两大类，

段木栽培始于 20 世纪 70 年代，丽水的云和和龙泉是南方段木黑木耳栽培的重要发源地和生产地，其菌种和栽培技术通过推广到江西、湖北、河南、陕西、安徽等省份，打造出云和师傅的品牌。南方黑木耳代料栽培始于 20 世纪 90 年代后期，大面积产业化栽培在 21 世纪初，而东北的代料栽培黑木耳是由于 2000—2010 年国家实施的天然林资源保护工程的封山育林政策，导致段木黑木耳栽培量锐减，菇农开始直接利用段木菌种生产所用的菌袋开展代料栽培而发展起来的。

目前我国形成了露地全日光间歇喷雾栽培为核心的南方浙江长棒栽培和东北的短棒黑木耳栽培两大模式。东北短棒栽培模式一般直立摆地出耳，现在也有挂袋立体栽培派生模式。采用 17 cm×33 cm 的菌袋生产，菌袋装料少湿（料约 1 kg），发菌快，栽培周期短，适宜于我国北方地区。目前主要应用于吉林、黑龙江等东北地区，河北、山东等地正在逐渐扩展。东北栽培模式菌棒短，需要培养架发菌，投资较大，同时由于菌棒体积小、原料少、出耳量少，每袋约 35 g，同时直立摆地的出耳方式导致单位面积内菌棒摆放量与长棒相比，出耳产量少，生产效率相对较低。

浙江长棒栽培模式在短袋栽培的基础上参照代料栽培香菇的栽培模式发展起来，采用 15 cm×55 cm 长袋培菌，支架斜立排场出耳，栽培时间长，产量较高，适宜在浙江等南方地区应用。目前浙江、湖北、福建、安徽、云南、贵州、广西、江西等地应用多，成为南方黑木耳栽培的主导模式。浙江黑木耳长棒栽培模式，菌袋装料多，湿料 1.5～1.7 kg，每棒产木耳 60～100 g，且装料效率高，单位面积排放菌棒的原料总量多，总产量高，生产效率显著高于短棒栽培。同时菌棒采用叠棒培养，无须培养架，投入少。缺点是长棒栽培模式采用多点接种，与东北短棒栽培模式的一点接种相比，容易被杂菌污染，费工。

6.3.2　栽培农艺特性

6.3.2.1　营养

黑木耳是一种白腐菌，生长所需的营养完全依靠其菌丝体从基质中获取。

碳源，主要有葡萄糖、蔗糖、淀粉、纤维素、半纤维素、木质素等。黑木耳能够直接利用葡萄糖、麦芽糖、蔗糖等多种糖类，但纤维素和木质素是黑木耳栽培最主要的碳营养源。黑木耳菌丝体在生长过程中，能不断地分泌出多种酶，通过酶的作用分解纤维素、木质素以及淀粉，使它们成为黑木耳菌丝体易于吸收的葡萄糖、蔗糖等小分子碳源物质。

氮源，主要有麦麸、米糠、玉米粉、豆饼、蛋白质、氨基酸、尿素、氨、铵盐等，其中氨基酸、尿素、氨、铵盐能够被黑木耳菌丝直接利用，而麦麸、米糠、玉米粉、豆饼、蛋白质需要菌丝分泌的蛋白酶将其分解为氨基酸才能被利用。麦麸、米糠、玉米粉、豆饼都是黑木耳栽培最主要的氮营养源。

矿质元素，大量元素的钾、钙、镁、磷等元素都是黑木耳生长发育必需的营养物质。磷能促进黑木耳菌丝生长、核酸形成，促进菌丝更好地利用碳和氮营养。钙可以促进菌丝生长和子实体的形成；能中和菌丝生长过程中分泌的酸性物质，稳定培养料酸碱度的作用。黑木耳生长还需要铜、铁、锰、锌等微量元素，这些元素在木屑、麦麸和水等培养料中已经能够满足需求。

生长素，需求量不大但对黑木耳生长发育具有显著作用，包括维生素、核酸等生长调节物质。维生素是各种酶的活性基团成分，在马铃薯、麦麸等碳氮源营养源很丰富，无需另外添加。生长调节物质主要是一些激素，如三十烷醇、萘乙酸等对黑木耳菌丝的生长发育有一定的促进作用。

6.3.2.2　水分

水分是黑木耳生长发育的主要条件之一。在不同的生长发育阶段，黑木耳对水分的要求是不同的，在菌丝体生长阶段即菌丝体吸收和积累营养物质的阶段，水分过多，会导致透气性不良，氧气不足，使菌丝体的生长发育受到抑制，严重的甚至可能窒息死亡，代料栽培的培养料含水量以50%～60%为宜。子实体形成的耳芽阶段，空气相对湿度保持在70%，耳芽分化和生长阶段，空气相对湿度保持在85%～95%，湿度适宜时，子实体生长快、耳片厚。长时间高于96%，有伴随高温，容易产生烂耳。湿度偏低，耳片停止生长。

黑木耳子实体含有丰富的胶质，有很强的吸水能力，新鲜木耳，往往含水量达90%以上。子实体一旦吸足水分之后，在相对湿度为85%～95%的条件下，可以保持1～3 d的柔软状态，也能保证它在继续干旱和日晒的短暂日子里，不至于干死或晒死。基于这样的特点，在黑木耳子实体生长过程中，要求干干湿湿交替变化，使黑木耳子实体生长更好。短期的停水和干旱，虽然抑制子实体生长，但有利于菌丝积累更多的养分，提供耳片生长所需。

6.3.2.3 温度

黑木耳属于中温型菌类，菌丝在 6～36 ℃均能生长，但以 25～28 ℃为最适宜，温度低于 15 ℃，生长缓慢，在 5 ℃以下、38 ℃以上生长受到抑制。但是，黑木耳菌丝对于低温和短期的高温都有较强的抵抗力。黑木耳的菌丝在－30～－20 ℃的条件下均能分化为子实体，但以 17～23 ℃为最适宜，在低温的条件下，子实体生长慢，但颜色深耳片厚，而高温时，子实体生长快，色浅耳片薄，产量低。在高温和高湿的条件下，子实体容易流耳。黑木耳子实体的生命力很强，将晒干后的黑木耳子实体在－30～－20 ℃下存放 13 d，再用水泡胀，洗净后，放在 20 ℃下保温培养，仍能产生大量的担孢子，担孢子在 22～32 ℃均能萌发。

6.3.2.4 光照

黑木耳在不同的发育阶段对光照的要求有所不同。菌丝体阶段，菌丝不需要光照能正常生长，但是散射光对菌丝向子实体发育有促进作用。子实体形成阶段，黑暗的环境下，耳芽不能形成，子实体形成和正常发育，需要一定的散射光，而且需要一定的直射光，只有较强的光照，才能长成商品性能好的深褐色黑木耳。在较弱的光照条件下，耳片呈现淡褐色，耳片较薄，产量低。但如果阳光长时间的强烈直射，会引起菌棒水分的大量蒸发，使子实体干缩，生长缓慢，影响产量。

6.3.2.5 空气

黑木耳是好气性真菌。它的呼吸作用是吸收氧气排出二氧化碳。正常的空气中氧的含量为 21%，二氧化碳的含量为 0.3%。如果空气不新鲜，缺乏氧气，就会使菌丝的生长和子实体发育受到影响。因此，黑木耳整个生长发育过程中，栽培场地就必须保持空气流通、清新，在制作菌种时，培养料的水分不可太多，装瓶不可太满，以供给菌丝体充足的氧气；另外，空气流通清新还可避免烂耳，减少病虫的滋生。

6.3.2.6 酸碱度

黑木耳属于喜偏酸性菌类。菌丝体在 pH 4～7 范围内都能正常生长，以 pH 5～6.5 为最适宜，一般在配置培养料时，添加 1%的石膏、碳酸钙能起稳定培养料酸碱度的作用。

总之，黑木耳的生长特性可以概括为：喜温、喜湿、好光、好氧、耐旱、耐寒、高温易烂。上述各个特性并非孤立和始终存在的，不同的发育阶段，某一特性起主要作用，它们是相互联系相互影响，综合地对黑木耳的生长发育起作用。因此，人们在栽培黑木耳的过程中，应根据其生活习性，进行科学管理，以便获得黑木耳高产稳定。

6.3.3 栽培季节安排

黑木耳是一种中温型菌类。菌丝生长温度范围 6～36 ℃，最适温度 25～28 ℃，子实体分化发育温度为15～27 ℃，但以17～23 ℃最为适宜，根据黑木耳的生物学特性当地的气候特点，选择适宜的生产季节。以浙江为例，秋季栽培在7月中旬至8月底，随着海拔提高栽培时间相应提早。800 m海拔以上地区可在7月中旬开始制袋接种，平原地区一般选在8月份较为合适。

主要栽培品种：

新科：浙江丽水云和农业局王伟平研究员等从本地黑木耳组织分离驯化而成。子实体耳状，半圆状，色黑，背面平滑少筋脉，肉质肥厚，富有弹性，口感软糯，品质突出。抗逆性较强，产量高，是袋栽培木耳良种。

916：中迟熟品种，菌丝生长温度8～36 ℃，最适宜温度25～28 ℃，子实体发育温度为10～25 ℃，最适宜温度15～23 ℃，子实体耳状、黑褐色，大、肥厚，背面多筋脉，产量高，抗高温、流耳能力强，适合代料栽培。

黑山：中温型菌类，菌丝生长温度范围6～36 ℃，最适温度25～28 ℃；子实体分化发育温度为12～25 ℃，最适温度17～23 ℃。子实体耳状、黑褐色，中等大小、肥厚，背面筋少，干耳品质好，产量高，抗高温、流耳能力强，适合代料栽培。

6.3.4　栽培生产技术

黑木耳代料栽培工艺流程：配料→拌料→装袋→灭菌→冷却→接种→培养菌丝→刺孔养菌→排场见光→长耳管理→采收。

6.3.4.1　培养料配制

1. 主要原辅材料的选择

(1) 塑料筒袋的选择

筒袋规格的选择　袋栽黑木耳选用高密度低压聚乙烯（HDPE）制作，筒袋呈白蜡状、半透明、柔而韧，抗张强度好。采用折径15 cm，厚度0.004 5～0.005 cm（即4.5～5丝），套袋的折径为17 cm，厚度为0.001 cm，长为55 cm。

应注意的问题　黑木耳栽培的内筒袋宜选稍薄一些，一般厚度为0.004 7 cm左右，有利于原料贴袋。

(2) 主要培养料的种类与选择

木屑　大部分阔叶树和果树通过专用粉碎机粉碎成颗粒状或丝状木屑均可用于栽培木耳。颗粒状木屑可以掺入10%～15%锯板木屑，严禁使用松柏樟等具芳香气味的树种木屑。

麦麸　又称麸皮、麦皮，是袋栽木耳的最主要辅料，目前市售麦麸有红皮和白皮之分，大片和中粗之分，其营养成分基本相同，都可以采用。麦麸要求新鲜、不结块、不霉变，霉变、虫蛀或因雨淋潮湿引起结块，则不宜使用。

棉籽壳　脱绒棉籽的种皮，质地松软，吸水性强，营养丰富，是十分优良的袋栽原料，掺入比例以15%～25%最佳。

石膏　化学名为硫酸钙，主要提供钙素和硫素、可调节培养料 pH，具有一定的缓冲作用，生、熟两种石膏皆可用。

碳酸钙　主要提供钙素、有调节酸碱度、减缓培养料酸败时间的作用。

2. 培养基配方

培养基中氮源少、污染率低，但产量也低；生产上应兼顾产量和污染情况，1 000 棒（规格 15 cm×53 cm）菌棒，推荐配方如下：

(1) 配方 1：干杂木屑 750～850 kg，麸皮 75 kg，棉籽壳 50 kg，红糖 4～5 kg，碳酸钙 10～12.5 kg；

(2) 配方 2：干杂木屑 750～850 kg，麸皮 100 kg，红糖 4～5 kg，碳酸钙 10～12.5 kg。

3. 拌料

一灶装袋数量多的宜采用机械拌料，要求当天拌料，当天尽快装袋上灶灭菌，严禁前一天将湿料与干料拌在一起，第二天装袋，这样易发生培养料酸败现象的发生。培养料酸败的后果是：接种后成活率低、杂菌感染严重、发菌慢、排场阶段菌棒易出黄水等不良现象，最终导致产量低、质量差。拌料要求木屑与辅料混合均匀、干湿一致、酸碱度一致。建议各农户采用机械搅拌，既省工又速度快，可防止酸败现象。

4. 水分

适宜的培养料含水量为 55%～60%，所以配料时水分一定要准确，要想取得较高的产量，标准的含水量是关键因素。按目前使用规格为 53 m×15 cm 的筒袋计，料棒装好后料棒重量为 1.4～1.5 kg/棒，如果木屑细软阔杂柴为主，料棒重以 1.4 kg/棒为宜，耳农制棒时要因料而宜。黑木耳培养料的 pH 以 5.5～6 为宜，气温较高时，为了防止培养料酸化，配料时加入 0.5%～1%石灰。

6.3.4.2　装袋

拌料结束后应立即装袋，采用装袋机装料，装袋一定要装匀、装实、装紧，防止装得过松，发菌后期出现袋壁分离现象，导致袋壁耳出现。在上灶之前要配备专人拣有破损的料棒，贴上胶布；可用浸水法拣破口，破袋遗漏少。

6.3.4.3　灭菌

灭菌是指用物理或化学的方法杀死物料上或环境中的一切微生物。木耳培养料棒灭菌一般采用常压蒸气灭菌法。灭菌的另一作用是使培养料熟化，使菌丝更易吸收利用培养料中的营养，增加产量。灭菌时每灶数量不可太多，以 5 000 袋左右为好，料袋堆放时要确保蒸汽畅通，目前大部分地方采用一字型柴堆叠法，无凹陷痕。

料棒堆叠　料棒堆放要合理，一是堆放能确保蒸气畅通，温度均匀，灭菌彻底；二是防止塌棒。木灶、铁灶采用一字形叠法，每排间留一定的空隙，塑料薄膜灶的四角采用井字形，这样就可防止塌棒且蒸气畅通。

温度调控　灭菌开始时，火力要猛。争取在最短（5 h 以内为佳）时间内使灶内温度上升至100 ℃，以防因升温慢引起培养料酸变，中途火力要均匀，不停火，只有当灶下部料棒温度达到98 ℃以上才可以开始计时，并保持16 h以上。

出锅冷却 灭菌结束后，应待灶内温度自然下降至80 ℃以下出料，趁热把料棒搬到冷却场所冷却，这样可以减少塑料袋胀袋。待料温降至28 ℃以下，用手摸无热感时即可接种。对于冷却范围大又很通风的地方，最好在料棒上盖薄膜以防灰尘落至料棒上，影响接种成品率。

6.3.4.4 接种

目前黑木耳料菌棒接种均采用接种箱法，该法具有接种成品率高、效果稳定、受限制少等优点，缺点是速度较慢，每人每小时接种量为50～100袋，要求熟练技术工。目前开放式接种法效果不够稳定，生产上很少采用。

接种箱应在接种之前彻底擦洗，接种棒、袖筒清洗晒干，然后按3～4 g/m³ 气雾消毒剂进行空箱消毒，对上年度已使用过的旧套袋应事前放入灭菌灶中灭菌，新套袋可边买边用。

菌种处理 袋装菌种的处理，将菌种放入消毒药液（300倍克霉灵等）中浸泡数分钟取出，用利刃在菌种上部1/4处环绕一圈，掰去上部1/4菌种及颈圈、棉花部分，将剩余3/4菌种快速放入箱内即可。

进料 先将灭菌冷却后的料棒搬至箱内，同时将打洞棒、菌种、酒精药棉等物品带入。

一般容量1.4 m³ 左右的接种箱，装菌棒120支左右。用气雾消毒剂6包，消毒时间不少于30 min，消毒时间略长（35～40 min），消毒更加彻底，可明显提高接种成活率。空气干燥天气，每天第一箱，应对箱体加湿，加湿具体做法是：用清洁水加克霉灵或来苏儿药剂少许，用小型喷壶对接种箱箱体内进行喷雾，使箱体空气湿度达80%以上，高湿的箱体环境才能使气雾消毒剂发挥最大的药效，每天接种结束应封紧箱门，千万不可开箱门晾干。

打穴接种 接种人员要讲究个人卫生，指甲要剪短，勤洗手，做到每次进接种箱前要洗手，并用75%酒精洗双手，接种棒也要用酒精擦洗消毒，并点燃酒精灯进行烧灼灭菌，完毕后可以开始打穴接种，在料棒表面均匀打3～4个接种穴，直径1.5 cm左右，深2～2.5 cm，打穴棒要旋转抽出，防止穴口膜与培养料脱空。菌种块要起块，并掰成上大下小，接种口要吻合，不留空隙。逐孔接好后，套好套袋扎好袋口即可，换接另一袋。接种时接种场所最好关闭门窗。早期接种3穴，后期接4穴。

6.3.4.5 培菌管理

黑木耳菌棒的发菌管理是栽培的关键环节，菌丝生长的质量与产量高低密切相关。温度、氧气、光照是影响菌丝生长的最主要因素。

1. 发菌场地的要求

发菌场地要求通风、干燥、光线暗。采用开放式接种可以就地接种，就地发菌。

2. 菌棒的堆放

菌棒的堆放方式较多，其差异在于堆温、通气的调节程度不一。刚接种后的菌棒采用一字形堆柴墙式堆放法，三孔、四孔单向接种的，穴口朝上，双向接种的穴口朝两边，层高5～6层，垛与垛之间留50～60 m的通道散热，接种后5～6 d，盖上塑料薄膜保温，减少通风，防止粉尘等污染接种口；接种后13～15 d开始散堆，以三段交叉堆放，层高不超过8层，穴口朝边，每垛间距不少于25 cm，并留相应人行通道，以便于日常管理。

3. 温度管理

刚接种后的前3～4 d，要创造有利于菌丝萌发的最适温度26～28 ℃，促使菌丝早恢复，早定植，迅速占领接种穴附近的培养料，如接种时气温偏低，可采用塑料覆盖的办法保温；菌棒接种后第10～13 d，菌丝分解吸收营养能力增强，新陈代谢加快，袋温继续升高，这时应加强培养室通风，保持室温22～24 ℃；特别是翻堆后的前3 d，因为人为搬动后，菌丝新陈代谢加强极易引起烧棒现象发生，所以要用大功率电风扇强行通风。菌棒从翻堆起至耳袋长满菌丝阶段，不要随意搬动菌棒。

4. 湿度管理

菌丝培育阶段要求室内空气干燥，空气湿度宜在70%以下，降低湿度可采取地面撒石灰粉、加强通风等方法。

5. 光照

黑木耳菌丝生长阶段不需光线，光对黑木耳菌丝有刺激作用，能促进耳芽形成，影响菌丝体正常生长，所以培养时要提供黑暗条件。

菌棒从一字形墙式堆放变换成散堆起，到菌丝长满袋，最好不要进行人为搬动，耳袋发透刺孔前不能解脱套袋，以免引起发热烧棒现象。

6. 病虫防治

养菌期间须对培养场地及周边环境进行1～2次的预防性杀虫杀菌处理。

6.3.4.6 刺孔催耳

在适宜的温度下，耳袋经45～60 d培养已经基本发透，可进行刺孔，但整批菌棒发菌速度快慢不一致，挑选发满菌的菌棒刺孔，刺孔后切要注意散堆通风，一般每棒150～200孔。刺孔催耳有两种方式。

1. 棚内刺孔催耳

有条件的农户最好选择棚内刺孔催耳，尽可能选择在雨天刺孔养菌，采用朝空中、地面喷雾化洁净水的办法增加空间湿度，要求空气相对湿度达到80%以上，如果空间湿度过低，孔口容易风干形成死穴，很难形成木耳原基，刺孔后采用井字型或三角形堆放养菌，早秋气温高，用大功率电风扇强行排风降温，刺孔后培养2～3 d，当菌丝恢复生长后，选晴天或阴天排场。

2. 田间刺孔催耳

此种方式要密切关注天气预报，选择未来3 d没有大雨的晴天或阴天排场，排场前可采取朝畦沟内灌水或朝畦床喷水的办法增加空间湿度，边脱套袋边刺孔，刺孔要轻拿轻放，菌丝未恢复前不喷水，遇连续风干的天气，采取畦沟内灌水或朝畦床喷水的办法增加空间湿度，或朝菌棒喷少量雾状洁净水的方法增加湿度。

6.3.4.7 排场

1. 耳场选择

选择水源充足、电源方便、通风良好、阳光充足、排灌方便、远离污染源的田块或荒地。上季栽培过其他食用菌的田块，应进行水旱轮作后使用。

2. 场地整理

场地使用前应彻底清理耳场四周及场内的杂草、稻桩，每亩用25～30 kg生石灰浸泡24～48 h后，翻耕，暴晒3～4 d做畦，畦高15～20 cm，畦与畦之间务必要留有排水沟，畦面需平整，防止春季积水导致菌棒底端发生烂棒。畦床做好后，用高效低毒无残留的杀虫、杀菌剂喷杀畦面及四周防治病虫危害，畦面上覆盖薄膜、稻草、编织袋、黑白膜等防治杂草。

3. 耳场建设

床架最好用铁丝架设，即省原材料，又有利于通风透光，喷水设施最好架空，既省水带喷水又均匀，喷水设施要在菌棒排场前架好，宽1.2～1.3 m，高0.25 m，长度不限，横杆行距0.25～0.30 m，耳床四周挖好排水沟。

4. 耳棒排场

将耳棒搬至场地摆放在横杆上，每条横杆放置6～7棒。采用露天，接受自然光照催耳（图6-5）。但排扬时的气温应稳定在25 ℃以下为宜。在菌棒排场前对耳场喷水增湿，促使出耳整齐。

图6-5 木耳排场出菇

5. 催耳

催耳最适温度为17～23 ℃，催耳关键是拉大昼夜温差和增加空气湿度。

6.3.4.8 出耳管理

1. 耳基形成期

这个时期管理关键是保持耳场湿度，空气新鲜，加大昼夜温差，不能让刺孔穴风干和缺氧。

2. 子实体分化期

从珊瑚状耳基到长出小耳芽时，这个时期主要是保持耳场湿度，要轻喷、微喷水，遵循干干湿湿的原则。

3. 子实体生长期

此时孔穴已彻底被子实体封住，这时就可以逐渐加大喷水量，每天少量多次，保持耳片边缘不干枯，连续喷水6～7 d，停水晒袋2～3 d，本着干就干透长菌丝、湿就湿透长木耳为原则，干干湿湿的管理方法。既防病、防虫，又不长杂菌，木耳开片好，菌丝生长也健壮。

4. 二潮耳（春耳）的管理

一潮木耳采收完毕后，木耳菌袋要继续停水晒袋 7～8 d，让木耳菌丝重新恢复生长，积累营养，休养生息，以利于第二、三潮耳生长。二潮木耳更应注重干干湿湿，连续浇水7～8 d后停水晒袋 6～7 d，反复如此，雨水多的春天，不用人工浇水，依靠天气自然降雨。

总之，喷水必须根据木耳生长情况，概括起来为四多四少：即耳多多喷，耳少少喷，耳枯萎多喷，耳湿少喷；晴天多喷，雨天少喷；气温高多喷，气温低少喷。只有科学灵活的喷水方法，才能获得高产优质。

6.3.4.9 采收加工

1. 秋冬耳采收法

待木耳朵片充分长大，耳根变细，即可开始采收，采收时要采大留小，让小木耳继续生长，采前应停水。要做到采耳不残留耳根，每采一次菌棒换面一次，要做到菌棒靠地面一头适当重采，中上部轻采，秋冬耳要分多次采收，一般须 4～5 次才能采收结束，采收一潮耳结束后停止喷水，让菌棒菌丝恢复生长 7～8 d，按第一潮耳管理方法管理第二潮木耳。

2. 春耳采收法

春耳应重采，留新鲜的小耳，春天气温回升、雨水多，木耳生长快，应及时采收。

3. 耳片粗加工

为提高木耳的商品价值，提倡用晒筛架空摊晒木耳，冬耳采后晾晒干透，喷适量的清洁水返潮堆放在一起，次日晾晒干透，再喷适量清洁水返潮堆在一起，次日再晾晒干透即成成品，通过二次加工后，耳边内卷，商品性状较好。春耳采收后应立即去除杂质，丛生的木耳掰成单片，晴天直接暴晒干透，遇雨立即烘干为佳，耳片未干前不宜装堆或搬动，宜直接晒干，避免造成拳耳，影响商品价值。遇连续 5～6 d 雨天，可将采后鲜木耳放入冷库中保鲜，晴天再摊晒。

6.3.4.10 病虫杂草防治

1. 菌棒的杂菌污染

主要污染种类包括绿色木霉、链孢霉、毛霉、根霉、黄曲霉、酵母菌污染，带有芽孢的细菌污染等。

2. 原因分析

培养基灭菌不彻底。灭菌不彻底的原因可能是灭菌的温度或压力不够或者是灭菌时间不够，也可能是灭菌过程中冷空气排放不彻底，或者菌棒排放不合理所致，原料霉变。

菌种带杂菌。菌种培养过程中杂菌剔除不严。

接种过程中污染。接种场所消毒不严或接种时无菌操作不严格。

培养过程中污染。灭菌或接种培养过程中菌棒搬运不当，导致菌棒破损污染。

3. 防控技术

选用新鲜原料，霉变的坚决不用；灭菌时菌棒堆放要合理，避免影响蒸汽流通；灭菌过程中要将冷气排放彻底，料温达到98 ℃以上，并保持16 h以上。

用于接菌棒的菌种在培养过程中一定要勤检查，及时剔除污染菌种。

接种过程要严格按无菌操作要求进行，接种空间消毒要彻底；冷却的菌棒要及时接种，放置时间过长会增加杂菌感染机会。

6.3.4.11　出耳阶段烂棒

烂棒是代料栽培黑木耳的常见现象，一般表现为菌棒局部出现黄水，进而被霉菌感染，导致烂棒发生，以绿色木霉感染居多。

烂棒原因：一是培养基配方营养丰富及麦麸添加量过大；二是发菌阶段菌棒遇高温闷棒或烧棒，导致菌丝活力差；三是排场后遇高温高湿天气，导致菌丝缺氧降低活力导致烂棒。

防控办法：一是黑木耳培养料配方中麦麸比例不能超过10%；二是发菌过程中要注意防高温和加强通风，防止闷棒和烧棒；三是黑木耳菌棒排场要注意天气预报，选择排场后7天以内不下雨为佳。

6.3.4.12　绿藻病

菌袋内培养料表层有绿色的、像青苔状的菌丝生长，严重时木耳子实体都生长，吸收菌袋营养，造成袋内积水严重，导致烂袋现象发生。

发病原因：一是水源不干净，有藻类滋生；二是装袋过松，浇水时从耳芽口进入袋内造成长时间积水；三是积水的菌棒在阳光直射下产生绿藻。

防控方法：一是装袋要紧，防止料袋分离；二是水源要清洁，禁用富营养的池塘等不洁水源。

6.4　银　　耳

6.4.1　简介

银耳（*Tremella fuciformis* Berk.）又称白木耳、雪耳等，属于担子菌纲（Basidiomycetes）银耳目（Tremellales）银耳科（Tremellaceae）银耳属（*Tremella*），是我国著名的食药兼用菌。据Aimsworth和Bisby（1983）统计，银耳属有40余种，分布于全世界。除少数种类生于土壤中外，绝大多数都腐生于各种阔叶树或针叶树原木上。

6.4.1.1　形态特征

银耳由营养（菌丝）体和子实体两大部分组成。

菌丝体：银耳菌丝具有两型态现象，其营养体可在不同环境或外界因素的影响下，在菌丝型和酵母型两种型态之间发生可逆互变。菌丝型分单核菌丝和双核菌丝二种，单核菌丝由担孢子在适宜的条件下萌发而成，分枝或不分枝，直径1～1.5 μm，内有横隔膜和一个核；两个异“性”单核菌丝发生质配形成双核菌丝，双核菌丝直径1.5～3 μm，有横隔膜和锁状联合。在PDA培养基上，双核菌丝生长缓慢，呈白色或淡黄色，有气生菌丝从接种块上直立、斜生生长，菌落呈绣球状，也有菌丝平贴于培养基表面呈匍匐状生长。有结实能力的双核菌丝容易胶质化，形成原基。无论是单核菌丝还是双核菌丝，在受热、搅动、浸水等外界因素刺激下，都会产生酵母型态（分生孢子），这种酵母型态分生孢子以芽殖或裂殖方式进行无性繁殖。银耳两型态细胞的转变，还会伴随着细胞代谢水平的相应变化。

子实体：是银耳的繁殖器官，也是可供食用的部分，常被称为“耳片”。新鲜子实体由半透明皱褶薄瓣组成鸡冠状、牡丹状、菊花状或绣球型，白色或黄白色，胶质，柔软，丛生或单生，直径最大可达30 cm（图6-6）。干燥后的子实体收缩成角质，硬而脆，米黄色，吸水后可再恢复新鲜的耳片状态。子实层生于耳片表面，其上着生担子，担子卵球形或近球形，被纵隔膜分割成4个细胞，每个细胞上生一个担子梗，再在担子梗上生一枚担孢子。担孢子成堆时白色，在显微镜下无色透明，卵球形或卵形，大小为（4～6）μm×（7.5～8）μm，有小尖，担孢子萌发后，直接长出菌丝或以芽殖方式产生酵母状分生孢子。

图6-6 银耳

6.4.1.2 营养价值

银耳是一种久负盛名的食药用菌，从宋代陶谷所撰的《清异录》到明代李时珍的《本草纲目》等都有其药用记载。中医认为，银耳有强精补肾、润肠益胃、补气和血、强心壮身、补脑提神、美容嫩肤和延年益寿等功效。近代医学研究表明，银耳含蛋白质6.7%～10%、碳水化合物65%～71.2%、脂肪0.6%～12.8%、粗纤维2.4%～2.75%、无机盐4.0%～5.4%、水分15.2%～18.76%，还有少量B族维生素。尤其是含有酸性异多糖(acidic polysaccharide)，可明显抑制小白鼠肉瘤生长，提高机体免疫力，起到扶正固本的作用。银耳富含的天然植物性胶质，对皮肤有良好保护作用，其膳食纤维可助胃肠蠕动，减少脂肪吸收，从而达到减肥的效果。另外银耳吸水性强，食用后可保持胃肠水分充润，因而具有良好的通便功效。

6.4.1.3 国内外栽培现状及主要栽培模式

我国银耳人工栽培历史可追溯到清光绪二十年（1894年），距今已有120余年历史，期间经历了三个阶段。第一阶段是银耳孢子天然接种阶段（1940年前），这一阶段的栽培特征是半野生、半人工状态，产量低，生产周期长，主要栽培地区为四川、湖北、贵州和福建山区；第二阶段是银耳孢子液人工接种阶段（1940—1970年），此阶段以1940年杨新美教授首次用酵母状分生孢子悬液进行人工接种获得银耳子实体为标志，这种方法较孢子天然接种法提前一年出耳，单产提高7倍以上；第三阶段为银耳混合菌丝接种阶段（1957年至今），采用混合菌种（银耳纯菌丝加香灰菌丝）作为段木栽培、瓶式或袋式栽培的用种，栽培周期短、产量高、效果好，因此迅速在全国推广，成为迄今为止的主栽方式。

目前，四川通江地区和福建是我国银耳的主要栽培产区，另外浙江、山东、江苏、江西、河南、河北、安徽、湖南、湖北等省也有不同规模的代用料栽培产区。福建的银耳以木屑、棉籽壳等农作物秸秆为原料进行袋式栽培为主，产量占全国总产量的90%左右，尤其是古田县的银耳栽培最为有名，有“中国银耳之乡”的美誉。四川通江的银耳以段木栽培为主，虽然产量少，但质量佳、价格高。

6.4.2 栽培农艺特性

6.4.2.1 营养

银耳生长发育所需要的营养物质有碳源、氮源、矿质元素和维生素等。

银耳是一种特殊的木腐菌，其菌丝只能吸收如葡萄糖、蔗糖、麦芽糖等小分子碳水化合物，不能分解利用纤维素、半纤维素、木质素及淀粉等大分子碳源。自然状态下生长在阔叶树枯枝上的野生银耳，需要依靠一种伴生菌——香灰菌（属子囊菌）对纤维素、半纤维素、木质素和淀粉等进行降解，为银耳孢子萌发、菌丝定植和子实体生长发育提供小分子碳源营养，完成全部生活史。因此在人工栽培时，必须应用银耳菌丝和香灰菌丝构成的组合体（混合菌种），用木屑、棉籽壳、甘蔗渣等为主要原料，再添加其他氮源物质，才能获得理想的栽培效果。菌丝对氮源的利用以有机氮为主，栽培时一般选用酵母粉、蛋白胨和麦麸等。矿质元素中钙、硫、磷等是生长所必需的大量元素，常以石膏、硫酸镁、过磷酸钙和磷酸二氢钾等化合物形式添加。段木栽培时，选用壳斗科的适生树种，能为银耳生长发育提供全面的营养。此外，香灰菌浸出液对银耳菌丝稳定生长、延缓其胶质化具有较好作用，因此添加了香灰菌浸出液的培养基较适合银耳菌丝的生长。

6.4.2.2 温度

银耳属中温、恒温结实性菇类。孢子萌发温度范围为15～32 ℃，最适温度22～25 ℃。菌丝营养生长温度范围12～30 ℃，最适温度20～25 ℃，30 ℃以上生长受到抑制，易产生酵母状分生孢子，35 ℃以上则停止生长；在温度低于18 ℃时，菌丝细胞壁自然脱水、加厚，形成芽孢，菌体处于休眠状态。子实体分化和发育在温度为20～24 ℃条件下，形成的银耳耳片厚、展片好、产量高；在温度超过28 ℃时，子实体生长加快，耳片薄、质量差、产量低、且易腐烂；但低温条件（低于18 ℃），接种穴口会分泌白色晶状液体，这时如耳片已经形成，会导致耳基霉烂。

特别需要注意的是，银耳混合菌种包含银耳菌丝和香灰菌丝，两者的菌丝体对温度的要求存在差异。香灰菌丝较银耳菌丝耐高温，它的适温范围为25～28 ℃，30 ℃时生长速度比22 ℃下生长更快，低于10 ℃生长缓慢，甚至会出现退缩，即由灰黑色变成白色，俗称“退灰”，失去分解培养基的能力，影响出耳。基于银耳混合菌丝体的这一特性，在菌种培养时，选择23～26 ℃作为适宜温度。

另外，银耳孢子较耐低温，其芽孢在2～3 ℃下保存5年仍具有活力，但高温则会严重抑制其活性，如超过39 ℃则会促使孢子死亡，因此可利用低温条件对银耳子实体进行保种。

6.4.2.3 水分与湿度

银耳在木屑等代用料栽培时，要求培养料含水量控制在55%～58%，但段木栽培时，耳木含水量以40%～43%为宜。如培养料或耳木中的水分低于下限，则菌丝生长不良；反之如高于上限，则会使基料空隙度变小、缺氧导致菌丝生长受阻，生长纤弱。另外银耳菌丝与香灰菌丝对水分的要求差异较大，银耳菌丝耐干不耐湿，长期干燥不会导致死亡，但长期高湿会使部分银耳菌丝断裂为节孢子；而香灰菌丝耐湿不耐干，因此栽培时培养基含水量应控制相对低，以便有利于银耳菌丝的生长。

空气相对湿度对子实体形成、产量和质量的影响很大。一般要求子实体生长阶段，空气相对湿度应保持在85%～95%。湿度过低影响耳基分化和耳片展开；湿度过高则易引发“流耳”。

6.4.2.4 光照

银耳菌丝和香灰菌丝生长都不需要光照。银耳子实体分化需要100～600 lx的散射光，否则很难形成子实体，但强烈直射光也会抑制子实体的分化和生长发育。光照还影响子实体的色泽，在光照不足时，使分化迟缓、耳片变黄。在子实体接近成熟的4～5 d，适当增加光照，有利于耳片品质的提高。光照对香灰菌丝的色素形成也有较大影响，有散射光时，菌丝粗壮，分泌物正常；光照过强，香灰菌丝的色素形成快而多；黑暗培养，香灰菌丝则纤细，黑褐色分泌物很少。

6.4.2.5 酸碱度

银耳菌丝适宜在弱酸性条件下生长。营养生长所需pH范围为5.2～7.2，最适pH 5.2～5.8。以木屑等培养料进行人工栽培时，配方中pH先调节到6.5～7.0，随着银耳菌丝和香灰菌丝的生长，培养料中的pH会下降到5.5左右，达到其适合生长的范围。

6.4.2.6 空气

银耳菌丝的营养生长和生殖生长阶段都需要良好的空气条件。菌丝生长阶段氧气不足，菌丝生长受抑、原基分化推迟；子实体阶段如缺氧，不但造成耳基扭结成团，不开片，还易诱发烂耳并导致杂菌滋生。

6.4.3　栽培季节安排

银耳栽培方式有段木栽培和代料栽培两种，二者在季节安排上差异较大。

段木栽培时，受设施条件和自然气候的制约，季节安排对栽培成败的影响较大。一般要求严格掌握在气温稳定在 15～18 ℃时进行接种为宜，如主产区四川通江县，段木栽培在每年 3 月下旬至 4 月上旬接种。

代料栽培时，在适宜的温度条件下，银耳的生产周期通常为 35～45 d，如在温度 23～26 ℃时，菌丝满袋时间为 15～20 d，耳片发育时间为 18～25 d。根据上述气温和栽培周期的关系，不同地区要因地制宜安排栽培季节，一般采用春栽和秋栽二种方式。长江以南地区安排春栽 3～4 月、秋栽 9～11 月接种；华北地区春栽 4～6 月、秋栽 9～10 月进行。近年来南方地区采取冬季设施加温、夏季选择海拔 800 m 以上中、高山区，创造适宜银耳生长的生态环境条件，进行反季节或错季节栽培，形成了春、夏、秋、冬的周年生产模式。

6.4.4　栽培生产技术

由于受原木资源限制及生产效率较低的影响，银耳段木栽培现仅剩四川通江县部分山区小规模生产。用木屑、棉籽壳等农作物秸秆进行代料栽培成为目前主要栽培生产方式，现将这种栽培技术介绍如下。

6.4.4.1　工艺流程

银耳代料栽培一般采用专用塑料袋作为栽培容器，具体工艺流程如下：

原料准备→配方、配制→装袋扎口→打穴贴布→灭菌冷却→接菌→菌丝培养→出耳管理→采收加工→包装贮藏。

6.4.4.2　设施设备

银耳栽培通常在耳房中进行，耳房分菌丝培养室和栽培出耳室两部分。

菌丝培养室要求干燥、保温、通风，每间面积 30～40 m^2，高 2.5～3 m。室内可设立栽培层架，层架高 1.8～2.0 m，层间距 25～30 m，共设 6～7 层。培养室门窗安装 60～80 目防虫网。

栽培出耳室要求可控温、保湿、通风、防虫。墙体和屋顶由保温、防水材料构成。结构可选择长 10～12 m、宽 3.3 m、高 3.5～4 m，中间设一条工作通道；也可选择长 10～12 m、宽 4.4 m、高 3.5～4 m，中间设两条工作通道。工作通道一端设一扇门，门上方安装 1 台排气扇，另一端对应位置开一扇窗，门窗都要安装 60～80 目防虫网。工作通道宽 1.1 m，正上方等距离设置 2 个小型风扇和照明灯，上方屋顶开 2 个排气天窗。一条工作道的耳房设立两排栽培架，架宽 1.1 m；两条工作道耳房设立三排栽培架，中间架宽 1.1 m，两边架宽 0.55 m。层架高 3～3.5 m，层间距 27～30 cm，共设 10～12 层。每个层架纵向放置4根木条或铁管作为床面，放置耳棒。一般两工作通道出耳室，一次可摆放耳袋5 000～5 200袋。

出耳室内要设置加温、加湿设备。加温可用火烟暗道和烟囱结构。加湿可选用离心式加湿机或高压雾喷系统。

6.4.4.3　培养料制备

银耳代用料栽培所需的主料为壳斗科等阔叶树枝粉碎的木屑、棉籽壳，辅料为麸皮、石膏粉等。

1. 配方

配方1：杂木屑75%，麦麸20%，石膏粉2%，黄豆粉3%，料水比1∶(1.2～1.3)。

配方2：棉籽壳85%，麦麸13%，石膏粉2%，料水比1∶(1.1～1.2)。

配方3：棉籽壳40%，杂木屑40%，麦麸18%，石膏粉2%，料水比1∶(1.2～1.3)。

配方4：甘蔗渣76%，麦麸20%，石膏粉2%，黄豆粉2%，料与水的比为1∶(1.2～1.3)。

2. 料袋制作

选用对折径12 cm、长53 cm、厚0.004 cm的低压聚乙烯塑料袋作栽培容器。

按配方将各种原材料进行配料后，立即用装袋机装袋，装料长度45～46 cm，每袋湿料重1.3～1.4 kg。装袋后扎好袋口，用木板将袋稍加压平，用打孔器在正面打4个接种穴，穴直径1.2～1.3 cm，深2 cm，然后用布擦净，在穴口贴上3.3～3.3 cm的银耳专用封口胶布，立即搬入灭菌锅内灭菌。

灭菌时，采用常压灭菌法要求4 h内使锅内温度达到100 ℃，由此开始计时，维持灭菌温度在100 ℃下保持10～12 h。灭菌结束，待料温下降到80 ℃左右时，趁热取出料袋，搬入已经消毒处理的冷却室内冷却。

6.4.4.4　接种

1. 菌种及预处理

银耳栽培种是银耳菌丝和香灰菌丝的混合体，由于银耳菌丝生长速度慢，所以仅存在于培养基上部2 cm左右，其特征是菌丝致密、培养料结实；而香灰菌丝生长速度快，因此充实到全部培养料中。基于上述特征，在接种前要在超净工作台中用无菌操作法，先将上部2 cm处的菌种捣碎，再把下层4～6 cm的香灰菌丝挖起与之混合，这样才能用于接种。菌种的这种预处理一般要在接种前12～24 h进行。

2. 接种

料袋温度降至30 ℃以下时可进行接种。接种时严格按无菌操作程序，以3～4人为小组配合为佳。操作时，一人揭开料袋穴口胶布，另一人用专用接种器取出混合菌种迅速接入料袋穴孔中，最后重新贴上原来的封口胶布，完成一个穴孔的接种。注意菌种要填实穴孔，同时接种块要比胶布下凹1～2 mm，以利后期耳基的形成。一般一瓶栽培种可接20～25袋栽培袋。

6.4.4.5 栽培管理

接种后的菌袋要立即搬入培养室内，按“井”字形堆放，堆高1 m。培养初期1～3 d是菌种萌发期，保持室内温度25～28 ℃、相对湿度60%～70%；4～8 d后接种穴中菌丝开始生长，此时要揭开封口胶布一角，适当降低室内温度，保持在23～25 ℃，结合适当通风；9～12 d后菌落直径达到8～10 cm时，白色菌丝中出现黑斑时，将菌袋搬入已消毒的出耳室。

出耳期间，出耳室管理要求全程防虫，保持内外清洁。室内温度控制在22～25 ℃，湿度90%～95%。13～19 d后菌丝基本满袋并形成原基，这时要割膜扩口1 cm，使穴口直径达2～2.5 cm，同时盖上洁净的无纺布，加强通风。20～25 d时耳片直径可达3～6 cm，此时要及时取出覆盖的无纺布，将其晒干，再盖上，并且喷水保湿，同时要适当将室内温度下降1～2 ℃，增加散射光，结合通风，促进耳片增厚、增大。26～30 d时，耳片直径达到8～12 cm，呈松展状、色白，此时要去除覆盖的无纺布，对耳片进行喷水保湿，同时注意干湿交替，确保耳片的充分展开。31～35 d时，当耳片长至12～16 cm并略有收缩，色白，基部呈淡黄色时停止喷水，进入成耳采收期（图6-7）。银耳代料栽培一般只采收一潮耳。

图6-7 银耳菇房

除了上面介绍的塑料袋栽培方式外，目前还出现了一种被称为“营养罐”的新型栽培容器进行代用料栽培的新方法，此法由于银耳子实体不受罐壁或袋壁的约束，耳片舒展、无畸形、朵大丰满、品质好。

6.4.4.6 采收与包装

采收后的鲜耳，立即用锋利的小刀削去基部杂质，进行晒干或烘干。由于直接干制后的银耳色较黄，影响其商品性，近年来，一种剪花脱水技术在银耳干制中得到广泛应用，效果较好。该技术的要点是：先用清水浸泡鲜耳4～8 h，捞起，用手将一朵银耳分成7～8小朵，然后将其摊晒在塑料薄膜上，边晒边喷淋清水，直到基部变白，再倒入水池中清洗，捞起沥干，摊于竹匾上，烘干，即可获得洁白、商品性好的干银耳。

6.4.4.7 病虫害防治

银耳栽培常见病虫害有侵染性病害和非侵染性病害两种。侵染性病害有青霉、木霉、织壳霉（俗称白粉病）、红酵母等，非侵染性病害主要有僵耳、烂耳等。另外还常受到线虫、螨类、菌蝇、蛞蝓等虫害影响。

6.5 茶 树 菇

6.5.1 简介

茶树菇，学名 *Agrocybe cylindracea*（DC.：Fr.）Maire，中文名为柱状田头菇，隶属于担子菌门（Basdiomycota）伞菌纲（Agaricomycetes）伞菌目（Agaricales）球盖菇科（Strophariaceae）田头菇属（*Agrocybe*）。原产我国的福建和江西等省，民间称为“茶菇”“油茶菇”。

6.5.1.1 形态特征

茶树菇由菌丝体和子实体两大部分组成。

菌丝体是茶树菇营养器官，分为单核菌丝和双核菌丝。单核菌丝细弱，生长缓慢，生活力较差；双核菌丝白色，光学显微镜下可见其粗壮，分枝角度大，有锁状联合。菌落呈匍匐状，生长速度较快，在 PDA 培养基上有时会出现红褐色（色素）斑块。

子实体是茶树菇繁殖器官，通常呈单生或丛生状，由菌盖、菌柄、菌褶和菌环等部分组成。菌盖初期半球形，表面平滑，有浅皱纹，深褐色；成熟后伞状，最后平展，边缘上卷或有破裂，淡褐色，直径 3～10 cm。菌盖内沿与菌柄之间着生内菌膜，成熟后内菌膜残留在菌柄上成菌环。菌肉白色，有纤维状条纹。菌柄圆柱形，长 3～10 cm，成熟期的菌柄变硬，菌柄表面常附有暗淡色黏状物（图 6-8）。

图 6-8　茶树菇

孢子印锈褐色。单个孢子呈卵圆形或宽椭圆形至卵圆形，淡黄褐色，表面光滑，(8.5～11) μm×(5.5～7) μm，孢子牙孔不明显。

6.5.1.2 营养价值

茶树菇味道鲜美，脆嫩可口，常用作主菜或调味品。据国家食品质量监督检验中心（北京）检验，每 100 g 茶树菇（干菇）含蛋白质 14.2 g、纤维素 14.4 g、总糖 9.93 g；同时含钾 4 713.9 mg、钠 186.6 mg、钙 26.2 mg、铁 42.3 mg，还含有人体所需要的 18 种氨基酸及丰富的 B 族维生素和多糖等生物活性物质。

茶树菇具有较好的保健作用，在民间有“神菇”之称。中医认为，茶树菇对肾虚、尿频、水肿、风湿有独特疗效，对小儿低热尿床也有辅助治疗功能，还可抗癌、降压、防衰。

现代医学研究表明，茶树菇多糖对小白鼠肉瘤180和艾氏腹水癌的抑制率在80%～90%。

6.5.1.3 国内外栽培现状及主要栽培模式

茶树菇人工驯化及栽培历史较短，迄今对其人工栽培技术研究报道也大多集中在我国。1972年福建三明真菌研究所从油茶树上的野生茶树菇中分离出纯菌株并成功驯化出菇，后经40多年的育种筛选，目前已获得一些如“黎茶系列”“赣茶系列”等优质高产栽培品种。这些品种根据子实体形成时对温度的要求，可划分为中高温型、中温型和中低温型3类。

在栽培技术方面，自20世纪80年代初期利用木屑、茶籽壳等代料栽培获得成功后，随着对其生物学特性研究的深入，明确了茶树菇菌丝体在碳源利用上降解木质素能力较弱，而在氮源利用上则对蛋白质分解能力较强，根据这一特性，研究人员在代料培养基配方上进行了一系列探索。至20世纪80年代末，以木屑、棉籽壳为主要栽培基质，通过添加玉米粉、茶籽饼粉、菜籽饼粉、花生饼粉或大豆饼粉等有机氮源，获得了茶树菇栽培的优质高产，有力地推动了茶树菇的大面积栽培。目前，我国江西、福建、广东、山东、四川等省均已规模化栽培茶树菇。

6.5.2 栽培农艺特性

6.5.2.1 营养

茶树菇属于腐生菌。在碳源营养方面，菌丝体对单、双糖利用效果较好，对纤维素和木质素的降解能力较弱，在进行母种培养时，一般需要在培养基中添加葡萄糖和蔗糖，可促使菌丝生长致密，长势旺盛。在栽培料配方中，宜选用材质较疏松、含单宁成分较少的阔叶树如油桐、枫树、柳树、栎树、白杨等木屑；另外一些农作物秸秆如甘蔗渣、稻草、棉籽壳也是良好的碳源。在氮源营养方面，菌丝体可有效降解有机氮中的蛋白质，因此，麦麸、米糠、玉米粉及各类饼肥都是栽培中常用的氮源。在碳氮比上，按60∶1进行配方，可使栽培获得高产优质。

6.5.2.2 温度

茶树菇是中温结实型菇类。担孢子在PDA培养基上，26 ℃培养48 h后萌发，单核菌丝用肉眼观察呈纤细贴生状生长，单核菌丝经质配后形成的双核菌丝，其生长温度范围为10～34 ℃，最适温度为23～28 ℃，超过34 ℃停止生长，但其对低温有较强耐受性，在−14 ℃可维持5 d，在−4 ℃下可保存3个月。在子实体分化和生长发育阶段，10 ℃以下、28 ℃以上均不能形成子实体，其中子实体分化需要的温度范围是10～16 ℃，子实体发育的温度范围在13～25 ℃，最适温度是22～24 ℃。在子实体发育温度范围内，温度越低，子实体生长就越缓慢，但形成的菇形较大，质地紧密结实，质量好；相反，温度越高，菇体就越易开伞，且形成的成菇往往呈长柄薄盖状。

6.5.2.3 水分与湿度

菌丝体营养生长时要求培养料含水量为60%～65%，空气相对湿度保持在60%～75%，既能调节培养料中水分的蒸腾，又可避免培养环境中杂菌的繁衍。在子实体分化和发育期间，需要环境中空气相对湿度保持在85%～95%，这一阶段如空气相对湿度过低，已分化的原基会因脱水而枯萎，长时间的低湿环境，还会使子实体发育变慢，菌盖外表变硬或龟裂，影响成菇产量和品质。但空气相对湿度长时间过高，会导致菌盖易开伞，并可能引起病虫害多发。

6.5.2.4 空气

茶树菇是好气性菇类，无论在菌丝体培养还是子实体发育阶段，都需要充足的氧气，尤其是子实体分化时对CO_2敏感度增加，高浓度的CO_2易使子实体发育成菌柄粗长、菌盖细小、早开伞的畸形菇。

6.5.2.5 光照

菌丝体营养生长阶段不需要光照，过强光照会抑制菌丝生长。子实体分化和发育需要一定的散射光，光照强度宜保持在100～500 lx。茶树菇的子实体还具有趋光生长特性，所以在成菇管理阶段，采用套袋法管理措施，可获得柄长、盖小、质地脆嫩的优质鲜菇。

6.5.2.6 酸碱度

茶树菇生长喜弱酸性环境，菌丝体在pH 4～6.5范围内生长正常。据测定，在出菇期间，培养料pH在5.77～5.87，说明菌丝营养生长期间产生的有机酸较少，所以在栽培配方中，只需少量添加石膏、碳酸钙等缓冲剂，就可满足菌丝对培养料酸碱度的需求。

6.5.3 栽培季节安排

根据茶树菇菌丝体营养生长和子实体分化、发育对环境条件的要求，选择适宜的栽培季节。目前我国大部分地区安排在春、秋两季进行。

采用袋栽法时，菌袋自接种之日起约60 d完成营养生长，进入出菇阶段。以此推算，南方春季栽培选择在3月中旬至4月上旬制袋，4～6月出菇；秋季栽培在7月下旬～8月中旬制袋接种，10～11月出菇。华北地区春季栽培3月下旬至4月底前接种，5月底至6月中旬出菇；秋季栽培在7月上旬至8月中旬接种，8月底至10月中旬出菇。

栽培季节不同对茶树菇的产量和品质影响不同。春栽时，自然温度前低后高，出菇期往往温度偏高，因此成品菇往往朵形小、薄，品质较差。秋栽时，温度前高后低，菌袋培养时虽然易受高温和病虫害侵染，增加管理难度，但出菇期间的温度较低，有利于形成商品性状较好的子实体。

对于有控温条件的栽培设施或局部小气候在冬季温度不低于15 ℃、夏季不高于28 ℃的地区，可以灵活确定栽培时间，通过对菇房小气候进行局部调节来实现周年栽培。

6.5.4　栽培生产技术

6.5.4.1　工艺流程

茶树菇栽培一般用木屑、棉籽壳等农作物秸秆作为原料，采用熟料袋栽工艺，其主要流程如下：

培养料配制→拌料与装袋→灭菌→冷却→接种→培养→出菇管理→采收。

6.5.4.2　设施设备

茶树菇栽培场地应选择交通便利、给排水方便、通风良好、无污染源的空旷场地。功能分区包括堆料场（与仓库）、制袋区、灭菌区、接种区、培养区、栽培区、成品冷库和废料无害化处理区等几大部分。

栽培设施采用菇房（或菇棚）式结构。菇房（或菇棚）可根据具体情况选择砖石结构、大棚塑料膜结构等不同形式。菇房（或菇棚）同时要具备保温、保湿、通风、遮阳、防虫等功能，地面要平整，便于清洗、消毒。在菇房（或棚）外部顶上要安装雾喷降温系统，菇房内部还需设置雾喷系统或喷雾加湿器，门窗安装60～80目防虫网。

菇房（棚）内设立栽培层架，层架分两排式或三排式。两排式菇房中间留一条宽1.0～1.1 m的工作道，两边各设宽1.1 m的栽培架；三排式菇房设两条宽1.0～1.1 m工作通道，两条工作通道中间的栽培层架宽1.1 m，两边的栽培层架宽0.55 m。所有层架共设5～6层，层间距50～55 cm。工作通道的正上方等距离设置小型风扇和照明灯，上方屋（棚）顶开2个排气天窗。每个菇房（棚）面积一般控制在250～300 m^2，可一次性栽培约1万袋。

6.5.4.3　培养料制备

茶树菇栽培所需的原料可选择阔叶树（杨树、柳树、榆树、榕树、油茶、栎树、山毛榉等）木屑、棉籽壳、玉米芯、甘蔗渣等林业副产品和农作物秸秆，辅料有麸皮、玉米粉等富含蛋白质的农副产品下脚料，其他原料有石膏粉、石灰等矿物元素。在原料选择时，对林业副产品和农作物秸秆要求干燥，颗粒适中（2～5 mm），均一度好，无霉变结团，无杂质。

1. 配方

配方1：木屑34%，棉籽壳40%，麦麸25%，石膏粉1%，含水量55%～60%。

配方2：木屑48%，棉籽壳25%，麦麸23%，玉米粉3%，石膏粉1%，含水量55%～60%。

配方3：棉籽壳25%，木屑25%，玉米芯25%，麦麸18%，玉米粉5%，石膏1%，石灰 1%，含水量 60%～65%。

2. 料袋制作

选用 17 cm×(34～36) cm 的低压聚乙烯或聚丙烯塑料袋作为栽培容器。

培养料要随配随用，配制后立即装袋，防止因厌氧发酵而产生劣变。装袋采用装袋机，装袋标准为料高 18～20 cm，每袋湿重 950～1 000 g（折干重 350～400 g）。装袋后在袋料中间插入接种棒，然后擦净袋口，套上塑料套环，盖好封口盖，放入料袋周转箱中。料袋必须在 4 h 内移入灭菌锅进行灭菌。

灭菌可采用高压灭菌或常压灭菌法。高压灭菌时，在温度 121～126 ℃下保持 2.5～3 h（每次灭菌 6 000 袋左右）；常压灭菌时，升温至 100 ℃，然后在此温度下维持 14～16 h 后结束灭菌。灭菌后，待温度自然冷却到 70～80 ℃时，趁热移出料袋，搬入已经消毒处理的冷却室内进行冷却，待料袋冷却至 28 ℃以下后，可进行接种操作。

6.5.4.4 接种

接种时选用的栽培种要求菌种种性明确，纯度好，菌龄应在菌丝满袋后 10～15 d，这样可以确保菌丝活力，提高接种成品率。

接种在接种室或接种箱内进行，接种室还要配置无菌工作台。接种室在使用前要用紫外线灯或气雾消毒剂对空间进行消毒。在接种室接种时，要在无菌工作台上严格按无菌操作程序进行，通常以 3～4 人为一组，分工协作。接种时，要先取出料袋内的接种棒，再将菌种填实穴孔中，做到接种均匀。现在大规模接种时，采用自动传输接种流水线进行操作，有效提高了工效，同时也提升了接种的成品率。如用接种箱接种，接种前 30～40 min，要先将料袋、接种匙、镊子、75%酒精棉球、栽培种等材料同时放入接种箱内，用气雾消毒剂熏蒸消毒。接种时视需要选择单人操作或双人操作，接种操作步骤与接种室接种相同。

一般每袋栽培种可接 30～40 袋料袋。

6.5.4.5 栽培管理

接种后的菌袋要均一地排放在菇房（棚）层架上进行发菌培养。菌袋培养期间，室内应保持黑暗，控制温度在 22～26 ℃之间。接种后第 7 天检查菌袋，观察菌丝萌发情况，如发现杂菌污染的菌袋，要及时进行无害化处理。正常情况下，菌袋经过 35～45 d 培养后，菌丝可发满全袋。这时继续进行 10～15 d 的后熟培养，当料面及菌袋四周出现棕褐色斑点时，说明菌丝已生理成熟，可进入出菇管理环节。

在出菇管理前，菇房（棚）地面要用石灰粉等进行消毒处理，栽培架用漂白粉作喷雾消毒。菌袋开口时，先解开袋口，再向下反卷 2 cm，同时剔除老接种块。开口后，保持菇房（棚）温度在 18～25 ℃，并进行变温刺激，使昼夜温差达到 8～10 ℃；在水分管理上，要维持空间相对湿度在 85%～90%，同时还要注意菇房（棚）有良好的通风换气，兼顾控制光照强度在 500～1 000 lx。通过上述措施，7～8 d 后菌袋料面会出现白色原基，这时进入育菇阶段。此阶段菇房（棚）温度维持在 20～26 ℃，空气相对湿度控制在 85%～95%，注意不能直接向菇体喷水，以防止烂菇等现象发生；同时要加大通风，每天早、中、晚各通风1次，每次30 min，保持菇房（棚）内空气新鲜，促进菌柄粗壮、菌盖增厚。操作上，要在菇蕾形成2～3 d后，原基变成珊瑚状、浅褐色时，随着菌柄快速生长，随时拉直袋口，直到采菇。当菇柄长至8 cm左右，要进行适量喷水、干湿交替，调整光照强度在50 lx左右，减少通风次数和通风时间，加大菇房CO_2浓度，达到抑制菌盖、促进菌柄伸长的目的。这样经过2～3 d，即可使茶树菇生长整齐、均匀。在温度适宜情况下，从菇蕾形成到采收需5～7 d。

每潮菇采收后，要及时清理菌袋料面，收拢袋口，停止喷水，使菌丝恢复并积累营养，5～6 d后再按以上方法进行下潮菇的出菇管理。第三潮菇采收后，由于菌袋失水较多，需及时向菌袋内补水，以促进出菇。在正常管理条件下，菌袋可出菇4～5潮，每袋鲜菇总产量300～400 g，生物学效率可达85%～100%。

茶树菇也可采用覆土栽培法，出菇期可持续2～4个月，产量高于常规法。

需要注意的是，菌袋在冬季管理上，由于环境气温低，要做好保温、保湿和通风措施。在菇房温度低于17 ℃时不能给菌袋喷水，否则会导致幼菇死亡。春季由于气温变化频繁，所以要灵活控制出菇节奏，当菇房温度超过28 ℃，菌袋要暂停出菇管理；在冷空气来临或雨天等有利气象条件时，再抓紧进行出菇管理。另外，春季多雨，空气相对湿度大，须加大菇房（棚）通风，促使栽培环境空气新鲜，预防病虫害发生。

菇房（棚）在每个栽培周期内，都要保持环境清洁。每次采菇后清除地面残菇。每批次生产完毕，应及时清理废袋，重新消毒菇房（棚）。

6.5.4.6　采收与包装

茶树菇商品鲜菇要求菌盖呈半球形、菌膜未破时就进行采收。如采收过早，菌盖和菌柄都没有发育完成，子实体过小，产量偏低；采收过迟，菌盖开伞，产生大量褐色孢子，菌柄组织纤维化，口感变老，失去商品价值。因此，适时采收是保证茶树菇商品性状的重要措施。

在鲜菇采收前1 d要停止向子实体喷水。采收时，一手握住菌柄基部整丛拨起，同时剪除菇根、去除杂质，按商品菇等级分类要求摆放整齐。由于鲜菇质地脆嫩，所以采收全程要小心轻放，保持菇体完整。采收后的鲜菇要立即放入1～4 ℃冷库进行保鲜，并及时包装、鲜销。

茶树菇除鲜销外，还可进行干制。干制后的茶树菇菌香浓郁，风味绝佳。干制一般采用烘烤法，具体工艺如下：鲜菇采摘后，先分级，除去杂物，再将鲜菇整齐排放在烤盘上进行烘烤。烘烤前，先将烤房预热至40～45 ℃，进料后下降到30～35 ℃，随后缓慢加温到60～65 ℃，注意不能超过75 ℃。烘烤过程中要随着菇体的干缩进行并盘和上下调换位置。当菇体含水量下降到13%以内（菌柄干脆易折断）时停止，烘烤全程需6～10 h。待温度下降后，要及时取出干菇，装入密封塑料袋内，以防回潮影响品质。待需要时分级包装销售。

6.5.4.7 病虫害防治

茶树菇栽培期间温湿度较高，易导致病虫害发生。在栽培管理中要遵循“预防为主、综合防治”的原则，坚持采用物理防治、农业防治、生物防治等措施，不鼓励使用化学药剂。

首先要搞好环境卫生和室内消毒工作，发现杂菌及时进行无害化处理。其次，对栽培过程中出现的细菌性腐烂病、线虫病害、菇蚊（蝇）等虫害和真菌性污染（如木霉、曲霉、青霉、毛霉、链孢霉等杂菌），要从发生源头进行分析，采取综合防治措施，杜绝其蔓延扩散。

6.6 姬 松 茸

6.6.1 简介

姬松茸（*Agaricus blazei* Murrill），又名巴氏蘑菇、巴西蘑菇、小松菇等，是指真菌门（Eumycota）担子菌亚门（Basidiomycotina）层菌纲（Hymenomycetes）伞菌目（Agaricales）蘑菇科（Agaricaceae）中一种可以人工栽培的珍贵食用菌。姬松茸盖嫩，柄脆，口感好，具杏仁香味，食用价值颇高。

姬松茸原产地在巴西、秘鲁。1965 年，日裔巴西人古本隆寿将在巴西圣保罗皮埃达德郊外农场草地上采到的一种不知名的美味食用菌送到了日本。日本三重大学农学部的岩出亥之助教授对这种无名菌种进行了菌种分离和培养实验，并取名为姬松茸，中文为小松口蘑之意。1967 年，由比利时的海涅曼博士鉴定为新种，并命名为 *Agricus blazei* Murr.，与双孢蘑菇 *A. bisporus* 同属。此后，随着姬松茸的基础研究和人工栽培的深入，并发现其有抗癌、提升免疫力等功效，因而在日本迅速崛起。我国在 1992 年引进姬松茸菌种并且栽培成功，此后国内深入开展了姬松茸的栽培技术及其营养保健功能的研究。

6.6.1.1 形态特征

孢子：孢子印黑褐色，孢子暗褐色，光滑，阔椭圆形至卵形，大小 6.5 μm×5 μm，无芽孔。

菌丝体：是姬松茸的营养器官。菌丝粗壮，较规则，无锁状联合，暗白色，粗羊毛状。

子实体：是姬松茸的生殖器官，由菌盖、菌柄、菌环等组成。菌盖直径 5～11 cm，初为半球形，逐渐成馒头形，最后平展，顶部中央平坦，表面有淡褐色至栗色的纤维状鳞片，盖缘有菌幕的碎片。菌肉厚，白色，受伤后变微橙黄色，菌盖中心的菌肉厚可达 11 mm，边缘的菌肉薄。菌褶离生，密集，宽 8～10 mm，初时乳白色，受伤后变肉褐色，后变为黑褐色。菌柄圆柱状，中实，长4～14 cm，直径1～3 cm，上下等粗或基部膨大，表面近白色，手摸后变为近黄色。菌环以上菌柄乳白色，最初有粉状至绵屑状小鳞片，后脱落成平滑，中空；菌环以下的菌柄栗褐色。菌环大，菌环着生在菌柄的上部，膜质，初白色，后微褐色，膜下有带褐色绵屑状的附属物（图6-9）。

图6-9　姬松茸

6.6.1.2　营养价值

姬松茸菌盖肥厚，脆嫩，具愉快的杏仁香味，味纯鲜香，口感较佳，是广受消费者欢迎的上乘佳品。姬松茸每100 g干品中含粗蛋白40～45 g、可溶性糖类38～45 g、粗纤维6～8 g、脂肪3～4 g、灰分5～7 g。其中蛋白质组成中包括18种氨基酸，人体的8种必需氨基酸齐全，还含有多种维生素和麦角甾醇等生物活性物质，因此姬松茸是一种营养丰富的食用菌。

近年来，对姬松茸药用功能的研究日益深入，发现它不仅是一种美味的食用菌，更有许多药用功效。中医认为姬松茸性平、味甘，入心、肺、肝、肾经，具有健脑、消炎、益肾、降血糖、改善糖尿病、降胆固醇、改善动脉硬化等功效。据报道，姬松茸热水提取物中含有丰富的β-葡聚糖，能抑制肿瘤细胞的生长，有较强的抗癌活性。另据研究，姬松茸所含的“松茸多糖”，可破坏肿瘤细胞的遗传基因，从而达到抗基因突变、抑制肿瘤和控制肿瘤复发、转移的目的。它含的甘露聚糖，对抑制腹水癌、医疗痔瘘，增强精力，防治心血管病等有效。日本国际健康科学研究所所长冈本长先生称姬松茸是“地球上拯救晚期癌症患者的最后食物”。

6.6.1.3　国内外栽培现状和主要栽培模式

姬松茸人工栽培历史较短。1972年，日裔巴西人古本隆寿在巴西进行了园地人工栽培试验获得成功；岩出亥之助教授在日本开始室内高垄栽培法研究，并于1975年获得成功。20世纪90年代初，巴西开始姬松茸商业化栽培，其产品主要以鲜销、出口为主；此后，此项技术传到日本、中国、韩国等地，从此实现了姬松茸的规模化、工厂化生产。

国内姬松茸栽培始于1991年，鲜明耀等赴日本考察并带回姬松茸菌种，于当年开展栽培试验，摸索出了一套适合我国气候条件的人工栽培模式。1992年，福建省农业科学院引进姬松茸菌种，对其生物学特性、栽培工艺等开展了较多研究，获得栽培成功。近年来，利用杏鲍菇、金针菇等菌糠再发酵进行姬松茸栽培技术得到广泛应用，为食用菌多层次、生态型栽培开辟了一条新路。

姬松茸栽培方式有熟料和发酵料两种。熟料栽培成本高、周期长，一般仅在试验性栽培中应用。发酵料栽培类似于双孢蘑菇栽培，可以采用床栽、畦栽和箱栽等多种模式，其中床栽生产成本低、操作方便且产量高等优点，因而是目前国内规模化栽培的主要方式。

6.6.2 栽培农艺特性

6.6.2.1 营养

姬松茸是草腐菌，其菌丝体可降解稻草、麦秸、玉米秆等农作物秸秆中的纤维素、半纤维素等作为碳源加以利用，因而这些原料也是栽培配方中的主要成分。豆饼、花生饼、畜禽粪等有机氮源，尿素、硫酸铵等人工合成氮源在堆肥过程中能够被微生物转化成菌体蛋白，供姬松茸生长所需。在母种培养时，常以蔗糖、葡萄糖等作为碳源，以硫酸铵、氯化铵等作为氮源。

碳氮比是姬松茸栽培时的一个重要营养指标。在菌丝营养生长阶段，培养基中的碳氮比要求（31～33）∶1；在生殖生长阶段，碳氮比以（40～50）∶1为宜。

磷、硫、钙、钾、锌等矿物元素也是姬松茸生长发育过程中所不可或缺的营养成分，在生产上常用石膏（硫酸钙）、过磷酸钙、石灰、硫酸铵等作为大量矿物元素的补充剂。对于其他微量元素，由于农作物秸秆或有机氮源中已普遍含有，因此栽培配方中一般不需额外添加。

6.6.2.2 温度

姬松茸属中高温型真菌。菌丝生长温度范围为15～32 ℃，最适温度为23～25 ℃。子实体生长温度范围16～26 ℃，最适温度为18～21 ℃；温度高于25 ℃以上子实体生长快，但菇体薄、轻，质量差；低于16 ℃子实体生长比最适温度下推迟3～5 d。

特别需要指出的是，姬松茸菌丝不耐低温，经冷藏保存后的菌种转接时菌丝难以生长，因此一般情况下姬松茸菌种需在10 ℃以上的条件下保存。

6.6.2.3 水分和空气相对湿度

培养料、覆土中含水量及空气中的相对湿度都会对姬松茸栽培产生较大影响。发酵料中，菌丝生长最适含水量为60%～65%，基质含水量不足或者太高都会造成菌丝生长变缓，影响营养生长和生殖生长。覆土层含水量在65%左右时，子实体分化和成菇产量最高。在开架式床栽模式下，菌种播种后菇房空气相对湿度要控制在80%～85%，否则会因料面干燥影响菌丝向上生长；箱式栽培时，如培养料表面有薄膜覆盖，则要求空气相对湿度在80%左右。子实体生长发育期间，要求空气相对湿度在85%～90%，不宜长时间超过95%，否则易发生病原性病害。

6.6.2.4 氧气和二氧化碳

姬松茸是好氧性真菌，在菌丝生长和子实体阶段都需要有新鲜空气，但不同生长阶段对空气的要求差异较大。在菌丝生长阶段，菇房内空气中CO_2浓度维持在4 500 ppm左右即可满足需要；而出菇时，则需要菇房内空气CO_2浓度降低到1 200 ppm以下。因此在栽培管理过程中，发菌阶段可以在相对密封的情况下进行，而出菇时则需要通风良好的环境。

6.6.2.5　光照

菌丝生长不需要光线，子实体的分化和发育需要300～500 lx的散射光照。光线过暗会形成畸形菇；光照过强，子实体易失水干燥。在栽培管理上，发菌期要避光，出菇期需补光。

6.6.2.6　酸碱度

姬松茸菌丝和子实体在pH 5～8条件下均能生长，菌丝生长和子实体在pH 6.5～7.5时分化最佳。由于培养料堆料发酵过程中会导致pH下降，在配制培养料时一般将初始pH调至8～9；在堆制发酵后，培养料pH下降到7左右，可满足菌丝生长发育所需。

6.6.3　栽培季节安排

姬松茸是中高温型食用菌。在自然季节下栽培，要根据其栽培特性及当地的气候条件灵活掌握。国内主产区南方地区，一般安排在春秋两季栽培，春栽时，平原安排在3～4月、山区安排在4～5月播种，4月中下旬～6月中旬出菇，越夏后，9～11月再出菇；秋栽时，8月中旬播种，9月开始出菇，越冬后在次年春季出菇，约5月结束。北方地区栽培可以选择温室等设施，控制好室内温湿度，灵活掌握栽培季节。

6.6.4　栽培生产技术

姬松茸栽培主要采用发酵料开放式床栽或畦栽，现以床栽为例作具体介绍。

6.6.4.1　工艺流程

原料准备→配方→室外堆置发酵→室内二次发酵→整料播种→发菌→覆土→出菇管理→采收、转潮管理

6.6.4.2　菇房（棚）建设

姬松茸栽培所需设施主要包括培养料堆制发酵设施和栽培菇房。培养料堆制发酵设施和菇房（棚）设施建设可参考本书“双孢蘑菇栽培”一节。在季节性、小规模栽培时，可搭建简易菇棚，选择交通方便、地势干燥、排水方便、无污染源且近水源、有电源的地方，建造宽6～8 m、长20～25 m、顶高3.5～4.0 m、面积约150 m^2的仿冬暖式大棚，采用二层反光膜覆膜，棚内设菇床，单侧采菇的菇床宽0.8 m，双侧采菇的菇床宽1.5 m，菇床层高0.6 m，共4～5层，菇床间工作道宽0.8～1.0 m。为有利于通风换气，在菇棚两侧，每间隔2～3 m开设通风孔，通风孔离地0.2 m。同时在棚体两端安装双向换气扇，还需在工作道上方配备雾喷和补水管道。

6.6.4.3　培养料配方

培养料可根据当地秸秆废弃物资源，因地制宜选择。如棉籽壳、甜菜渣、稻草、甘蔗渣、麦秸等均可作为栽培原料。注意所使用的原料要新鲜、无霉变。常用配方如下：

配方1：稻草40%、棉籽壳20%、牛粪30%、麸皮6%、石灰2%、尿素1%g、石膏1%。

配方2：玉米芯30%、稻草30%、牛粪30%、麸皮6%、石灰2%、尿素1%g、石膏1%。

配方3：玉米秸秆34%、棉籽壳34%、麦秸15%、干鸡粪14%、硫酸铵1%、石灰2%。

6.6.4.4　培养料发酵处理

培养料发酵可采用双孢蘑菇培养料发酵的隧道式发酵法（可参考本书“双孢蘑菇栽培”一节）。在小规模栽培时，通常选择室外一次发酵加室内二次发酵法。

室外一次发酵具体操作如下：先将配方中的牛粪晒干、粉碎备用。选择不积水的地块进行建堆，建堆前先将草料浸入石灰水中浸泡24 h，或者铺一层草料加一次石灰水，如此循环直至将草料全部湿透，然后每4～6 h再往堆顶及周边加一次水，维持约48 h。牛粪（或鸡粪、麸皮等）拌匀，按粪水比1∶1.2比例加水拌匀，建堆，48 h后与草料共同建堆发酵。建堆采用“田”字格形状，采取一层草料（厚约25 cm）加一层牛粪（或鸡粪、麸皮等，厚3～5 cm），层层叠高，直至建成宽、高各1.5 m的大料堆，然后将石灰水、尿素水等从堆顶均匀洒下，最后在堆顶覆一层麦草或草苫，周边围上塑料薄膜，将温度计插入料内约40 cm处进行测温。在建堆后6 d左右，在料温达70 ℃时，开始第一次翻堆。翻堆要求“上下换位，内外调整”，使堆中原料同步腐熟。经4～5 d后，在料内温度重新达到70 ℃时，进行第二次翻堆，操作同第一次。3～4 d后，进行第三次翻堆。在第三次翻堆3 d后，将料堆摊开并再次混匀，使氨味消失，即可进入栽培室上床铺料，进行室内二次发酵。

室内二次发酵：按铺料量15～20 kg/m^2、床面铺料厚22～25 cm进行上床铺料。铺料后将料稍压整平，即可关闭菇棚门窗和通风孔，进入二次发酵程序。室内发酵温度控制在50～55 ℃，保持3～5 d，使培养料完全腐熟，结束发酵。

6.6.4.5　整料播种

培养料二次发酵结束后，待料温降至28 ℃以下时开始播种。播种前先要将料面整理均匀一致。播种时宜选用谷粒（或麦粒）菌种，按每平方米料面播种2～3瓶（750 mL）栽培种用量，先将菌种量的50%分离成单粒状，撒于料面，用小铁叉轻抖料面，使菌种落入5 cm以下料层，然后再将剩余一半菌种均匀撒入料面，轻轻按压，使菌种与基料接触紧密，并使料面平整。最后将报纸在0.5%的石灰水中过一下后覆于培养料表面，注意盖严、不留空白，报纸上再覆盖一层塑料薄膜（不可用地膜）。

6.6.4.6　发菌覆土

播种后3～5 d，关闭菇房门窗，控制温度在22～25 ℃，保持空气湿度80%左右，避免光照，以促进菌丝定植。此时还须注意观察料床中10 cm左右料温变化，不可使料温超过32 ℃；当发现料温超过32 ℃仍继续上升时，要掀去塑膜，加大通风，同时提高空气湿度，防止料表失水。随着菌丝生长加速，呼吸作用加强，在保持菇房温湿度的同时，要逐步增加通风时间，促使菌丝深入料内。经20 d左右培养，姬松茸菌丝可深入到料内约18～20 cm，此时应进行覆土。

覆土所用材料可取用菜园耕作层以下的土层。先将原土摊开充分曝晒，用碎土机粉碎成直径1～3 cm的土粒，然后按0.5%～1%比例加入石灰粉，拌匀堆闷，维持10 d左右，使土粒pH达到8.0左右。然后再用多（菌灵）甲（醛）溶液喷洒、拌匀，至土粒上均有药液沾附时，重新堆闷，一周后即可随用随取了。菌床覆土分两次进行，第一次覆厚约3 cm的粗粒土，待土层中有菌丝布满时，第二次再覆2 cm细土。继续培养至土层上有姬松茸菌丝、且呈直立状生长态势时，转入出菇管理。

6.6.4.7 出菇管理

覆土后管理要点是促进菌丝体向粗土层延伸，但不能在土层表面形成菌丝板结，通过调节菇房的通风和湿度，使原基在粗土层和细土层间扭结并生长发育。

在管理上，覆土后3 d，菇房不通风或微量通风，待菌丝爬土后，依据生长状况加强通风量。一般情况下，培养前期每天通风2次以上，每次不少于30 min；出菇期每天通风3次以上，每次不少于30 min，同时还要根据气温高低灵活调整。在水分管理上，要保持空气相对湿度在85%以上，在土层中菌丝粗壮、浓密时，向土层中喷出菇水。喷水时喷雾头向上，使水成自然落体的雾状，使覆土面湿润至最大含水量，一周内即有白米粒状菇蕾出现，约3 d后菇蕾发育为直径2 cm左右的幼菇，此时应停止往床面喷水，保持空气湿度85%～90%即可。如遇高温天气，只进行作业道和地面喷水，既保持适宜的湿度，又起到降温作用。在温度管理上，要控制菇棚温度在18～21 ℃。由于秋冬期间温度变化幅度大，应根据天气变化，及时调整棚顶的覆盖物以及通风量等，使温度处于较稳定状态。

6.6.4.8 采收、转潮管理

现蕾7～10 d后，子实体呈暗红褐色，菌盖直径达到4～7 cm、菌柄长3～5 cm时，在子实体约八分熟、未开伞时应及时采收。采收过早或过迟对产量和品质都会有影响。采收时手持菌柄轻轻旋转、上提即可采下。采后及时取土补平凹陷处，并根据基料失水状况予以适量补水。

第一潮菇采收后，应加大棚内通风，同时降低空气湿度。在床面重新覆盖塑料薄膜保温、保湿，使菌丝休养生息，3～7 d，覆土面上又有新生菌丝长出，掀膜后按一潮菇管理方式重新进行出菇管理。一般每批投料可采收四潮菇。

6.6.4.9 病虫害防治

姬松茸栽培过程中，常见的问题有：

1. 培养料酸败

主要原因是培养料堆制过程中料堆缺氧，引发厌氧发酵。防治措施：一是在培养料堆制发酵期间，不能在料堆表面覆盖塑料薄膜以免造成料堆缺氧；二是在堆内温度开始下降时，必须翻堆，以改善料层的空气条件；三是调节培养料的 pH 和水分，满足微生物发酵所需的微生态环境。

2. 菌丝徒长

表现为菌床在覆土后，菌丝生长过快，覆土表面长满致密的绒毛菌丝，形成浓密的菌被层。主要的原因是覆土后棚内高温、高湿。防治措施：一是加大棚内通气；二是保持空气相对湿度在 85%～90%，不能超过 95%，同时降低覆土表面水分，避免出现高温、高湿现象；三是当菌丝爬到覆土表面时，及时喷结菇水，促进菌丝扭结，形成原基。如果已经发生菌丝徒长，先轻轻扒去表面一层薄土，然后再采取上述措施。

3. 真菌性病害和虫害

常见的真菌性病害是胡桃肉状菌、棉絮状菌、白色石膏霉、绿霉及脉孢霉等，虫害主要有跳虫、菇蝇、蛞蝓、螨虫、线虫等。

6.7 灵　芝

6.7.1 简介

灵芝为多孔菌目（Polyporales）灵芝科（Ganodermataceae）灵芝属（*Ganoderma* Karst.）赤芝（*Ganoderma lucidum* Leyss. ex Fr. Karst.，图 6-10）或紫芝（*Ganoderma sinense* Zao，Xu et Zhang），别名灵芝草、木灵芝、瑞草等。从东汉末年的《神农本草经》到明代李时珍的《本草纲目》都详细记载了灵芝的药理、药效、形态、功能以及种类等，称其有“益心气”“益精气”“安精魂”“坚筋骨”“治耳聋”等功效，将其视为滋补强身、扶正固本、延年益寿之良药。

图 6-10　赤芝

灵芝以子实体入药，性温平、味甘、苦涩。具有补气安神、止咳平喘功能，还有益精气、益心肺、补肝、强筋骨、利关节的功效。用于眩晕不眠、心悸气短、虚劳咳喘，也用于失眠健忘、体疲乏力、慢性支气管炎、神经衰弱、风湿性关节炎、冠心病、心绞痛、慢性肝炎、糖尿病等症。

国内外对灵芝的生物学特性、驯化栽培等方面有了深入研究。灵芝的生物活性成分十分丰富，目前已分离到 150 余种活性成分，有灵芝多糖、灵芝酸、内酯、麦角甾醇、灵芝碱、三萜类、有机锗和矿质元素等。灵芝所含活性成分能抗缺氧，调节免疫，延缓衰老，抑制肿瘤，用于辅助治疗癌症。海南、云南、贵州、广西等地种类较多，分布较广，山东、吉林、河北、山西、陕西、安徽、江苏、湖北、浙江、福建等地也有分布。

近年来，灵芝的开发利用越来越受到人们的重视，需求量增长迅速，由于灵芝野生资源有限，人工栽培灵芝成为主要来源。我国的灵芝栽培多采用传统的大棚栽培方式，生产技术已相对成熟，一些有条件的生产企业已开始灵芝的工厂化栽培。

6.7.1.1 灵芝分类地位

英国的Karsten于1881年首先建立灵芝属（*Ganoderma*），开启了对灵芝现代科学分类研究。随着不断研究，Donk于1948年建立了灵芝科（Ganodermatacese），包括灵芝属（*Ganoderma*）、假芝属（*Amauroderma*）、网孢芝属（*Humphreya*）和鸡冠孢芝属（*Haddowia*）4个属。国内外已报道了该科的有效种类200余种。我国已知103种灵芝，仅有14种被人们利用，灵芝科的种类主要分布在我国南方的热带、亚热带地区，尤以海南最为丰富。云南、贵州、广西分布也较广，其中贵州有49种，隶属灵芝属、假芝属和同孢芝属3个属。灵芝常见的种类有灵芝、紫芝、热带灵芝、橡胶灵芝、海南灵芝、喜热灵芝、琼海灵芝。

我国灵芝科［灵芝属（灵芝组、赤芝组）、粗皮灵芝亚属 *Subgen. Trachyder* ma Imazeki、树舌灵芝亚属 *Subgen. elfvingia*（P. Karst）Imazeki］的种类有：黑灵芝、兼性灵芝、喜热灵芝、鸡油菌状灵芝、弱光泽灵芝、大青山灵芝、弯柄灵芝、台湾灵芝、海南灵芝、尖峰岭灵芝、昆明灵芝、灵芝、小孢灵芝、内蒙古灵芝、黄灵芝、新日本灵芝、亮黑灵芝、壳状灵芝、多分枝灵芝、无柄灵芝、大圆灵芝、山东灵芝、四川灵芝、具柄灵芝、伞状灵芝、密纹薄灵芝、茶病灵芝、松杉灵芝、紫光灵芝、韦伯灵芝。粗皮灵芝、长管灵芝、树舌灵芝、南方灵芝、坝王岭灵芝、褐灵芝、蜜环灵芝、吊罗山灵芝、唐氏灵芝、有柄灵芝、黎母山灵芝、层迭灵芝、墨江灵芝、奇绒毛灵芝、赭漆灵芝、橡胶灵芝、三明灵芝、上思灵芝、三角状灵芝、马蹄状灵芝。

目前我国药典收录了灵芝［*Ganoderma lucidum*（Curtis：Fr.）P. Karst］和紫芝（*G. sinense* J. D. Zhao，L. W. Hsu et X. Q. Zhang，图6-11）。近年来的研究发现，灵芝科真菌还有不少种类是药用真菌，分别是拟鹿角灵芝、树舌灵芝、狭长孢灵芝、薄盖灵芝、硬孔灵芝、有柄灵芝、层迭灵芝、无柄灵芝、密纹薄灵芝、热带灵芝、松杉灵芝、皱盖假芝。

图6-11 紫芝

6.7.1.2 灵芝形态特征

灵芝多为一年生，子实体单生或丛生，菌盖初期圆形，单生子实体直径 10～20 cm，圆形或扇形，中央稍下凹至漏斗形，表面有绒毛，灰褐色至浅黄白色；菌管棕黄色，长 0.5～1.9 cm；孔面褐色，管口近圆形，管壁较厚，平均每毫米 3～4 个；菌柄长 5～18 cm，横断面圆形，棒状至球茎状，偏生至侧生，白色光滑，肉质坚实。生殖菌丝无色，薄壁，直径 2.8～4.5 μm；骨架菌丝多，黄褐色，厚壁，直径 4～5.6 μm，缠绕菌丝分枝，淡褐色，壁厚，直径 1.75～3 μm。孢子稀少，卵圆形或截形，淡褐色或褐色，双层壁，外壁透明，内壁小刺明显，(8.5～10.5) μm× (5～7) μm。

6.7.2 栽培农艺特性

6.7.2.1 温度

灵芝是中高温型真菌，在生长发育中要求较高的温度，菌丝在 15～30 ℃都能够生长，最适生长温度为 25～30 ℃；子实体原基形成和生长发育温度 15～32 ℃，最适宜温度 20～28 ℃，在 27 ℃左右子实体分化最快，在 25 ℃条件下，子实体生长相对较缓慢，但质地紧密，皮层发育较好，色泽光亮，低于 20 ℃时灵芝子实体生长缓慢，皮壳较厚。在实际生产中，灵芝大棚温度需注意保持在 25 ℃左右，避免长期高于 30 ℃，否则会严重影响灵芝的正常生长。

6.7.2.2 湿度

灵芝喜湿润环境，菌丝生长阶段，培养基含水量以 55%～65%为宜，菌丝培养阶段，空气相对湿度以 65%～70%为宜。如果高于 70%则容易造成杂菌感染，低于 60%易造成培养料失水，菌丝干缩。子实体生长发育期，空气相对湿度以 85%～95%为宜。高于 95%易造成杂菌污染，低于 85%，子实体生长发育不良，盖缘的幼嫩生长点将会变成暗褐色。

6.7.2.3 空气

灵芝为好气性真菌，培养过程中，要加强通风换气，增加新鲜空气，减少有害气体，使灵芝正常生长发育，并减少霉菌和病虫害的发生与蔓延。若通风不良、CO_2 积累过多（>0.1%）的情况下，会造成菌柄长而长成鹿角状，不能形成菌盖，导致畸形或生长停顿。CO_2 浓度超过 1%的情况下子实体发育形态极不正常，没有任何组织分化，甚至连皮壳也不发育。

6.7.2.4 光照

菌丝生长阶段不需要光照，强光对菌丝体的生长有抑制作用，在黑暗条件下，菌丝生长速度快，洁白，健壮。在出菇期给以 500～1 000 lx 的光照或散射光。在子实体生长阶段，需要适量的散射或反射光（300～500 lx），忌直射光。黑暗条件下子实体不能形成菌盖和子实层。灵芝子实体有明显的趋光性，在灵芝栽培时，不要经常改变光源的方向。

6.7.2.5　酸碱度

灵芝喜微酸性或微碱性环境，在 pH 3～7 的环境下均能生长，土壤最适 pH 范围为 6.5～7.5。

6.7.2.6　营养

灵芝属于兼性寄生菌，营腐生生活，自然条件下生长于腐朽的木桩旁。其营养以碳水化合物和含氮化合物为基础，碳氮比为 22∶1。碳源如葡萄糖、蔗糖、淀粉、纤维素、半纤维素、木质素等；氮源如蛋白质、氨基酸、尿素、铵盐。还需要少量矿物质如钾、镁、钙、磷、维生素和水等。

6.7.3　栽培季节安排

灵芝属中高温型食用菌种。目前，我国灵芝栽培大部分利用自然温度栽培，栽培季节的选择主要依据灵芝子实体自然发生的季节及栽培方式而定。一般以 4 月上、中旬为宜，5 月制栽培瓶或袋，6～9 月出灵芝。如果是露地栽培，时间可适当提前。灵芝菌丝和子实体生长的最适温度是 25～28 ℃，子实体生长适宜的湿度是 85%～95%。根据灵芝的这些特点，可以结合当地的气候情况，确定适宜的栽培时间和季节。

6.7.4　栽培生产技术

6.7.4.1　灵芝菌种制种

1. 母种的制作

(1) 母种培养基配方

PDA 综合培养基：马铃薯（去皮）200 g，葡萄糖 20 g，KH_2PO_4 2 g，$MgSO_4$ 0.5 g，琼脂 20 g，水 1 000 mL。

麦麸培养基：麦麸 100 g，$MgSO_4$ 0.5 g，KH_2PO_4 1.5 g。

麦麸培养基的制作方法：将棉籽壳、麦麸文火煮 50 min，其他过程参照 PDA 培养基制备方法。

(2) 菌种分离与培养

种芝选择：选用无病虫害的 6～7 分成熟的鲜芝做种芝。种芝表面可经紫外线照射消毒、酒精擦拭消毒。

组织分离：组织分离之前，先用酒精棉球擦拭种芝的表面，再将菌盖撕开，一分为二。选择灵芝菌盖黄白色生长区菌肉组织或者灵芝菌柄上方菌盖中部的菌肉组织为取种部位。组织分离时，先用无菌手术刀小心切割灵芝菌肉，然后用接种针取 5 mm×5 mm 的小块菌肉组织，接入试管培养基中上部表面。

菌丝培养：接种后置于 28 ℃恒温箱中，避光培养，2～3 d 后菌肉组织开始萌发，出现肉眼可见的菌丝，此时每天要检查杂菌污染情况。培养 7～10 d 后，菌丝即可长满斜面。菌丝长满试管即为母种（一级种）。

2. 原种的制作

原种培养基配方：棉籽壳 78%，麦麸 20%，葡萄糖 1%，石膏 1%；木屑培养基：木屑 78%，麦麸 20%，葡萄糖 1%，石膏 1%；或玉米粒 97%，葡萄糖 1%，石膏 1%，碳酸钙 1%；麦粒培养基：麦粒 97%，葡萄糖 1%，石膏 1%，碳酸钙 1%。

根据配方配料，拌料均匀后装入 750 mL 无色透明的菌种瓶中，压紧，表面压平。培养料装好后，将 pH 调整为 6.5，在1.5 kg/cm^2 压力下灭菌 2 h，灭菌后放入无菌室冷却待用。将已冷却的原种瓶移入接种箱，充分消毒后将母种接入原种瓶。接种后放入菌种培养室，保持培养室的温度在 25 ℃，空气湿度 60%～70%，黑暗条件下培养。

3. 栽培种的制作

栽培种培养基配方：木屑 78%，麦麸 20%，蔗糖 1%，石膏 1%；或棉籽壳加木屑培养基：棉籽壳 39%，木屑 39%，麦麸 20%，蔗糖 1%，石膏 1%。

根据配方配料，混合均匀后装入袋中，培养料应上紧下松，松紧度适当，不宜过满。培养料装好后，将 pH 调整为 6.5，在 1.5 kg/cm^2 压力下灭菌 2 h，灭菌后放入无菌室冷却待用。将已冷却的菌袋移入接种箱，充分消毒后将原种接入袋中。接种后放入菌种培养室，保持培养室的温度在 25 ℃，空气湿度 60%～65%，黑暗条件下培养。

6.7.4.2 工艺流程

1. 代料栽培工艺流程

备料→拌料→装袋→灭菌→接种→培养→出芝管理（孢子收集）→采收加工

2. 段木栽培工艺流程

选择树种→截段→灭菌→接种→培养→埋土→出芝→采收加工

6.7.4.3 栽培场所

灵芝生长要求温度较高、有散射光、空气清新、通风良好的环境条件。栽培场所选择地势平坦、给排水方便、光线适宜、通风良好、环境土质和水质清洁、便于生产操作的地方。要求周围 5 km 内无工矿企业污染源，3 km 之内无生活垃圾堆放和填埋场、工业固体废弃物和危险废弃物堆放和填埋场。栽培室（棚）要有较好的通风换气条件，并有散射光照射，及时做好清洁和消毒、灭虫工作。

6.7.4.4 培养料制备

（1）段木栽培　阔叶树树种最好选用白栎，青冈次之，将阔叶树的枝干锯成长 13～15 cm 的小段木，用 40 cm×40 cm 的塑料袋包住段木，每袋 16 根，加入 500 mL 清水后进行常压（100 ℃）灭菌 6～8 h。

（2）代料栽培　灵芝代料栽培来源广泛，各种阔叶树木屑、玉米芯、甘蔗渣、稻草和果壳等都可以作为栽培灵芝的主要原料，其中以硬质阔叶树木屑为原料较为理想，同时加入一定量的米糠或麦麸作配料。常用的配方有以下几种，可根据实际情况进行选择：

木屑76%，麦麸20%，石膏1%，石灰1%，磷酸二氢钾1%，食盐1%。

木屑54%，棉籽壳32%，麸皮12%，石灰粉2%。

木屑74%，玉米芯粉24%，石膏粉1%，蔗糖1%。

玉米芯75%，麦麸23%，石膏1%，蔗糖1%。

甘蔗渣76%，米糠22%，石膏1%，过磷酸钙1%。

培养料含水量以60%～65%为宜或料水比例大体为1∶1.5，pH控制在6.5～7.5。配方可结合当地资源情况选择。

选规格为宽17 cm、长33 cm一头封口或宽17 cm、长40 cm两头开口的塑料袋。高压灭菌要求用聚丙烯材料，常压灭菌可使用低压聚乙烯袋。将配好的培养料装入袋中，装满压实，中央打一个洞，将袋口空气排出后用绳子扎紧。灭菌时，料袋摆放要留有缝隙，高压或常压灭菌均可。高压灭菌于0.14～0.15 MPa（126 ℃）下灭菌1.5～2 h，或常压灭菌在温度达到100 ℃以上并维持10～12 h以上均可达到培养料灭菌的目的。

6.7.4.5　播种

（1）段木栽培　无菌条件下进行。可以打孔接种或段面接种。打孔接种用打孔器或电钻头在段木上打孔，直径1～1.2 cm，深度1 cm，行距约5 cm，每行2～3孔，呈品字形错开排列。打孔后，立即接种，取出菌块，塞入孔内，稍压紧后，盖入木塞或树皮。应选择气温在20～26 ℃，空气相对湿度在70%时进行。1 m^3段木需要菌种60～100瓶菌种。1 m^3可截段木600～900段，1亩地可埋段木25～30 m^3。

（2）代料栽培　将培养料灭菌后，冷却至料温低于30 ℃时便可接种。在无菌条件下进行接种，菌种与培养料要接触紧密，把袋口及时扎好。接种量为1袋菌种通常接种40～50袋，接种量为2%～3%。

6.7.4.6　发菌、出菇管理

（1）段木栽培的管理

发菌房：将接好种的段木菌袋，搬入已消毒好的发菌室。温度控制在22～25 ℃，做好通风、降湿、防霉工作。30～60 d长满菌丝，见有白色菌丝、菌穴四周变成白色或淡黄色，后逐渐变为浅棕色，木楔或树皮盖已被菌丝布满时即为接活，发菌结束。

出芝管理：选择疏松沙质土，整成宽1.0～1.2 m的长畦，挖深20 cm，畦上搭建塑料棚，覆盖草帘子，要求能保温、保湿、通气、遮阴。将长满灵芝菌丝的段木开沟埋入土中，填土覆盖1～2 cm，再覆盖约厚1 cm的谷壳。通过喷水、通气、遮阴、保温等措施，控制棚内温度在24～28 ℃，相对湿度85%～90%，保持棚内空气新鲜，土壤疏松湿润。

（2）代料栽培的管理

发菌房：将接好种的菌袋移入已消毒好的发菌室。发菌室要保持室温25～28 ℃、空气相对湿度不超过75%，适度通风换气，不需光照，菌丝长到1/3时可进行翻堆，上下内外调换菌袋位置，以保持温度和承受压力一致，有利于菌丝均匀生长。发菌 30 d，菌丝便可长满菌袋。培菌期间要注意观察菌丝生长情况并预防杂菌的污染，一旦发现要及时处理。

出菇房：出菇房应加强通风换气，温度宜保持在 25～28 ℃。空气相对湿度宜保持在 85%～95%，可在地面上加水或用喷雾加湿机来保持空气湿度。在芝蕾未展开之前不要把水直接喷洒到芝蕾上，以防引起菌蕾发霉或枯死。光线以散射光为宜，避免阳光直射。

6.7.4.7 病虫害防治

为害灵芝的主要虫害有菌蚊、菌蝇、造桥虫、蟋蟀等。害虫侵食灵芝的菌丝或子实体，导致减产及商品价值降低。同时，咬食的伤口极易造成杂菌感染，引发病害，导致更大损失。

病虫害防治要坚持“预防为主，综合防治”的原则。栽培前场地要严格杀虫消毒。栽培设施应安装纱门、纱窗或防虫网，防止成虫飞入。场地内可吊挂粘虫板或电子杀虫灯。搞好栽培场地及周围的环境卫生，减少虫源。发现灵芝病菌与害虫时，坚持人工处理为主，用灯光诱杀成虫，并停止喷水，使培养料干燥，抑制幼虫生长。

发现霉变或污染，要及时清除，防止扩大或交叉感染。在管理过程中，还要注意防止杂菌感染，避免培养料变质导致灵芝生长受到抑制。主要有青霉菌、毛霉菌、根霉菌等杂菌感染危害。接种过程无菌操作要严格；培养料消毒要彻底；适当通风，降低湿度。轻度感染的可用烧过的刀片将局部杂菌和周围的树皮刮除，再涂抹浓石灰乳防治，或用蘸 75% 酒精的脱脂棉填入孔穴中，严重污染的应及时淘汰。采用段木栽培法，在选地埋土时，还要在栽培场周围撒一圈灭蚁灵的毒土，诱杀白蚁，防止危害。

6.7.4.8 采收与包装

采收时间：从菌蕾出现到采收子实体需 40～50 d，这时，颜色已由淡黄转成红褐色，盖面颜色和菌柄相同，菌盖不再增大增厚，菌盖由软变硬，有孢子粉射出，芝体成熟。

采收方法：用剪刀将子实体从菌柄基部剪下。注意不用手接触菌盖和菌盖下方，不让菌柄与另外菌盖碰撞，剪去过长菌柄。

加工与包装：采收灵芝后，去除泥沙和杂质，不要用水洗。阴干或在 40～50 ℃烘干，也可以晒干。晒干时要单个排列并经常翻动。烘干时可以逐渐把温度升到 65～80 ℃，需 10～16 h。也可以先日晒 2～3 d，然后集中烘干约 2 h，使灵芝含水量低于 12%，装厚塑料袋密封保藏。

6.7.4.9 灵芝孢子粉收集

灵芝背面子实层初期为米黄色，管孔处于封闭状态，到生长后期逐渐变成黄褐色，管孔张开并释放孢子。随着灵芝生长，菌盖逐渐增厚，菌盖颜色加深，菌盖边缘白色逐渐消失，变红色。在接种后的 50～70 d，当子实体白色边缘基本消失或完全消失，开始木质化时，从菌柄基部首先开始释放孢子，子实体下方出现棕色孢子粉，此时应及时收集孢子粉。过早或者过晚收集孢子粉均不利。在子实体边缘的白色生长圈尚未完全消失时封闭收集，不仅影响子实体向外生长，造成畸形，也会导致菌管僵化、闭塞，使子实体不能释放孢子，造成减产。过晚封闭收集，则易造成大量孢子粉散失。收集孢子粉可采用以下不同的方式，可根据实际情况进行选择：

（1）套袋收集　选用透气性好、防水性强的圆筒形纸袋（也可使用旧报纸制作），撑开纸袋，套住整个灵芝，并用橡皮筋将袋口固定。灵芝个体生长速度并不完全一致，套袋时根据灵芝个体的成熟度进行套袋。套袋操作时，切勿碰伤菌管，以免影响孢子弹射。

（2）室内层架套袋　采用室内层架栽培模式，将菌袋放入层架内，每层放 4 排，将整个层架用白纸全封闭好以收集孢子粉。

（3）装纸箱收集　用湿布将菌袋擦干净，放入纸箱内，可叠放多层，但菌盖间要保持一定距离，以免损伤。再经过 25～35 d，子实体会弹射出大量的褐色孢子粉，此时可揭开白纸封箱。一般从长出原基至收集孢子粉需 50～60 d。收孢子粉时，先打开白纸制成的纸箱，用毛刷将箱顶壁及箱内的孢子粉轻轻刷入容器内，然后再把子实体用刀割下。

（4）吸尘器收集　将吸尘器内打扫干净，在芝盖表面上方 10～20 cm 处打开吸尘器，每天早、晚两次，吸完后将孢子粉倒入容器内，直至采收灵芝为止。

开始收集灵芝孢子粉后，栽培室温度控制在 23～26 ℃，空气相对湿度要提高到 95% 以上（可采用地面灌水法），在高湿环境中，子实体菌管不断增厚，增加担孢子释放量。可采用地面灌水法提高空气相对湿度，采用吸尘器收集孢子粉时，要注意在灵芝孢子粉收集完后喷水。加强室内通风，保持室外空气新鲜，防止二氧化碳浓度增高。孢子粉的释放时间为 40～50 d。

将收集到的灵芝孢子粉要过 200 目或以上的筛去除杂质，晒干或烘干后采用真空包装或密闭袋式、罐式包装。

6.8 猴头菇

6.8.1 简介

猴头菇 *Hericiumerinaceus*（Bull.）Pers.，又名猴头菌、猴头蘑、刺猬菇、花菜菌、山伏菌等，隶属于担子菌门（Basidiomycota）异隔担子菌纲（HeteroBasidiomycetes）无褶菌目（Aphyllophorales）猴头菌科（Hericiaceae）猴头菌属（*Hericium*），是一种兼具食用和药用价值的名贵菌类。

猴头菇子实体呈头状，野生时悬于阔叶林或针叶、阔叶混交林中树干上，布满针状菌刺，形状极似猴子的头，故名。

野生猴头菇主要分布于西欧、北美、日本、俄罗斯以及我国的黑龙江、内蒙古、吉林、辽宁、云南、四川、广西、山西、浙江、河北、河南、福建、西藏等地。

6.8.1.1 形态特征

猴头菇在发育过程中有菌丝体和子实体两种形态结构。菌丝体是猴头菇的营养器官；子实体是猴头菇的繁殖器官，成熟后能散发大量担孢子。

担孢子：是猴头菇的有性繁殖体，着生于菌刺表面的子实层担子上。大小（5.5～7.5）μm×（5～6）μm，无色透明，球形或近球形，表面光滑，内含一直径2～3 μm的油滴。

菌丝体：由许多丝状菌丝组成，其主要功能是吸收基质中的营养物质。孢子萌发生成初生菌丝，沿轴向延伸并不断分裂，产生横膈膜，形成两个单核菌丝细胞，经质配后形成双核菌丝，双核菌丝不断分枝并相互交织成菌丝体。在显微镜下观察，猴头菇菌丝有横隔和分枝，细胞壁薄，直径10～20 μm，很容易观察到锁状联合。在不同的培养条件下，猴头菇菌落形态存在一定差异。在PDA培养基上，菌丝生长不均匀，菌丝体贴生，基内菌丝发达；在含氮量高的培养基上，气生菌丝明显增多且生长较旺盛，容易形成子实体原基。

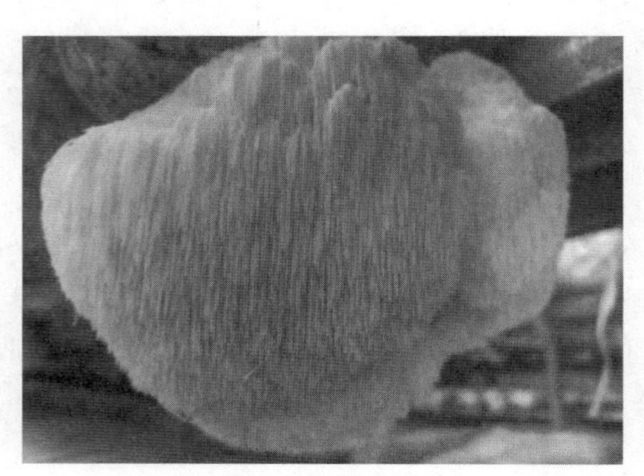

图 6-12　猴头菇

子实体：由菌丝集聚、分化而成的紧密块状组织，通常单生、头状或半球形，直径5～20 cm，不分枝，肉质，上部膨大，基部狭窄或略有短柄，周身着生柔软肉质的针状菌刺，刺长1～5 cm，直径1～2 mm。子实体新鲜时呈乳白色，干燥后变为黄白色或黄褐色（图6-12）。

6.8.1.2 营养价值和药用价值

猴头菇肉质细嫩，口感柔软而清淡，食用历史悠久，素有“山珍猴头，海味燕窝”之称，是一种高蛋白、低脂肪、营养丰富的天然食品。鲜嫩的猴头菇经特殊烹调，色鲜味美，为我国传统的佳肴名菜。据北京市食品研究所测定，每100 g干猴头菇中含有蛋白质26.3 g、脂肪4.2 g、糖类44.9 g、粗纤维6.4 g、灰分8.2 g、钙2 mg、磷856 mg、铁18 mg、胡萝卜素0.01 mg、硫胺素0.69 mg、核黄素1.86 mg、烟酸16.2 mg。猴头菇子实体含有18种氨基酸，其中异亮氨酸、亮氨酸、赖氨酸、苯丙氨酸、苏氨酸、缬氨酸、色氨酸、甲硫氨酸等8种人体必需氨基酸含量为2.22%，谷氨酸含量达1.07%。

中医认为，猴头菇性平、味甘、无毒、助消化、利五脏，具有健脾胃、益气安神的功能，适用于消化不良、神经衰弱、身体衰弱、胃溃疡等病症。现代医学研究证明，猴头菇子实体内含有多肽、多糖、萜类物质、甾醇类化合物、酚类物质、脂肪酸类化合物等功能性物质，具有提高机体免疫力、修复胃肠溃疡、抑制肿瘤细胞生长、降低血糖等作用，还能诱导干扰素的产生、增强巨噬细胞和淋巴细胞活性、加速重要器官的血液循环。

6.8.1.3　国内外栽培现状和主要栽培模式

猴头菇自20世纪60年代驯化栽培以来，人工栽培发展迅速，栽培区域遍及全国各地，目前在黑龙江、福建、浙江、河南、河北、山东、山西等省都有规模生产，主产区集中在黑龙江省海林市、浙江省常山县和福建省古田县。栽培基质以木屑、棉籽壳、玉米芯等农林作物废弃物为主，常见栽培模式有塑料大棚长菌袋层架式栽培、短菌袋墙式栽培或吊挂式栽培、瓶式栽培等。

6.8.2　栽培农艺特性

6.8.2.1　营养

猴头菇为木腐菌，其生长发育依靠菌丝分解、吸收培养基中的养分获得营养得以实现。在酸性条件下，猴头菇菌丝分解木质素的能力很强。

猴头菇生长所需要的营养物质有碳源、氮源、矿物质和维生素等。

碳源是猴头菇重要的营养和能量来源。在吸收的碳素营养中，大约20%用于合成细胞物质，80%用于产生能量维持生命活动。适宜母种培养的碳源以葡萄糖和甘露糖为好，麦芽糖、乳糖、淀粉、木糖、蔗糖次之，有机酸类最差。在栽培时，阔叶树木屑、棉籽壳、玉米芯、甘蔗渣、酒糟、高粱壳、花生壳等都可以作为碳素主要来源。

氮源是合成猴头菇菌丝体蛋白质和核酸的主要元素，与菌丝体生长和子实体发育密切相关。在配制以木屑、棉籽壳、甘蔗渣等为主料的培养基时，常通过添加适量的麸皮、豆饼粉等含氮较丰富的物质来满足其营养生长和生殖生长的需要。

碳氮比是培养基配制时需要把握的重要环节，一般控制培养基中碳氮比为20∶1。

磷、钙、钾、镁、锌、钴、钼、铁、铜等矿物元素在猴头菇生长发育也不可缺少，其主要功能是构成细胞成分、作为酶的组分维持酶的作用及调节细胞渗透压等。所以在配方中常添加石膏、过磷酸钙、磷酸二氢钾和硫酸镁等无机化合物作为矿物元素的补充。

维生素B_1、维生素B_2、维生素B_6等B族维生素是猴头菇生长发育过程中必不可少、自身不能合成的一类特殊有机营养物质，这些物质在马铃薯、米糠、麦麸等天然培养基中含量较丰富，所以常将其作为猴头菇栽培中维生素的主要来源。

6.8.2.2　温度

猴头菇为中温、变温结实性食用菌。其菌丝体在6～33℃均能生长，最适生长温度23～25℃。在较低温度培养时，菌丝生长粗壮、浓密、洁白；温度较高时，菌丝生长细弱、稀疏，超过35℃时菌丝停止生长。子实体形成温度为6～24℃，以16～20℃最为适宜，在此温度条件下，子实体生长速度快、菇体膨大充分、颜色洁白、商品性好。当温度超过23℃时，子实体发育缓慢，菌刺长、球块小、松软，往往会形成分枝状、花菜状畸形菇或光头菇；温度低于12℃时，子实体常呈橘红色；温度低于6℃，子实体停止生长。

研究发现，猴头菇在培养料疏松、通气性好的甘蔗渣、麸皮培养基上经多次分离、继代培养后，其后代的子实体有形成时间缩短、温度适应范围变广的趋势，如原来子实体形成最高温度为22 ℃的菌株，其后代可以在28 ℃形成子实体。

6.8.2.3　水分和空气相对湿度

水分是猴头菇新陈代谢、吸收营养不可缺少的基本物质。猴头菇生长发育过程中所需要的水分，主要来源于培养基的水分及空气中的水蒸气。当培养料含水量在40%左右时，培养料表面菌丝会停止生长，继而向培养基深处延伸，这时会造成子实体形成困难。当培养料含水量超过70%时，菌丝体新陈代谢受阻，生长缓慢。所以适宜的培养料含水量是取得栽培高产稳产的基础，一般用木屑等作为主料的培养料配方，要求适宜含水量为55%左右；而以甘蔗渣、棉籽壳等作为主料的培养料配方，要求的含水量较高，以65%左右为宜。这种不同培养料的含水量间的差异，主要是与培养料的物理性状有关，木屑质地较坚韧，吸水性较差，所以配方中的含水量相对要低；甘蔗渣、棉籽壳等质地相对较疏松，吸水性较好，培养料配方中的含水量就可相对提高，有利于栽培时的优质高产。

猴头菇不同的生长发育阶段对空气相对湿度的要求不同。菌丝体培养阶段，培养室内的空气相对湿度以60%～65%为宜；在子实体形成阶段，空气相对湿度要求保持在85%～95%。若空气相对湿度低于70%，子实体会失水变黄，菌刺变短，生长变慢或停止；反之，若空气相对湿度高于95%，则会因栽培场所空气流通不畅致使子实体畸形，表现为子实体菌刺粗、球块小、分枝状，易染病害等。

6.8.2.4　空气

猴头菇属好氧性真菌，在生长发育过程中需要吸收充足的氧气并排出CO_2，尤其是在子实体分化和生长发育阶段，对空气中CO_2浓度的变化十分敏感。若通气不良，CO_2浓度过高，子实体生长缓慢、不易分化，易出现畸形子实体。一般栽培室的CO_2浓度以不超过0.1%为宜。

6.8.2.5　光照

猴头菇菌丝体在完全黑暗或弱光条件下均能正常生长，但子实体分化和发育需要一定的散射光刺激，一般50 lx的光照可以刺激原基形成，栽培时要求出菇室光照强度控制在200～400 lx。直射光对子实体生长有抑制作用，光照过强，易导致子实体表面失水、颜色变黄、生长缓慢。因此，在子实体生长阶段，需要控制光照条件，避免阳光直射。

6.8.2.6　酸碱度

猴头菇属喜酸性真菌，菌丝体在pH 3～7均能正常生长，适宜pH为4.5～6.5。菌丝在生长过程中会不断分泌有机酸，在培养后期常因培养基过度酸化而抑制自身生长。因此，配制培养料时常添加1%～1.5%的硫酸钙（石膏）或碳酸钙，一方面可缓冲培养料的酸碱度变化，另一方面也为其生长发育提供所需的钙元素。

6.8.3 栽培季节安排

猴头菇是原基早发性菇类。在袋栽模式时，菌丝体培养满袋时间为30 d左右，后熟5～15 d后即可转入出菇管理阶段。在自然气候下季节性栽培时，应根据猴头菇生育特性和当地的气候条件来确定栽培季节，合理安排生产时间。确定栽培季节的一般原则是：先确定出菇时间，再往前推30～40 d作为接种时间。按此规律，我国北方地区在3～5月接种，5～8月出菇；江浙一带9～10月接种，11月至次年4月出菇；福建东北部8～9月接种，10～12月和次年3～5月出菇。

6.8.4 栽培生产技术

猴头菇栽培目前普遍以农作物秸秆为原料，采用瓶栽、袋栽等多种栽培模式，以袋栽最为常见。现将长菌袋层架式栽培、短菌袋墙式栽培和玻璃瓶栽培等3种不同栽培模式做一介绍。

6.8.4.1 长菌袋层架式栽培

长菌袋层架式栽培用香菇菌棒制袋模式，以塑料大棚为主要栽培设施，在棚内设置层架，将菌袋放置于层架上出菇，其优点是管理方便、菇形圆整、栽培效率高。目前以福建古田的“中棚、细中袋、出菇口朝下”的栽培模式最具有代表性，在福建、浙江、广西等地应用较多。

1. 工艺流程

培养料配制→装袋→灭菌→冷却→接种→培养→排场→出菇管理→采收→转潮管理。

2. 设施设备

栽培需要的设施一般有贮料库、晒料场、拌料间、灭菌灶、接种室、发菌和出菇棚。场地要求地势平坦、环境清洁、光照充足、通风良好，且交通方便、靠近水源、排水性好。

培养和出菇棚分内棚和外棚，内棚长46 m、宽5 m、高2.7 m，肩高1.8 m，用钢管或竹片制作，呈弧形，上盖薄膜，在薄膜外再加双层遮阳网。内棚顶上设日光灯，其层架采用竹木或镀锌方管，柱高2 m、宽1 m、层高0.3 m，立柱间距1.5～2 m，每个大棚搭建2排，棚架边距0.85 m，中间过道1.2 m。外棚要求中间高3.5 m，两边高2.8 m，棚顶用木板或竹条搭盖“人”形，内衬固定的塑料膜，外盖芒萁等野草，起避雨、遮阳的双重作用。外棚四周围遮阳网或草帘，并挂上防虫网，防止害虫侵入。大棚建好后，四周挖沟排水。

料袋制作需配备装袋机，在规模化生产中一般配备成套菌棒自动化生产流水线，流水线由培养料混合机、输送机、电器控制柜、储料分配机和自动变频控制装袋主机等组成。

3. 培养料配制

配方1：棉籽壳88%，麸皮10%，石膏2%，含水量60%～65%。

配方 2：棉籽壳 58%，杂木屑 30%，麸皮 10%，石膏 2%，含水量 60%～65%。

配方 3：棉籽壳 90%，麸皮 5%，玉米粉 3%，糖 1%，石膏 1%，含水量 60%～65%。

配方 4：杂木屑 79%，麸皮 18%，玉米粉 1.2%，石膏 1%，豆粉 0.8%，含水量 60%～65%。

在培养料配制时，配方中的棉籽壳需进行预湿，其他原料可随用随配，充分拌匀后在 4 h 内装袋结束，以防培养料酸败。

4. 装袋、灭菌

装袋用规格为 12.5 cm×50 cm，或 13.5 cm×50 cm，厚 0.004～0.005 cm 的低压聚乙烯或聚丙烯的筒袋。机械装袋，填充时要松紧适中。袋装后，料袋要立即进行灭菌，可采用常压灭菌法，温度上升至 100 ℃后维持 12～14 h，停火后再闷袋8～10 h。

5. 接种、培养

待料袋温度降至 30 ℃以下时进行接种。接种按常规无菌操作法在接种室或接种箱内进行。接种时，在料袋表面用打孔器均匀打 3 穴，穴径 1.5 cm，穴深 2～2.5 cm，用菌种封满穴口，菌块必须压紧，不留间隙，并让菌块微凸。接种后在菌袋外再套上外袋或者在接种穴上贴盖薄膜进行封口。每袋菌种可接 30 袋左右。

接种后的菌棒按“井”字形堆叠发菌，堆叠高度为 6～8 层（图 6-13），但当袋温超过 25 ℃时需降低堆高。接种后的菌袋，前 3 d 为菌丝萌发定植期，此时需控制培养室温度 24～26 ℃；之后进入菌丝生长期，由于菌丝新陈代谢会散发热量，一般袋内温度比室温高2～4 ℃，所以在培养时，需将室温控制在 23 ℃左右，同时调节室内空气相对湿度在 70%以下。发菌前期室内可黑暗密闭，中后期要适当通风换气，并增加少量光线以促进菌丝生理成熟。当接种穴菌圈直径达到 5 cm 左右时，进行第一次翻堆，脱掉外袋或去除覆盖薄膜，增加菌袋供氧量。在菌丝发至全袋 2/3 时，进行第二次翻堆，翻堆时要注意轻拿轻放。经30 d 左右培养，菌丝满袋且接种穴内原基出现时，要及时将菌袋搬到菇棚上架、排场。再经 5～15 d 后熟，菌袋进入出菇管理。

6. 出菇管理

图 6-13　猴头菇层架栽培菇房

出菇期根据猴头菇生长发育对环境条件的要求，加强对温度、湿度、光照、空气等的综合管理。当气温稳定在 16～20 ℃且温差小于 5 ℃时，挖除接种穴的老菌种块，穴口朝下排放在层架上。排袋结束后，采用微喷法增加菇棚内空气相对湿度在 90%左右，催蕾诱导定向、整齐出菇，4～5 d 可见菇蕾从穴口长出。幼蕾生长期，不能向菇蕾直接喷水。菇蕾长至直径 2～3 cm 时，维持空气相对湿度 85%～90%。菇蕾形成后 10 d 左右子实体发育成熟。

6.8.4.2 短菌袋墙式栽培

塑料大棚短袋墙式栽培与瓶栽法相比，在栽培管理上基本相同，但短袋栽培具有生长周期短、操作简便、成本低、菇体大、产量高的优点，缺点是菇形比瓶栽稍差，有时还会出现畸形菇。此法适合我国大部分地区栽培。

1. 工艺流程

培养料配制→装袋→灭菌→冷却→接种→培养→摆袋开口→出菇→采收→转潮管理

2. 设施设备

短菌袋栽培一般在塑料大棚或菇房中进行。塑料大棚或菇房搭建要求在地势平坦、靠近水源、环境洁净的地方，南北走向，通气性好，空气新鲜。材料可选用竹木结构、装配式钢管结构、氧化镁预制件结构等。建棚规格可按长菌袋出菇棚搭建，要求保温、保湿、通气、有光。棚（房）内地面平整，有地窗、门窗，内砌高1～1.2 m的立柱，立柱间距1.5～2 m，菌墙间走道0.8～1.0 m，中间过道1.2 m。

料袋制作需配备装袋机或成套料袋自动化生产流水线，流水线由培养料混合机、输送机、电器控制柜、储料分配机和自动变频控制装袋主机等组成。其他所需设施与长菌袋栽培时相同。

3. 培养料配制

可选择与长菌袋层架式栽培相同的培养料配制。

4. 装袋、灭菌

选用规格15 cm×(32～34) cm或17 cm×33 cm，厚0.004～0.005 cm的低压聚乙烯或聚丙烯塑料袋。每袋装料高度约20 cm（湿料1.1～1.2 kg)，装好后在料中心插入直径2 cm的接种棒，深度为料的3/4，用无棉体盖封口，放入周转箱，每箱12袋。

注意从培养料配制到装袋结束，必须在6 h内完成，以防培养料厌氧发酵，造成劣变。

灭菌采用高压蒸汽灭菌或常压蒸汽灭菌。高压灭菌时，料袋在0.11～0.14 MPa压力下保持4 h；常压灭菌时，要注意先将料袋在2～4 h内加热至100 ℃，在此温度下保持12～14 h，停火后再焖8～10 h，结束灭菌。

5. 接种、培养

灭菌后的料袋冷却至28 ℃以下可以进行接种。接种前，将料袋移入接种箱（或接种室），用气雾消毒盒密闭熏蒸0.5 h。接种时，先打开封口，拔除接种棒，再采用两点接种法接入菌种，即先将一小块菌种沿事先打好的接种穴送入培养料底部，然后再将另一块较大的菌种固定在接种孔上，以便上、下同时发菌，缩短发菌周期。

接种后的菌袋要移入培养棚（室）中进行发菌培养，将菌袋采用卧式堆叠，控制培养棚（室）内温度23～25 ℃，空气相对湿度70%以下，避光或遮光培养，适时通风换气，保持空气清新；接种后一周内结合翻堆检查发菌情况，及时挑出污染菌袋。培养30 d时，菌丝基本长满菌袋，再后熟5～15 d，温度适宜时即可进行出菇管理。

6. 摆袋和出菇管理

摆袋前，先在地面垫上砖块，再将菌袋卧式摆放形成菌墙状（墙式栽培）。摆袋时要将上、下相邻菌袋袋口反向排列或同层相邻菌袋出菇口反向放置。摆袋高度为 8～10 层，菌墙间距 0.8～1.0 m，中间主过道 1.2 m 左右。

摆袋后，将菌袋套环盖去掉，7～10 d 开始现蕾。管理上要处理好温度、湿度、通风等三者之间的关系。在温度管理上，气温适宜时，采用地面洒水，空间喷雾，保持空气湿度 90%；当气温偏高时，要打开门窗，加大通风，避免高温高湿；在气温偏低时，增加保温措施，在空中加一层薄膜，加厚窗帘，中午温度高时开窗通风，还可以辅助加温。在湿度管理上，菇蕾形成和幼菇期，空气相对湿度要保持在 95%左右，不能向子实体喷水；当菌刺长至 0.5 cm 左右时，空气湿度应降低至 85%～90%，可每天向子实体喷雾 1 次，雾点要细，在喷水后需要开窗 0.5 h 左右，待子实体上游离水蒸发后关闭门窗；采收前一天和当天，子实体上不可以喷水，否则会提高子实体的含水量。在光照管理上，要保持棚内 100 lx 左右光照强度，且光线均匀。光线弱，子实体采收后转潮慢；光线强，菌刺形成快，子实体小。

短袋栽培时，从原基形成到采收时间 10～12 d，与长菌袋栽培基本相同。

6.8.4.3 瓶式栽培

猴头菇瓶栽优点是管理方便、出菇整齐、菇形结实且菇柄短、商品性好。缺点是一次性投入大、生产效率低。

瓶栽时的工艺流程、设施设备、培养料配制技术与短菌袋墙式栽培时相同。

栽培瓶宜选用 750 mL 的广口瓶，瓶颈长 3 cm、口径 4～4.5 cm。用装瓶机装料，料面离瓶口 2.5～3 cm，不能太浅，否则会使形成的猴头菇产生长柄，影响质量和产量。料面压平后，在料中部打一接种孔，直达瓶身中、下部，洗净瓶壁和瓶口内外侧，用聚丙烯膜或牛皮纸包扎封口。

料瓶的灭菌、接种和培养技术与短菌袋墙式栽培时相同。

菌瓶经过 20 d 左右培养，菌丝满瓶，进入出菇管理阶段。此阶段管理与短菌袋墙式栽培时也基本一致。采用墙式叠放，揭开瓶口的聚丙烯膜或牛皮纸，控制出菇所需的适宜环境条件，在子实体原基形成后，如果发现瓶口原基过多，可采取“疏蕾”法，用锋利的小刀割去部分原基，使子实体从瓶的一侧生长，子实体成熟后结实，半球形，商品性佳。

瓶栽法周期较短袋栽培短，一般从原基形成到采收，只需 8～10 d。

6.8.4.4 采收及转潮管理

猴头菇子实体在 7～8 分成熟时即可采收。此时子实体形状圆整，肉质坚实，色泽洁白，外表布满短菌刺，营养积累最多，风味纯正。

(1) 采收标准　在子实体坚实、白色，菌刺长度在 0.5～1 cm，未弹射孢子前及时采摘。如子实体完全成熟后，菇体肉质疏松，苦味重，加工成罐头时汤汁易发生混浊，而且会造成菌袋转潮慢，总产量下降。

（2）采收方法　可以用锋利小刀从子实体基部切下。采摘时要轻拿轻放，采收后2 h内冷藏或加工。

（3）转潮管理　长菌袋栽培模式，在第1潮菇采收后，清理干净菌袋表面残柄，停止喷水3～4 d，并揭膜通风12 h。然后把温度调整到23～25 ℃，培养3～5 d，促进菌丝积累养分。最后把温度降到16～20 ℃，空气湿度提高到90%左右。3～5 d原基出现，幼蕾形成，此时温度、湿度、光线、通风等管理与第1潮菇管理相同。此模式一般可采收3潮菇，以1～2潮产量高，品质好，一般占总产量的80%。整个出菇周期，在正常气温条件下60～70 d结束，生物转化率在90%～100%。

短袋或瓶栽模式，在前潮菇采收后，将留于基部的白色菌皮（膜状物）去掉，表面再用扇形弯铁钩压平，继续按原样放好，停止喷水，养菌3～5 d，再恢复正常管理。经7～10 d原基又开始形成，进入下一潮菇管理。短菌袋和瓶栽采收3～4潮菇，生物转化率略低于长菌袋栽培模式。

6.8.4.5　加工与包装

（1）鲜菇贮藏与保鲜　猴头菇鲜菇贮藏主要是控制呼吸、防止失水和抑制褐变。鲜菇在检选、分级后，采用保鲜盒包装，常温下（15 ℃左右）能保存1周左右，若在0～6 ℃温度下，可保藏15 d，品质和风味基本不变。

（2）加工　猴头菇的初级加工主要有盐渍、干制和罐藏等。精深加工目前已研发出猴头菇风味食品（如猴头贡面、猴头饼干、猴头蜜饯等）、猴头菇饮料（如猴头菇补酒、猴头菇袋泡茶、猴头菇酸奶等）、猴头菇保健食品（如猴头菇多糖、猴头菇超细粉、猴头胶囊、猴头菇口服液等），猴头菇消费已呈现食品、保健品、药品等多元化格局。

6.8.4.6　病虫害防治

猴头菇栽培可能发生的病害有非侵染性病害（即生理性病害）和侵染性病害两大类。非侵染性病害是由不适宜的环境条件如温度过高或过低、湿度过大或过小、酸碱度不适宜、二氧化碳及其他有毒气体的浓度过高和化学物质中毒等因素引起的病害。其症状包括菌丝生长不正常，子实体丛枝畸形、变色、枯萎等。侵染性病害是由病原真菌、细菌、线虫以及病毒等微生物侵染所引起的。下面分述病害的种类及其防治方法。

1. 珊瑚形子实体

为非侵染性病害。主要特征是子实体从基部多次不规则分枝，患病子实体有的早期死亡，有的继续生长呈珊瑚状丛集样。其主要发病原因是栽培棚内二氧化碳浓度过高。当二氧化碳浓度超过0.1%时，刺激菌柄不断分化，抑制中心部位的发育，形成不规则的珊瑚状。

防治措施是在子实体发育期间，要注意通风换气，保持栽培室有足够的新鲜空气。若已经形成珊瑚状子实体，可在幼菇期摘除，让其重新生长成正常子实体。

2. 光秃形子实体

为非侵染性病害。主要特征是子实体表面皱褶，粗糙无刺，菇肉松软，个体肥大，略带黄褐色，但香味正常。其主要发病原因是栽培棚内水分（湿度）管理不善，如在温度高于 24 ℃，湿度低于 70％或长期处于 95％以上的高湿环境，都会影响子实体菌刺的形成。当温度低于 6 ℃时，子实体停止生长使菇体表面冻僵也会形成光头菇。

防治措施是在子实体发育期间，在气温高于 24 ℃时，控制栽培棚内空气相对湿度 90％左右，并增加通风量，形成干湿交替的出菇环境，促进菌刺的发育；当温度低于 6 ℃时，要及时做好控温保暖工作，避免菇体表面冻僵。

3. 色泽异常型子实体

为非侵染性病害。主要特征是子实体从幼小到成熟一直呈粉红色，但香味不变或幼蕾时呈粉红色，成熟时转变成白色。也有的子实体出现菇体发黄现象。其主要发病原因是栽培棚内温度偏低，或光照过强，或湿度过低。据测定，当温度低于 10 ℃时子实体即开始变为粉红色，随着温度下降而色泽加深；当光照强度超过 2 000 lx 以上、菇房湿度又过低时，会引起子实体变黄。

防治措施是在子实体发育期间，栽培环境不能长时间处于 12 ℃以下，同时避免强光照射，还要防止干冷风直接吹到子实体上。

4. 干缩瘦小型子实体

为非侵染性病害。主要特征是子实体幼菇期瘦小，表面干缩呈黄褐色，菌刺短而卷曲。菇体香味不变，但味道略苦。其主要发病原因是子实体发育期间栽培棚内空气相对湿度低于 70％。

防治措施是在子实体发育期间要及时向空间喷水，将空气相对湿度维持在 85％～90％，同时加强通风。注意不要向子实体上直接喷水。

5. 粗刺型子实体

为非侵染性病害。主要特征是子实体菌刺粗长，而且散乱，球块分支，小或不形成球块。其主要发病原因是栽培棚内空气湿度高于 95％且通风不良。

防治措施是在子实体发育期间，当栽培棚空气湿度高于 95％时，及时通风换气；同时注意不要向子实体喷水。

另外，在种性退化时，往往也可能导致子实体畸形，如菌种的过多传代繁育，易导致种性退化。因此在生产过程中，要做好育种和菌种保藏、检验等工作。

6. 侵染性病害

猴头菇栽培时，由于灭菌、接种和培养不当，会造成菌袋真菌性污染（如木霉、链孢霉、根霉）和细菌性污染；或在子实体生长过程中由于栽培条件控制异常引起菇体的真菌性病害、虫害等，应遵循“预防为主、综合防治”的原则，在栽培中，可以采取不同品种轮作、更换新棚、选用抗病品种、场地消毒的防治策略。

6.9 裂 褶 菌

6.9.1 简介

裂褶菌（*Schizophyllum commene* Fr.），隶属于真菌界真菌门担子菌纲伞菌目裂褶菌科裂褶菌属。该属已经发现的共有3个种，其中裂褶菌广布于世界各地。

地方名：鸡毛菌子（湖北）、鸡冠菌（湖南）、树花（陕西）、白蕈、白参、天花蕈（云南）、小柴菰（福建）、八担柴（通称）。

裂褶菌幼时质嫩味美，具有特殊的浓郁香味，在云南是有名的食用菌，同时又是我国著名的药用菌。其性平、味甘，具有滋补强壮、扶正固本和镇静作用，可治疗神经衰弱、精神不振、头昏耳鸣和出虚汗等症。在我国西南诸省民间，孕妇分娩后，常用裂褶菌和鸡蛋煮汤食用，可促使产妇子宫提早恢复正常，并促进产妇分泌乳汁。国内外医药研究表明，裂褶菌子实体中含有丰富的有机酸和具有抗肿瘤、抗炎作用的裂褶菌多糖，裂褶菌的深层发酵产物（菌丝体）可作为食品强化剂添加到多种食品中。

20世纪80年代，我国首次获得裂褶菌菌丝，其后，人工驯化栽培成功。1996年，云南农业大学食用菌研究所进行裂褶菌的人工栽培试验，获得良好成效，随后云南昆明云蕈科技开发有限责任公司利用裂褶菌野生菌种分离，培养子实体成功。福建古田县菌都农业开发公司于2006年春季进行商品化示范栽培。目前，云南省、福建省、山东省等地均在进行裂褶菌人工批量种植，均获得理想的效果。

裂褶菌由菌丝体和子实体两大部分组成。菌丝体是裂褶菌的营养器官，菌丝色白，茸毛状。子实体是裂褶菌的繁殖器官，能产生大量的担孢子。子实体由菌盖和菌褶组成，菌盖直径1～3 cm，鲜品单朵重达50～100 g，无柄，扇形或圆形，有时掌状开裂，扁平，表面密生白绒毛或粗毛，白色至灰色或灰褐色，韧肉质至软革质，边缘内卷。菌肉灰白色、薄、柔韧。菌褶由基部辐射而出，白色、灰白色、淡肉色至褐色，褶缘纵裂向外反卷如"人"字形，近革质，干燥后收缩，吸水后恢复原形（图6-14）。孢子印白色或淡肉色，孢子椭圆形至圆柱形［大小（4～6）μm×（1.5～2.5）μm］，无色，表面平滑，无类淀粉质反应，无囊状体。担子［（14～20）μm×（3～5）μm］棒形，四孢型。

图6-14　裂褶菌

裂褶菌广布于亚洲、欧洲、美洲等世界各地，特别是在热带、亚热带杂木林下常可找到它的踪迹。我国裂褶菌的分布很广，黑龙江、吉林、辽宁、山西、山东、江苏、内蒙古、安徽、浙江、江西、福建、台湾、河北、河南、湖南、广东、广西、海南、甘肃、西藏、四川、贵州、海南等省（区）均有分布。裂褶菌多生于夏、秋季初雨后栎、杨、柳、桦、赤杨、楮、栲等阔叶树的枯木树桩或倒木上，少数生长在针叶树的枯木上，亦能在活树上生长，群生或丛生，是段木栽培香菇、木耳等木腐菌生产中常见的“杂菌”。

6.9.2 栽培农艺特性

裂褶菌菌丝和子实体生长发育所需的条件包括营养、温度、水分、空气、光照、酸碱度（pH）等因子。

6.9.2.1 营养条件

裂褶菌属于木腐菌，具有较强的分解木质素、纤维素的能力，在含有葡萄糖、纤维素、半纤维素和木质素的基质上生长良好，同时也需要钾、镁、钙、磷等矿质元素和少量维生素。

碳源是裂褶菌生长发育的重要能量来源，它是合成碳水化合物和氨基酸的原料。裂褶菌菌丝可利用多种碳源，包括单糖、双糖和多糖。单糖如葡萄糖是裂褶菌菌丝生长最适宜的碳源，双糖如蔗糖、麦芽糖次之，木质素、纤维素、半纤维素等可由菌丝分泌各种酶，将这些物质分解成小分子化合物，并加以利用。人工栽培可利用棉籽壳、玉米芯、甘蔗渣、废棉等富含纤维素的各种农作物秸秆及木屑等作为培养料。

氮源是合成细胞内蛋白质和核酸等生命物质不可缺少的营养成分。裂褶菌菌丝主要利用有机氮，如蛋白质、蛋白胨、氨基酸、尿素等，也能利用铵态氮（如硫酸铵），但不能利用硝酸盐中的氮。菌丝在不同生长阶段对氮的需求量不同。在菌丝体生长阶段，对氮的需求量偏高，培养基中的含氮量以0.016%～0.064%为宜，若含氮量低于0.016%时，菌丝生长就会受阻；在子实体发育阶段，培养基的适宜含氮量为0.016%～0.032%。含氮量过高会导致菌丝体徒长，抑制子实体的发生和生长，推迟出菇。生产上常用的有机氮有蛋白胨、酵母膏、玉米粉、尿素、豆饼、麸皮、米糠等。

6.9.2.2 环境条件

（1）*温度*　适宜的温度是裂褶菌正常生长发育的重要条件，裂褶菌属于中温型菌类，自然生长多于春、秋季节。孢子萌发的最适温度为21～26 ℃，孢子对低温的抵抗力较强，但不耐高温。菌丝生长适宜温度为7～30 ℃，最适温度为22～25 ℃，温度适宜，菌丝生长旺盛，色泽洁白而粗壮；温度过高时，菌丝生长过快，菌丝稀疏无力，容易衰老；温度超过34 ℃，菌丝就会停止生长，40 ℃以上便会很快死亡。子实体分化和生长的适宜温度为18～22 ℃，低于18 ℃成熟期延长。

（2）*水分和湿度*　菌丝培养基含水量以60%左右为宜。菌丝生长阶段，适宜的空气相对湿度为70%～80%，子实体形成阶段，需要85%～95%的空气相对湿度。裂褶菌子实体极耐干旱，在强光和干燥时停止生长，细胞减缩成休眠状态，一旦吸收水分后，又可恢复生长。采收的子实体在晾干后存放3年，仍能弹射孢子，保持生命力。

（3）光照、氧气　菌丝生长不需要光照，强光会抑制其生长。子实体生长要求有300～500 lx的光照，在无光条件下不能形成原基。裂褶菌子实体有明显的趋光性，但光线过强颜色变褐，品质变差。裂褶菌属于好氧性真菌，子实体生长阶段，需氧量大，培养室应经常通风换气，保持空气新鲜，严重缺氧时，子实体容易被霉菌污染。

（4）酸碱度　菌丝生长适宜pH为4.5～6.5，pH低于2.5或高于10，菌丝停止生长。子实体生长的最适pH为5～6。

6.9.3　栽培季节安排

裂褶菌属于中温型菌类，自然生长多于春、秋季节。菌丝生长最适温度为22～25 ℃，子实体分化和生长的适宜温度为18～22 ℃，所以我国大部分地区的春季、秋季都可以栽培。

6.9.4　栽培生产技术

1. 工艺流程

母种/原种制备→培养料制备→拌料→装袋→灭菌→接种→发菌培养→移进出菇房→刺激原基分化→出菇管理→采收→分级

2. 培养料制备

经过多年研究表明，栽培裂褶菌最适的培养料为棉籽壳和木屑，根据实际情况可选取丰富的原材料代替，比如中药渣、农作物秸秆。常见的栽培基质配方有：

① 木屑63%，麦麸25%，菜籽饼5%，玉米粉5%，石膏1%，轻质碳酸钙1%。

② 棉籽壳50%，木屑25%，麦麸20%，菜籽饼4%，石灰1%。

③ 木屑69%，麦麸25%，玉米粉5%，石灰1%。

④ 菊花秆45%，玉米芯45%，麦麸8%，蔗糖1%，石灰1%。

⑤ 作物秸秆45%，玉米芯44%，辅料10%，石灰1%。

⑥ 中药渣60%，米糠25%，麦麸14%，生石灰1%。

以上配方中的棉籽壳、木屑、作物秸秆等需要提前预湿，石灰、糖、石膏需融水后拌入，培养料加水充分拌匀，含水量控制在57%～59%。装袋（聚丙烯塑料袋规格15 cm×55 cm）时注重料袋紧实度，料袋高38～40 cm，一头用扎口机封口。这一过程中一般使用搅拌机、装袋机进行机械化操作。

3. 灭菌、冷却

装袋、上菇架，将菇架推进灭菌柜，灭菌条件123 ℃，稳压持续2 h。灭菌结束后，将菇架转到预冷间，预冷间配备的电器应具备耐高温、防爆特性。待温度降到60 ℃时，菇架转到强冷间，根据实际情况设计强冷间的制冷装备，由于裂褶菌料袋较大，要求制冷效果要好。

4. 接种、养菌

料袋冷却至常温后，即可接种。首先，挑选合格的原种，其依据为：菌丝洁白、粗壮、无杂菌、无异味；菌龄为12～15 d。其次，接种人员必须严格按照无菌操作规范进行接种。料袋接种方式：打孔机打孔，孔间距 7 cm；接种量每孔 6～8 g；播种后用胶带封口。最后，进入发菌阶段，其间切忌温差刺激，由于裂褶菌菌丝生长速率快，过大温差会加快原基形成，影响最终产量和品质。裂褶菌发菌期无需光照，给予 24 ℃的环境温度，温度过高会引起烧菌，温度过低，菌丝生长速率慢。此外，要保持室内空气流通，以置换菌丝生长过程中释放的二氧化碳。

5. 出菇管理

传统的栽培模式，菌丝在袋内长满后，仍需继续培养一段时间，使菌丝达到生理成熟后刺激出菇。成熟的标准是在袋壁上形成块状的菌丝组织，用手按压栽培袋有凹陷出现。熟化培养的时间 10～15 d，此时培养料内的氮源营养和速效性碳源营养已基本耗尽，某些活性酶的含量水平也出现变化。据研究，裂褶菌子实体形成和成熟与菌丝体中酚氧化酶的含量有关，当菌丝长到一定程度，酚氧化酶含量较高时，才能促进子实体形成。当子实体成熟散发孢子时，酚氧化酶含量最高；孢子散发时，酚氧化酶含量迅速下降。

而工厂化栽培裂褶菌在养菌期结束即可出菇，可出菇依据为：以接种孔为中心，菌丝生长 7～8 cm，在接种口部位有菌丝扭结现象，明显时在封口边缘可见浅黄色变形原基。达到出菇条件后将菌袋转至出菇房。菌袋处理方式：撕下胶带，若出现原基，将原基处理干净，整齐摆放在出菇架上。出菇管理大致可分为以下两个阶段：

（1）原基分化期（2 d） 按照温度 22 ℃、空气湿度 89%、二氧化碳浓度 0.11%、光照 30 min/h 条件进行管理，此时，菌丝生长速率快，产热明显，应注意调节环境温度。另外，由于原基刚开始分化，环境湿度至关重要，必须要维持在 89%左右。

（2）子实体生长阶段（10 d） 温度 22 ℃、空气湿度 90%、二氧化碳浓度 0.12%、光照 10 min/h、光照强度 350 lx、10 min/h，在孢子七、八分熟，孢子还未弹射时采收。这个阶段子实体形态变化较大，由圆形原基纵向生长成类似管状的小菇蕾，顶端开圆形小口，其上着生密集绒毛，颜色由原基分化阶段的乳白色转变为灰白色，小孔在垂直地面或面向地面的一侧有浅裂口，后期小孔生长到一定程度时，裂口开始沿管状延伸，此时已基本形成裂褶菌子实体形状，由多个子实体丛生变成菊花状朵形。

6. 菌袋二次利用

食用菌工厂化栽培一般要求仅采收一潮菇即要处理菌袋，保证生产的高效性，但由于裂褶菌生物学效率低（一潮出菇的生物学效率为 10%～20%），仅出一潮菇会造成大量的营养浪费，基于此，可将出完第一潮菇的菌袋进行以下处理。

（1）停湿养菌（1 d） 第一潮菇采收完后停止加湿，对菌包进行侧面十字（2 cm×2 cm）开口处理，22 ℃条件下养菌，其后正常管理出菇。也可将菌袋移进简易大棚进行出菇管理。

（2）循环利用 将菌袋脱袋后粉碎，堆肥，用于大球盖菇、鸡腿菇等食用菌栽培的基料；也可用于其他大宗品种如平菇、香菇、榆黄蘑等食用菌代料栽培的辅料，以便资源循环利用。

7. 主要病虫害防治

（1）侵染性病害 在裂褶菌栽培过程中，常发生的霉菌除绿色木霉外，还有短蜜青霉、红霉等。绿色木霉及短蜜青霉常发生在出菇阶段，严重时可导致绝收。霉菌的生长速率快，感染速度快，特别是红霉，仅几个小时就能长满菌袋并形成分生孢子，分生孢子初为淡黄色，后期成团后为橙红色。

因此，要提前做好空间消毒工作，培养过程中发现污染源及时清理，轻微感染木霉或青霉时，使用浓度为0.5%～1%施保功进行处理；轻微感染红霉时使用5%的湿性托布津处理。污染严重时，应及时拿出，灭菌或埋土处理。此外，除空间消毒管理外，料袋灭菌是否透彻、接种人员及菌袋管理人员的消毒情况、接种工具灭菌的彻底性等各个环节都直接关系到污染程度。最后，严格把控菌种质量关，也是控制污染非常重要的环节，挑选无杂菌、菌龄适合、生长势好的菌种进行接种。

（2）非侵染性病害　非侵染性病害是指由不适宜的物理、化学等非生物环境因素直接或间接引起的病害。裂褶菌栽培过程出现非侵染性病害时会导致菌袋出现黄水、菌丝萎缩、畸形菇等性状反应。

菌袋出现黄水的原因可能为营养不协调或环境胁迫加速了生理老化，此时，需要改良栽培基质配方。

菌丝萎缩的原因主要有：栽培料含水量过高，菌丝生长过程中通气不好；菌种菌龄过大，活性低。因此，在生产时应注意含水量及菌种菌龄的严格把控。

出现畸形菇的原因可能有：①通风条件不好，二氧化碳浓度过高；②出菇管理中温度不适宜，温度过高导致裂褶菌菌盖边缘呈锯齿状裂口，肉质薄，温度过低时片状子实体的分化较难；③湿度低于85%，管状菇蕾很难展开成片状子实体。

（3）主要虫害　眼菌蚊，眼菌蚊幼虫半透明，身体白色，头部亮黑色。成虫长2 mm左右，黑褐色，头部有细长的触角。眼菌蚊见于菌袋开口后，主要在幼虫阶段危害菌丝，导致不能形成子实体。首先，以预防为主；其次，及时清理病害菌包；最后，在发现有幼虫时可以采用诱捕（防虫网覆盖、糖醋液诱）。

8. 采收加工

当子实体平展并开始散放孢子时，应及时采收。推迟采收时间，子实体重量不会增加，但会影响下一茬菇蕾形成，降低产量。采收前停止喷水，避免脆断损坏朵形，采收时用利刃从基部切下，并修净基部杂质。采收后，停水1～2 d，再按前述方法催蕾，进行下一茬子实体培养。目前，裂褶菌栽培的生物学转化率比较低，加上目前裂褶菌食用并未像其他食用菌一样普及开来，所以裂褶菌的人工批量种植也存在规模不大，自动化程度不高的问题。进行裂褶菌高产优质菌株的选育及高产栽培技术体系的开发对裂褶菌规模化人工栽培及加工利用具有重要意义。

6.10 灰　树　花

6.10.1 简介

6.10.1.1 分类地位

灰树花学名贝叶多孔菌［*Grifola frondosa*（Dick）Gray］，又名舞茸、栗子蘑、云蕈、莲花菌、千佛菌等，日本称“舞茸”。隶属于担子菌纲多孔菌目多孔菌科树花属。是一种食药兼用的食用菌。野生灰树花在我国自然分布很广，河北、吉林、广西、四川、西藏、江西、浙江、福建等地，多生长在栗树及其他阔叶树基部。

6.10.1.2 形态特征

子实体大型，肉质，有柄，高 9～18 cm，宽 7～15 cm，大的可达 20 cm,；菌盖扇形，重叠成丛，花菜状不规则分枝，幼嫩时呈乳白至灰白色，成熟后灰白或灰褐色，表面有细的干后坚硬的毛，老后光滑，有放射状条纹，边缘薄且内卷；菌肉白色，厚 2～7 cm，菌管长 1～4 mm，末端生扇形至匙形菌盖（图 6-15）。菌丝白色，绒毛状，有横隔膜和树枝状分叉；孢子光滑，无色透明，椭圆形，(5～7.5) μm×(3～3.5) μm。

图 6-15　灰树花

6.10.1.3 营养成分与药用价值

灰树花富含高质量的蛋白质、维生素和微量元素。据报道，每 100 g 干灰树花中含有蛋白质 25.2 g（人体所需氨基酸 18 种 18.68 g，其中必需氨基酸占 45.5%）、脂肪 3.2 g、膳食纤维 33.7 g、碳水化合物 21.4 g、灰分 5.1 g，富含多种有益的矿物质钾、磷、铁、锌、钙、铜、硒、铬等。维生素含量丰富，含有维生素 B_1、维生素 B_2、维生素 B_6、烟酸、叶酸、维生素 C、维生素 D、胡萝卜素等。

灰树花主要生物活性成分是多糖，药理药效研究证明，灰树花多糖具有明显的抗肿瘤、抗 HIV 病毒、免疫调节、治疗肝炎等功效。灰树花多糖还具有抗辐射，调节血脂、血糖水平，改善脂肪代谢，降血压，减轻体重等功能。

在日本，灰树花被用来治疗胃癌、食道癌、乳腺癌。其子实体、菌丝体的提取物具抗癌活性，能明显改善荷瘤抗体的免疫功能，增强机体的免疫力，显著拮抗常规化疗、放疗所引起的免疫功能降低。

灰树花富含有机硒，可抑制高血压和肥胖症，预防动脉硬化。灰树花中含有大量的活性物质，能促进肝功能增强，改善脂肪代谢，促进儿童健康成长和智力发育，可预防贫血、坏血、佝偻病和软骨病。灰树花中富含铁、锌、钙、磷及多种微量元素，常食可以避免多种营养缺乏症。灰树花中的有机铬能协助胰岛素维持正常的糖耐量，对肝硬化、糖尿病均有显著的治疗效果。

6.10.1.4 国内外栽培现状及主要模式

1955 年日本开始研究灰树花栽培技术，1965 年首次取得成功，现在日本的灰树花均采用工厂化生产，其头茬菇生物转化率为 40%～50%；灰树花已成为日本人推崇的食品。

我国的灰树花栽培始于20世纪80年代，目前浙江庆元和河北的迁西是国内两大灰树花主产区。浙江庆元1982年取得人工栽培灰树花成功，1990年实现规模化生产并实现产品出口，目前年栽培量约1 500万棒，为全国最大的灰树花生产地，是“中国灰树花之乡”。河北迁西1982年野生驯化灰树花成功，1993年在仿野生栽培取得突破，1995年开始大规模推广。辽宁、山东、山西、陕西、安徽、江苏、湖北、福建等省也有人工栽培，规模较小。

我国灰树花栽培模式主要有浙江的“菌棒式栽培及覆土二次出菇法”和河北的“小拱棚仿野生栽培法”。浙江模式栽培一次出2茬菇，总生物转化率一般为60%～70%，其优点是菇品质量好，菇品不带泥沙；河北模式栽培一次能出2～3茬菇，总生物转化率最高达128.5%。这两种栽培模式生产周期较长，不适宜工厂化生产。

目前庆元县食用菌科技人员研究成功“灰树花双季栽培模式”和“灰树花菌棒式栽培及二次出菇技术模式”，与传统的“菌包栽培一次出菇”栽培模式相比，新技术新模式的主要优点为：

① 一次接种，两次出菇。即春季接种，第一次通过割口出菇，在秋季将菌棒覆土进行第二次出菇，从而提高了生物转化率和资源利用率。

② 实现了一年内春秋双季栽培出菇，延长了灰树花产品的上市季节，填补了市场淡季空白。

③ 菌棒式栽培的菇体叶片比例高，菇柄极短，提高了商品价值。

④ 避免了传统菌包式栽培常见的袋口黄水过多导致不出菇问题，提高了成品率和出菇率。

我国灰树花工厂化生产起步较晚，栽培技术多从日本引进并吸收消化，形成成熟的灰树花工厂化栽培技术工艺，目前上海、福建已经有少数灰树花工厂化生产。

6.10.2　栽培农艺特性

1. 营养要求

灰树花与香菇同属典型的白腐菌。对碳源、氮源、矿质元素和维生素方面要求与香菇相近。

碳源以葡萄糖、蔗糖、淀粉等碳源最好。实际栽培中木屑、棉籽壳、玉米芯等可以作为灰树花生长的主要碳源。

氮源的利用以蛋白胨为最好，其次是酵母浸出粉、黄豆粉浸出液。实际栽培中麦麸、玉米粉、大豆粉等可以作为灰树花生长的主要氮源。

2. 温度

灰树花菌丝体生长范围为5～37 ℃，最适温度为25～27 ℃，菌丝耐高温能力较强，因而出过一潮菇的菌棒能够越夏后再出菇。子实体生长发育温度为10～25 ℃，最适温度为15～20 ℃。原基形成适温为18～20 ℃，25 ℃时原基也会形成，但会分泌水珠，变成黄水，影响原基发育。

3. 湿度

灰树花菌丝生长阶段，环境空气相对湿度以60%～70%为宜；子实体生长发育阶段，环境空气相对湿度以85%～95%最适，低于80%，子实体易失水干枯，尤其是原基形成阶段，超过95%，容易因通气不足引起子实体死亡。

4. 光照要求

菌丝生长不需要光照，但子实体形成需要一定的光照。菌丝培养阶段，培养环境的光线尽量暗一点，控制在100 lx以下，原基形成和子实体生长发育需要有散射光，一般为200～500 lx，光照不足色泽浅，风味淡，品质差，并影响产量。

5. 空气

灰树花属于好氧型食用菌，菌丝生长阶段，需要一定的氧气，通气不良，制约菌丝生长。原基形成阶段，氧气需求增加，当原基形成进入子实体分化发育过程，需氧量更高，通气不良，二氧化碳浓度过高，子实体成珊瑚状，菌盖不开片。

6. pH

灰树花菌丝体生长的pH为3.5～7.6，培养配置的最适pH为5.5～6.5。

6.10.3 栽培季节安排

季节安排是灰树花生产的基础，关系到栽培的成败和产量的高低。灰树花属中温型食用菌，出菇温度偏窄，为16～21 ℃，最适出菇温度为18～20 ℃，催蕾到采收的时间约为30 d。整个栽培周期为100 d左右，因此一般地区每年可进行春秋两季栽培。即冬季接种，春、秋两季出菇；夏季接种，当年秋季及次年秋季两季出菇。

具体季节安排以当地日平均气温稳定在18～20 ℃再往前推60～70 d为适宜接种时间，各地结合当地气候情况来确定适宜的栽培季节。

以浙江庆元县为例，海拔500 m以下地区冬季接种期为1月20日至2月25日，4～5月出菇；夏季接种期为7月，10～11月出菇。不同海拔高度适宜接种期、覆土期和出菇期不一样，见表6-1。

表6-1 庆元县不同海拔点的灰树花接种期、覆土期和出菇期一览表

海拔	春季割口出菇栽培		秋季覆土二次出菇栽培	
	接种期	出菇期	覆土期	出菇期
300 m以下	12月下旬	2月下旬～3月下旬	8月中旬	10月下旬～11月下旬
300～500 m	1月中旬	3月下旬～4月下旬	7月下旬	10月中旬～11月中旬
500～800 m	2月中旬	4月下旬～6月上旬	7月中旬	10月上旬～11月上旬
800～1 000 m	3月上旬	5月上旬～6月上旬	7月上旬	9月中旬～10月中旬
1 000 m以上	3月中旬	5月中旬～6月下旬	6月下旬	9月上旬～10月上旬

6.10.4 栽培生产技术

灰树花代料栽培技术工艺流程为：场地选择→菇棚搭建→菌棒制作（配料→拌料→装

袋→灭菌→冷却→接种→培养菌丝)→开口出菇→覆土出菇→采收与加工。

1. 品种选择

“庆灰151”，系浙江省庆元县食用菌科研中心选育。该品种中温型，子实体盖面灰色，朵大肉厚柄短，多分枝、重叠成丛，原基分化快。菌丝生长温度5～32 ℃，最适20～25 ℃，原基形成温度18～22 ℃，子实体生长温度12～28 ℃，最适15～20 ℃；菌丝培养阶段的空气相对湿度以60%～70%为宜，原基形成与子实体发育生长阶段以80%～90%为宜。

2. 培养基配方

培养基配方：杂木屑34%、棉籽壳34%、麦麸10%、玉米粉10%、壤土10%、石膏粉1%、红糖1%，含水量60%，pH自然。

加土有利于培养料保持水分和增加营养，但必须是山表土或大田下层的生土，需要晒干、过筛，去除石子、树根等杂物。木屑以栗树、青冈、栎树等树种产量最好。

3. 菌棒制作

栽培筒袋采用宽15 cm×长48 cm×厚0.005 cm的聚乙烯筒袋。

配拌料：培养料按培养比例称取，搅拌均匀，棉籽壳提前1 d浸水堆闷预湿。

装袋：采用装袋机装袋，栽培筒袋采用折宽15 cm×长48 cm×厚0.005 cm的聚乙烯筒袋，料棒要求紧实度适宜，每棒装料量为1.5 kg，料棒长度为35～40 cm。

灭菌：灰树花料棒灭菌与香菇黑木耳等料棒灭菌工艺相同，要注意的是因灰树花培养料中添加有泥土和棉籽壳等原料，故灭菌有效温度保持时间要比香菇料棒适当延长，采用常压灶灭菌的，要求料温达到98～100 ℃后保持16 h。待料温下降至70 ℃以下时趁热搬到冷却室垒堆冷却。

料棒接种：待料温降至30 ℃以下方可接种。接种过程必须按照无菌操作要求进行，由于灰树花菌丝抗逆性较弱、菌丝萌发生长较慢，故菌种量要适当加大，每棒接种3穴，每瓶菌种接15～20根菌棒。

套袋封口：接种后的菌棒迅速用套袋封口，然后堆放在培菌室培养，接种口朝侧，堆高10层以下。

发菌场地：通风、阴凉的室内培菌房或室外遮阴塑料大棚。

发菌菇棚有2层结构，菇棚的外层为遮阴层，采用遮阳网或干茅草等物品遮阳，内层为塑料大棚。外层棚高2.5～3.0 m，长和宽视地形和生产规模等情况确定；内层顶高2.0～2.5 m、宽5～6 m、长15～20 m。塑料大棚一般长为20～25 m，宽6～7 m，顶部高为2.0～2.5 m。棚四周要有深50 cm的排水沟。

菌棒培养：将接种后的菌棒置于遮光、室温20～25 ℃的培养室或培养棚内，按“井”字形堆放培养。灰树花初期菌丝较稀疏、纤细，培养后逐渐变粗、浓、白。

灰树花菌丝生长无需光照，强光易产生有害的黄水，促使气生菌丝革质化，所以培养室的门和窗户应挂黑帘，创造弱散射光环境。菌丝生长最适温度20～26 ℃，冬季接种后气温低，应人工加温至23～24 ℃，促使菌丝生长发育；当室温超过28 ℃时则应增加通风降温。培菌阶段对环境湿度要求不严格，一般以65%以下偏低湿度为好。菌丝生长需要充足的氧气，接种口发菌圈直径达4～5 cm时脱去套袋，培菌室每天进行通风换气1～2次，每次

20～30 min。翻堆刺孔增氧，接种 10 d 后进行第一次翻堆，20 d 后第二次翻堆，剔除受杂菌感染菌棒，并采取通风降温措施，以免烧菌闷堆。一般进行两次刺孔，第一次在菌丝圈直径达 8 cm 时用半寸铁钉沿接种孔周围各刺 4～6 个孔，孔深 1 cm；第二次在菌丝长满全棒 4～5 d 后各菌棒均匀刺孔 25～30 个。在较适宜条件下，接种后经 35～45 d 的培菌管理，菌丝即可长满全袋，形成菌棒。

由于培养料中有棉籽壳，灭菌后的香味老鼠喜欢咬食，要特别注意防鼠。

4. 出菇管理技术

出菇场地与发菌菇棚一般为同一菇棚，结构相同，大棚内设栽培畦，一般 3 畦，中间畦宽 130 cm，两边畦宽 90 cm，用于排放菌棒。

第一季出菇管理：在适宜出菇温度（20 ℃左右）条件下，将长满菌丝并经过 10～20 d 后熟的菌棒搬入出菇场地，进行割口出菇。

割口方法一：每根菌棒割口 1 个。选择在菌棒中部菌丝生长浓密之处，用锋利刀片割出一个直径约 1.5 cm 的圆形口子，或者割出一个边长约 2 cm 的“V”形口子；刮去割口处的菌皮及少许培养料，深 2～3mm。

割口方法二：挖除菌棒中间接种口的菌种块，并刮去少许培养料，替代割口。

原基分化期管理：将割口挖穴后菌棒按“△”或“井”字形集中堆放催蕾，洞穴朝向侧面空隙处，堆高 10 层以下，并及时放下大棚四周的塑料薄膜或在菌棒上盖好塑料薄膜，保持棚内空气相对湿度 80%～90%、温度 15～20 ℃。每天通风 1～2 次，避光培菌，促使洞穴内菌丝恢复生长。经 3～4 d 孔穴内菌丝完全复白后，结合通风给予 100～200 lx 散射光 30 min，再经4～5 d 便能形成子实体原基（菇蕾）。原基形成后加强增湿处理，可以直接将水喷洒在菌棒上，尽快提高空气湿度到 85%～95%。

菇叶分化期管理：当原基长大至 3～4 cm 时，将菌棒单层排放在菇棚地面，子实体朝上，转入菇叶分化期管理。首先是通气管理，每天通风 2～3 次，每次 30 min 左右，缺氧则不能完成叶片分化。其次是调节空间温湿度，温度以 15～20 ℃最好，湿度以 85%～95%最好，要严防温度过高，湿度过低。通气、控温、控湿三者要兼顾，操作时应结合进行。该阶段应增加光照，光照强度以 200～500 lx 最佳，光照越强菇面越黑，一般菇棚遮阴以七阴三阳为妥。在适宜条件下，经 20～25 d 出菇管理，子实体达 7～8 分成熟时即可采收。

菌棒保存管理：第一季出菇后的菌棒要妥善保存，确保第二季出菇良好。具体做法：将无污染菌棒集中堆放在干净的场所避光保存，避免日晒、雨淋、缺氧、虫咬等损害菌棒，保持菌丝的生活力。菌棒保存期：春季接种的 2 个月左右，秋季接种的 7 个月左右。

第二季出菇管理：第二季出菇采用菌棒割口覆土栽培方式，与脱袋覆土方式相比具有显著的优势。一是减少了菌棒与土壤的接触面，较好控制菇体带泥沙的问题，同时能够更有效地预防病虫害。二是菌棒行与行之间可以用塑料薄膜隔开，使得灰树花菌丝体不能够连在一起，可以较好控制灰树花原基数和子实体的大小，保证了灰树花子实体大小均匀，从而使得灰树花具有更好的商品价值。

选址搭棚：以水旱轮作的沙壤土最佳。选择通风、阴凉、易于保湿、有散射光、有外遮阴设施的塑料大棚作为覆土场地。棚内先整成宽度 90～130 cm、长度不限的畦面，再在畦中间挖成宽80～120 cm、深约20 cm的阴畦用于排放菌棒。每亩地可覆土栽培菌棒约2万棒。

灰树花菌棒覆土前要对菇棚地表土及覆盖用土进行消毒处理。首先是要清理好棚四周的杂草和其他废弃物，喷洒菊酯类农药进行杀虫；其次是要在棚四周和畦沟内撒上石灰，每100 m^2 用量为25 kg。覆盖用土可选用沙性的山表土或田底土，土壤颗粒大小为1 cm以下，在覆土前7 d进行土壤消毒并调节含水量。将上一栽培季节出过菇后的菌棒移至出菇棚，在菌棒中部沿纵向割去长约20 cm、宽约10 cm筒袋，一棒紧靠一棒地横向排放于畦沟内，上下叠放2层，上下左右菌棒呈“品”字形摆放，脱袋处对接。菌棒上盖一层厚度为5～10 cm的土壤。

要生产大朵型灰树花的话，还可以挖好深坑，将菌棒进行多层堆放，割口方式同上，中间层菌棒上下两方均割一道口子，将菌棒垒成金字塔形，菌棒之间的空隙则用消毒好的覆土填充，同时将覆土埋过菌棒顶端1～2 cm。

覆土后及时放下大棚四周的塑料薄膜，保持棚内的空气相对湿度80%～90%、温度20～25 ℃。及时清沟防积水，创造既防雨淋、防阳光直射，又保持畦面通风和一定湿度的田间环境。土壤相对湿度保持在70%左右。保持畦面湿度（当覆土层呈干白色时向畦面喷雾状水）。覆土后15 d左右，即可在土表看到呈球状的幼嫩子实体长出，此时应调控温度在15～20 ℃，湿度在85%～95%，光照强度在2 000～5 000 lx，保持空气清新，其他管理同第一潮管理。

秋季出菇期间往往会出现“小阳春”回温天气，若气温超过25 ℃，要加强通风或喷水降温，防高温危害。

5. 采收与加工

当子实体叶片充分展开，菌盖由灰白色变为浅褐色，且菌盖边缘稍内卷，背面菌孔发生接近叶缘时，达七八分成熟时采收为宜。采收时，用手掌托住子实体基部，两指间夹住基蒂，边旋转边托起，使整丛子实体完整摘下，去除基部杂质后存放。

灰树花既可鲜销，也可干制、盐制，还可用于灰树花多糖提取、制药等精深加工。

6. 病虫害防治

灰树花栽培过程中，无论是菌丝培养阶段还是出菇阶段均会不同程度地发生黄黏菌、霉菌和蚊蝇类等病虫害，轻者降低菌棒成活率，降低产量及品质，重者导致菌棒报废，产量绝收。

灰树花病虫害防治应遵循“预防为主，综合防治”的原则，优先采用农业防治、物理防治，必要时辅以化学防治。

6.11 暗褐网柄牛肝菌

6.11.1 简介

暗褐网柄牛肝菌，学名 *Phlebopus portentosus*（Berk. & Broome）Boedijn，俗名“黑

牛肝菌”，隶属于担子菌门（Basidiomycota）伞菌纲（Agaricomycetes）牛肝菌目（Boletales）小牛肝菌科（Boletinellaceae）脉柄牛肝菌属（*Phlebopus*）。是一种泛热带真菌，在云南省的西双版纳州、红河州、德宏州、普洱市和楚雄州，广西南宁市，海南省海口市和四川省攀枝花市均有分布。泰国和斯里兰卡也有分布。其子实体个体肥大，味道鲜美，营养价值丰富，是云南南部及泰国东北部最受群众喜爱的名贵食用菌之一。

图 6-16　暗褐网柄牛肝菌

暗褐网柄牛肝菌菌盖半球形，成熟后开展，中央稍凹下，边缘波状，表面绒毛状，干燥，8～20 cm 或更大，黄褐色、褐色或黑褐色。菌肉厚实，可达 5cm，黄褐色，有些子实体的菌肉伤后变蓝色。菌管复孔型，管口 4～5 边形，褐色，菌管长可达 1.5 cm，菌管髓平行排列。菌柄粗壮，基部稍膨大，(8～30)cm×(4～8)cm，有明显皱纹，上部黄褐色，基部黑褐色。子实层由担子、囊状体和不孕细胞组成，担子棒状，有 4 个小梗，囊状体纺锤形，棒状具圆头。孢子阔椭圆形，(8～10) μm×(6～7) μm，浅黄褐色（图 6-16）。

暗褐网柄牛肝菌是一种高蛋白、低脂肪、高膳食纤维、富含多种人体必需微量元素的食用菌。100 g 人工栽培的暗褐网柄牛肝菌含有蛋白质 22.5 g、总糖 1.91 g、灰分 6.9 g、粗纤维 5.5 g、粗脂肪 1.7 g；含有 17 种氨基酸（必需氨基酸含 7 种），必需氨基酸与非必需氨基酸比值为 0.60；含钾、磷、硫、钙、镁、铁、锌、铜、分别为 3 230 mg、1 050 mg、165 mg、14.9 mg、10.9 mg、7.76 mg、5.37 mg、4.28 mg、0.516 mg。完全达到联合国粮食及农业组织（FAO）和世界卫生组织（WHO）的要求。

目前国内主要是云南省热带作物科学研究所在进行暗褐网柄牛肝菌栽培方面的研究。经过十几年的探索和研究，云南省热带作物科学研究所牛肝菌课题组在逐步认识了暗褐网柄牛肝菌的生物学特性的基础上，攻克了人工栽培等一系列技术难题，取得了菇房暗褐网柄牛肝菌人工栽培的成功，实现了周年生产和稳定供应，栽培产出率已达到商业生产的要求，每个菌袋平均产牛肝菌鲜品 100 g 以上，出菇周期仅 60～75 d，出菇整齐，产量稳定。在秋冬季节市场上没有其他牛肝菌鲜品可以上市的时候，我们在人工菇房生产的新鲜的暗褐网柄牛肝菌十分抢手，售价每千克在 100～150 元。出菇后的菌袋还可以在林下进行仿生栽培。在国外，泰国清迈大学也尝试人工栽培暗褐网柄牛肝菌，在实验室内培养出子实体，但是产量很低，尚不能商业化。

6.11.2　栽培农艺特性

气象条件对暗褐网柄牛肝菌子实体的形成起着十分重要的作用。降雨量和温度是决定当年子实体发生时间和产量的关键气象因子。降雨量是通过影响土壤含水量和空气湿度来影响暗褐网柄牛肝菌子实体的发生。

温度也是非常重要的一个因素。无论菌丝生长，还是子实体形成与发育，都需要一个适宜的温度范围。暗褐网柄牛肝菌菌丝生长的最适温度是28～30℃，温度低于15℃，菌丝生长缓慢且长势弱；温度超过30℃，菌丝生长速度急剧下降。子实体发育的最适温度是26～28℃，在西双版纳每年4～10月温度适宜的季节，暗褐网柄牛肝菌的发生量较大。暗褐网柄牛肝菌属于中高温食用菌，因此，它们多分布在泛热带地区，比如四川、云南、海南和广西等地，和这些地方的积温有很大关系。

暗褐网柄牛肝菌多生长在"三分阳七分阴"的地方，光照对暗褐网柄牛肝菌子实体的发生影响很大，在每次降雨后，有适量光照，才可以出菇。在树木荫蔽，阳光不足的地方，不出菇或出菇很少。光照与暗褐网柄牛肝菌子实体的颜色有很大关系，荫蔽环境下的子实体呈暗褐色，裸露的环境下呈黄褐色。

在自然条件下，暗褐网柄牛肝菌虽然对土壤条件没有苛求，但是多发生在疏松、肥沃的土壤上，土壤pH 6.0左右。适当通风是暗褐网柄牛肝菌发育的必要条件，通风不良会影响菇的产量，但是并无畸形菇发生。

暗褐网柄牛肝菌菌丝生长能利用的碳源较为广泛，在葡萄糖、麦芽糖、果糖、蔗糖、可溶性淀粉、甘露醇为碳源的培养基上菌丝都能生长。但以葡萄糖为碳源的培养基上暗褐网柄牛肝菌菌丝生长速度和菌丝长势为最佳。因此，葡萄糖是暗褐网柄牛肝菌菌丝生长的最适碳源。

暗褐网柄牛肝菌菌丝在以酵母膏为氮源的培养基上菌丝生长迅速，长势最好。因此，酵母膏是暗褐网柄牛肝菌菌丝生长的最适氮源。而在尿素培养基上，菌丝培养20 d尚未生长，说明尿素对暗褐网柄牛肝菌菌丝生长有抑制作用。

暗褐网柄牛肝菌菌丝在磷酸二氢钾加硫酸镁的无机盐培养基上，菌丝菌落直径最大，长势最好，说明磷酸二氢钾和硫酸镁对暗褐网柄牛肝菌菌丝体的生长有明显的促进作用。

6.11.3　栽培季节安排

栽培暗褐网柄牛肝菌可周年生产，但是在西双版纳热带地区，一般在雨季4～10月份进行。需提前45～55 d制备栽培种，适时播种于大棚中。

6.11.4　栽培生产技术

工艺流程：备料→配料→装袋→灭菌→冷却→接种→菌丝培养→覆土→出菇管理→采收。同时培养栽培菌种：试管种→液体种→原种→栽培种。

在菇房进行暗褐网柄牛肝菌袋式栽培，需要的设施设备有：搅拌机、装袋机、灭菌器、净化车间、培养房、出菇房等。

一般我们取从野外采集或市场购买的中等成熟暗褐网柄牛肝菌子实体，用组织分离法取菌柄与菌盖交界处的菌肉组织，接入M1试管培养基（18 mm×200 mm），在黑暗、适温（29±1）℃下培养，一般25～30 d长满斜面。制作M1液体培养基，灭菌待用。将长满斜面的暗褐网柄牛肝菌菌丝体敲碎，接入液体培养基中，适温（29±1)℃下暗光培养，一般8 d左右菌球达到最多，颜色黄亮，即得液体菌种。将液体菌种接入谷粒种培养基，每瓶接种8袋左右，在适温（29±1）℃下，培养45～55 d菌丝长满容器，即得原种。

暗褐网柄牛肝菌栽培种以橡胶木木屑或其他农业废弃物为主料，以谷粒或麦粒、红土等为辅料。橡胶木木屑堆制自然发酵3个月备用；红土粉碎50目备用；谷粒或麦粒加水浸泡8～12 h，滤除多余水分备用。制作时将谷子、锯末、土壤按照一定的比例搅拌。将硫酸镁、磷酸二氢钾按照培养料的0.1%(质量分数）比例溶于水中，然后均匀喷入料堆中，充分搅拌，培养料含水量55.0%±2%，pH 4.0～5.0。用高密度聚丙烯塑料袋装袋，每袋1 kg，松紧适度、均匀，打孔，插入塑料棒，袋口套塑料环，用防水塑料盖封口，装袋2 h内灭菌。

灭完菌后将菌袋打开，拔出塑料棒，接种液体或固体原种菌种，适当压实，迅速封好袋口。接种后的菌袋移入培养室进行发菌培养。培养室温度控制在28～30 ℃，空气相对湿度控制在60%～70%，避光培养，通风换气，保持室内空气新鲜，及时清除污染袋。一般培养10 d暗褐网柄牛肝菌菌丝长满栽培袋表面，俗称盖面，18～22 d暗褐网柄牛肝菌菌丝进入快速生长阶段，25～30 d菌丝满袋，经过15～20 d的后熟培养，菌丝达到生理成熟，即可进入覆土、出菇管理。

选用地表20 cm以下的菜园土、果园土等土壤。土壤自然风干后打碎用1 cm筛子过筛，将含水量调至40%～50%，与泥炭土等体积比混合。打开袋口覆土3～5 cm，放入出菇房避光培养，保持覆土层含水量在40%～50%，空气相对湿度在75%～85%，温度28～30 ℃。覆土8～10 d，菌丝爬上土面，增加通风量；10～15 d扭结形成原基，将温度控制在26～28 ℃，空气相对湿度80%～90%，给予300 lx散射光照，保持通风换气；5～7 d子实体生长成熟。

随时保持出菇房干净整洁，以防止感染杂菌，其间注意喷水，主要向空中和地面喷雾状水。覆土层要保持表面湿润。养菌时，要注意检查菌袋发育状况，发现污染情况，要及时处理。严密观察病虫害发生，暗褐网柄牛肝菌常见病虫害有木霉、螨虫、跳虫、线虫等，病虫害的防治采用“预防为主，综合治理”的原则。

采完头潮菇后，袋口表面清理干净，停水养菌3～5 d，再喷水增湿、催蕾出菇，按头潮菇方法管理，一般可收二潮菇。

当菌盖边缘尚未完全平展时，适时采收。采收时，戴手套捏住基部轻轻扭转摘下，勿带动过多的覆土。采好的牛肝菌鲜品整齐放好，在5 ℃冰箱或冷柜储藏。一般可以储藏7～10 d。

6.12 草　　菇

6.12.1 简介

草菇［*Volvariella volvacea*（Bull. ex Fr.）Sing.］，又名兰花菇、苞脚菇等，在日本

称为袋茸，欧美则称之为中国蘑菇、稻草蘑菇等，隶属于伞菌纲（Agaricomycetes）伞菌目（Agaricales）光柄菇科（Pluteaceae）草菇属（*Volvariella*），是一种喜高温、高湿的大型草腐真菌。草菇肉质细腻、味道鲜美，是高温季节一种不可多得的食材，深受人们喜爱。

6.12.1.1 形态特征

草菇由担孢子、菌丝体和子实体等三部分组成。

菌丝体：是草菇的营养器官。菌丝细胞由担孢子萌发而来，呈透明或半透明，细胞长度不一，一般长 46.2～390.6 μm，宽 5.9～13.4 μm，被隔膜分隔为多细胞菌丝。菌丝随着生长会不断分枝蔓延，互相交织形成疏松网状菌丝体，肉眼观察呈现白色或淡黄色。菌丝体在基质中生长，起着吸收、转运和积累营养物质的作用。菌丝体在培养过程中，能产生厚垣孢子，厚垣孢子为紫褐色，圆球形。在培养条件适宜时，厚垣孢子可重新萌发，形成新的菌丝体。

子实体：子实体原基呈白色小点，幼菇期呈蛋形，顶端黑褐色，往下颜色逐渐变淡，基部白色。随着子实体成熟，外菌膜顶部破裂，成熟开伞后可分为菌盖、菌褶、菌柄及菌托四部分。菌盖着生在菌柄之上，直径 5～20 cm，初期为钟形，伸展后呈伞形，中央稍稍突起。菌盖表面鼠灰色，中央颜色较深，四周颜色略浅，其色泽的深浅随品种及光照强度的不同而有一定的差异。菌盖腹面是长短不一的刀片状菌褶，与菌柄离生，呈放射状排列，具有完整的边缘，菌褶在子实体未成熟时为白色，待子实体成熟后逐渐变为粉红色，最后呈现红褐色，弹射出担孢子。担孢子表面光滑，孢子印呈粉红色或红褐色。菌柄中生，直径大小与菌盖呈正比，浅白色，近圆柱形，长度可达 10 cm 以上，直径为 0.5～1.5 cm。菌托呈杯状，灰黑色，边缘不规则，基部有根状菌索（图 6-17）。草菇不同品种在子实体大小、色泽等方面有较大的差异。

图 6-17　草菇

6.12.1.2 营养价值

草菇是一种营养丰富、食药兼用的食用菌。据香港中文大学张树庭教授报道，草菇是高蛋白、低脂肪的菇类，同时其含有的必需氨基酸占氨基酸总量的 38.2%。草菇维生素种类丰富、含量高，尤其是维生素 C，在每 100 g 干菇中含量为 206.28 mg，居蔬菜、水果之首；维生素 D 含量也是已知食用菌中最高。草菇中的糖类物质甲基戊糖、糖酸、多糖等具有明显的抗肿瘤作用。此外，草菇还含有丰富的磷、钙、铁、钠、钾等矿质元素。

中医认为，草菇性寒味甘，能消食祛热，补脾益气，解暑，滋阴降火，增强人体免疫力，减少血液中胆固醇含量，对预防高血压、冠心病等有益。

6.12.1.3 国内外栽培现状和主要栽培模式

草菇的人工栽培起源于我国南方，最早由广东南华寺僧人在腐草堆中野生采食，后人工栽培成功，所以草菇又有“南华菇”之称，距今已有300余年历史。20世纪30年代，由华人推动，草菇栽培在东南亚兴起，发展迅速，10余年间遍布东南亚、北非，成为当时热带地区主要栽培食用菌。由于草菇起源于中国，因此，在世界上草菇又被称为“中国蘑菇”(Chinese mushroom)。

20世纪60年代以前，草菇的人工栽培模式主要是室外草堆式栽培，产量较低，生物学转化率在7%左右。1962年起，通过香港中文大学张树庭教授、中国著名真菌学家邓叔群教授等我国菌物界专家对草菇生理、遗传方面系统的研究，栽培技术不断提高。从60年代的稻草把生料露地畦式栽培方式，发展到70年代的废棉、棉籽壳室内栽培，产量提高近2倍；80年代利用保温泡沫板房或砖瓦房层架式等设施栽培技术，实现了周年化、工厂化栽培。90年代以来，栽培方式呈现多样化发展趋势，如畦式、床架式、压块式、棒栽、袋栽等，尤其是在培养料配方和处理技术上的发展，从纯稻草到棉籽壳、废棉、剑麻渣、草浆造纸沉淀物、药渣栽培等富含纤维素的农作物秸秆，通过添加不同氮源，再进行室内外二次发酵，使得草菇产量稳步提升，生物转化率提高到25%～35%。大规模草菇工厂生产也在上海南汇、广西南宁、江苏等地兴起，促进了草菇的产业化、规范化发展。目前，我国草菇的年产量达到了40万～50万t，主要产区分布在广东、海南、福建、浙江、江苏、广西和湖南等南方各省份，北方地区发展较少。

6.12.2 栽培农艺特性

6.12.2.1 营养

草菇生长发育所需要的营养物质主要包括碳源、氮源、无机盐和维生素等四大类。

碳源是草菇生长发育最重要的营养物质。草菇的菌丝体能利用大分子的有机碳源如纤维素、半纤维素、淀粉等，在相应的胞外酶降解下，将其分解为葡萄糖等单糖后吸收。栽培时，常选择稻草、废棉、棉籽壳等富含纤维素、半纤维素的原材料来满足菌丝的营养和生殖生长需要。母种培养时，在PDA培养基中直接添加葡萄糖、麦芽糖等作为碳源。

氮源是草菇生长发育所需的另一种重要营养物质。草菇菌丝体可直接吸收氨基酸等小分子氮源，也可通过分泌蛋白酶将蛋白质等高分子的有机氮源分解成氨基酸后加以吸收利用，但不能很好地吸收无机氮源。在栽培过程中，通过添加麦麸、米糠、豆饼等含氮量丰富的农副产品来满足生长的需要。

碳氮比的大小在培养料的配方中意义重大。氮源过多会导致菌丝生长过度旺盛，抑制子实体的分化和生长，也易滋生杂菌污染；反之，氮含量不足，菌丝生长纤细，影响产量。一般要求在营养生长阶段，碳氮比控制在（20～30）∶1；在生殖生长阶段，调整碳氮比到（40～50）∶1为好。

无机盐和维生素是草菇生长发育中不可或缺的一类营养物质。在对无机盐的需求中，常量元素主要包括 Mg、Ca、P、K 等，微量元素有 Fe、Cu、Zn 等。维生素主要是硫胺素，其作用是作为羧化酶的辅酶，如果培养基中缺少硫胺素，菌丝生长会变缓慢，且会抑制子实体发育。维生素在马铃薯、麸皮、米糠等天然培养基中含量较多，因此培养时不必额外添加。

6.12.2.2　温度

草菇是喜高温高湿、恒温结实的食用菌，其不同生长阶段对温度的要求各异。担孢子萌发最适温度为 40 ℃，30 ℃以下或 45 ℃以上孢子萌发率急剧下降或不萌发。绝大多数草菇品种的菌丝体生长的适宜温度为 33～36 ℃，高于 42 ℃或低于 15 ℃菌丝体停止生长，5 ℃以下或 45 ℃以上菌丝体很快死亡。所以在草菇菌种保藏中，要控制保藏室温度在 15 ℃左右，避免低温造成菌种失活。

适合草菇子实体生长发育的温度范围较小，且子实体对温度变化较敏感。草菇子实体分化所需的温度略低于其生长温度，大部分品种的子实体分化温度范围为 27～31 ℃，子实体生长发育的适宜温度范围是 28～32 ℃，低于 20 ℃或高于 35 ℃时，子实体难以形成，或已经形成的菇蕾会萎缩死亡。

6.12.2.3　水分和空气相对湿度

草菇喜湿，在菌丝体生长阶段要求培养料含水量在 70%左右，子实体生长时，要求空气相对湿度在 85%～95%。空气湿度低于 80%时，子实体生长会受到抑制，菇体表面粗糙无光泽；当空气湿度低于 60%时，子实体停止发育；湿度高于 96%时，易引起杂菌生长，导致菇体发病腐烂。

6.12.2.4　氧气和二氧化碳

草菇属好气性真菌。由于菌丝体和子实体生长发育时速度快，新陈代谢旺盛，伴随着大量的二氧化碳释放，影响草菇菌丝体生长和子实体发生。一般在子实体分化阶段，要求空气中的二氧化碳浓度保持在 500～1 000 ppm，当空气中二氧化碳浓度超过 1 000 ppm，会对子实体产生毒害作用，导致菇体畸形或不出菇的现象。

6.12.2.5　光照

草菇菌丝体生长不需要光照，但子实体分化及发育需有散射光的照射。据测定，子实体发育阶段的最适光照强度为 50 lx。光照还影响子实体的色泽，光线强子实体颜色深，表现为深黑色或鼠灰色并带有光泽；光线暗则子实体颜色淡，甚至接近于白色。

6.12.2.6　酸碱度

草菇适宜偏碱性的生长环境。菌丝体生长 pH 为 4～10，最适宜 pH 为 7.5～8.0；担孢子萌发的适宜 pH 为 7.0～7.5，pH 高于 7.5 时担孢子萌发率急剧下降。在 pH 8.0～8.5 的培养料中，草菇菌丝均能正常生长发育。栽培时，一般通过添加石灰使培养料达到偏碱性，添加碳酸钙或石膏等来保持培养料一定的缓冲性，满足菌丝生长和子实体发育对酸碱度的需要。

6.12.3　栽培季节安排

草菇是高温型菇类，对栽培季节的要求是日平均温度达到 24 ℃以上，日夜温差较小。在华南地区，可以选择 4 月下旬至 10 月中旬进行，南方其他地区通常安排在 5 月下旬至 8 月下旬栽培。北方地区及高海拔山区，温差大，进行季节性栽培较为困难，需要增加保温设施才能进行。

6.12.4　栽培生产技术

目前，草菇栽培的最常见方式是对培养料进行发酵处理，采用室内床式栽培。现将其栽培技术介绍如下。

6.12.4.1　工艺流程

原料准备→浸料→堆置发酵→床架铺料→二次发酵→播种→菌丝期管理→出菇期管理→采收→转潮管理→清料。

6.12.4.2　设施设备

栽培菇房应选择地势平坦、水源清洁、给排水方便、远离民居及禽畜栏舍的地方建造，菇房周围应预留培养料的发酵用地。为使菇房的栽培环境容易控制，搭建的菇房不易过大，每个菇房体积约为 36 m^3，即长约 4 m，宽约 3 m，高 3 m 左右，要求有散射光，能保温保湿，通风换气。菇房用角铁或者水泥柱作为支架，墙体用 2～3 cm 厚的泡沫板或者彩钢板，顶部采用人字形或圆弧形设计，用石棉瓦或泡沫板作屋顶，内部墙壁和房顶用塑料薄膜封贴，地面用水泥或砖石铺砌。前后两面墙体中间各开一扇门，门宽 1.2～1.5 m，高 1.7～1.8 m，门的上方向上 30 cm 处开一个边长为 30 cm 的正方形小气窗。门框的两侧中间部位各设 1 个小窗，小窗的下沿与菇房内床面平行。门的两侧离地面约 20 cm 设置地脚窗。门窗要求对应、开关方便、密封性好。菇床可用竹、木、钢铁等材料搭建，长 4 m，宽 1 m，每排 4～5 层，层高 50 cm，最底层离地面 30 cm 左右。中间为过道，过道宽度为 1.2～1.5 m。每个菇房内种植面积为 30～40 m^2。

6.12.4.3　培养料配方

草菇栽培最普遍使用的原料是稻草、棉籽壳、废棉等，其配方主要有：

配方 1：棉籽壳 95%，石灰 5%，含量水 70%。

配方 2：废棉 95%，石灰 5%，含量水 70%～75%。

配方 3：稻草（切短成 5～10 cm）87%，石灰 5%，复合肥 1%，石膏 2%，牛粪 5%，含量水 65%～70%。

其他富含纤维素的农作物秸秆，也可参考上述配方用于栽培。

6.12.4.4 菇房准备

草菇生育期短，从培养料堆制到出菇结束，15～20 d就可以完成一个生产周期。由于是高温季节生产，所以对病虫害的预防显得尤为重要。在培养料配制、发酵和播种前，必须做好菇房的消毒、杀虫工作。一般在栽培料入房前，要彻底打扫干净菇房，待菇房地面及床架干燥后，用克霉灵或多菌灵喷雾消毒空间，用3%～5%的石灰水涂刷床架、地面及墙面。老菇房由于病原菌和虫害多，因此要进行更为严格的消毒。

6.12.4.5 堆置发酵

培养料按配方配制后，先将石灰溶解于水中，然后将石灰水和培养料充分地搅拌均匀。如果在料槽里拌料，可以先铺一层干料，再注入石灰水，操作人员在上面不断踩踏，然后依次逐层加入培养料和石灰水进行踩踏，待培养料搅拌均匀并充分吸水后，再将其取出，沥除多余水分，开始建堆。建堆时，控制堆高 1～1.2 m，堆宽 1.2～1.4 m，长度不限，松紧适度，覆上一层草帘，让其自然发酵升温。3 d 后，将培养料充分抖松，移入菇房床架，铺匀，厚度 8～10 cm，开始室内二次发酵。发酵起始阶段，要向菇房通入蒸汽进行加温，使菇房内空气温度迅速上升到 65～70 ℃，维持 8～12 h，然后自然降温，待温度下降到 45 ℃，打开门窗，进一步使料温下降到 36 ℃左右，准备播种。

6.12.4.6 播种

播种所用的草菇品种视栽培季节和用途而定。干制用的适宜选用大、中型品种，鲜食和罐藏用的适宜采用中、小型品种。

播种采用撒播法或层播法。播种时，将所用工具在 0.1%的高锰酸钾溶液中浸泡消毒。先将菌种挖出，轻轻弄碎，注意处理后的菌种要及时播种，不能隔夜使用。播种时，先将用种总量的 2/3 菌种均匀的撒播于培养料表面，并将菌种与培养料尽量混合均匀，再将剩余的 1/3 菌种撒播于料面，最后用木板轻轻拍打料面，使菌种紧贴栽培料。播种完成后，在料面盖上薄膜，保温保湿，促使菌丝尽快吃料。播种用种量一般为每平方米的料床需 750 mL 瓶装菌种 1～2 瓶。

6.12.4.7 发菌管理

发菌期管理以促进菌丝生长、防止杂菌和害虫滋生为主，重点做好温湿度和通风工作。在温度管理上，要保持室温 27～32 ℃、料温 34～36 ℃。在通风管理上，一般每天上、下午要打开门窗、掀膜通风各 1 次，同时注意料床的温度变化灵活调节，当料温超过 38 ℃时，要增加通风次数，防治菌丝生长因高温受到抑制甚至死亡；当料温低于 32 ℃时，要关紧门窗，加热升温。另外，掀膜时还要防止膜上的水珠滴入料面菌丝。在空气相对湿度和水分管理上，要保持菇房的空气湿度在 85%左右，在菌丝没有深入培养料底部前，不能向料床直接喷水；当菌丝发满底部，开启门窗，待料面稍稍干爽后向料面喷洒重水至培养料层底部有水珠渗出，喷水结束后注意要继续开窗通风，待菌床表面干爽时再关上菇房门窗，使料温回升到 34 ℃左右，让菌丝恢复生长并促进子实体分化。菌丝期管理时间为 3～4 d。

6.12.4.8 出菇期管理

接种后第 5～7 天，进入出菇期。此时菌丝体逐步扭结，形成原基。此阶段在温度管理上，要控制室温在 28～32 ℃、料温在 32～36 ℃，并确保温度的稳定。在水分和湿度管理上，要求栽培料含水量达到 70%左右，空气相对湿度达到 85%～90%。在子实体生长初期，不能直接向床面喷水，喷水的时间要安排在中午，喷水量控制在每天每平方米 200 mL 左右，喷水后要开窗通风，待料面干爽之后才能关闭门窗。在通风管理上，在原基阶段，每天早、中、晚各需要开启门窗一次，每次1～2 h；如果温度偏低，在通风的同时，还要进行加温。通风不良会导致原基萎缩死亡，已经形成的子实体会出现“肚脐菇”等畸形菇症状。在光照管理上，菇床的光照在 50～100 lx。光照不足，会导致菇柄伸长，菇体颜色变浅、易开伞，且产量下降。

6.12.4.9 采收与转潮管理

草菇生长快、周期短，从播种到原基形成只需 7 d，原基经 1～2 d 后，白色颗粒迅速长大到蛋形期，商品菇要在外包膜未破时及时进行采收。采收时，一手按住子实体基部的培养料，另一手将成菇割下或者扭下。切忌直接拉拔，以免扯断培养料中的菌丝连接，从而影响周边的幼蕾和下一潮菇的生长。如果子实体丛生，可用刀片将菇体整丛采摘，削去基部培养料。子实体由于生长快，每天要采收 2～3 次。采收后的子实体后熟作用明显，在 25 ℃以上时，1～2 h 就会开伞，失去商品价值，因此商品菇采收后，要立即置于 20 ℃环境中，在 2 h 内完成分级、包装，包装好的鲜菇要在 15～20 ℃的条件下运输、保存，尽快销售。

在一潮菇采收完后，要及时整理菇床，适量补水，促使下一潮菇蕾的顺利形成。草菇栽培周期短，全周期 15～20 d，产量主要集中在第一、二潮。

草菇还有室外大棚畦式栽培、室内箱式栽培等模式，栽培技术可参照上述进行。

6.12.4.10 病虫害防治

草菇栽培的环境高温高湿，易发生多种生理性病害、传染性病害和虫害，生产上主要现象有：

（1）菌丝萎缩　菌丝萎缩是草菇栽培中最常见的生理性病害，其发生原因有：一是菌种老化，导致菌丝萌发慢或不萌发。二是培养料的温度控制不当，如温度过高导致菌丝萎缩死亡，温度偏低或者昼夜温差过大，导致菌丝生长缓慢，甚至萎缩。三是水分控制不当，如培养料的含水量超过 75%时，菌丝会因为缺氧而导致萎缩或者自溶；喷水时水温过低，或喷水容器中含有农药等成分，均会引起菌丝萎缩、死亡。四是杂菌和害虫的危害，导致菌丝萎缩死亡。

（2）幼菇大量死亡　幼菇死亡也是草菇栽培时的普遍现象。发生的原因主要有：一是培养料湿度过大，通风不良，菌体不能正常代谢而导致幼菇萎缩死亡。二是培养料的湿度或空气的相对湿度偏低引发幼菇生长迟缓、萎缩。三是喷水时水温过低或喷水容器中含有农药等成分残留。四是培养料的温度低于 28 ℃或温度骤变，昼夜温差超过 5 ℃以上。五是培养料偏酸，在 pH 低于 6 时，不但会使幼菇大量死亡，还会引发杂菌污染。六是采摘时损伤。七是杂菌和虫害危害。另外，菌种种性的退化也会导致幼菇的萎缩、死亡。

（3）菌丝生长过旺　草菇栽培时，料床的表面往往发生菌丝生长过旺、菌皮过厚、不出菇或零星出菇等现象，严重影响草菇的产量。发生的主要原因：一是菇房内高温、高湿加通风不良导致。如菇房喷水后没有及时通风，或者室外温度偏低时，过度关闭菇房门窗，通风不良且喷水引发湿度过大，均会导致菌丝生长过旺现象的发生。二是培养料含氮量过高，如用废棉或棉籽壳做原料栽培时，额外添加麸皮、牛粪、尿素等高含氮物质，使培养料碳氮比异常，引起菌丝生长过旺。

（4）传染性病害和虫害　草菇栽培时常见的真菌性病害有木霉、青霉和鬼伞属的杂菌。害虫有菇蚊、菇蝇及其幼虫菌蛆、螨类、线虫等。

6.12.4.11　加工

草菇以鲜品销售为主，也可用于加工，加工的方法有干制、盐制、罐头，还可加工即食食品或调味品等。

参考文献

[1]　贾身茂．中国平菇生产 [M]．北京：中国农业出版社，2002.

[2]　申进文，郭恒，吴浩杰，等．平菇高效栽培技术 [M]．郑州：河南科学技术出版社，2002.

[3]　陈士瑜，食用菌生产大全 [M]．北京：中国农业出版社，1997.

[4]　杨新美，刘日新，朱兰宝，等．中国食用菌栽培学 [M]．北京：农业出版社，1995.

[5]　黄年来．中国食用菌百科 [M]．北京：中国农业出版社，1993.

[6]　吕作舟，蔡衍山．食用菌生产技术手册 [M]．北京：中国农业出版社，1992.

[7]　申进文．矿质元素对平菇菌丝最适量的研究 [J]．食用菌，1993，(3)：18.

[8]　杨桂梅．不同出菇方式对平菇产量的影响 [J]．辽宁农业职业技术学院学报，2006，8 (2)：30-33.

[9]　霍兴礼，杨霞，不同接种方法对发酵料栽培平菇的影响 [J]．安徽农业科学，2008，36 (14)：5858-5863.

[10]　马瑞霞．日光温室黄瓜平菇复合栽培技术研究 [J]．北方园艺，2008 (3)：88-90.

[11]　阎荣富．平菇与小麦间作套种技术 [J]．现代农业科技，2007 (1)：26-28.

[12]　肖功年，尤玉如，袁海娜，等．气调包装对平菇储藏内在品质的影响 [J]．中国食品学报，2007，7 (2)：98-102.

[13]　杜纪格，万四新，王尚．利用平菇菌糠培养料栽培鸡腿菇的试验研究 [J]．安徽农业科学，2006，34 (21)：5501-5537.

[14]　李峰，赵建选，王玲燕．利用平菇废料种植毛木耳技术研究 [J]．中国食用菌，2008，27 (3)：61-62.

[15] 申进文，沈阿林，张玉婷，等. 平菇栽培废料等有机肥对土壤活性有机质和土壤酶活性的影响[J]. 植物营养与肥料学报，2007，13（4）：631-636.
[16] 关跃辉，李玉荣，张树槐. 食用菌菌糠对保护地土壤的改良效果［J］. 安徽农业科学，2008，36（5）：1955-1956.
[17] 王志强，郭倩，凌霞芬，等. 利用废菌糠提高覆土持水力和蘑菇产量的研究［J］. 中国食用菌，2004，23（5）：15-17.
[18] 李浩波，白存江，陈云杰，等. 菌糠饲料对繁殖母猪生产性能的影响［J］. 西北农业学报，2005，14（1）：115-120.
[19] 张瑞颖，左雪梅，姜瑞波. 平菇褐斑病病原菌的分离与鉴定［J］. 中国食用菌，2007，26（5）：58-60.
[20] 李德舜，曹新红，苏静，等. 平菇黄腐病病原菌分离与鉴定［J］. 山东大学学报（理学版），2008，43（1）：4-7.
[21] 吴政声，翁祖英. 温度和pH对侧耳属两菌株菌丝生长的影响［J］. 泉州师范学院学报（自然科学），2005，23（2）：86-89.
[22] 王振河，武模戈，董自梅，等. 不同碳氮源对平菇菌株新831菌丝生长的影响［J］. 湖北农业科学，2007，46（1）：91-93.
[23] 熊阅斌，龚逸，黄白红. 适量施钾是平菇高产高效栽培的有效措施［J］. 中国食用菌，2007，26（2）：55-56.
[24] 史留功，焚金献，朱自学. 微量元素对平菇生长的影响［J］. 农业与技术，2007，27（6）：84-86.
[25] 李学梅，王涛，王栋，等. 平菇漆酶的性质和应用研究［J］. 环境科学与技术，2008，31（8）：8-10.
[26] 陈建军，杨清香，王栋，等. 不同生长阶段平菇漆酶、纤维素酶活性研究［J］. 西北农业学报，2007，16（1）：87-89.
[27] KENJI OKAMOTO. Cloning and characterization of a laccase gene from the white-rot basidio-mycete Pleurotus ostreatus［J］. Mycoscience，2003，44（1）：11-17.
[28] TAKAHISA TSUKIHARA，YOICHI HONDA，TAKAHITO WATANABE ，et al. Molecular breeding of white rot fungus Pleurotus ostreatus by homologous expression of its versatile Perox- idase MnP_2［J］. Appl Microbiol，2006，71（1）：114-120.
[29] LUIS M LARRAYA，ENEKO IDARETA，DANI ARANA，et al. Quantitative Trait Loci con- trolling Vegetative Growth Rate in the Edible Basidiomycete Pleurotus ostreatusCJl. Applied and Environmental Microbiology，2002，68（3）：1109-1114.
[30] 黄年来，林志彬，陈国良，等. 中国食药用菌［M］. 上海：上海科学技术文献出版社，2010.
[31] 应国华，贾亚妮，陈俏彪，等. 丽水香菇栽培模式［M］. 北京：中国农业出版社，2005.
[32] 应国华，叶长文，李伶俐，等. 图说香菇栽培［M］. 杭州：浙江科技出版社，2014.
[33] 应国华. 香菇L808品种的主要生物学特性及栽培技术［J］. 食用菌. 2010，（4）：5-8.
[34] 应国华，吕明亮，徐波，等. L9319香菇品种的主要特性及栽培技术［J］. 中国食用菌2011，30（3）：17-19.
[35] 应国华，王伟平，吴邦仁，等. 丽水黑木耳栽培模式［M］. 北京：中国农业出版社，2006
[36] 蔡为明，应国华，王伟平，等. 图说黑木耳栽培［M］. 杭州：浙江科技出版社，2014
[37] 张介驰. 黑木耳栽培实用技术［M］. 北京：中国农业出版社，2011.

[38]　杨新美. 中国食用菌栽培学 [M]. 北京：中国农业出版社，1998.
[39]　黄年来. 中国食用菌百科 [M]. 北京：农业出版社，1993.
[40]　吕作舟. 食用菌栽培学 [M]. 北京：高等教育出版社，2006.
[41]　黄学馨. 木耳与银耳 [M]. 上海：上海科学技术出版社，1981.
[42]　黄年来. 银耳栽培 [M]. 北京：科学普及出版社，1982.
[43]　姚淑先，丁湖广. 银耳瓶栽技术问答 [M]. 福州：福建科学技术出版社，1982.
[44]　朱斗锡. 银耳栽培 [M]. 成都：四川科学技术出版社，1984.
[45]　黄年来. 中国银耳生产 [M]. 北京：中国农业出版社，2000.
[46]　蔡金波. 银耳袋栽高产新技术 [M]. 北京：中国农业出版社，2000.
[47]　徐碧如. 银耳生活史的研究 [J]. 微生物学通报，1980 (6)：241-242.
[48]　徐碧如. 银耳生物学特性的研究 [J]. 福建农学院学报，1986，15 (2)：141-143.
[49]　徐碧如. 银耳混种的分离与培养 [J]. 应用微生物，1984，3 (3)：16-17.
[50]　臧穆. 与银耳生长的香灰菌新种 [J]. 中国食用菌，1999，18 (2)：43-44.
[51]　徐碧如. 耳友菌促进银耳生长的研究 [J]. 微生物学通报，1983，10 (6)：7-9.
[52]　彭卫红. 不同香灰菌株生长特性差异研究 [J]. 西南农业学报（增刊），2003 (16)：161-163.
[53]　周玉磷. 银耳段木高产菌株 T9486 的选育研究 [J]. 中国食用菌，1996，15 (3)：18-20.
[54]　李林，张传锐，屈全飘，等. 通江段木银耳适栽菌株的比较试验 [J]. 食用菌，2004 (2)：16-17.
[55]　郭昆玉，王尚堃. 茶薪菇无公害标准化栽培技术 [J]. 安徽农业大学，2006，34 (15)：3712-3715.
[56]　杨月明，李美良，李银良. 茶树菇栽培技术 [M]. 北京：金盾出版社，2001.
[57]　路等学，高静梅. 茶薪菇品种比较实验研究 [J]. 中国食用菌，2005，24 (3)：21-23.
[58]　王谦，杨立华. HACCP 在茶树菇标准化生产中的应用 [J]. 中国标准化，2006 (6)：26-27.
[59]　陈士瑜，易文林，周雅冰，等. 珍稀菇菌栽培与加工 [M]，北京：金盾出版社，2003.
[60]　黄毅. 食用菌栽培（第 3 版）[M]. 北京：高等教育出版社，2008.
[61]　郑元忠，蔡衍山，傅俊生，等. 茶薪菇性遗传模式和育种工艺研究 [J]. 安徽农学学报，2007，13 (4)：32-33.
[62]　暴增海，马桂珍，张建臣. 茶薪菇的生物学特性及开发利用 [J]. 北方园艺，2007 (5)：230-231.
[63]　SAXENA A，BAW A A S，SRINIVAS RAJ U P. Use of modified atmosphere packaging to extend shelf-life Of minimally processed jackfruit（Artocarpus heterophyllus L.）bulbs [J]. J Food Eng，2008，87 (4)：455-466.
[64]　LI TIEHUA，ZHANG MIN，WANG SHAOJIN. Effects of modified atmosphere packaging with a silicon gum film as a window for gas exchange on Agrocybe chaxingu storage [J]. Postharvest Biol Technol，2007，43 (3)：343-350.
[65]　黄年来，林志彬，陈国良，等. 中国食药用菌学 [M]. 上海：上海科学技术文献出版社. 2010.
[66]　隅谷利光. 巴西蘑菇 [J].（黄年来，译）中国食用菌，2001，20 (2)：6-8.
[67]　吴琪，邢鹏，刘顺才，等. 姬松茸人工栽培的历史、现状与发展前景 [J]. 食药用菌，2016，24 (5)：300-305.
[68]　郭倩，周昌艳，宋春艳. 姬松茸研究进展 [J]. 食用菌学报，2004，11 (2)：59-64.
[69]　梁志英，孟俊龙，刘靖宇，等. 姬松茸栽培工艺的研究 [J]. 中国食用菌，2006. 25 (5)：32-36.
[70]　郭卫华，李凯，李玉. 姬松茸栽培料配方筛选及栽培工艺的研究 [J]. 菌物研究，2007，5 (4)：

240-243.
[71] 颜振兰，吴少风．闽北姬松茸栽培种常见问题分析及解决方法［J］．食用菌，2014，(4)：34-35.
[72] 张凌云．浅谈姬松茸的药效［J］．中国林副特产，2001，59 (4)：40-41.
[73] 丁自勉．灵芝［M］．北京：中国中医药出版社，2001.
[74] 刘存芳．灵芝营养成分综述［J］．南江科技，2008 (5)：20.
[75] 赵镭，高海燕，张美莉，等．4 种提取法对富硒灵芝主要功效成分的提取效果［J］．中国农业大学学报，2006，11 (1)：1-5.
[76] 侯瑞宏，廖森泰．我国灵芝人工栽培研究进展［J］．广东农业科学，2009，36 (11)：29-32.
[77] 张笑，侯伟，任淑谊，等．灵芝无公害生产技术操作规程［J］．现代农业科技，2016，6：96＋109.
[78] 于先泉，刘树晨，孙亚红，等．高寒林区灵芝地埋栽培技术［J］．内蒙古农业科技，2014，6：88-89.
[79] 魏巍，余梦瑶，许晓燕，等．出芝温度对灵芝基质物质含量和酶活的影响［J］．中国食用菌，2014，33 (6)：49-55.
[80] 才晓玲，何伟，安福全．灵芝菌生物学特性及栽培基质研究进展［J］．现代农业科技，2016，07：95-98.
[81] 吕作舟．食用菌栽培学［M］．北京：高等教育出版社，2006.
[82] 王俊平，李树洋，游俊亭．灵芝菇的生物学特点及仿野生栽培技术［J］．河北农业，2014，04：25-26.
[83] 吴水英，许宝泉，灵芝有效成分及其影响因素的研究进展［J］．食用菌，2006 (5)：4-6.
[84] 刘荣松，李朝谦．六个阔叶树种对栽培灵芝孢子粉产量和质量的影响试验［J］．浙江食用菌，2008，16 (3)：38＋45.
[85] 张洛新，李灿，杨建学，等．灵芝代料栽培技术［J］．中国林副特产，2004，03：31-32.
[86] 任德珠，罗国庆，吴剑安，等．桑枝高产栽培灵芝技术［J］．广东蚕业，2002，02：39-43.
[87] 陈逸湘，凌宏通，曾振基，等．无公害室内灵芝栽培技术［J］．中国食用菌，2012，31 (5)：20-22.
[88] 吴兴亮，戴玉成，林龙河．中国灵芝科资源及其地理分布Ⅲ［J］．贵州科学，2004，22 (4)：36-40.
[89] 吴兴亮，戴玉成，林龙河．中国灵芝科资源及其地理分布Ⅰ［J］．贵州科学，2004，22 (2)：27-33.
[90] 吕作舟，食用菌栽培学［M］．北京：高等教育出版社，2006.
[91] 张胜友．新法栽培猴头菇［M］．武汉：华中科技大学出版社，2010.
[92] 黄良水．猴头菇生产加工与烹饪［M］．北京：中国农业科学技术出版社，2017.
[93] 班新河，王延峰．猴头菇种植能手谈经［M］．郑州：中原农民出版社，2016.
[94] 张胜友．新法栽培猴头菇［M］．武汉：华中科技大学出版社，2010.
[95] 张维瑞．猴头菇无公害栽培实用新技术［M］．北京：中国农业出版社，2016.
[96] 刘波．中国药用真菌［M］．2 版．太原：山西人民出版社，1978.
[97] 郝涤非．猴头菇含氮物质测定．北方园艺．2011，(23)：152-153.
[98] 黄年来，林志彬，陈国良，等．中国食药用菌学［M］．上海：科学技术文献出版社，2010.
[99] 陈英林．裂褶菌主要病虫防治技术初步研究［J］．中国食用菌，2005，24 (1)：49-52.
[100] 曹素芳．裂褶菌的培养研究［J］．中国食用菌，1990，9 (3)：11＋10.
[101] 程远辉，郝瑞芳，陈志星，等．菊花杆种植白参菌研究［J］．中国食用菌，2014，33 (6)：38-39.

[102]　郝瑞芳，李荣春．不同配方培养料栽培裂褶菌的试验［J］．食用菌，2007，(2)：25-26.

[103]　郝瑞芳．裂褶菌子实体营养成分的测定与分析［J］．山西农业科学，2015，43（5)：536-538.

[104]　贺凤，黄龙花，刘远超，等．裂褶菌多糖的研究进展［J］．食用菌学报，2016，23（2)：88-93.

[105]　冀颐之，杜连祥．深层培养裂褶菌胞外多糖的提取及结构研究［J］．微生物学通报．2003，30（5)：15-20.

[106]　马布平，罗祥英，刘书畅，等．裂褶菌研究进展综述［J］．食药用菌，2017，25（5)：303-307+322.

[107]　万勇．裂褶菌的驯化栽培试验［J］．食用菌，2004，(5)：10.

[108]　张琪，钟葵，周素梅．裂褶多糖保湿功效评价［J］．中国食品学报，2015，15（3)：223-228.

[109]　赵琪，袁理春，李荣春．裂褶菌研究进展［J］．食用菌学报，2004，11（1)：59-63.

[110]　张玉洁，李洪超，卓家泽，等．芦笋秸秆栽培白参菌技术探索［J］．文山学院学报，2016，(3)：1-4.

[111]　于荣利，张桂玲，秦旭升．灰树花研究进展［J］．上海农业学报，2005，21（3)：101-105.

[112]　吴应森，吴银华，姚庭永．灰树花“庆灰151”的品种特性及栽培要点［J］．食药用菌 2015，23（6)：386-387.

[113]　胡建平，吴银华，吴应森，等．灰树花二潮菇非土覆盖栽培技术初报［J］食用菌 2015，(4)：43-44.

[114]　鲍文辉，尹仁福，鲍震海．灰树花菌棒出菇率的影响因素分析与控制技术［J］．食用菌 2013，35（2)：38-39.

[115]　鲍文辉，鲍震海．袋栽灰树花2季出菇栽培技术［J］．现代农业科技 2012（24)：119-120.

[116]　Pegler D N. Agaric flora of Sri Lanka［J］. Kew Bulletin Additional Series，1986，12：1-519.

[117]　张春霞，何明霞，纪开萍，等．暗褐网柄牛肝菌生态学特性研究．西南农业学报，2012，25（2)：614-619.

[118]　张春霞，何明霞，刘静，等．暗褐网柄牛肝菌人工、半人工与野生子实体营养成分对比［J］．西南农业学报，2014，27（6)：2497-2500.

[119]　张春霞，何明霞，刘静，等．暗褐网柄牛肝菌—植物—根粉蚧三者关系的初步研究［J］．食药用菌，2015，23（6)：359-363.

[120]　何明霞，张春霞，纪开萍，等．暗褐网柄牛肝菌菌丝的生物学特性研究［J］．食用菌学报，2009，16（2)：41-44.

[121]　何明霞，张春霞，纪开萍，等．暗褐网柄牛肝菌菌丝体培养基的碳源、氮源及无机盐的筛选研究［J］．云南农业大学学报，2009，24（5)：773-777.

[122]　张春霞，何明霞，许欣景，等．《暗褐网柄牛肝菌生产技术规程》地方标准，DB53/T 746—201.

[123]　常明昌．食用菌栽培学［M］．北京：中国农业出版社，2003.

[124]　裘维蕃．中国食用菌及其栽培［M］．北京：中华书局，1952.

[125]　谢宝惯，肖淑霞，唐航鹰，等．食用菌栽培新技术［M］．福州：福建科学技术出版社，1999.

[126]　杨庆尧．食用菌生物学基础［M］．上海：上海科学技术出版社，1981.

[127]　杨新美．中国菌物学传承与开拓［M］．北京：中国农业出版社，2001.

[128]　杨新美．中国食用菌栽培学［M］．北京：中国农业出版社，1988.

[129]　张金霞．食用菌安全优质生产技术［M］．北京：中国农业出版社，2004.

[130]　张树庭，Miles P G．食用蕈菌及其栽培［M］．杨国良等译．保定：河北大学出版社，1992.

[131] 黄年来，林志彬，陈国良，等. 中国食药用菌学 [M]. 上海：上海科学技术文献出版社，2010.
[132] 林德锋. 我国草菇主要病虫及其防治研究进展 [J]，中国食用菌，2013，32 (4)：44-46.
[133] 杨小兵，郑国杨. 胡泽兰，等. 草菇工厂化栽培关键技术研究 [J]，中国食用菌，2015，34 (3)：20-25.
[134] 邱华峰，陆引娟，章超. 设施化草菇栽培菌株出菇试验 [J]，食用菌，2014，(3)：55-56.
[135] 殷发，杜远风，何建明，等. 南方室外稻草栽培草菇技术 [J]，食用菌，2014，(2)：53.

思 考 题

1. 侧耳属主要有哪些种类？
2. 平菇在形态发生中有哪几个阶段？
3. 平菇的主要栽培方式有哪几种？其各自的优缺点是什么？
4. 平菇栽培中如何预防病虫害？
5. 简述香菇出菇不同阶段的管理技术。
6. 根据木耳栽培农艺特性，如何调整你所在地的木耳栽培管理技术？
7. 常见的木耳病虫害防治方法有哪些？
8. 为什么说银耳是一种特殊的腐生菌？其与伴生菌的营养有何种关系？
9. 银耳栽培的主要流程有哪些？
10. 茶树菇栽培有哪些特点？
11. 简述茶树菇子实体的形态特征及栽培农艺特性。
12. 简述姬松茸的生物学特性。
13. 姬松茸栽培时为什么需要覆土？
14. 比较灵芝段木栽培与代料栽培两种方法的优点及缺点。
15. 简述灵芝的形态及种类。
16. 简述灵芝孢子粉的收集方法。
17. 猴头菇栽培方式主要有哪几种？其各有什么优缺点？
18. 根据猴头菇的生物学特性，简述如何在栽培过程中有效防止畸形菇的发生。
19. 结合灰树花生产季节安排，如何调整你所在地区的生产安排？
20. 简述灰树花栽培中需注意的管理技术。
21. 请叙述暗褐网柄牛肝菌的分类地位。
22. 描述暗褐网柄牛肝菌栽培的工艺流程。
23. 草菇有哪些主要品种？其栽培时要注意哪些环节？
24. 稻草和棉籽壳栽培草菇的工艺流程有什么不同？

灰树花栽培流程

第7章　自然生态条件下的食用菌栽培技术

7.1　竹　　荪

7.1.1　简介

从20世纪70年代开始，学者们陆续对竹荪人工栽培技术进行研究，取得了较多的成果。目前报道的竹荪有11个种和1个新变种，我国有7个种，分别是红托、朱红、皱盖、短裙、长裙、棘托及黄裙。竹荪是药食两用的真菌，营养价值极高，富含21种氨基酸，其中8种为人体所必需氨基酸，还富含多种维生素、多糖、淀粉、粗脂肪、多种无机盐等成分。在食物的烹调中加入一些竹荪，可起到滋补强壮的作用，红托竹荪对细菌性肠炎有较好的疗效，而黄裙竹荪可治疗脚气病。现代研究进一步表明竹荪具有降血脂、抗氧化、增强免疫、保护肝脏及抗辐射等作用。竹荪化学成分按含量高低依次为芳香烃类、醇类、脂肪酸、酮类、萜类、醛类、烷烃、酚和少量的酯类等，此外竹荪中共计鉴定出138种挥发性成分。竹荪化学成分具有对有丝分裂刺激因子进行诱导、抗肿瘤、抗炎等生物活性。竹荪干品中营养性成分主要有多糖、氨基酸、粗脂肪、微量元素、挥发性成分；鲜品中的特殊成分主要有凝集素、多酚氧化酶等。林玉满等从短裙竹荪子实体中分离到7种多糖（Dd、Dd-S3P、Dd-2DE、DI、Di A、Di-S2P、DE2-2）。

目前生产上栽培较多的是红托竹荪、棘托竹荪和长裙竹荪。棘托竹荪是高温型品种，抗逆性强，产量高，在福建、浙江省等低海拔、高温地区栽培。在品种选育方面，已选育出D892、D886、D875、D-42等品种。长裙竹荪属中偏高温型品种，产于四川、福建、广东、海南、广西和云南西双版纳等热带地区，其中D-古优1号、竹海长裙2个品种应用范围较广。红托竹荪是中温型品种，主要在贵州、四川、云南省等高海拔、中低温地区栽培。其中织金红托竹荪是清香型竹荪，贵州省织金县是清香型红托竹荪原产地、主产地，1986年织金竹荪经人工驯化栽培成功，形成了"优良菌种、大棚控温、生料地栽、层架式熟料袋栽、病虫害综合防治、适时采收及烘烤干制"一整套成功的高效栽培技术。"织金竹荪"已获得地理标识认证。

随着学者们对人工栽培技术的不断研究，目前竹荪人工栽培模式已呈现多样化，已发展成为畦栽、床栽、筐栽、生料栽培、发酵料栽培、熟料袋栽以及与果园和经济林等的间种等。竹荪的栽培模式主要有仿野生栽培、野外林下代料种植、与粮菜间作套种栽培、遮阳网大棚栽培等栽培模式。设施栽培主要是按照竹荪对温度、湿度、空气、光照、水分、土壤等的要求，模拟其生育的自然环境，人工搭棚建场进行种植。现阶段竹荪的主要栽培方式有生料畦床栽培法、发酵料栽培法、盆栽法、菌种压块栽培法、熟料袋栽等。竹荪层架式立体筐栽高效利用大棚空间，摆脱了竹荪地栽不能连作的局限，是竹荪工厂化栽培的发展方向。

7.1.1.1　竹荪营养价值

竹荪（*Dictyophpra* spp.）又名竹笙、竹参、竹菌、竹鸡蛋、纱网菌、仙人菌、竹鸡菌、竹姑娘、面纱菌、蛇蛋等，属鬼笔目（Phallales）鬼笔科（Phallaceae）竹荪属（*Dictyophora*）的大型食药用菌。是一种寄生在枯竹根部的隐花菌类，素有“蘑菇皇后”“山珍”“真菌之花”之美称。竹荪营养丰富，富含21种氨基酸，其中8种为人体所必需氨基酸，同时还富含多种维生素、多糖、淀粉、粗脂肪及多种无机盐等成分，被人们誉为“真菌皇后”。竹荪具有治疗慢性气管炎，减少胆固醇，抗菌，降血压，抗肿瘤，延缓衰老，防治腹肌脂肪的积贮，防治肥胖病、糖尿病、癌症及降血压等作用。竹荪主要分布在我国的江西、福建、云南、四川、贵州、湖北、安徽、江苏、浙江、广西、海南等地竹林下的腐殖土上，其中以贵州织金、福建三明、南平以及云南昭通、四川长宁县最为出名。

7.1.1.2　分类及形态特征

我国竹荪主要有红托竹荪（*D. rubrovo-lvata* Zang，Ji et Liou.）、长裙竹荪（*D. in-dusiata* Vent. ex Pers.）、短裙竹荪（*D. duplicata* Fisch.）、黄裙竹荪（*D. multicolor* Berk.）、棘托竹荪（*D. echinovolvata* Zang，zhen et Hu.）、朱红竹荪（*D. cinnabarina* Lee.）和皱盖竹荪（*D. merulina* Berk.）7种，棘托竹荪和红托竹荪栽培较广泛，以织金红托竹荪较为出名，其品质最佳，原产地、主产地均为贵州省织金县。

竹荪子实体单生或群生。竹荪子实原基形成时，在菌丝尖端扭结形成小菌球，膜质，呈圆形、卵形或球形，称为菌蛋或菌蕾，菌蛋初期白色，表面长有小刺，小刺随光照增强、湿度降低逐渐消失，10～15 d后小原基开始变成小菌蛋冒出土面。随着菌蛋不断长大，颜色逐渐加深，最终变为淡红、淡粉色或紫红色，竹荪菌蛋成熟一般需30～36 d。成熟的菌蛋直径4～8 cm。竹荪成熟的子实体由菌盖、菌裙、菌柄、菌托四部分组成。子实体长10～30 cm，菌盖钟形或钝圆形，高4～6 cm，顶端具穿孔，四周有显著多角形网格，上面附着暗青色、青褐色微臭黏液状孢子体；菌裙钟形、白色、质脆，从菌盖下垂达3～10 cm，具有多角形、菱形网孔，竹荪破蛋撒裙时间一般在夜间9点开始，次日清晨3～4点撒裙完毕，少量在白天撒裙；菌柄圆柱形，长10～30 cm，直径3～5 cm，白

图7-1　红托竹荪

色，壁海绵状，中空，基部粗，向上稍细；菌托球形，白色或紫红褐色，膜质（图 7-1）。红托竹荪的菌蛋、菌索以及菌丝受伤后变紫色，这是判定红托竹荪的一个重要依据。

7.1.2　栽培农艺特性

7.1.2.1　温度

竹荪属于中温型菌类，菌丝体、子实体对温度的要求各有差异。菌丝体在 5～29 ℃之间生长，22～25 ℃生长较快，最适温度为 23 ℃。超过 30 ℃菌丝生长受到抑制，32 ℃生长停止并逐渐死亡。菌丝较耐低温，在 5 ℃开始缓慢生长，所以人工培养竹荪都是以菌丝作为保种材料；菇蕾 15 ℃形成，28 ℃时菌蕾发育缓慢，35 ℃时停止发育，生长速度与温度上长呈负相关；子实体形成在 17～28 ℃，最适温度为 20～23 ℃。

7.1.2.2　湿度

竹荪是喜湿菌，湿度是竹荪生长发育的重要条件，与竹荪生长发育有关的湿度包括培养料含水量、土壤湿度和空气湿度三方面。菌丝体要求腐生竹木原料及土壤含水量在 65%～75%，子实体形成适宜含水量在 75%以上，过低或过高均易导致菌丝体和菇蕾大量死亡。菌蛋分化发育和子实体最后形成都要求高湿度环境，菌蛋分化发育时相对湿度应保持在 80%以上有利于分化，太干燥影响分化，太湿则造成烂球。子实体成熟期间要求空气湿度在 90%以上，若湿度低会导致菌裙展放不充分，甚至造成断柄。子实体最后形成时要求湿度高一些破球，出柄和撒裙都要求相对湿度在 90%以上。空气湿度对竹荪菌裙的影响尤为明显，湿度大，菌裙完全张开，裙条饱满，裙边完整；湿度低于 75%时则菌裙下垂，贴近菌柄，裙条皱缩，裙边枯黄，因此菌裙是湿度的指示物。

7.1.2.3　空气

竹荪属于好气性真菌，野生竹荪通常生长在枯枝落叶较厚的有机腐殖质土壤或有一定的有机腐殖质的沙壤土中。红托竹荪子实体生长对培养料的通气性要求严格，需要具有良好的通气性。竹荪在不同的发育阶段对氧气的需求不同，菌丝体阶段对氧气需要量低，子实体阶段需氧量较高。因此在子实体形成阶段要加强通风、通气。

7.1.2.4　光照

竹荪是一种腐生菌，依靠分解有机体吸收营养，因此菌丝体生长阶段不需光照。如受光照射，菌丝体易老化死亡，但原基的分化和子实体的形成则需要少量的光照。子实体形成阶段需要散射光照，在竹林深处，因郁闭度大，其散射光最适宜菌蕾生长发育。所以遮阴棚要搭成三分阳七分阴，室内要用窗帘或其他物品遮光，保持棚内或室内管理人员能看得见即可。

7.1.2.5　酸碱度

竹荪需要在微酸性的环境条件下生长，菌丝在 pH 低于 4.5 的条件下很难萌动，甚至死亡，菌丝生长的最适 pH 为 5.5～6.5，最佳 pH 为 6.0。培养料在高压灭菌时会使酸碱度发生变化，比灭菌前有所下降，原来 pH 越高灭菌后下降幅度越大，反之则越小。竹荪子实体生长过程中，也会使培养料的 pH 下降。因此可在配料时适当调高 pH，通常培养料的 pH 以 6～6.5 为宜。此外也可在配料中适当添加酸碱缓冲剂如磷酸二氢钾、石膏等。

7.1.2.6 营养

营养物质是竹荪生命活动的能量来源以及合成有机体的物质基础，主要包括碳源、氮源、无机盐和微量元素及维生素等。竹荪是腐生菌，营腐生生活，其营养来自从基质中摄取的营养物质。杂竹、杂木、农副产品下脚料等都是培养竹荪良好的营养来源。

碳源是竹荪生长发育的主要营养要素。糖、淀粉、禾秆、木质等主要含碳物质是竹荪摄取碳源的主要物质，其中葡萄糖、果糖、有机酸等小分子物质能直接被竹荪吸收，而纤维素、半纤维素等物质必须经过竹荪胞外酶分解后才能被吸收。经过试验得出葡萄糖和果糖是红托竹荪菌丝生长较为适宜的碳源。

氮源是竹荪第二营养要素，一些小分子的含氮化合物如各种氨基酸、硝酸盐等同碳素营养一样能直接被吸收。竹类的碳氮比为 4∶1 时，是竹荪生长的最佳营养源搭配。蛋白胨、硫酸铵和黄豆粉是红托竹荪菌丝生长较为适合的氮源。竹荪菌丝生长的最佳 C/N 为 23∶1。

无机盐是竹荪不可缺少的营养成分。基质和水中含有微量的铁、铜、锰、锌等元素，这些元素的含量通常能满足竹荪生长的需要，无需另外添加。在培养基中添加磷酸二氢钾、石膏、硫酸镁能补充钙、钾、镁等。

硫胺素、核黄素、泛酸、吡哆素、生物素等是竹荪生长过程所需主要的生长素，是酶的重要组成部分，竹荪缺乏维生素就难以生存。在麸皮、米糠等基质中含有维生素，但维生素不耐高温，在 120 ℃以上时就会分解，所以培养基灭菌时温度不宜超过 120 ℃。

7.1.3 栽培季节安排

自然条件下，低海拔地区，竹荪通常在 2～3 月或 10～11 月下种，3～6 月或 6～8 月出菇；高海拔地区，一般选择春季栽培，2 月中旬至 4 月中旬播种，9～10 月收获。若采用控温控湿设施栽培，一年四季均可生产，按照竹荪生长发育所需的温度、湿度、光照等设置条件。

7.1.4 栽培生产技术

7.1.4.1 工艺流程

备料→原料处理、拌料→装料→灭菌→接种→培养→出菇管理→采收→干制。

7.1.4.2 栽培管理

(1) *大棚建设* 大棚建设以木柱、水泥柱为主柱，以竹子、林条为支架，或以金属线材焊接或镀锌钢管做主支架结构，按长 4～6 m、宽 1.8～2.0 m、两边高 1.6 m 左右搭建。

棚顶覆盖塑料薄膜，再覆盖草苫或遮阳网进行大棚控温栽培。或采用联栋日光智能温室大棚，大棚长168 m、宽60 m、高约4.5 m，在大棚内用角铁或用防腐木制成立体栽培架若干，每个栽培架长3m、宽0.6 m、高2 m，架内3层，层净高60 cm，底层距离地面20 cm。栽培塑料周转筐外径长、宽、高规格为60 cm×40 cm×20 cm，每个周转筐净面积0.24 m^2；棚内栽培架共20行，行间距为80 cm，每行并连栽培架16个，每2个栽培架组合成一个行段，段间距为1 m。也可不使用立体架栽培，直接按一定行距摆放于大棚内地面。

（2）选种　目前生产上栽培较多的是长裙竹荪、棘托竹荪和红托竹荪，已选育品种如D892、D886、D-古优1号、竹海长裙、织金竹荪等。竹荪属于中高温型，适应性广，一般出菇温度在15～30 ℃。由于菌丝耐高温、出菇早、时间长、当年产量高，被广泛栽种。菌种应选择纯净、健壮、无老化、无污染、抗病性强的菌株品种。

（3）菌种制备　菌种质量是栽培成败的关键，必须选用优良菌种，按无菌操作规程进行，严格进行菌种培养技术操作。

母种培养基制作及菌种分离：葡萄糖20 g，琼脂20 g，磷酸二氢钾2 g，硫酸镁0.5 g，碳酸钙3 g，竹荪煮出液1 000 mL，pH调节为5.0～5.5，分装试管后121 ℃高压灭菌30 min，取出斜放备用。竹荪菌种的分离以组织分离为主，选取长势优良、5～6层成熟的竹荪菌蛋作为分离竹荪菌种用，洗净后用75%酒精棉球擦拭竹荪菌蛋进行表面消毒。从竹荪菌蛋中部白色部分挑取一小块组织，移接到斜面培养基上，置于23 ℃培养，5～7 d后可看到组织块上产生白色绒毛状菌丝，待菌丝长满斜面试管后，再经过一次转管扩大培养，即得竹荪原种（母种）。

原种培养基制作：以小麦粒质量为100%，碳酸钙占麦粒质量的2.5%，葡萄糖占2.5%，三十烷醇1 mg/kg。

栽培种培养基制作：木屑（桦树）78%、白糖1%、石膏1%、麦麸19.8%、磷酸二氢钾0.1%、硫酸镁0.1%、三十烷醇1 mg/kg。培养基要求通气性好。将主料、辅料充分搅拌均匀，含水量调至60%～65%，用1%柠檬酸调pH为5.5～6.0，将配好的培养料装瓶，置于1.5 kg/cm^2压力下灭菌2.5 h，培养基冷却至25 ℃时接种，置于23 ℃通风黑暗的培养室内培养70～80 d后使用。

（4）培养料制备　培养料要求新鲜、干燥、不发霉，含营养成分丰富。竹类以苦竹、麻竹、楠竹、斑竹、黄竹等为好，木材以杨柳科、桑科、械树科、壳斗科、胡桃科树木为最好。在栽培前培养料要经充分浸水后蒸煮1～2 h，煮好捞出用冷水迅速冷却后及时进行栽培，或用0.5%高锰酸钾溶液消毒并浸透水后及时进行栽培。

生料栽培培养料制备方法：木材选用桦槁、滇杨、意杨等木质较疏松、易腐烂的新鲜木材，加工成长5～10 cm、宽3～4 cm、厚度不超过3 cm的木条节段，栽培前将加工好的木块在清水中浸泡1～2 h，直到切开木材时有水渍状即可（含水量60%～65%），然后用沸水蒸煮30 min消毒处理，捞出沥干，冷却备用。竹枝叶的处理也与木材处理相同。生木材与竹枝叶的混合比例为：木材占85%～90%，竹枝叶占10%～15%。每平方米用量20～30 kg。为有利于竹荪菌种尽快萌发，可将竹枝叶在栽培前用水煮0.5～1.0 h后捞出冷却，并与处理好的木材充分混合备用，每平方米用量2～5 kg。

熟料袋栽培养料制备方法：桦槁树木屑85%、玉米粉3%、麸皮7%、黄豆粉2%、白糖1%、石膏1%、过磷酸钙1%混合搅拌均匀后装入15 cm×55 cm的聚丙烯塑料袋，高压灭菌2 h，冷却到30 ℃以下后在接种室中无菌操作接入原种，然后移入24～26 ℃的养菌室内培养至菌丝满袋，备用。

覆土处理：栽培竹荪的土一般选用结构疏松、孔隙度大、通气性能良好、有一定的团粒结构、pH在5～5.6、干不成块、湿不发黏、喷水不板结、缺水不龟裂的土壤为宜，以腐质土、泥炭土或耕作层20 cm以下的肥沃土壤为主。使用前过筛，去除石块、杂草根、树枝等杂物，有条件最好用太阳暴晒3～5 d，用杀虫剂、杀菌剂消毒将水分调节至60%～65%（以手捏法测定：即用手捏泥土能成团，在距地面1 m左右放开，泥团落地散开即可）备用。

（5）播种、栽培

生料筐栽法：将塑料周转筐用1%的高锰酸钾水消毒后铺垫一层塑料薄膜，用2～3 cm大小的石子在周转筐铺垫3～4 cm打底，再在石子上铺约4 cm厚的消毒处理好的土壤，然后铺放第一层栽培材料。将栽培材料铺平、理顺，并稍加压实至5～6 cm厚，播菌种。将竹荪菌种掰成蚕豆大小，0.3～2 cm放置一块菌种，菌种摆放好后将拌好的栽培辅料和腐质土均匀地将菌种块间的空隙填满（俗称夹心花泥），然后铺第二层栽培材料和播第二层菌种，方法与第一层相同，然后覆土3～4 cm，铺平（最佳为俗称肥猪背），最后覆盖松针。一般每个周转筐用料5～6 kg、菌种2～3瓶。

熟料筐栽法：将塑料周转筐用1%高锰酸钾水消毒后铺垫1层塑料薄膜→用2～3 cm大小的石子在周转筐铺垫3～4 cm打底→再在石子上铺约4 cm厚的消毒处理好的土壤→将长满菌丝的菌包脱袋平放于筐内，用腐质土均匀地将菌包间的空隙填满→铺第2层脱袋菌包，方法与第1层相同→覆土3～4 cm，铺平，覆盖松针，每个周转筐摆放菌包12袋（6袋/层）。

（6）出菇管理

水分管理：竹荪在菌丝生长阶段和子实体生长阶段所需水分不同。竹荪栽培初期，菌丝在栽培料内生长有较好的湿度保证，不需要洒水。若覆土表面有干燥现象，可喷洒适当的水保湿，俗称润面水，这是菌丝在生长阶段长期保持土壤湿度的主要洒水方式。土壤湿度只需保持60%～65%，空气湿度保持60%～70%即可。若时间长，要经常检查栽培养料的水分情况，若湿度不够，应适当浇一次透水，在菌丝出土阶段浇透水时，可适当增加一些营养物质。在播种后60～75 d开始出现菌蕾，这时对水分的要求就要高一些，土壤湿度要求保持在65%～70%，但不能超过75%；空气湿度要求在90%以上。竹荪整个生长发育过程中都要经常检查温度，根据栽培料和土壤具体情况灵活掌握，晴天多喷，阴雨天少喷或不喷。气温低时午前午后喷，气温高时早晚或夜间喷，菌丝生长强时可多喷，生长弱时可少喷，菌蛋多时多喷，菌蛋少时少喷，保持足够的水分以保证竹荪生长良好、开裙完整，但湿度又不能过高，造成菌丝死亡。

保温、降温和通风换气：通常气温只要保证在18～28 ℃，竹荪菌丝就能正常生长发育，20～26 ℃生长最快，在夏季若棚内或室内温度过高，超过30 ℃就要及时进行通风换气或洒水，以降低气温。在气温下降时，应盖好薄膜，注意保温。竹荪是一种好气性真菌，在整个生长发育过程中，都需要有充足的氧气供应，因此栽培管理中要经常通风换气，保持空气清新。

光照：竹荪在菌丝生长阶段，不需要光照，菌蛋生长也仅仅需要一点散射光，所以遮阴棚要搭成三分阳七分阴，室内要用窗帘或其他物品遮光，只要保持棚内或室内管理人员能看得见就行。

(7) 病虫害防治　坚持“预防为主，防治结合”的方针进行病虫害综合防治，做到“勤检查、早发现、巧施药”，在病虫害发生初期及时采取通风换气、熏蒸、诱杀、铲除有霉斑的覆土等措施，彻底消灭或抑制其蔓延。

病害防治：竹荪的主要病害有青霉、绿霉、黄霉及软腐、褐腐等。

防治措施：栽培场地应通风、换气，经常保持良好的空气质量。发菌前期发现杂菌及出菌后发现病菌要及时拔出带病子实体，并挖净病株，用生石灰在病区消毒，并及时补播菌种。发菌期可用1∶(500～800)倍多菌灵溶液喷治，用药量约为20 mL/m^2。发现畦面绿色木霉菌落应迅速铲除，并喷施50%多菌灵可湿性粉剂200倍液。

虫害防治：竹荪常见的主要虫害有菌螨、白蚁、线虫、蛞蝓、跳虫及金蛾等。

防治措施：发现菌螨及时清除废料、秸秆、残碎菇屑等菌螨根源，做好栽培料和栽培场地清洁消毒，用5%噻螨酮可湿性粉剂1500倍液喷杀。白蚁防治：用配制的灭蚁剂（亚比酸46%、水杨酸26%、滑石粉32%）喷施蚁巢；用呋喃丹或灭蚁灵饵剂诱杀。蛞蝓防治：用蜗灭佳、蜗克星、密达等药物防治，或傍晚用5%来苏儿溶液或新鲜石灰粉撒在蛞蝓活动处，每隔3～4 d撒一次；用多聚乙醛300 g、白糖100 g、敌百虫50 g拌碎豆饼400 g，加适量水拌成颗粒状置于畦旁诱杀；或在麦麸中加入2%砷酸钙和砷酸铜制成诱饵进行毒杀。线虫防治：线虫一旦发生很难控制，栽培前一定要进行土壤消毒，用克霉灵可湿性粉剂500～800倍液闷堆24 h；发现线虫为害时，用二硫化碳熏蒸大棚；栽培场水分不能过大，在地面经常撒些生石灰以灭虫。跳虫防治：发菌期可用敌百虫800～1 000倍液喷杀，或用敌百虫600～800倍液加少许蜂蜜诱杀，后期用磷化铝熏蒸杀虫，每平方米用量约10 g。

(8) 采收与加工　竹荪菇体成熟后48 h内倒地死亡，其品质品相下降，因此当竹荪菌裙已经完全张开，孢子胶体开始自溶下淌滴落前，应及时采收。采收时间一般为上午8～9点，若批量较大，中午、下午也有菌裙陆续开放，必须有专人巡回观察，做到成熟一朵，采收一朵，避免造成损失。采收方法是：先用小刀从菌托底部切断菌索，不能用手直接拉扯以免损伤菌索影响下次出菇，采摘下的子实体要及时剥离菌盖和菌托，分开堆放，切勿碰破压碎菌裙而影响商品质量，注意勿使泥土污染菌柄菌裙，菌盖用清水浸泡一段时间后，方能清洗，将清洗干净的菌盖盖回菌柄菌裙后用小竹签固定后就可进行干制加工。

干燥可进行晒干和烘干，晒干是将竹荪子实体平摊于竹筛上，放在朝阳通风处。竹荪烘烤干制选用烘房或干燥机进行，可有效避免明火烘烤致使竹荪硫、氟含量超标。烘烤时不用柴火式烟煤直接烘烤，而是控制温度先低后高，最后急火烘干，最高温度不能超过 65 ℃，以免烘焦竹荪，烘干后竹荪应连烘烤用具一起取出，经 30～60 min 竹荪吸收空气中水分略回软后，再用塑料袋包装并密封保存待售。

(9) 分级与包装

分级：关于竹荪商品的等级，目前国内尚无统一的规格标准，应按大小、色泽、完整程度来分级。根据对外贸易经验可分 4 个等级：一级竹荪菌体完整无缺，洁白微黄，饱满而不弯曲，无杂质及病虫。二级竹荪菌体完整无缺，洁白微黄，适度饱满，微有弯曲，无杂质及病虫。三级竹荪菌体完整无缺，但较短、较短、弯曲，颜色白中带黄，无杂质及病虫。四级竹荪菌体顶部或尾部不平整、有所缺损者，颜色微黄，无杂质及病虫。应按照相应规格标准将竹荪商品进行分级包装。

包装：竹荪是珍贵的食品，包装必须讲究美观，同时，应注意不会受潮变质，运输时不会被挤压、碰碎等。因此，当竹荪干燥时应及时封装。否则，竹荪菌体很快受潮，难以贮藏。

7.2 鸡腿菇

7.2.1 简介

鸡腿菇［*Coprinus comatus*（MueII. ex Fr.）S. F. Gray］又名毛头鬼伞，担子菌门伞菌纲伞菌目鬼伞科鬼伞属。因菌柄形状似火鸡腿，故名鸡腿菇或鸡腿蘑。鸡腿菇子实体由菌盖、菌柄和菌环组成。菌盖直径 4～6 cm，初期圆筒形，后期钟形，初期白色，顶部淡土黄色，光滑，后渐变深色，边缘具条纹。菌肉白色，较薄。菌柄长 7～24 cm、粗 1～1.7 cm，白色，光滑，圆柱形，中空，基部渐粗。菌环白色，膜质，后期可上下移动，易脱落。孢子印黑色，孢子光滑，椭圆形，大小为 (12.5～19.6)μm×(7.5～11)μm。子实体单生、群生或丛生，菌褶初期白色，随生长变为灰色至黑色，后期与菌盖边缘一同溶为墨汁状（图 7-2）。

图 7-2　鸡腿菇

鸡腿菇幼时肉质细嫩，鲜美可口，色香味皆不亚于草菇。鲜鸡腿菇含水量为 92.2%。每 100g 干菇中含粗蛋白 25.4 g、脂肪 3.3 g、总糖 58.8 g、纤维 7.3 g、灰分 12.5 g。鸡腿菇含有 20 种氨基酸，包括 8 种人体必需的氨基酸。鸡腿菇味甘性平、有益脾胃、清心安神，经常食用有助消化和增加食欲。鸡腿菇还有降血糖作用，对糖尿病有一定疗效。

早在 20 世纪 60 年代，欧洲已经开始毛头鬼伞的栽培研究。我国于 80 年代人工栽培成功。由于鸡腿菇生长周期短，生物转化率较高，易于栽培，特别适合我国农村种植，已成为我国大宗栽培的伞菌目食用菌之一，栽培面积较大。但由于鸡腿菇采收后不易于保存，加上采收时需要削干净菌柄基部的泥土，比较费工，在一定程度上影响到它的推广。

鸡腿菇可采用发酵料和熟料方式，春秋季节均可种植，在温度稳定的山洞可以常年栽培。

7.2.2　栽培农艺特性

7.2.2.1　营养需求

鸡腿菇是一种适应性极强的草腐菌，人工栽培时主料可用棉籽壳、玉米芯、麦秸、稻草、废棉、杂木屑、菇渣、牛粪、马厩肥等，辅料可用米糠、麦麸、玉米粉、复合肥等。

7.2.2.2　生长条件

（1）温度　鸡腿菇属于中温型食用菌，菌丝体生长的温度范围是3～35 ℃，最适温度为22～28 ℃。菌丝体在低温环境下可存活很长时间。子实体形成和生长的温度范围为8～30 ℃，最适温度为15～24 ℃，在此温度范围内，温度越高，子实体发生越多且生长快；温度低，子实体生长慢，但个体大、品质优。温度在20 ℃以上时，菌柄易伸长，菌盖变薄，品质降低，极易开伞自溶。

（2）水分及空气相对湿度　培养料的含水量以60%～70%为宜。发菌期间的空气相对湿度为70%～80%。子实体生长时，空气相对湿度为85%～90%，低于60%菌盖表面鳞片反卷，湿度达95%以上时，菌盖上易得斑点病。

（3）光线　菌丝生长阶段不需要光线，菇蕾分化及生长发育阶段需要200～1 000 lx的光照。光照弱时，菇体色泽白，鳞片少；光照强时，鳞片色泽深。

（4）空气　菌丝生长和子实体生长发育阶段都需要新鲜空气，所以人工栽培时，应保持菇房空气新鲜。

（5）pH　在pH 2～10的范围内均能生长，最适pH为6.5～7.5。

（6）覆土　鸡腿菇菌丝体布满培养料后，即使达到生理成熟，如果不予覆土处理，便永远不会出菇，这是鸡腿菇的重要特性之一。覆土的作用主要是刺激出菇和保湿，加上部分土壤微生物代谢产物的作用，可使鸡腿菇能顺利出菇，出好菇。

7.2.3　栽培季节安排

种植时间一般春到初夏、秋到冬初。山区可以在夏季种植。有发酵料和熟料、袋栽和床栽等栽培模式。栽培地点应选择在取水、排水方便，土壤疏松肥沃，富含腐殖质，无病虫害的场所，可以是林地或大田。

7.2.4　栽培生产技术

7.2.4.1　发酵料栽培

（1）原料　鸡腿菇菌丝生命力强，适用原料非常广泛，如麦秸、稻草、玉米芯、树叶、锯末、平菇及金针菇菌渣、废棉以及猪、牛、鸡粪都可作为栽培鸡腿菇的原料。

（2）常用配方

① 麦秸70%、麸皮20%、玉米粉5%、氮磷钾复合肥1%～2%、糖1%、石膏1%、

石灰1%。

② 麦秸35%、食用菌菌渣35%、麸皮20%、玉米粉5%、氮磷钾复合肥1%~2%、糖1%、石膏1%、石灰1%。

③ 棉籽壳76%、麸皮20%、氮磷钾复合肥1%~2%、石膏1%、石灰1%。

④ 玉米芯73%、麸皮20%、玉米粉3%、氮磷钾复合肥1%~2%、石膏1%、石灰1%。

⑤ 麦秸35%、玉米芯35%、禽畜粪20%、麸皮5%、氮磷钾复合肥1%~2%、糖1%、石膏1%、石灰1%。

(3) 培养料堆制 将上述配方按比例称好主料后，加水拌匀，堆积发酵，料堆高1~1.5m，宽1~1.5 m，长度不限，盖上塑料薄膜，1~2 d后待料内温度达到60 ℃以上时，揭去薄膜通风散热，维持10 h左右，然后翻堆。先在料面喷水，然后把料上下、内外对调，同时喷洒敌敌畏杀虫。翻堆后，继续把料堆成原来形状，盖上薄膜，待堆温升到60 ℃以上时，维持10 h，进行第二次翻堆，方法同上。采用这样的方法连续翻堆2~3次，结束发酵，摊开堆，温度降到30 ℃左右时，按配方比例拌入麸皮、玉米粉、氮磷钾复合肥及石膏后进行畦栽。

(4) 做畦 大水灌溉后做畦，或做畦后浇透底水，畦宽80 cm，深20 cm，畦长不限，用石灰和敌敌畏消毒杀虫。

(5) 播种 层播，三层种二层料，每层料厚5 cm左右，盖膜保湿发菌。播种也可以采用装袋，方法与熟料栽培相同。

(6) 简易设施 自然条件下种植鸡腿菇会受到雨天、大风等不良天气的影响。播种后可以搭建简单的塑料拱棚，盖棚膜和遮阳网。

(7) 播后管理 播种后2~3 d，菌种块萌发，4~5 d开始吃料，待菌丝吃料后，每天需揭膜1~2次，每次1~2 h，以后逐渐增加揭膜次数，促使菌丝向下生长。

(8) 覆土 覆土材料的配制：黏壤土或河泥土75%、炉灰渣25%、磷肥0.5%、生石灰1%、多菌灵0.1%、敌敌畏0.1%，pH 8~9，水适量，盖上薄膜2~3 d后再用。土握在手捏成团，触之即散。当菌丝吃料2/3以上或发满后覆土，覆土厚度为2~3 cm。

(9) 覆土后管理 覆土后浇水保湿，盖上薄膜，温度应掌握在12~25 ℃，注意保持土层湿润，加强通风换气。8~9 d后，待菌丝爬上土层，揭去薄膜，保持空气相对湿度90%以上，7~10 d幼菇开始形成，8 d后即可采收。第一潮菇采收后，清理地面上的菇残体，通风养菌3~5 d，再浇一次透水，一周后可采收第二潮菇。总共可采收3~4潮菇，生物学效率达80%~150%。注意大棚或畦面不要温度过高、湿度过大，否则容易产生其他杂菌，如总状炭角菌、石膏霉、胡桃肉状菌等。

7.2.4.2 熟料栽培

采用制作菌袋、高压或常压灭菌的方法种植鸡腿菇可以有效地提高生物转化率，减少病虫害发生。

(1) 菌袋制作 制作鸡腿菇的菌袋要在8月中旬以后，采用15 cm×32 cm的低压聚乙烯塑料袋。也可以在早春，这样出菇期在4~5月。常用的培养料配方为：

① 棉籽壳90%、麸皮4.5%、玉米粉4.5%、石膏1%。

② 玉米芯78%、米糠20%、石灰1%、过磷酸钙1%。

③ 稻草（已粉碎）75%、棉籽壳20%、玉米粉3%、石灰1%、过磷酸钙1%。

④ 麦秆60%、棉籽壳15%、牛粪15%、玉米粉8%、石灰1%、过磷酸钙1%。

按常规方法拌料、装袋、灭菌和接种。接种后在清洁的培养室内发菌，在适宜的温度下，一般40 d左右菌丝长满培养料，移入栽培地点开袋。开袋时一定要注意当时的气温条件能否适宜鸡腿菇子实体的形成。鸡腿菇脱袋覆土后，一般在15 d左右就能形成子实体。蔬菜大棚栽培鸡腿菇，秋季最早投放时间在9月中旬，最适宜投放时间在10月中旬至11月底。如果种在露地，越冬后还可以继续出菇。

（2）*覆土方法*　菌袋长满菌丝后，在温度适宜的条件下，就可以脱袋投放到菇床上，一边拖袋摆放一边覆土，覆土材料可直接用菇床旁边的泥土，充分捣碎预湿。最好是预先制作营养土，方法是取大田土或葱蒜类种植地的土，加入少量粪肥，自然堆积发酵后加入1%石灰水，调节含水量在25%，即可使用。

（3）*管理*　覆土后浇透水，表面盖树叶或干草保湿，30 d左右即可出菇。

7.2.4.3　采收

鸡腿菇子实体成熟快，必须在菇蕾期，菌盖和菌环未分离，钟形菌盖上出现反卷状鳞片时及时采收，这时的菇味鲜美，蛋白质含量高，质量好。当菌环松动或脱落后，子实体在加工过程中，就会氧化褐变，菌褶甚至会自溶流出黑褐色的孢子液，完全失去商品价值。应特别注意及时多次采收，可分早、中、晚各一次。采收时，动作要轻，应一手按住菇体生长的基料，一手扭动菇体采下，整丛应等大部分成熟再采摘，防止带动其他菇体而造成死菇。头茬菇采完后，应及时将床面的残菇去除干净，喷一次pH 9～12的碱性石灰水，调整床面，继续覆盖遮阳网，一周后，当有菇蕾出现后，按上述方法进行出菇管理。只要条件适宜，管理得当，一般可收3～5茬菇，生物效率75%～100%。

7.2.4.4　加工

主要加工方法有：干制鸡腿菇片、罐头、盐制品等。

7.3　大球盖菇

7.3.1　简介

大球盖菇（*Stropharia rugosoannulata* Farl. ex Murr.）又名皱环球盖菇、酒红球盖菇、皱球盖菇，隶属担子菌亚门层菌纲伞菌目球盖菇科球盖菇属。子实体单生、丛生或群生，菌盖直径5～10 cm，扁半球形至扁平，褐色至灰褐色或绣褐色，平滑或有纤毛状鳞片，湿润时稍黏，干时表面有光泽，盖边缘初期内卷且附着菌幕残片。菌肉白色、稍厚。

菌褶初期污白，渐变灰紫至暗褐紫色。菌柄长5～12 cm，粗0.5～2 cm，直生，近圆柱形，靠近基部稍膨大，菌环以上污白，近光滑，菌环以下带黄色细条纹，内部松软至空心。菌环白色或带黄色，膜质，较厚、窄，双层似齿轮状，上面具粗糙条纹，着生于菌柄中上部，易脱落，上面往往落有孢子，呈紫褐色。孢子棕褐色，光滑，具麻点，椭圆形，大小为(11.4～15.5)μm×(8.9～10.9)μm（图7-3）。

图7-3 大球盖菇

大球盖菇是著名食（药）用真菌，因色泽艳丽，清香脆甜而著称，有较高营养价值和药用价值，干菇味浓香，可与香菇相媲美，颇受消费者青睐。原产欧美国家，是联合国粮农组织向发展中国家推荐的新菇种之一。是活跃在国际菇类市场上的十大菇类之一，近年来在国内多个地市推广栽培成功。

自20世纪80年代从国外引种至我国后，通过栽培实践发现该菇菌丝抗逆性强，对原料要求不严格，栽培管理粗放，生物转化率高，深受广大菇农喜爱。目前大球盖菇栽培方式较多，主要栽培模式有林下栽培、水稻-大球盖菇轮作栽培、大棚栽培等。

7.3.2 栽培农艺特性

7.3.2.1 营养需求

大球盖菇可利用农作物的秸秆如稻草、麦草、玉米秆、甘蔗渣等，在不加任何肥料及辅料的情况下，生长良好，并能正常出菇。硝态氮、亚硝态氮对其生长不利，经发酵的培养料不适合栽培球盖菇。秸秆原料中以稻草为最好，出菇期长，产量高。

7.3.2.2 生长条件

（1）温度　大球盖菇属于中低温菌类。菌丝生长温度5～34 ℃，最适12～25 ℃，12 ℃以下菌丝生长缓慢，超过35 ℃菌丝停止生长并易老化死亡。原基形成和子实体发育温度4～30 ℃，最适温度14～25 ℃。低于4 ℃和超过30 ℃子实体难形成和生长。

（2）水分　菌丝生长培养基含水率要求65%～70%，原基分化空气湿度90%～95%。子实体生长发育基质含水率70%。原基分化空气湿度90%～95%。

（3）通风　菌丝体生长对O_2要求不高，CO_2浓度不能超过2%。子实体生长发育要求O_2充足，CO_2过高，易形成畸形菇，出菇期应每日通风2～3 h。

（4）光照　菌丝体生长阶段无需光照，子实体生长要求有100～500 lx光照，散射阳光可促进子实体健壮，提高质量。

（5）酸碱度　适宜在弱酸性环境中生长。培养基和土壤pH4～9菌丝均能生长，但以pH5～6.5为宜。菌丝体生长培养基pH5.5～6.5为宜，子实体生长时的培养料pH以5～6为宜，覆土材料pH5.5～6为宜。

7.3.3　栽培季节安排

大球盖菇的栽培以利用自然季节环境条件为主，人为调节为辅。北方地区秋栽在 7 月底至 8 月中旬播种，8 月中下旬至 10 月份出菇。春栽在 3～4 月播种，4～6 月出菇为宜。南方地区在 9～11 月播种，第二年 2～5 月出菇。

7.3.4　栽培生产技术

大球盖菇的基本栽培流程：原料配方→铺料建畦→播种覆土→灌水浸草→发菌管理→采收。

7.3.4.1　大球盖菇与水稻轮作模式

大球盖菇与水稻轮作模式是指水稻收割后利用稻草等废弃物在原稻田里种植大球盖菇，大球盖菇采收结束后，菌渣直接作为肥料还田的一种循环种植模式。南方利用晚稻冬闲地栽培的一般在 11 月上中旬播种，第二年 2～5 月出菇。

（1）*原料配方*　每栽培 1 m^2 需干稻草 20 kg，每 667 m^2 实际铺料面积约 400 m^2，需培养料约 8 000 kg。除稻草外，每平方米栽培用料添加 10 kg 经发酵后的菌糠，或者木屑、麸皮、砻糠混合发酵料。播种前 15 d，将海鲜菇、杏鲍菇等废菌棒粉碎后，添加 1%石灰粉搅拌均匀，将含水量调节至 60%堆制发酵。当堆内温度达 65 ℃时翻堆，将堆四周的料翻到堆中，将堆中的料翻至堆四周。如此重复 3 次，将料摊开冷却至 30 ℃以下备用。

（2）*铺料建畦*　将干稻草整齐地在场地铺成畦。畦以东西走向为宜，畦宽与稻草的长度相当，50～60 cm，畦长则依场地情况而定。畦与畦之间留出 40 cm 宽的操作走道。铺稻草方向与畦的走向垂直。将发酵结束并冷却至 30 ℃以下的菌糠铺于稻草之上，厚度 5～6 cm。由于后期需灌水浸草，因此要求各畦稻草厚度尽量一致。

（3）*播种覆土*　播种时将菌种掰成 4～5 cm 见方的菌种块，按梅花形分布，每隔 8～10 cm 播一穴。每 667 m^2 需菌种 600～800 袋（14 cm×28 cm 菌袋）。播种时将菌种直接塞入菌糠中即可。播种后立即将畦沟的表土挖松覆于畦面，覆土以 3～5 cm 见方的粗土粒为宜，覆土厚度为 4～6 cm。覆土后在畦面铺一层 2～3 cm 厚的稻草，起到发菌阶段的保温、保湿和出菇阶段幼蕾防晒作用。

（4）*灌水浸草*　堵上场地排水口，引水进入栽培田块。水的高度以接近淹没稻草、不浸到菌糠为宜，48 h 后将畦沟中的水排尽。灌水、排水均应尽量快速进行，避免因培养料上、下层浸水时间不同而导致含水量差异太大。

（5）*发菌管理*　在培养料适宜的情况下，菌丝生长最重要的因素是温度和相对湿度。播种后料温在15～28 ℃菌丝均可正常生长。在正常栽培季节，温度均在此范围，不必过多人工调控；培养料相对湿度管理是菌丝生长阶段的重点。播种一周后，要检查稻草含水量。具体方法是，抽出畦中几根稻草，左右手各持一端，向相反方向拧紧。若稻草有水珠滴下，表明含水量适中，若无水珠滴下，则表明培养料偏干。若培养料偏干，应再次灌水

24 h。在菌丝未吃透培养料前，遇到下雨天应在畦面盖膜。否则稻草极易吸水过量，导致菌丝无法吃料，最终影响产量。

气温正常，播种后45～50 d菌丝即可发满培养料，并向覆土蔓延。当菌丝露出覆土，畦面土块间有白色原基出现时，往畦沟内灌水，水面高度以接近畦面覆土为宜。灌水48 h后将畦沟的水排尽。采完一潮菇后，次潮菇生长前，亦采取此方法，以促进子实体的生长发育。

(6) 采收　当子实体菌盖呈钟形，菌膜欲破而尚未破裂时为最佳采收时机。出菇期间应注意观察畦面，将稻草拱起处拨开，检查该处子实体的成熟程度，做到适时采收。采收时用拇指、食指、中指捏住菇柄基部轻轻旋转摘下，同时注意不要伤及周边幼菇。采收后随手整平畦面覆土并铺好畦面稻草。采下的菇刮去菇脚泥沙及时销售或杀青处理。

7.3.4.2　大球盖菇林地栽培

(1) 林地选择　选择地势平坦、交通便利、有水源、生长年限5～6年及以上的速生林地或果园林地。

(2) 整地　整理林间宽行，采用旋耕机将杂草翻入土中，需要深翻土壤25～35 cm。深沟高畦，畦面宽1.2 m，畦高30 cm，沟宽40 cm，栽培区与树基部之间间隔25～50 cm。畦开好后，用石灰进行消毒处理，以待铺料播种，播种前浇水使土壤湿度达到60%～70%。

(3) 培养料备选与处理　培养料按不同地区就地取材，要求新鲜、干燥、不发霉。可选用以下配方：① 干纯稻草100%；② 干纯麦秆100%；③ 大豆秆50%加玉米秆50%；④ 干稻草80%加干木屑20%；⑤ 干稻草40%、谷壳40%、杂木屑20%；⑥ 70%棉秆加30%棉籽壳。播种前稻草或麦秆需浸水2d，使料充分吸水变软，高温天气时，料经2～3 d预堆发酵，需翻堆散热后再用。棉籽壳需要在播种前一周湿后堆积发酵，2～3 d翻堆一次，没有油味时铺料播种。气温低时把预湿的料沥干，预堆1 d变柔软后即上床栽培，料含水率在70%～75%。

(4) 铺料播种　采用三层铺料二层播种方式，先铺一层9 cm厚的底料，压平，压实，在此之上点播菌种，菌种尽量掰成大拇指大小的块状，呈梅花形点播，间距5 cm左右，然后盖一层4 cm栽培料，压平，压实，在此之上点播第二层菌种，再盖一层3 cm的栽培料，压平，压实，并作成龟背形。菌种用量700 g/m^2，即一层各350 g菌种，整个栽培料厚度16 cm左右，铺料量15～20 kg/m^2（湿料）。

(5) 覆土　灌溉铺料完成后随即覆土，直接利用开沟的泥土打碎后覆盖在料上面，厚度为3 cm左右，将料完全覆盖，并保持畦面呈龟背形，然后再均匀撒上浸泡好的谷壳或稻草，进行遮阳保湿处理。当所有工序完成后，用水管对整个畦面进行喷水处理，喷水时，要求灌溉水质清洁无污染，要使畦面湿透即可，但不能积水。

(6) 菌丝生长期管理　大球盖菇菌丝生长最适温度24～28 ℃，培养料含水量70%～75%，空气中的相对湿度85%～90%。菌丝生长阶段，每天检查菌丝生长情况、土壤湿度和杂菌感染，主要做到四点：① 杂菌污染：栽培过程中最常发生的杂菌是鬼伞类和粪碗等，以预防为主，稻草、谷壳等要求新鲜、足干，无霉变，并用石灰消毒，将杂菌降低到最低限度。发现杂菌感染，立即清除，并用45%克霉灵1 000～1 500倍液喷洒处理。

② 水分调节：播种后2～3 d菌丝开始萌发，3～4 d菌丝开始吃料，菌丝生长前期一般不喷水或少喷水，平时补水只是喷洒在覆盖物上；遇低温或大雨天覆盖薄膜，保温保湿，高温时增加喷水，进行增湿降温；土面出现干燥发白现象，应及时喷水保持覆土表面湿润（用手抓土，土壤结团，但不沾手为宜），喷水时要轻喷，少量多次喷水。③ 堆温调节：铺料播种后，每天早晨和下午定时观测料温的变化，若发生异常现象，及时采取相应措施（降温），防止料温过高影响菌丝生长。④ 虫害：大球盖菇生长过程中较常见的虫害有螨类、跳虫、蚂蚁、菇蚊等，主要以预防为主，在栽培料处理和林地栽培地要用石灰或辛硫磷杀虫液彻底喷洒，杀灭虫卵。

（7）出菇期管理　大球盖菇菌丝长满覆土后（约60 d），便逐渐转入生殖生长阶段，并逐渐出现小菇蕾，子实体成熟需7～10 d，此时管理工作的重点是保温保湿及加强通风透气。① 保温保湿：大球盖菇出菇阶段空气相对湿度90%～95%，保持覆盖物及覆土呈湿润状态，覆土层干燥发白，适当喷水。喷水、采菇等经常要翻动覆盖物，在管理过程中要轻拿轻放，防止碰伤小菇蕾。② 通风换气：大球盖菇属好气性菌类，其生长环境CO_2浓度不得高于0.15%，否则易出畸形菇或不出菇，进而影响产量。

（8）采收　与水稻轮作模式栽培相同。

7.4 榆黄蘑

7.4.1 简介

榆黄蘑（*Pleurotus citrinopileatus* Sing.）又名金顶侧耳、金顶蘑、玉皇蘑、黄金菇，属伞菌目侧耳科金顶侧耳属。野生时多于秋季在榆、栎、桦等阔叶树的枯立木、倒木上生长，所以又叫榆耳或榆干侧耳。菌盖草黄色至鲜黄色，光滑，漏斗状，直径3～10 cm，菇体簇生，单朵重200～1 500 g，最大可达3 000 g以上，形如花朵。菌肉白色，柄偏生，菌盖鲜黄、油亮，优美喜人，是一种典型的木腐型食用菌（图7-4）。主要分布在黑龙江、吉林、辽宁、河北、山西，在青海、西藏、广东等地也有分布。榆黄蘑味道鲜美，香味可口，营养丰富，其中赖氨酸、蛋氨酸等8种人体必需氨基酸含量丰富，并含有铁、锌、硒等矿物质及多种维生素。现代医学研究还发现榆黄蘑能抑制B型单胺氧化酶的活性，具有良好的降压、抗肿瘤及延缓衰老的作用。

图7-4　榆黄蘑

7.4.2 栽培农艺特性

7.4.2.1 温度

榆黄蘑属中温型菌类。菌丝体生长温度范围为5～35 ℃，但以23～28 ℃为宜。子实体形成和生长的适温为18～25 ℃。不需变温刺激。

7.4.2.2 湿度

榆黄蘑在代料栽培时，培养料含水量以60%～65%为宜。子实体生长发育期间，菇房或菇棚内空气相对湿度以90%～95%为好。

7.4.2.3 空气

榆黄蘑子实体形成和生长发育需要充足的新鲜空气。菇房或棚内二氧化碳过高易造成菇体畸形，影响正常生长发育和商品价值。

7.4.2.4 光照

榆黄蘑菌丝生长不需光照；子实体形成和生长发育需要一定的散射光。

7.4.2.5 酸碱度

榆黄蘑菌丝体pH 5.0～8.0均可生长，但以pH 6.0～7.0为宜。

7.4.2.6 营养

榆黄蘑为木腐菌。对木质素和纤维素有着很强的分解能力。可利用榆、栎、桦等阔叶树进行段木生产，也可利用木屑、棉籽壳、玉米芯、豆秸等农作物下脚料进行代料生产。在代料中适当添加麸皮、米糠、玉米粉、畜禽粪等，有利于菌丝和子实体生长发育，从而获得高产。

7.4.3 栽培季节安排

根据榆黄蘑对环境温度的要求，栽培季节以春秋两季自然气温较适。春播3月接种，4～5月出菇；秋播9月接种，10～11月出菇。利用自然气候条件栽培榆黄蘑，应根据当地气候条件安排栽培季节，林地、玉米地或者黄瓜等高秧作物的地面均可以种植榆黄蘑。榆黄蘑色泽鲜艳，适合于采摘，在一些观光园区可以与林下、山地、繁茂的植物基部等处种植。

7.4.4 栽培生产技术

7.4.4.1 栽培流程

榆黄蘑栽培流程主要包括：选地作畦→铺料播种→培养发菌（或菌棒）→出菇管理→采收。

7.4.4.2　培养料备制

林地、玉米地种植榆黄蘑时可以采用发好的菌棒或作畦铺料播种。菌棒的制作可以参考平菇，铺料播种可参考以下配方。

① 棉籽壳70%，杂木屑27%，蔗糖1%，石灰1%，碳酸钙1%，pH 7.5～8.5。

② 棉籽壳85%，麸皮12%，石灰2%，碳酸钙1%，pH 7.5～8.5。

③ 棉籽壳50%，杂木屑40%，玉米粉7%，石灰1%，碳酸钙2%，pH 7.5～8.5。

④ 杂木屑65%，麸皮27%，玉米粉5%，石灰2%，碳酸钙1%，pH 7.5～8.5。

⑤ 棉籽壳50%，玉米芯49%，石灰1%。

以上按配方拌匀后加入水，料水比1∶(1.25～1.35)（含水量为63%～65%，以手捏紧，手指间见水，但不下滴），充分搅拌均匀。

7.4.4.3　林地栽培

1. 林地畦床栽培

（1）选地作畦　榆黄蘑适栽林地树种以用材林或经济林均可，如栗树、桉树、桃树、苹果树、核桃树等。一般要求林相成片，长势整齐，疏密适中，植株行距4～7 m。森林郁闭度50%～80%为宜。树龄因树种和林地土壤以及管理差异而不同，一般速生树种3～4年、缓慢树种7～8年达到郁闭度条件。间种榆黄蘑的林地，应剔除石头、杂物和野草，并进行浅翻土层做畦，注意不要伤及林果木根部。畦床宽以1.3～1.4 m为宜，方便采菇时单手至畦中采摘，避免畦床过宽，脚踏畦床采菇。畦旁开好排水沟，避免下雨时畦床积水，引起烂菇。畦沟不宜挖太深，避免伤及树根和造成沟底积水。畦床周围撒石灰粉消毒，并喷洒杀虫剂，以净化环境。在畦床上搭圆拱棚用于防雨和调节温度、湿度及通风之用。

（2）铺料播种　将配制好的培养料铺入沟畦面上，铺一层料，撒或点播一层菌种，共铺料播种3层，料厚15～20 cm，畦面呈龟背状。播种量15%以上。

（3）培养发菌　播种完后，将料面稍压实，盖一层旧报纸，用地膜盖严保温保湿，促进发菌。

（4）出菇管理　畦床播种是低温自然发菌。如畦中料温超过29 ℃，要结合掀膜通气在薄膜上喷冷水降温，以防烧坏菌丝。当菌丝长透料层“吐黄水”，揭去膜，同时搭小棚遮阴防雨。此时要每天喷1～2次水，保持料面湿润，现蕾3～4 d便可采收。

采收时，一手按住料面，另一手将子实体拧动一下拔起。采收后要除去料面菇根等杂物，防止腐烂后引起杂菌感染。每潮菇采收后，停喷水3 d，而后喷洒营养液（尿素0.4%，淘米水适量，白糖50 g，酵母10片，土豆水5 000 mL），每天1次，连喷3 d，管理得好，可出菇4～5潮。

2. 林地菌棒拱棚栽培

采用榆黄蘑菌棒的可以将菌棒码放在畦床上5～6层，留走道。拱棚可以根据林间距离搭建，其高度以人在其间能够操作为宜。拱棚内的温湿度按照榆黄蘑的需求进行管理，采收以及病虫害等防治参照平菇。

3. 病虫害防治

自然条件下榆黄蘑的栽培容易受杂菌污染和害虫的危害。主要杂菌有青霉属的黄绿青梅、淡紫青霉；木霉属的绿色木霉、康氏木霉；曲霉属的烟曲霉等。

防治措施有：调控好温度、湿度，加强通风换气，造成不利杂菌生长的环境。

主要的虫害有螨类、跳虫、蚜虫等。其防治措施有：栽培场所应远离鸡舍、饲料库等虫源较多的地方。林地周围因杂草多，容易招致一些蚜虫、跳虫等，应及时除草。可用0.2%的乐果溶液喷洒防治。畦床栽培时可以用BTI粉剂与土以10∶1的比例混匀，撒施于床表面。

7.5 白 鬼 笔

7.5.1 简介

白鬼笔（*Phallus impudicus* L. ex. Pers.），又称竹下菌、男荪、无裙荪等，为担子菌亚门腹菌纲鬼笔目鬼笔科鬼笔属真菌。白鬼笔目前在贵州毕节市已有较大面积的人工栽培，林下腐殖质层中单生或群生，其出菇温度较低，子实体开伞在秋冬季节，因此当地菇农又称其为冬荪，分布于贵州、四川、云南、安徽、广东等地。

7.5.1.1 形态特征

白鬼笔由菌丝体和子实体两部分组成。

菌丝体为白鬼笔的营养器官，有丝状、线状、索状等，起分解基质，吸收、贮存和运输营养的作用，使菇体得以生长发育。在PDA培养基上，菌落由营养菌丝和粗糙菌丝构成，营养菌丝无色透明，有横隔，有分支，有明显的锁状联合；粗糙菌丝无色有隔，具锁状联合，且有膨大的纺锤状细胞，纺锤状细胞内均含有一枚球状体。

子实体是繁殖器官，白鬼笔子实体未开伞前，成球形至卵圆形，俗称菌蕾，地上生或半埋土生，直径5～12 cm，灰色、褐色、白色或粉白色，有时呈粉红色，基部有白色或浅黄色菌素，成熟后部分表面有裂纹。菌蕾由菌盖层、孢子层、菌柄层、菌柄包被层、菌托层等5层组成。

菌蕾经过生长成熟后菌托层由上部裂开开伞，形成子实体。白鬼笔子实体呈粗毛笔状，由菌盖、孢子、菌柄、菌柄包被、菌托等五部分组成，部分白鬼笔菌盖下方有残菌幕。菌托灰色、褐色、白色或粉白色，高4～8 cm，直径5～12 cm。菌柄白色，海绵状，中空，近圆筒形，中部稍大，两端渐变小，长8～25 cm，直径1.5～5 cm。菌盖钟状，高2～7 cm，直径2～7 cm，贴生于菌柄的顶部并与菌柄顶部膨大部分相连，外表面有大而深的网格，成熟后顶平，有穿孔，孢子体覆盖在菌盖网格内表面，青褐色、黏稠，有草药样浓郁香气。孢子长椭圆形至椭圆形，平滑，（2.8～4.5）μm×（1.7～2.3）μm。孢子层由担子、担孢子及幼担子组成，每个担子具 4 个担孢子，担孢子杆状，平滑（图 7-5）。

图 7-5　白鬼笔

7.5.1.2　繁殖方式

担孢子萌发形成菌丝，通过菌丝分解腐竹和木类的有机物质取得营养，进入生殖生长阶段，菌丝体形成无数菌索，在其前端扭结膨大发育成原基，在适宜条件下，经过一个多月生长，原基形成菌蕾，状如鸡蛋。当菌蕾顶端凸起呈桃形时，多在晴天的早晨由凸起部分开裂，先露出菌盖，菌柄相继延伸，到中午柄长到一定高度时停止伸长。

7.5.1.3　营养价值

白鬼笔是一种珍稀食用菌，菌体洁白，久煮不糊，味道鲜美，口感松脆、细嫩、爽口，营养丰富，是一种极佳的营养滋补品。2016 年李文力等，对白鬼笔子实体进行石油醚和乙醇提取物的化学成分研究，检测出 BHT、顺，顺-9，12-十八碳二烯酸、异山梨醇、α-吡咯烷酮、烟酰胺、DIBP 及 DBP 等成分。白鬼笔子实体中含有丰富的营养成分，有 21 种氨基酸，8 种为人体所必需，约占氨基酸总量的 1/3，其中谷氨酸含量尤其丰富，占氨基酸总量 17%以上，为蔬菜与水果所不及；白鬼笔还富含多种维生素和多种微量元素以及多糖等活性物质。因此，作为食用，白鬼笔具有较高的营养和保健价值。

白鬼笔菌柄可入药，药性为甘、淡、性温，有活血止痛、祛风除湿的功效。白鬼笔能抑制腐败菌生长，可作为食品的短期防腐剂，还具有抗癌活性。在中国通常把白鬼笔菌盖和菌托去掉后，取菌柄部位煎汁作为食品短期防腐剂；菌柄部位入药可治风湿症，有活血祛痛作用，还具有抗癌活性；中世纪时，白鬼笔曾用于治疗痛风。

7.5.1.4　国内外栽培现状

我国的白鬼笔人工栽培起源于贵州省大方县，在 20 世纪 80 年代，就有收山货的商贩收购野生白鬼笔销往四川、江浙一带。在 20 世纪 90 年代初期，大方县就出现自行分离菌种栽培白鬼笔，主要分布在凤山、百纳、星宿等东片区乡镇。自 20 世纪 90 年代后期，由于白鬼笔市场价格不理想，农户栽培兴趣下降，栽培面积下滑，导致白鬼笔产业在 10 多年的时间内无任何发展。到 2011 年之后，由于到大方县收购中药材的山货商反馈外省有人收购白鬼笔，且价格是竹荪的两倍左右，于是，大方县农户又逐年增加栽培面积，2013 年产量合计 2 t 左右，价格 800～900 元/kg；2014 年总产量 6 t 左右，单价 500～700 元/kg；2015 年度大方县及周边地区栽培约 2 000 亩，产量约 20 t，价格 400～600 元/kg；随着白鬼笔被列入大方县农业板块经济和恒大产业化扶贫产业，产业投入加大，2016 年白鬼笔产业发展迅速，大方县及周边地区栽种大约 15 000 亩，产量 100 t 左右，价格预计 400～500 元/kg，主要销售网点为昆明、武汉、广州、贵阳和成都等地。

自 2014 年开始，白鬼笔受到业内人士重视，产业逐步发展壮大，向贵州省其他地区辐射推广。2015 年贵州习水县、纳雍县、织金县、安龙县等都开始引进试种并获得成功。2016 年贵州省人民政府将白鬼笔作为特色品种列入全省食用菌产业裂变发展方案。

白鬼笔在国外有少量栽培的报道，但并未形成规模。

7.5.1.5 主要栽培模式

白鬼笔的栽培方法多样，以栽培环境来分类，目前主要有层架式栽培、林下仿野生栽培和大田栽培。层架式栽培是搭建大棚进行栽培的方法，林下栽培一般为小窝式栽培法，大田一般采用沟式栽培法（若是排水不良的田地使用畦床栽培法）；层架式栽培不受空间地理限制，集中生产管理，方便节约；林下仿野生种植节约土地，充分利用荒地、荒山资源，但是不便于环境控制和管理；大田栽培又常与农作物如玉米、火麻等进行套种，农作物能为白鬼笔遮阴，提供充足的氧气，白鬼笔利用作物间土地资源，不浪费土地。但必须做好排水和浇水工作。

以栽培基质来分，分为纯木块栽培法、木块木屑栽培法、木块秸秆栽培法等，最原始的栽培方法以木块栽培法为主，即用木材切成小块用于栽培，此方法木材用量大，容易造成环境破坏，并且不适宜规模推广，栽培地有限；将木块打成木屑、用秸秆（如玉米秆、火麻秆）代替木材用于栽培白鬼笔是在此技术基础上的提升，但是由于白鬼笔生长周期长，所以使用纯木屑、纯秸秆栽培后期营养不足，并且容易发生杂菌感染，影响产量。还可利用林下枯枝落叶、杂草等作为栽培原料，可减少森林火灾发生。

另外还有盆栽、框栽、立体式栽培、脱袋覆土出菇等栽培方法。层架式栽培和仿野生栽培是白鬼笔两种主要的栽培模式。仿野生栽培不需要搭建大棚，栽培方法简单易行，农村地区原料容易获取、林地面积大，是在农村山区推广比较可行的方法。层架式栽培能集约化生产，所用原料为农作物秸秆，不占用土地，管理方便，绿色环保可持续发展，是白鬼笔栽培工厂化的首选方法。

7.5.1.6 市场前景

白鬼笔种植采收都在每年 10 月到次年 3 月，皆在农闲时节，不耽误农忙时间，能给农户带来很好的经济增收。白鬼笔野生资源的传统采集主要集中在毕节大方的乌蒙山区，因其资源丰富、品质高而受到人们欢迎。在野生资源主产地进行人工仿野生栽培，产品品相优，已成为当地特色优势产业，成了其他地方很难取代的标志性产业，大方县已成功申报“大方冬荪”地理标志，其地位与织金竹荪相当。

近年来，随着白鬼笔种植技术的不断完善，其产量和品质趋于稳定，在市场和政府的双重引导下，白鬼笔种植户越来越多，规模也越来越大。目前大方白鬼笔也在逐渐探索新的发展思路，加强技术引进与科技创新和服务，建立白鬼笔产业数字平台，打造“大方冬荪”区域公用品牌，不断提高产业竞争力。

7.5.2　栽培农艺特性

7.5.2.1　营养特性

（1）碳源　白鬼笔属木腐菌，自然状态下，以枯树和竹根、枝、叶为营养源，其碳源有葡萄糖、蔗糖、淀粉、纤维素、木质素等，葡萄糖是白鬼笔菌丝能够直接吸收的碳源。因此，白鬼笔菌种培养基一般以木屑培养基为主，栽培基质一般以木屑、农作物秸秆、火麻秆为主。

（2）氮源　氮源是白鬼笔生长不可或缺的，主要氮源为麦麸或米糠。常用氮源为蛋白胨、牛肉膏、酵母粉等。

（3）碳氮比　碳氮比（C/N）直接影响白鬼笔生长时间和产量。白鬼笔菌种培养料适宜碳氮比为（15～20）∶1，栽培料适宜碳氮比为（30～40）∶1，氮源不足会影响产量，氮源过多不但造成浪费，还会造成菌丝过度生长而影响原基分化，出菇量少。一般木屑的碳氮比为300∶1，玉米秆为97∶1，麦麸20∶1，花生饼8∶1等，因此栽培时可以适当添加一定量的氮源，特别是使用木屑、秸秆栽培时，需要添加一定的麦麸补充氮源，保证其生长。

（4）无机盐　白鬼笔生长需要的无机盐分为两类，即常量元素和微量元素。常量元素有硫、磷、钙、钾、钠、镁等；微量元素有铁、锌、铜、锰、铬、硒、钼等。白鬼笔培养料除需要添加常量元素外，微量元素一般不用添加。在生产配方中，常添加少量的矿物质和无机盐，如石膏、硫酸镁、磷酸二氢钾等。

7.5.2.2　环境条件

（1）温度　白鬼笔的生长发育需要在一定的温度条件下进行，白鬼笔的有效温区5～32 ℃，适宜温区18～22 ℃，不同品种不同生长时期的最适温度不相同。白鬼笔菌丝生长温度10～30 ℃，最适温度20～22 ℃，菌种培养时需要减少温差，减少冷凝水形成；若是仿野生栽培，播种时需避开低温期和高温期，以当年10～12月，次年3～4月为宜。若是高海拔地区，由于有效积温低，尽量提前播种。白鬼笔原基分化温度15～30 ℃，最适温度20～25 ℃，温度过低导致分化数量少，形成原基少，温度太高容易造成原基干瘪死去。白鬼笔菌蕾生长温度为8～30 ℃，最适温度为18～25 ℃，温度过低菌蕾生长缓慢，温度过高容易导致菌蕾不可逆失水干瘪或死亡。子实体开伞期温度1～30 ℃，最适温度18～20 ℃，白鬼笔开伞耐受温度范围广，只要没有结冰都可以开伞，温度过高会使子实体失水难以开伞。温度越低，开伞速度越慢，开伞时间越长。

（2）水分和湿度　白鬼笔菌蕾和子实体的含水量较大，子实体的含水量92%左右，菌托含水量高达97%。白鬼笔菌种培养料的含水量65%～70%为宜，水分过少不发菌，水分过大容易在瓶底积水，菌丝无法生长。菌丝培养空气湿度保持在55%～60%即可，湿度过高易感染杂菌。在子实体原基分化和生长阶段，空气相对湿度80%～90%为宜，低于50%原基不分化，即使分化也会缺水枯萎死亡。子实体开伞湿度70%～90%为宜，湿度过低菌蕾容易失水不开伞，湿度过高菌蕾顶端容易发霉感染。

(3) 氧气　白鬼笔同竹荪一样，属极好氧菇类，对氧气的需求量比其他的食用菌要多。菌丝生长阶段需要在瓶子里留少量的空间、装料不能太紧，并且保证换气良好，否则缺氧菌丝逐渐衰弱，缩短寿命。白鬼笔原基分化和生长期需要加强通风，仿野生栽培无须采取通风措施。若大棚层架式栽培需要加强通风，保持空气新鲜，并降低二氧化碳浓度，否则易造成菌蕾生长缓慢，严重时菌蕾缺氧死亡。

(4) 光照　白鬼笔同普通食用菌一样，菌丝生长不需要强光，强光会抑制菌丝生长，因此菌种培养室需要遮光。光线对白鬼笔的原基分化影响不大，一般原基形成于遮盖物下方，因此要求光强不超过 400～600 lx。白鬼笔菌蕾生长和开伞不需要光照，黑暗条件下菌蕾皆能正常生长和开伞，有光线反而降低菌蕾生长和开伞速度，因此白鬼笔在夜间开伞较多，白天开伞较少，自然采摘也一般选在早上采摘。

(5) 酸碱度　白鬼笔比较适宜微酸性条件，菌丝在 pH 5.0～8.5 的范围内均能生长，最适 pH 为 5.5～6.5，过酸和过碱都不利于白鬼笔的生长发育。在白鬼笔生长过程中 pH 会变低，因此培养料制作过程中不建议使用过多石灰。

7.5.3　栽培季节安排

7.5.3.1　品种选择

白鬼笔主要栽培品种包括长柄蜂窝型、厚孢长角型、光滑肉质型和短柄肉质型四种，其中长柄蜂窝型单产高，但味道较差，市场价格较低；厚孢长角型菌盖孢子较厚难以清洗，且菌蛋大、菌柄小，品相差；后两种味道较好，产量稍低，价格稍高。可以根据收购商的喜好选择适宜的品种，购买菌种时须选择技术条件较好的菌种公司生产的菌种。

7.5.3.2　菌种选择

选用菌龄 3～4 个月的优质菌种，无污染，外观菌丝白色、浓密，长满或接近长满，无老化和萎缩现象。

7.5.3.3　季节安排

白鬼笔是一种低温型菌类，菌龄长、出菇晚，适宜在海拔 1 500～2 000 m、温凉且湿度较高地区栽培。播种时间在当年的 10 月至次年 3 月，但是要尽量避免霜雪天气栽培，以免冻坏菌丝。3～5 月为白鬼笔菌丝生长期，6～7 月白鬼笔原基分化形成菌蕾，8～9 月为菌蕾生长期，9～12 月菌蕾开伞长出子实体，即采收期。

7.5.4　栽培生产技术

白鬼笔人工栽培方法较多，目前以在室外栽培为主，下面主要介绍林下小窝式栽培和大田栽培两种方法。林下小窝式栽培方法和大田栽培方法的区别主要在于林下空间有限，难以挖沟做畦，一般采用因地制宜的小窝式栽培法，并且林中有遮蔽物，无须栽培其他植物进行遮阴；而大田或荒地中挖沟做畦容易，一般采用沟式或做畦栽培，在坡地不易积水的地方采用沟式栽培，即挖沟放料栽培，在平地或洼地易积水的地方需采用畦床栽培，做好排水沟排水，否则积水导致白鬼笔菌丝无法正常生长。

栽培流程如下：

季节和场地选择→材料准备→挖窝或挖沟→铺放下层菌材→摆放菌种→铺放竹叶、撒白糖以及上层菌材→覆土与覆盖物。

7.5.4.1　场地选择

林下小窝式栽培应选择郁闭度 0.2～0.7 的树林或竹林，以有箭竹生长的树林为佳；无大型野生动物出没，树林通风良好，土壤肥沃、质地疏松，夏季地表无太多阳光直射，空气相对湿度 70%～85%，不宜选择白蚁活动频繁的地方。

大田栽培应尽量选择通风良好、土壤肥沃疏松、夏季凉爽、空气相对湿度 70%～85% 之间、土壤湿润好、雨季不积水的田地或坡地。不宜选用白蚁活动频繁的地方。

7.5.4.2　原料

主要材料为阔叶树木材、树枝，以青冈树、毛栗树为优，材料缺乏的可掺杂少量阔叶杂木，如桦树、杨树等木材。辅助材料可采用林中常见的箭竹枝、竹叶等。覆盖物一般以第一年干松针、阔树叶或蕨草为宜，并且比较常见。另外还可用木屑、农作物秸秆、火麻秆、果树修剪枝、枯枝落叶等代替部分木材栽培，如玉米秆、火麻秆、苹果树修剪枝、猕猴桃修剪枝等，但野外栽培不宜使用黄豆秆、玉米芯等豆类进行栽培，野外鸟类、动物对此类植物嗅觉灵敏，会破坏栽培地，影响产量。

7.5.4.3　配方

a. 阔叶树木块 35 kg/m^2，白鬼笔菌种 2 kg/m^2，白糖或麦麸 0.15 kg/m^2，箭竹叶或阔叶树叶 1 kg/m^2。

b. 阔叶树木块 18 kg/m^2，白鬼笔菌种 2 kg/m^2，白糖或麦麸 0.15 kg/m^2，箭竹叶或阔叶树叶 1 kg/m^2，玉米秆 5 kg/m^2 或火麻秆 12 kg/m^2 或果树修剪枝 15 kg/m^2。

c. 阔叶树木块 18 kg/m^2，白鬼笔菌种 2 kg/m^2，白糖或麦麸 0.15 kg/m^2，箭竹叶或阔叶树叶 1 kg/m^2，粗木屑 10 kg/m^2。

7.5.4.4　栽培方法

（1）*材料准备*　将新鲜的阔叶树木材切割成长 5～10 cm，厚度 2～5 cm 大小的块。新鲜的箭竹需用铡刀切割成 5～8 cm 长度，箭竹随用随切，不能使用存放时间长而发霉的箭竹。其他材料如农作物秸秆、火麻秆、修剪枝除了切割成 5～10 cm 长度外，需要提前浸泡 1 d，然后拿出沥水至不再有大量水滴渗出后使用。

（2）*挖窝或挖沟畦*　在选好的地块上先把地块表面上的枯枝烂叶及表层的腐殖层刮在一旁，然后进行挖窝或挖沟畦。林下挖窝要求：每窝坑深 12 cm、宽 40 cm、长 60 cm，亦可根据林下实际情况对尺寸适当调整，但宽度不宜超过 60 cm，长度不超过 1 m，窝之间间隔至少 30 cm。大田栽培挖沟畦要求：大田栽培时尽量选用排水良好的地块进行沟式栽培，沟的宽度为 30 cm，长度根据地块大小 1～10 m 不等，若地块宽度超过 10 m，需从中隔断 30 cm 左右再另起沟畦。两种方法均要求坑底平整，底层留 3～4 cm 的疏松土壤。

（3）*铺放下层菌材* 将准备好的木材块铺放在底层并压实，以看不到土壤为宜，6～9 cm 厚度，铺材时尽量均匀。

（4）*摆放菌种* 将称好的菌种扳成 4～6 cm 大小并摆放在铺好的木材上，菌种与菌种之间距离为 10～15 cm。小窝式栽培菌种用量在 12 小块左右，沟式栽培一般每沟 3 排菌种。

（5）*铺放竹叶、撒白糖以及上层菌材* 摆好菌种后再铺上一层箭竹，用量以盖住底材为准，再撒上少许白糖，接着再铺上一层菌材（下层菌材以木材为主，上层菌材除了使用菌材外，可以用配方 b 和 c 中的农作物秸秆、火麻秆、木屑、果树修剪枝、枯枝落叶等代替），菌材盖住菌种和竹叶即可。

（6）*覆土与覆盖物* 都放好后盖上疏松、干净、无明显杂菌生长的土壤，覆土约 5 cm 为宜，覆土形状呈微弧形隆起，最后再覆上 1 cm 左右厚度的松针或枯蕨草。

注意事项：覆盖物应适宜，太厚会导致菌丝直接长在覆盖物上，分化成原基，形成无效菌蕾，影响产量，太薄会导致白鬼笔蛋易受到太阳灼伤。覆土不能用容易板结的土，并且土中不能有太多杂草根，如蒿草，若有需要清理后才能利用。

另外大田栽培白鬼笔，可与玉米、火麻套种，即按上述方法栽培白鬼笔后，在其间栽培玉米或者火麻，玉米和火麻可为其提供遮阴的效果。其中玉米栽培的株距根据当地玉米品种栽培株距一致，火麻栽培株距 60 cm，行距 80 cm。

7.5.4.5 栽培期间的管理

（1）*人畜管理* 仿野生林下栽培需防止动物破坏，田地栽培要防止人畜践踏，以及蚂蚁、老鼠等动物的破坏。

（2）*环境管理*

a. 湿度：栽培白鬼笔的湿度非常关键，在湿度管理过程中要控制栽种材料的湿度，及菌丝生长阶段土层内及其土层表面不能发白、变干的情况发生，才能确保内层材料的湿润以及菌丝生长粗壮密集。若发白、变干时，可洒少量水，加盖木叶，但下雨时节不能让太多的水流入材料内，以免造成湿度过大淹死菌丝。

b. 光照：白鬼笔喜欢在阴凉潮湿的环境中生长，菌丝生长时不需要光照，以半阴半阳的条件下生长为最佳，林下种植模式成为白鬼笔高产的较佳选择。如采用耕地种植可套种玉米、火麻等农作物，以防止太阳暴晒，特别是刚长出的小菌蕾生命力比较弱，如经太阳暴晒，过干或过湿都容易使菌蕾死亡；另外白鬼笔菌蕾生长期间也不能有长期的暴晒，否则菌蕾皱缩失水后很难开伞，或者开伞后菌柄会折断影响品质，因此需要经常关注覆盖物，防止菌蕾直接暴露在光照下失水皱缩。

7.5.4.6　白鬼笔的采收、加工和贮藏

（1）采收　白鬼笔采收期一般在每年 10～12 月，由于白鬼笔菌柄较脆，易断，采收时需特别小心。另外不同品种的特征不同，采摘方式也有区别。菌托菌柄难以分离的品种需先将菌托去掉得到菌柄，一般品种可直接轻旋菌柄即可将菌柄完整取出。另外若是孢子较多的品种，可将菌盖单独放置集中清洗，以免孢子自溶将菌柄弄脏后难以清洗。

（2）清洗　不同品种有不同的清洗方法，如果菌盖较容易清洗的话可直接用水枪冲洗，若菌盖难以洗净可将菌盖摘下用冷水浸泡过夜后单独清洗（注：切不可用温水浸泡，否则菌盖会变黄发软，影响品质）。

（3）烘干　白鬼笔子实体采收后应及时进行烘干，延迟干制将直接影响品质。白鬼笔的烘干不能用煤火直接烘烤，需用热风烘干或者电热烘箱烘干。先 70 ℃烘干 1 h 杀青，然后将温度降低至 40 ℃持续烘干至恒重。烘烤过程中，需要注意排湿，避免在高温高湿条件下，引起白鬼笔发黄、发黑现象。白鬼笔以菌柄无严重皱缩、颜色洁白、菌盖灰白色、菌柄与菌盖完整为佳。

（4）装袋　烘干后回潮 10 min 进行装袋，可放置在较厚的不透气大塑料袋里保存，回潮太久不易保存。

（5）贮藏　置于阴凉干燥的冷库贮藏，一般要求仓库湿度低于 30%，避免干品白鬼笔吸湿后发黄。暂时销售不了的白鬼笔需每月打开塑料袋晒一下太阳或者排湿，否则湿度一高白鬼笔会变黄甚至腐烂，影响价值。

7.6　羊　肚　菌

7.6.1　简介

羊肚菌又称美味羊肚菌，俗称羊雀菌、包谷菌等。隶属于子囊菌门（Ascomycota）盘菌纲（Discomycetes）盘菌目（Pezizales）羊肚菌科（Morchellaceae）羊肚菌属（*Morchella* Dill. ex Pers.：Fr.）。当前，国际菌物索引记录的羊肚菌种类就有 327 种。早期的大部分传统菌物学家倾向于将羊肚菌属分为黑色羊肚菌类、黄色羊肚菌类和半开羊肚菌类以及变红羊肚菌类；近年来的分子系统发育学分析则更支持将羊肚菌属划分为黄色羊肚菌类群、黑色羊肚菌类群和变红羊肚菌类群。

羊肚菌以其菌盖表面有许多小凹坑，外观极似羊肚而得名。羊肚菌是珍贵的食用和药用真菌。如今已成为出口西欧国家的高级食品，是一种不含任何激素，无任何副作用的天然保健食品。羊肚菌生长在山区，自然发生，一年只长一次，每次发生时间仅 1～2 周，长久以来，受菌种及其挑剔的生长环境影响，羊肚菌一直通过人工野外采摘获取，产量极少，价格极高，市场缺口大。羊肚菌的研究与开发，一直是世界各国感兴趣的课题。

7.6.1.1 国内外研究现状

羊肚菌最早记载于《本草纲目》，中医认为羊肚菌具有化痰理气、补肾、壮阳、补脑、提神的功效。400 年来，人们从记载、采食到研究其分布、分类、生态、栽培、化学成分、保健品、发酵等方面，获得了突破性的进展。20 世纪 60 年代成功发酵羊肚菌菌丝体，美国 80 年代首次室内羊肚菌子实体栽培成功，引起了许多科学家和商界人士对羊肚菌的关注和兴趣。但有关羊肚菌遗传学、生物活性物质、酶学、药理学、不同地区羊肚菌的类群等方面的研究尚在起步阶段。20 世纪 90 年代报道了羊肚菌生活史细胞学研究成果。尽管国内外有不少成功栽培羊肚菌子实体的报道，但是羊肚菌的商业化栽培一直是人们追求的目标。近年随着分子生物学的兴起，开展了羊肚菌分子分类学的研究，逐渐解决了羊肚菌属的分类方面的争议。我国 20 世纪 80 年代初开展了羊肚菌生态、分布、资源、栽培、保健品开发及成分分析等方面的研究。新的羊肚菌种也有所发现，羊肚菌属内种从最早的 8 种增加到 15 种，但是羊肚菌系统分类研究还没有进行，分类较为混乱，存在异物同名和同名异物。羊肚菌的人工栽培经历了百余年的历史，直到最近十年，我国四川、云南、湖北等地的羊肚菌栽培取得了突破性的进展，面积已达到 10 万多亩。

7.6.1.2 羊肚菌的营养价值

羊肚菌是一种高营养低热量的高级营养品，其子囊果（子实体）和菌丝体均含有丰富的营养成分，每 100 g 干品中含蛋白质 25.34 g、粗脂肪 4.4 g、碳水化合物 39.7 g、热量 280 kcal、维生素 B_1 3.92 mg、维生素 B_2 24.60 mg、烟酸 82.00 mg、泛酸 8.27 mg、吡哆醇 5.80 mg、生物素 0.75 mg、叶酸 3.48 mg。其中蛋白质含量是木耳的 2 倍，香菇的 1.5 倍，且极易被人体吸收。

羊肚菌含有 19 种氨基酸，其不饱和脂肪酸的含量占优势。含有葡萄糖、甘露糖、果糖和海藻糖组成的多种多糖，糖苷酶、漆酶、多酚氧化酶和过氧化物酶的含量也较多，子囊果还含有 Ca、Mg、K、Na、Zn、Cu、Fe、Se 等多种人体必需的矿物元素和微量元素。

7.6.1.3 主要形态特征

广义羊肚菌属的主要形态特征是：子囊果由头部和柄部组成，中空。头部整体圆锥形、卵圆形至近球形，褐色、浅褐色、紫褐色、淡紫色、黄色或灰白色；表面像蜂窝状，有许多小凹坑，小凹坑不规则形至窄长方形，棱纹颜色较浅或深，纵横交叉，呈不规则的近回形的网眼状；头部基部与菌柄顶端相连或者菌盖近中部与菌柄相连，边缘向外伸展。菌柄中空，与菌盖边缘紧相连，与头部等宽或较头部窄，近柱形，白色或污白色，光滑至被鳞片状鳞毛，老后棕黄色，长 2～15 cm，粗 1.0～6 cm（图 7-6）。子囊圆柱形，子囊孢子 8 个。

图 7-6 羊肚菌

7.6.1.4　菌丝体特征

羊肚菌属不同种的菌丝具有不同的生长速度、习性。菌丝体、菌核发育和菌核颜色等培养特征也有不同。一般情况下，羊肚菌属真菌菌丝体生长初期呈白色或淡黄色，有光泽，尖端分泌无色露珠，随后菌丝尖端呈多指状或树枝状分枝（开始时分枝少，后期逐渐增多并交织成网状）。生长中期，羊肚菌菌丝体在培养基上形成菌落，分泌深褐色色素在培养基中，色素由菌落中心较老的菌丝分泌，菌丝体呈棕黄色至棕色，有光泽和露珠。随着菌丝的老化，菌丝分泌的红棕色色素扩散到平皿四周，使羊肚菌菌落由深棕色转为乌棕色，光泽消失。

光学显微镜下（综合 PDA 培养基），羊肚菌属菌丝呈白色，透明，光滑，直径 3.0～5.2 cm，均匀，竹节状，有分隔，分隔处稍缢缩，菌丝多分枝，且菌落中部的菌丝分枝多呈近直角，菌落边缘的菌丝分枝多呈锐角；细胞多核，无锁状联合。菌丝交织成网格状，构成一个复合的整体。

7.6.1.5　菌核形态特征

菌核的产生是羊肚菌子实体形成的重要阶段。碳源、氮源、碳氮比、培养基种类、生长因子、有机酸、温度、酸碱度、湿度和光照等不同培养条件对羊肚菌菌核形成影响较大。菌核从发生到成熟的过程：初始细长的营养菌丝（气生菌丝）逐渐膨大，变短变粗（颜色由淡色变深至褐色），细胞的内含物由少到多，并且成熟后积累大量的脂滴。菌核的功能主要是抵御不良环境。当环境适宜时，菌核能萌发产生新的营养菌丝或从上面形成新的繁殖体。菌核具有很强的再生能力，质地坚硬，多贴于瓶壁或皿壁上，最大可达 3 cm×4 cm。见图 7-7。

图 7-7　羊肚菌菌核

7.6.1.6　羊肚菌生活史

羊肚菌的生活史即从孢子到孢子的发育全过程，包括有性生殖、无性生殖、菌核形成。

子囊果的产生是羊肚菌有性生殖周期成熟的表现，含子囊孢子的成熟子囊果是生活周期的终极，其显著特征是两个单倍体核配对后形成双倍体核，再经减数分裂形成新的单倍体子囊孢子，孢子萌发形成菌丝。减数分裂前的配对可进行自体配对和异体配对。无性繁殖是由菌丝形成孢子囊梗，在顶端发育孢子囊，囊内生分生孢子，当孢子囊成熟，散出分生孢子，分生孢子遇适宜环境又萌发产生单倍体核的新菌丝。此外，在某些条件下营养菌丝或异核菌丝可直接形成菌核，菌核在不利情况下处于休眠状态；适宜条件下营养菌丝形成的菌核便萌发成新的初生菌丝，进行营养生长；异核菌丝萌发后，可形成次生菌丝，或形成子囊果。菌核的形成是羊肚菌生活史的重要阶段。

7.6.2 栽培农艺性状

羊肚菌菌丝和子囊果生长发育的条件包括温度、水分、空气、光照、酸碱度（pH）、营养等因子。

7.6.2.1 温度

羊肚菌属于低温型真菌，但其菌丝体生长的温度范围较宽，5～30 ℃均能生长，最适温度为18～22 ℃，温度适宜，菌丝生长旺盛，色泽湿润而粗壮；温度过高时，菌丝生长过快，容易衰老；温度超过35 ℃，菌丝受到严重损伤，停止生长，5 ℃以下处于休眠状态；但羊肚菌菌丝非常耐低温，生于土壤中的羊肚菌菌丝在北方能忍受3个月的低温而不会冻死。子囊果分化的温度在4～11 ℃，高于13 ℃子囊果很难分化，但子囊果在6～25 ℃时均能生长，其中低于8 ℃环境中生长的子囊果品质较好，温度高于18 ℃品质较差。因此适宜的温度是影响羊肚菌的生长、发育的重要因素之一。

7.6.2.2 水分和湿度

羊肚菌子囊果分化时需近似饱和的水分刺激原基分化，但在子囊果发育阶段则需60%～70%的水分来保证其生长发育需要。因此，如何控制好土壤基质含水量则是田间管理的重点，一般以土壤含水量控制在65%左右为宜，空气相对湿度控制在80%～90%为宜。当土壤含水量和空气湿度过高时，羊肚菌菌柄易腐烂而出现“水菌”；当土壤含水量和空气湿度过低时，羊肚菌顶部易畸形或停止生长，进而影响产量和质量。

栽培种菌丝生长的最适含水量以60%左右为宜。播种后菌丝生长阶段，适宜的空气相对湿度为75%～85%，子囊果形成和生长发育阶段，需要85%～95%的空气相对湿度。羊肚菌子囊果极不耐干旱，在强光和干燥时将停止生长。但羊肚菌孢子特别耐干燥，采收的子囊果在晾干后存放10～20年，仍能弹射孢子，且孢子仍保持有生命力。

7.6.2.3 光照和氧气

强度适宜的漫射光是羊肚菌完成正常生活史的一个必要的条件。菌丝生长不需要光照，光线会抑制菌丝生长；子囊果的分化和生长发育需要光线，子囊果生长要求有400～1 000 lx的光照，在无光条件下不能形成原基。羊肚菌子囊果有明显的趋光性，但光线过强菌盖表面棱变薄、颜色变黑、品质变差。仿生栽培时，需覆盖遮光率为85%～90%的遮阳网来促进羊肚菌子囊果生长、发育。

羊肚菌属于好氧性真菌，足够的新鲜空气是保证羊肚菌正常生长发育的重要环境条件之一。如果通气状况不良，容易发生畸形菇，影响品质，降低商品价值。

7.6.2.4 酸碱度

羊肚菌菌丝生长适宜 pH 为 6.5～7.5，pH 低于 3 或高于 10，菌丝停止生长。子囊果形成和生长的最适 pH 为 6～7.5。

总之，上述条件是综合地对羊肚菌的发生和生长起着作用。在营养条件完全满足的情况下，决定能否进入原基分化的主要因子是温度、湿度和光照，它们在营养生长转为生殖生长的过程中有着重要作用。当原基形成后，能否继续发育长大，关键是保证通风换气和适当的温、湿度及光照。

7.6.2.5 营养

羊肚菌属于腐生和共生兼有的特殊真菌，虽不具有很好的分解木质素、纤维素的能力，但在含有葡萄糖、纤维素、半纤维素和木质素的基质上能够良好生长，同时也需要钾、镁、钙、磷等矿质元素和少量维生素。碳源、氮源是营养的最主要因素。羊肚菌可以有效吸收利用的碳源有葡萄糖、蔗糖、乳糖、半乳糖等简单糖类。生产中可以用于羊肚菌转化利用的碳源有麦粒、木屑、棉籽壳、食用菌菇渣等，羊肚菌可以有效利用的有机氮源有牛肉膏、蛋白胨等；目前栽培生产中主要以小麦、麦麸等为主要的碳、氮源供给。

7.6.3 栽培季节安排

羊肚菌属于低温型真菌，栽培时总的原则是避开高温季节。羊肚菌菌丝生长最适宜的温度为 15～22 ℃，子囊果分化温度为 10～12 ℃，子囊果生长最适温度为 12～16 ℃范围内，根据菌丝体和子囊果生长的适宜温度，结合本地区的气候条件，对栽培时间进行适时调整。如北方地区栽培种制作在 9 月左右，播种在 10 月上中旬，山区需要提早 2 周左右，以菌丝萌发形成菌霜，放置转化袋 20～30 d 即进入霜降为宜。北方冬季在日光温室 10 月即可播种，通过遮阳、卷帘以及喷雾等措施，12 月即可采收。南方则在 10 月下旬以后播种，次年 3～4 月采收。

羊肚菌属低温高湿型真菌，除需较低气温外，还要较大温差刺激菌丝体分化，其整个生长期保持湿度也是很重要的。人工栽培时，从菌种选择、栽培季节、场地选择、播种、田间管理等方面都需要精心计划。一般选择微碱性沙壤土，前茬为禾本科作物，轮闲或生荒的平地更为理想。种植蔬菜的肥沃土壤也可以获得高产。羊肚菌的栽培模式有温室、露地、林地、大田规模化等，其中大田规模化还包括：稻菌轮作模式、大田矮棚模式、油菜地套种模式、小麦地套种模式等。

栽培地应选在环境清洁，空气清新，水质无污染的地方，同时还应具备地势低、水电便利的条件。栽培地的设置除了场地选择，还要兼顾防暑的性能、遮光性和配套设施。羊肚菌虽是低温型菌，但是发菌期所需温度却在 15～22 ℃，而且子囊果生长时期生命活动旺盛，温度不宜超过 18 ℃，因此要求栽培地的降温措施、保温性和通气性要好。羊肚菌不同生育阶段对空气相对湿度的要求不同，湿度的高低可人为控制，但保湿时间的长短则和栽培地的性能相关。

无论是平原还是山区可以选择的地点、设施有露地、温室和林地。

7.6.4 栽培生产技术

7.6.4.1 露地（大田）栽培技术

（1）菌种和品种　羊肚菌菌种是人工栽培羊肚菌的关键，羊肚菌菌种与其他的食用菌一样，分为三级：母种、原种、栽培种，制作的方法也与一般食用菌相同，通常在菌种瓶壁可以看到菌核，菌核的产生是羊肚菌子实体形成的重要阶段，在培养菌种时期，不同的培养基和培养条件对菌核产生的时间和数量有明显的影响。生产者和购买者都应注意观察。由于菌种的制作需要无菌操作，需要灭菌和接种的设施等，建议使用专业机构或公司生产的栽培种，一般的农户不要自己生产。目前使用的多为梯棱羊肚菌、六妹羊肚菌的一些品系。生产上流通的品种按颜色分为黑色羊肚菌和黄色羊肚菌，其中黑色羊肚菌代表了至少 7 个不同的物种，黄色羊肚菌代表了至少 4 个不同的物种。每个单位选育出的羊肚菌菌种会根据自己的选育情况而定名，所以生产流通上羊肚菌的名称较多，注意从正规的和有信誉的单位购买。菌种瓶打开后注意观察表面是否污染，有绿色、白色等杂菌颜色时要避免使用。

（2）菌种的制作　菌种是羊肚菌生产的关键所在，优良菌种是保证丰收的关键。优良菌种的条件包括：品种合适、菌龄合适、生命力旺盛、纯净、无污染。菌种制备和常规食用菌一样，分母种、原种和栽培种。母种为 PDA 综合培养基，配方为马铃薯（去皮）200 g、葡萄糖 20 g、琼脂 20 g、KH_2PO_4 3.2 g、$MgSO_4 \cdot 7H_2O$ 1.5 g、维生素 B_1 10 mg、蒸馏水 1 000 mL（也可加羊肚菌基脚土 50 g 煮沸沉淀，取上清液熬制配方），pH 自然。121 ℃下高压灭菌 30 min。原种配方为棉籽壳 78%、小麦 20% 和土 2%，石膏调 pH，pH 6.5～7.5 为宜。原种和栽培种以瓶装最有利于菌丝生长和长途运输，菌种的制备时间节点根据播种季节往前推 2 个月为宜，不能过早，以免影响菌种活力。营养袋的制备在播种后 7～10 d，其配方为麦粒、稻壳。

菌种生产过程中拌料是一个关键环节，主要包括原材料的预处理和将主料、辅料、水分等尽可能均匀地混合。如小麦的预处理，小麦要在环境温度 20～25 ℃下浸泡 16～20 h，浸泡彻底的小麦颗粒膨胀、饱满、不粘、不破损，小麦内部无白芯。

（3）播种方法　用旋耕机整好土地，按 1.2～1.4 m 沟心距作浅沟和畦面，沟宽 30～40 cm，畦宽 90～100 cm，在畦面上开 3 条浅沟，沟内浇足底水，水渗下后撒菌种。菌种的播种方法分为撒播或条播，将培育好的菌种按每平方米用种 400～500 g，均匀撒播于沟内，人工将沟边的土壤均匀地覆盖在菌种上，覆土 1～2 cm，最厚不超 5 cm，最后大沟内浇透水。浇完之后第 2～3 天，地表盖遮阳网，保湿。

（4）播种后的管理　保持土壤湿度：播种后视天气和土壤情况浇水 1～2 次。种植后随时检查田间的干湿度，做到雨后及时排水，干旱时及时喷水。

(5) 转化袋与营养补充　转化袋配方：玉米芯 40%、谷壳 25%、小麦 20%、生石灰 1%～2%、石膏 1.5%、腐殖质土 15%。“转化袋”选用 12 cm×24 cm 乙烯或丙烯菌种袋。“转化袋”装袋后进行常规灭菌操作，待冷却后即可使用。

在播种 15～20 d 后，稀疏的菌丝从土壤内长到土层表面，将形成白白的一层“菌霜”，即分生孢子。这时需要将灭过菌的转化袋（营养袋）的侧面用刀子划口或打孔后，平扣于布满菌丝的菌床上，每平方米 5～10 袋，菌床菌丝上行长入营养袋，吸收营养袋中的养分回供菌床菌丝，能显著提高子实体产量。依据转化袋的大小一亩地通常需要 3 000～5 000 袋。大田摆放的营养袋可以一直到第二年春季再移走。

(6) 覆盖塑料膜　晚秋播种后气温下降，要及时采取加盖地膜、覆盖稻草等增温措施，满足菌丝体对积温的需求。北方地区冬季寒冷干燥，秋季露地播种的，越冬时为了保湿需要加盖一层塑料膜（大棚膜），北方地区要注意盖膜的抗雪、抗风能力，还有其锁水保温能力，具体覆盖以封冻之前的 11 月下旬至 12 月上旬为宜，山区则要提前 2～3 周。南方地区温度较北方高，根据温度选择性覆盖塑料膜。

(7) 催菇　催菇是一个传统食用菌生产概念。适当的技术处理可以有效地促进原基的暴发，达到大量出菇的目的。催菇的原理是通过外界环境条件的改变，使生理成熟的菌丝物由营养生长阶段转为生殖生长阶段的过程。羊肚菌的催菇主要手段有增加氧气含量、增加土壤含水率、增加空气湿度等操作。

(8) 出菇管理　露地或林地秋季播种的出菇期如北方地区在第二年早春 3 月下旬至 4 月，3 月下旬当土壤化冻后及时浇透水，并搭建简单的遮阳网棚架；南方地区露地或林地的出菇期在 2 月，遮盖遮阴率为 80%～95%的遮阳网。初期温度较低，土壤湿度控制在田间持水量的 65%左右，空气湿度控制在 80%～85%，温度和通风均为自然。地温在 7～14 ℃时，子实体均可以正常生长。露地或林地距离水源近的地方可以铺设滴灌带，管理得当北方出菇期可以延迟到 5 月初，南方也可延迟到 4 月初。需要注意的是，早春出菇期间保持一定温度及适宜的湿度是获得栽培成功的关键（图 7-8）。

图 7-8　羊肚菌栽培出菇

注意：出菇后浇水一定要选择早晚气温较低时进行，否则，气温较高时浇水，会令地表温度骤降，使已经出菇的羊肚菌子实体腐坏，俗称“烧菌”。

当菇体长大到 7～8 cm，菌盖表面的脊和凹坑比较明显，菇体不再变大，菌盖颜色逐渐由幼菇时期的褐色变浅为黄褐色、浅黄色时即可采收。

7.6.4.2　林地栽培技术

菌种制备、拌料等同上。场地选择以杨树、桦树、槭树为主的阔叶林，林分郁闭度为

0.6～0.8及以上，林下以疏松、肥厚、湿润的腐殖质土为宜。10月底进行播种，播种前浅翻林下土壤，然后直接将原种中的栽培料播撒在土壤中。播完后，覆盖腐殖土2～4 cm，再在上面盖2 cm的阔树叶。第一年基本不需要特殊管理，如果连续干旱需要喷水设施。当表面土壤低于50%时，需要人工喷水增加湿度。如果林地遮盖度低于70%时，需要架设遮阳网。等羊肚菌菇蕾出现时需要把空气湿度增加至85%左右。营养袋放置时间、方法、采收等同上。

7.6.4.3　大田栽培技术

菌种制备、拌料等同上。选地要选土质疏松利水的平原及盆地地区，可以大规模机械化操作，且附近无大规模的牲畜养殖等污染物排泄，沙壤土的含沙量不高于40%，通常农作物生长良好的田地均适宜羊肚菌的土质需求，也可与小麦、油菜花套种。羊肚菌属于中低温菌类，菌丝生长范围为3～28 ℃，最适10～20 ℃，子实体形成与发育的范围为5～20 ℃，最适10～18 ℃。四川盆地在11月可将小麦、羊肚菌同时播种，此时温度为10～15 ℃，适合菌丝生长，营养充足，这样可以充分利用空间，提高效益。大田栽培在土地翻耕前，农田、水稻田按照每亩施撒100～150 kg的生石灰或者400～500 kg的草木灰，起到杀菌杀虫作用，之后再开沟（同上），在处理好的田地搭设遮阳棚，南方因为降雪量少，可选用平棚，北方可选用拱棚，上面覆盖遮阳网。从小菇到成菇的发育先后经历三个阶段，在后期的快速生长阶段，保持低温12～16 ℃，空气湿度80%～90%，增加土壤含水量20%～25%，增加棚内空气流通速度，可促进羊肚菌的发育。营养袋放置、出菇、采收同上。

7.6.4.4　羊肚菌病虫害及其防治

1. 羊肚菌病害

羊肚菌子囊果在生长、发育过程中，受到病原微生物的侵害或不良环境因素影响，引起子囊果生理机能发生异常或外部形态、内部构造发生变化，统称羊肚菌感病。通常包括病原病害和非病原病害两大类。

（1）*病原病害*　羊肚菌由于受到其他有害微生物寄生而引起的病害，也叫侵染性病害或传染性病害。引起羊肚菌病害病原物主要有放线菌、细菌、真菌和病毒。病原病害的发生和流行是由病原物、羊肚菌本身和环境条件三方面因素决定的，任何病原病害的发生和流行都必须具备这三个条件。病原物、羊肚菌本身、环境条件三因素是互相制约和依赖。当环境条件有利于病原物的滋生和繁殖，而不利于羊肚菌生长、发育或环境条件超过了羊肚菌的适应范围时，就容易发生病害。

褐腐病又称水泡病、湿泡病等。该病是由一种名叫疣孢霉的病菌引起的，主要特点为：疣孢霉的分生孢子和厚垣孢子只感染子囊果，不感染菌丝体。子囊果受到感染时，菌柄肿大成泡状畸形，故叫湿泡病。疣孢霉是一种普通的土壤真菌，菇房周围的土壤和废弃物是它的病源。

（2）*非病原病害*　由于不适宜的环境条件或不恰当的管理措施引起，如田间含水量过高、pH过低、空气相对温度过高、二氧化碳浓度过高等环境因素引起的，这类病不会传染，但会使子囊果畸形或形成“水菌”。常见的非病原物病害有以下两种：

枯萎病：又称死枯病，是一种生理性病害，主要特点为：发病后子囊果停止生长，变黄，逐渐萎缩、变软，最后枯死或腐烂。发生此病主要是营养供应不上或者是栽培环境温度过高、空气中的二氧化碳含量增多所造成。

畸形菇病：也是生理性病害。羊肚菌在形成子囊果期间，倘若遇到不良环境和培养条件，使子囊果不能正常发育，便会产生各种各样的畸形。

(3) 病害防治措施　须贯彻“预防为主，防治为辅”的综合防治的方针。选用抗病菌株，保持栽培地卫生，林间或田间温、湿度管理得当，才能起到综合防治的效果。一是播种前田地进行1周以上的暴晒可有效地防治霉菌病害的发生；二是避免出菇时节长时间高温高湿，以加强通风、降湿、降温来防控病害发生；三是在播种补料环节，如遇高温，菇床会有不同程度的霉菌发生，可以就地喷洒生石灰并掩埋；四是镰刀菌使用克霉灵或硫酸铜进行防控。

2. 羊肚菌虫害

羊肚菌的害虫主要有螨虫、跳虫、鼠害、蛞蝓、菇蝇、眼菌蚊等，危害较重是眼菌蚊。

(1) 菇蝇　又名类果蝇、蚤蝇、扁足蝇等。成虫外形如蚊，淡褐色或黑色，触角很短；幼虫白色，是头尖尾钝的蛆，卵黄白色或淡白。成虫和幼虫都喜欢取食潮湿、腐烂、发臭的食物，有较强的趋化性和趋腐性。

(2) 菌蚊　又名菇蚊，危害羊肚菌的菌蚊有眼菌蚊、小菌蚊、大菌蚊、茹蚊、闽菇迟眼菌蚊等10余种，其中以小菌蚊较为常见。小菌蚊成虫为淡褐色，头部颜色较深，体长4～6 mm；幼虫为长筒形，灰白色，体长10～13 mm，头部骨化为黄色。菌蚊有很强的趋腐性和趋光性。成虫的卵多数产在培养料缝隙表面和覆土上，菌蚊食性杂，喜腐殖质，常集居在不洁净之处，如垃圾、废料、死菇和老根上。菌蚊的卵、幼虫、蛹主要随培养料或覆土进入栽培场所，成虫则直接飞入栽培场所繁殖产卵。幼虫危害羊肚菌的子囊果，多从菌柄基部取食危害，并逐渐蛀食到菌帽部分。

(3) 蛞蝓　为腹足纲、柄眼目、蛞蝓科动物的统称。在阴暗潮湿的环境下易发生，主要食用蔬菜、蘑菇、真菌等果实。蛞蝓食用幼小的羊肚菌原基和幼菇蕾。

(4) 白蚁　多发生在播种环节，白蚁直接啃食菌种，造成严重损失。白蚁危害多发生在林地、腐殖质落叶丰富的不动土田地，可以通过播种前暴晒田地进行防控。另外对新开垦的田地，在播种前，每667 m^2按照50～75 kg生石灰投放，可有效地减少白蚁侵害。

(5) 老鼠　老鼠嚼食菌种和幼菇，对麦粒营养袋进行打洞取食，可通过常规捕鼠或灭鼠手段防控。

必须采用“预防为主，综合防治”的方针。首先，栽培地的清洁卫生是防止虫害的重要环节和根本措施，其目的在于消灭虫源，铲除虫害滋生地，彻底消除栽培场地的垃圾、粪肥、虫菇、烂菇；其次，在出菇前一周，栽培地四周用80%敌敌畏的1∶800倍液喷施，防止成虫产卵。此外，出菇期防治要考虑药剂对羊肚菌生长、发育的影响，杜绝使用任何化学农药，仅能使用物理防治法，如悬挂黄板、黑光灯等。

7.6.4.5 加工

羊肚菌的保鲜和保藏需要冷库，具有一定的局限性。目前广大菇农多以干品进行销售。羊肚菌干品的主要加工方法是自然晾干法和烘干法。

烘干法以炭火为热源，在烘箱中进行，脱水温度 50 ℃、2 h 即可干燥。其主要特点是不受自然环境限制、速度快、菇形好、色泽好及香味浓。

1. 保鲜加工

保鲜羊肚菌系通过使用预冷排湿和低温冷藏的方法，抑制鲜菇体内酶的活性和微生物活力，进而减缓其新陈代谢，防止褐变、霉变，最终达到在一定时间内保持鲜菇原有的风味、色泽和营养成分的目的。

2. 子囊果筛选

新鲜度是决定保鲜羊肚菌质量的重要因素。首先，子囊果一定要新鲜、色泽正常；其次，子囊果形态必须要完整，并保持其自然生长时的形态，且无病虫害、异味和泥土杂质。

3. 子囊果处理和分级

羊肚菌含水量高达 80%～90%，为保持其良好新鲜度和色泽，鲜菇采摘、分级加工后要及时进入冷库预冷降温，以迅速降低其本身的热量。通常采用通风冷却方式把冷库温度控制在 1～3 ℃，鲜菇中心温度为 2～4 ℃，使鲜菇含水量降低至 70%～80%。在常温下通风阴凉排湿或摊晒于阳光下排湿的方法，都不宜采用。

按菌盖直径、长度大小及菌柄长短进行人工分级，通常采用三级制：

一级菇（A）：菌盖直径 5 cm 以上，长 7～10 cm，柄长 2～3 cm。

二级菇（B）：菌盖直径 3～5 cm，长 4～7 cm，柄长 3～5 cm。

三级菇（C）：菌盖直径小于 3 cm，长小于 4 cm，且柄长大于 5 或者小于 2 cm。

在进行子囊果分级的同时应剔除破损、变色、畸形、有斑点及霉菌等不合规格的次劣菇。选好后应及时入库冷藏，以确保鲜菇质量。

7.6.4.6 保藏

目前鲜羊肚菌保鲜技术主要有冷藏和速冻。

(1) 冷藏　冷藏过程中冷藏库的温度是整个保鲜过程的关键，若冷藏库温度高于 5 ℃，鲜菇仍可继续进行新陈代谢，从而使菇体组织老化，失去保鲜的意义；冷藏温度低于 0 ℃，菇体质地软化，进而发生水渍状腐烂变质。因此冷藏期间冷藏温度必须严格控制在 1～4 ℃。

保鲜羊肚菌的包装跟其他食用菌的包装一样，首先必须选择卫生、无毒的包装材料；此外进行包装用的器具、工作人员制服等也必须要保持清洁卫生、定期消毒。通常采用泡沫塑料袋制成的小托盘进行小包装（每盘整齐装入鲜菇 50～200 g，外面包裹上一层保鲜薄膜密封不透气或抽成真空），最后装入纸箱，贴上标签或标记。

（2）速冻　速冻保鲜是现阶段保持鲜羊肚菌风味、口感最好的方法，但所需设备往往较为昂贵，且工序复杂。

参考文献

[1] 吴勇，林朝中，姜守忠．竹荪栽培与加工技术［M］．贵阳：贵州科技出版社，1997.

[2] 俞志纯．红托竹荪高产栽培［J］．浙江食用菌，1996，02：23-24.

[3] 郑元红，黄文林，李启华，等．贵州红托竹荪（织金竹荪）高效栽培技术［J］．中国蔬菜，2011（5）：48-50.

[4] 赵凯，王飞娟，潘薛波，等．红托竹荪菌托多糖的提取及抗肿瘤活性的初步研究［J］．菌物学报，2008，27（2）：289-296.

[5] 连宾，郁建平．红托竹荪多糖的提取分离及组成研究［J］．食品科学，2004，25（3）：43-45.

[6] 林玉满，陈利永，余萍．短裙竹荪（Dictyophora duplicate）多糖的研究（Ⅰ）［J］．福建师范大学学报：自然科学版，1995，11（1）：75-78.

[7] 林玉满．短裙竹荪菌丝体多糖 DdM-S 提取及其性质［J］．中国食用菌，2003，22（6）：52-53.

[8] 林玉满，余萍．短裙竹荪菌丝体糖蛋白 Dd GP-3P3 纯化及性质研究［J］．福建师范大学学报（自然科学版）．2003，19（1）：91-94.

[9] 连宾，吴兴亮．竹荪（*Dictyophora* spp）．栽培、病害防治与产品加工［J］．贵州科学，2004，03：38-43.

[10] 龚光禄，桂阳，卢颖颖，等．红托竹荪培养基及培养条件优化［J］．贵州农业科学，2015，43（11）：74-82.

[11] 何云松，龙汉武，潘高潮，等．贵州红托竹荪菌种保存方法及栽培研究［J］．中国食用菌，2013，32（2）：15-16，19.

[12] 汪胜安．竹荪栽培的四条关键技术［J］．中国食用菌，1991，10（6）：23-25.

[13] 周基志，孙锡卫．竹荪的营养要求与生长环境［J］．安徽林业，1994，04：18.

[14] 阮时珍．竹荪生长发育条件及生料栽培技术［J］．广东农业科学，1992，06：23-24.

[15] 邹方伦．贵州竹荪资源及生态的研究［J］．贵州农业科学，1994（4）：43-47.

[16] 卢惠妮，潘迎捷，赵勇，等．长裙竹荪和棘托竹荪碳源、氮源、无机盐的筛选［J］．中药材，2010，33（01）：10-12.

[17] 才晓玲，王东云，何伟，等．竹荪生物学特性即栽培技术研究进展［J］．安徽农业科学，2015，43（7）：65-66.

[18] 杨文英，吕玉奎，王玲，等．麻竹林下环境因子对仿野生长裙竹荪产量影响研究［J］．世界竹藤通讯，2016，02：12-15.

[19] 赵崇平．人工栽培竹荪的常见病虫害防治技术［J］．北京农业，2011，06：73-74.

[20] 陈栋材．竹荪采收加工技术［J］．中国食用菌，1989，33（3）：42.

[21] 陈青君，刘松．林地食用菌栽培技术图册．北京：中国林业出版社．2011.

[22] 陈士瑜，陈惠．菇菌栽培手册．北京：科学技术出版社，2003.

[23] 王贺祥．食用菌栽培学．2版．北京：中国农业出版社，2014.

[24] 江校尧，闫静．大球盖菇与水稻轮作优质高效栽培技术［J］．农村新技术，2016，（11）：18-20.

[25] 欧阳卫民，熊红兵，赵远林，等．桑园套种大球盖菇栽培技术［J］．食用菌，2016，38（4）：46-47.

[26] 石生香，陈庆宽，王建宝，等. 新疆玛纳斯县大球盖菇栽培技术研究［J］. 北方园艺，2012，(14)：168-169.
[27] 曾祥华，等. 香菇·黄伞·榆黄蘑. 北京：化学工业出版社，2013.
[28] 张梅聪. 林下栽培榆黄菇技术要点［J］. 云南农业，2014 (6)：21-22.
[39] 陈青君，秦岭，张国庆，等. 樱桃果园地栽食用菌实现果菇同步采摘的设计与实践效果［J］. 中国食用菌，2012，30 (4)：28-31.
[30] 黄年来. 中国食用菌百科［M］. 北京：中国农业出版社，1993.
[31] 卢东升，贾晓，罗春芳. 白鬼笔生物学特征研究［J］. 信阳师范学院学报（自然科学版），2010，23 (2)：242-244.
[32] 卯晓岚. 中国大型真菌［M］. 郑州：河南科学技术出版社，1984.
[33] 桂阳，龚光禄，卢颖颖，等. 白鬼笔高产栽培方法. 专利号 ZL 201310001099. 2.
[34] 李泰辉，宋斌，吴兴亮，等. 滇黔桂鬼笔科研究［J］. 贵州科学，2004，22 (1)：80-89.
[35] 李章，李能武，邱荣蓉，等. 白鬼笔菌蕾的生长发育及出菇条件初探［J］. 生物学杂志，2006，26 (5)：22-24.
[36] 刘伟等. 羊肚菌生物学与栽培技术［M］. 长春：吉林科学技术出版社，2017.
[37] 潘崇环，孙萍，龚翔，等. 珍稀食用菌栽培与名贵野生菌的开发利用［M］. 北京：中国农业出版社，2003.
[38] 吕作舟. 食用菌栽培学［M］. 北京：高等教育出版社，2006.

思 考 题

1. 如何从外观上鉴别竹荪优良菌种？
2. 竹荪立体栽培技术的优点有哪些？
3. 鸡腿菇对环境条件的要求有哪些？
4. 简述鸡腿菇熟料栽培的优缺点。
5. 鸡腿菇子实体采收标准，应如何采收？
6. 大球盖菇的栽培特性有哪些？
7. 大球盖菇的培养料原材料有哪些？常用的配方是什么？根据当地原材料如何调整培养料配方？
8. 自然条件下种植榆黄蘑如何安排季节？
9. 林地栽培榆黄蘑的方式有几种？如何种植？
10. 白鬼笔人工仿野生栽培模式和大棚层架式栽培模式的优缺点各是什么？
11. 白鬼笔栽培过程中需要注意的是什么？
12. 白鬼笔菌种制作关键是什么？如何减少污染率？
13. 说明水分、湿度对于羊肚菌不同生长期的影响。
14. 羊肚菌的菌核多少是否与产量呈正相关？
15. 羊肚与稻田轮作的栽培要点有哪些？林地栽培的要点有哪些？
16. 简述播种后放置营养袋的作用。

第8章 我国食用菌标准及有机食用菌产品生产规范

8.1 我国食用菌栽培标准现状分析

8.1.1 标准及标准化概述

8.1.1.1 标准及标准化的定义

GB/T 20000.1—2014《标准化工作指南 第1部分：标准化和相关活动的通用术语》对标准的定义：通过标准化活动，按照规定的程序经协商一致制定，为各种活动或其结果提供规则、指南或特性，供共同使用和重复使用的文件。对标准化的定义：为了在既定范围内获得最佳秩序，促进共同效益，对现实问题或潜在问题确立共同使用和重复使用的条款以及编制、发布和应用文件的活动。

8.1.1.2 标准化发展史

标准化随着生产的发展、科技的进步和生活质量的提高而发生发展，受生产力发展的制约，同时又为生产力的进一步发展创造条件。标准化发展经历了三个阶段：古代标准化、近代标准化和现代标准化。古代标准化以语言、符号、数字的出现应用为萌芽状态，宋代毕昇运用标准件、重复利用等标准化原则发明的活字印刷术是古代标准化发展的里程碑。第一次工业革命后，随着科学技术的发展，标准化活动进入以实验数据为依据的科学阶段，标准化活动由企业行为步入国家管理，活动范围从机电行业扩展到各行各业，世界进入以机器生产、社会化大生产为基础的近代标准化阶段。在工业现代化进程中，生产和管理高度现代化、专业化、综合化，一项产品或工程、过程和服务，涉及多个组织，覆盖多个行业和学科，标准化评价从个体水平发展到整体、系统评价，标准化的对象从静态演变为动态、从局部联系发展到综合复杂的系统，标准化活动更具有现代化特征。

中国1949年10月成立中央技术管理局，内设标准化规格处。1957年在国家技术委员会内设标准局，开始对全国的标准化工作实行统一领导，同年加入国际电工委员会(IEC)。1978年5月国务院成立了国家标准总局以加强标准化工作的管理。同年加入国际标准化组织（ISO)。1979年7月国务院颁发了《中华人民共和国标准化管理条例》。1988

年12月29日第七届全国人大常委会第五次会议通过了《中华人民共和国标准化法》，并以国家主席令颁布。2017年11月4日，十二届全国人大常委会第三十次会议表决通过了新修订的《中华人民共和国标准化法》，于2018年1月1日开始施行。

8.1.1.3 标准的层级

标准分为国际标准、区域标准、国家标准、行业标准、地方标准、企业标准几个层级。国际标准是指由国际标准化组织或国际标准组织通过并公开发布的标准。区域标准是指由区域标准化组织或区域标准组织通过并公开发布的标准。国家标准是指由国家标准机构通过并公开发布的标准。行业标准是指由行业机构通过并公开发布的标准。地方标准是指在国家的某个地区通过并公开发布的标准。企业标准是指企业通过供该企业使用的标准。我国按照标准的适用范围，分为国家标准、行业标准、地方标准和企业标准四个级别，各层级之间有一定的依从关系和内在联系，形成一个覆盖全国又层次分明的标准体系。按照标准化对象，分为技术标准、管理标准和工作标准三大类。技术标准是指对标准化领域中需要协调统一的技术事项所制定的标准。技术标准包括基础技术标准、产品标准、工艺标准、检测试验方法标准，及安全、卫生、环保标准等。管理标准是指对标准化领域中需要协调统一的管理事项所制定的标准。管理标准包括管理基础标准、技术管理标准、经济管理标准、行政管理标准、生产经营管理标准等。工作标准是指对工作的责任、权利、范围、质量要求、程序、效果、检查方法、考核办法所制定的标准。工作标准一般包括部门工作标准和岗位（个人）工作标准。

至2018年2月底，全国标准信息公共服务平台收录的国家标准35247项（其中强制性国家标准2012项，推荐性国家标准33235项）、行业标准59871项、地方标准38594项。基本形成了以国家标准为主，行业标准、地方标准衔接配套的标准体系。标准化工作对提高我国产品质量、工程质量和服务质量，规范市场秩序，发展对外贸易，促进国民经济健康发展发挥了技术支持作用。

8.1.2 我国食用菌标准现状分析

食用菌高蛋白、低脂肪，含人体所需多种氨基酸和微量元素，具有许多食品所无法取代的保健作用，符合现代健康饮食理念，深得广大消费者的喜爱。据中国食用菌协会对全国27个省、自治区、直辖市［不含西藏、宁夏、青海、海南和台湾等省（区）］的统计调查，2016年全国食用菌总产量为3 596.66万t，产值2 741.78亿元。据中国海关和国家统计局数据，2016年我国共出口食、药用菌类产品55.05万t（干、鲜混合计算），创汇31.76亿美元。在经济全球化环境下，技术创新日新月异，产业发展与技术创新、标准关系日益紧密，食用菌标准作为指导食用菌生产、评定食用菌产品质量、规范食用菌产品市场、保护消费者利益的重要技术依据和技术保障，受到广泛重视。

我国食用菌标准化工作起步较晚，1964年轻工部为了出口食用菌罐头的需要，制定草菇罐头的部颁标准——《鲜草菇罐头》，1974年又制定了蘑菇罐头标准——《蘑菇罐头》。

1986 年商业部组织全国黑木耳标准制定小组起草了中国食用菌领域第一个国家标准 GB/T 6192—1986《黑木耳》，同年卫生部从食品安全角度出发，组织制定了 GB 7096—86《干食用菌卫生标准》、GB 7097—86《鲜食用菌卫生标准》等几个食用菌卫生标准和食用菌卫生管理办法，为我国食用菌领域标准化工作开辟了新起点。1991 年农业部和商业部承担完成国家技术监督局下达的 21 项食用菌国家标准项目，分别由上海市农业科学院食用菌研究所和昆明食用菌研究所起草，并通过审定发布。随着食用菌产业对地方经济贡献率的增加，中央到地方各级政府高度重视标准化工作，积极加强食用菌标准化战略的实施，持续开展无公害行动计划，广泛开展标准化生产技术培训，采取多种措施确保标准的实施，规范食用菌生产，促进食用菌质量安全水平，制定并发布一系列食用菌技术标准，规范、指导食用菌产业发展。

通过对国家标准化管理委员会发布的标准备案公告收集统计，截至 2017 年 12 月，我国批准发布的现行食用菌国家标准有 31 项，其中强制性国家标准 10 项，推荐性国家标准 20 项，指导性国家标准 1 项。现行行业标准有 86 项，其中强制性行业标准 7 项，推荐性行业标准 79 项。我国现行国家标准行业标准共计 117 项，围绕食用菌产业链环节划分，含基础标准 3 项、菌种标准 18 项、野生食用菌保护培育及栽培标准 10 项、检验检测方法标准 27 项、加工及产品标准 49 项、食品安全标准 4 项、贮运流通标准 6 项。

8.1.3　我国食用菌菌种及栽培标准现状分析

目前世界已知食用菌资源 2 000 种，中国食用菌名录 936 种，可人工栽培的种类近 60 种，目前已商业化规模栽培的种类达 36 种，主要品种有香菇、双孢蘑菇、平菇、金针菇、黑木耳、毛木耳、银耳、巴氏蘑菇、真姬菇、蛹虫草、杏鲍菇、白灵菇、羊肚菌、猴头菇、秀珍菇、姬菇、榆黄蘑、鸡腿菇、茶薪菇、滑菇、茯苓、草菇。桑黄、暗褐网柄牛肝菌等食用菌驯化栽培成功，丰富了食用菌栽培种类。近年来，产量超过百万吨的品种有香菇、黑木耳、平菇、金针菇、双孢蘑菇、毛木耳和杏鲍菇。从全国食用菌产量分布情况看，近年排前六位的是：河南省、山东省、黑龙江省、河北省、福建省和江苏省。

8.1.3.1　我国食用菌菌种及栽培标准情况

食用菌栽培相关标准涉及菌种标准及栽培相关的生产技术规程、规范等，目前我国现行的食用菌菌种及栽培相关国家和行业标准共计 36 项（表 8-1），其中国家标准 9 项（强制性 4 项、推荐性 4 项、指导性 1 项），行业标准 27 项（强制性 2 项、推荐性 25 项）。菌种标准 23 项（国家标准 7 项、行业标准 16 项），涉及菌种选育、品种审定、新品种测试的标准有 7 项，食用菌菌种生产技术规程、规范 4 项，黑木耳、香菇、双孢蘑菇、平菇、草菇、杏鲍菇、白灵菇 7 种食用菌的固体菌种质量标准 6 项，菌种、杂菌、害虫检验标准 2 项，菌种鉴定标准 4 项。栽培标准 13 项（国家标准 2 项、行业标准 11 项），涉及栽培基质质量安全的 5 项，香菇、银耳、鲍鱼菇、黑木耳、杏鲍菇等 5 种食用菌生产技术规程 6 项，病虫害防治标准 2 项。

表 8-1 我国现行食用菌菌种及栽培标准汇总表

序号	标准编号	标准名称
		菌种标准
1	GB 19169—2003	黑木耳菌种
2	GB 19170—2003	香菇菌种
3	GB 19171—2003	双孢蘑菇菌种
4	GB 19172—2003	平菇菌种
5	GB/T 21125—2007	食用菌品种选育技术规范
6	GB/T 23599—2009	草菇菌种
7	GB/T 29368—2012	银耳菌种生产技术规范
8	NY 862—2004	杏鲍菇和白灵菇菌种
9	NY/T 528—2010	食用菌菌种生产技术规程
10	NY/T 1731—2009	食用菌菌种良好作业规范
11	NY/T 1742—2009	食用菌菌种通用技术要求
12	NY/T 1844—2010	农作物品种审定规范　食用菌
13	NY/T 1097—2006	食用菌菌种真实性鉴定酯酶同工酶电泳法
14	NY/T 1284—2007	食用菌菌种中杂菌及害虫的检验
15	NY/T 1730—2009	食用菌菌种真实性鉴定 ISSR 法
16	NY/T 1743—2009	食用菌菌种真实性鉴定 RAPD 法
17	NY/T 1845—2010	食用菌菌种区别性鉴定　拮抗反应
18	NY/T 1846—2010	食用菌菌种检验规程
19	NY/T 2523—2013	植物新品种特异性、一致性和稳定性测试指南　金顶侧耳
20	NY/T 2524—2013	植物新品种特异性、一致性和稳定性测试指南　双孢蘑菇
21	NY/T 2525—2013	植物新品种特异性、一致性和稳定性测试指南　草菇
22	NY/T 2560—2014	植物新品种特异性、一致性和稳定性测试指南　香菇
23	NY/T 2588—2014	植物新品种特异性、一致性和稳定性测试指南　黑木耳
		食用菌栽培标准
1	GB/T 29369—2012	银耳生产技术规范
2	GB/Z 26587—2011	香菇生产技术规范
3	NY 5099—2002	无公害食品　食用菌栽培基质安全技术要求
4	NY/T 1464.10—2007	农药田间药效试验准则　第 10 部分　杀菌剂防治蘑菇湿泡病
5	NY/T 1464.37—2011	农药田间药效试验准则　第 37 部分　杀虫剂防治蘑菇菌蛆和害螨
6	NY/T 1935—2010	食用菌栽培基质质量安全要求
7	NY/T 2018—2011	鲍鱼菇生产技术规程
8	NY/T 2064—2011	秸秆栽培食用菌霉菌污染综合防控技术规范
9	NY/T 2375—2013	食用菌生产技术规范
10	NY/T 2798.5—2015	无公害食品　生产质量安全控制技术规范　第 5 部分　食用菌
11	NY/T 5010—2016	无公害农产品　种植业产地环境条件
12	LY/ T 1208—1997	段木栽培黑木耳技术
13	LY/T 2040—2012	北方杏鲍菇栽培技术规程

8.1.3.2 我国食用菌菌种及栽培标准存在的问题

1. 标准数量少，涉及种类少

我国现行食用菌菌种及栽培标准36项，约占现行食用菌国家、行业标准117项的31%。菌种标准23项，涉及黑木耳、香菇、双孢蘑菇、平菇、草菇、杏鲍菇、白灵菇、金顶侧耳8种食用菌，占目前已商业化规模栽培36种的22%。栽培标准13项，涉及香菇、银耳、鲍鱼菇、黑木耳、杏鲍菇等5种食用菌生产技术规程6项，约占目前已商业化规模栽培36种的17%。随着科技的发展，野生食用菌的成功驯化，可人工栽培的种类将越来越多，菌种质量是栽培成功的关键环节，栽培管理决定产量和质量，目前的食用菌菌种及栽培相关标准已经不能满足产业发展需求。

2. 标准内容老化，与生产脱节

从我国现行的食用菌菌种及栽培国家标准和行业标准来看，内容老化跟不上产业发展步伐，如现有的7种食用菌菌种质量标准都是只涉及固体菌种，随着产业的发展，食用菌工厂化栽培日益普遍，液体菌种的使用越来越多，规模也越来越大，而液体菌种无标准可循。再如生产技术标准基本是传统的栽培模式，特别是黑木耳现在基本采用代料地摆或吊袋栽培模式，少有段木栽培，现有标准仅仅是黑木耳段木栽培技术标准，不符合生产实际。随着精准化、工厂化栽培模式日趋成熟，现行的标准已经不能满足栽培模式转变发展的需要。

8.1.4 我国食用菌栽培标准发展趋势

8.1.4.1 不断完善食用菌栽培标准体系

从我国现行的食用菌菌种及栽培相关国家标准和行业标准来看，基本形成含菌种选育，品种审定，新品种测试，菌种生产技术，菌种质量，菌种检验、鉴定，栽培基质质量安全，生产技术，病虫害防治的食用菌栽培标准体系框架，但是缺乏菌种贮运流通标准。随着食用菌产业的发展，我国的食用菌产品在国内外市场上的交易量急速扩大，木耳、香菇等传统出口品种出口量大幅增加。为确保食用菌市场的正常运行，迎合国内大众生活质量不断提高的消费需求，应对国际市场风云变化，应充分发挥协会、地方食用菌标准化技术委员会、企业集团、科研院所、大专院校等平台及人才优势，围绕食用菌菌种、栽培等环节的关键控制点，按照食用菌产业发展的特点、规律和趋势，不断完善与食用菌产业发展和目标市场需求相适应、科学合理的食用菌标准体系，逐步形成国家标准、行业标准、地方标准、企业标准、团体标准协调有效，相互促进的标准工作模式。

8.1.4.2 加快食用菌栽培相关标准的制修订工作

根据食用菌菌种管理办法要求，结合我国食用菌产业发展趋势，整合内容重复交叉的标准，修订内容老化不符合生产实际的标准；针对商业化规模栽培食用菌种类，制定一批食用菌菌种（品种）选育、检验检测、菌种质量、菌种流通、栽培技术等国家标准、行业标准、地方标准、企业标准、团体标准，规范菌种质量评价、菌种生产、栽培生产等环节，保障菌种优质，提高栽培产量和质量。

8.1.4.3　加快安全标准与国际标准接轨步伐

中国是食用菌生产消费大国，是食用菌出口大国，食用菌产业的健康发展，关键在于产品的质量和安全。我们在不断完善标准体系和规范标准制定的同时，应结合我国食用菌产业发展的实际情况，适当参照国际食品法典，欧盟、美国和日本等食用菌进口国家及组织的文件和标准，制定适合我国的安全标准或检测标准（表 8-2，表 8-3）。特别要针对食用菌进口国农药残留、重金属污染等有毒有害物质指标的限定，修订作为栽培基质在生产中使用化肥、农药以及对栽培环境和管理过程中使用消毒剂和农药等诸多方面的安全标准，力求制定与进口国家标准接轨或高于进口国家的中国标准，提升我国食用菌产品的竞争力。此外，要加大参与国际标准化活动的力度，增强我国对国际标准制定的影响力；鼓励有条件的企业参与国际标准的制修订工作，提高我国食用菌标准的整体水平。

表 8-2　我国现行食用菌国家标准汇总表

序号	标准编号	标准名称
1	GB 1903.22—2016	食品安全国家标准　食品营养强化剂　富硒食用菌粉
2	GB 7096—2014	食品安全国家标准　食用菌及其制品
3	GB 7098—2015	食品安全国家标准　罐头食品
4	GB 19169—2003	黑木耳菌种
5	GB 19170—2003	香菇菌种
6	GB 19171—2003	双孢蘑菇菌种
7	GB 19172—2003	平菇菌种
8	GB 19087—2008	地理标志产品　庆元香菇
9	GB 23202.12—2016	食品安全国家标准食用菌中 440 种农药及相关化学品残留量的测定　液相色谱-质谱法
10	GB 23216.15—2016	食品安全国家标准食用菌中 503 种农药及相关化学品残留量的测定　气相色谱-质谱法
11	GB/T 6192—2008	黑木耳
12	GB/T 12533—2008	食用菌杂质测定
13	GB/T 12728—2006	食用菌术语
14	GB/T 14151—2006	蘑菇罐头
15	GB/T 15672—2009	食用菌中总糖含量的测定
16	GB/T 18525.5—2001	干香菇辐照杀虫防霉工艺
17	GB/T 21125—2007	食用菌品种选育技术规范
18	GB/T 22746—2008	地理标志产品　泌阳花菇
19	GB/T 23188—2008	松茸

续表 8-2

序号	标准编号	标准名称
20	GB/T 23189—2008	平菇
21	GB/T 23190—2008	双孢蘑菇
22	GB/T 23191—2008	牛肝菌美味牛肝菌
23	GB/T 23395—2009	地理标志产品　卢氏黑木耳
24	GB/T 23599—2009	草菇菌种
25	GB/T 23775—2009	压缩食用菌
26	GB/T 29368—2012	银耳菌种生产技术规范
27	GB/T 29369—2012	银耳生产技术规范
28	GB/T 29344—2012	灵芝孢子粉采收及加工技术规范
29	GB/T 34317—2017	食用菌速冻品流通规范
30	GB/T 34318—2017	食用菌干制品流通规范
31	GB/Z 26587—2011	香菇生产技术规范

表 8-3　我国现行食用菌行业标准汇总表

序号	标准编号	标准名称
1	NY 862—2004	杏鲍菇和白灵菇菌种
2	NY 5099—2002	无公害食品　食用菌栽培基质安全技术要求
3	QB 1357—1991	香菇猪脚腿罐头
4	QB 1397—1991	猴头菇罐头
5	QB 1398—1991	金针菇罐头
6	QB 1399—1991	香菇罐头
7	NY/T 223—1994	侧耳
8	NY/T 224—2006	双孢蘑菇
9	NY/T 445—2001	口蘑
10	NY/T 446—2001	灰树花
11	NY/T 528—2010	食用菌菌种生产技术规程
12	NY/T 695—2003	毛木耳
13	NY/T 749—2012	绿色食品　食用菌
14	NY/T 833—2004	草菇
15	NY/T 834—2004	银耳
16	NY/T 836—2004	竹荪
17	NY/T 1061—2006	香菇等级规格
18	NY/T 1097—2006	食用菌菌种真实性鉴定　酯酶同工酶电泳法
19	NY/T 1098—2006	食用菌品种描述技术规范
20	NY/T 1204—2006	食用菌热风脱水加工技术规范
21	NY/T 1257—2006	食用菌中荧光物质的检测
22	NY/T 1283—2007	香菇中甲醛含量的测定

续表 8-3

序号	标准编号	标准名称
23	NY/T 1284—2007	食用菌菌种中杂菌及害虫的检验
24	NY/T 1373—2007	食用菌中亚硫酸盐的测定方法　冲氮蒸馏　分光光度计法
25	NY/T 1464.10—2007	农药田间药效试验准则　第 10 部分　杀菌剂防治蘑菇湿泡病
26	NY/T 1464.37—2011	农药田间药效试验准则　第 37 部分　杀虫剂防治蘑菇菌蛆和害螨
27	NY/T 1676—2008	食用菌中粗多糖含量的测定
28	NY/T 1677—2008	破壁灵芝孢子粉破壁率的测定
29	NY/T 1730—2009	食用菌菌种真实性鉴定 ISSR 法
30	NY/T 1731—2009	食用菌菌种良好作业规范
31	NY/T 1742—2009	食用菌菌种通用技术要求
32	NY/T 1743—2009	食用菌菌种真实性鉴定 RAPD 法
33	NY/T 1790—2009	双孢蘑菇等级规格
34	NY/T 1836—2010	白灵菇等级规格
35	NY/T 1838—2010	黑木耳等级规格
36	NY/T 1844—2010	农作物品种审定规范　食用菌
37	NY/T 1845—2010	食用菌菌种区别性鉴定　拮抗反应
38	NY/T 1846—2010	食用菌菌种检验规程
39	NY/T 1934—2010	双孢蘑菇、金针菇贮运技术规范
40	NY/T 1935—2010	食用菌栽培基质质量安全要求
41	NY/T 2018—2011	鲍鱼菇生产技术规程
42	NY/T 2064—2011	秸秆栽培食用菌霉菌污染综合防控技术规范
43	NY/T 2116—2012	虫草制品中虫草素和腺苷的测定　高效液相色谱法
44	NY/T 2117—2012	双孢蘑菇冷藏及冷链运输技术规范
45	NY/T 2213—2012	辐照食用菌鉴定　热释光法
46	NY/T 2278—2012	灵芝产品中灵芝酸含量的测定　高效液相色谱法
47	NY/T 2279—2012	食用菌中岩藻糖、阿糖醇、海藻糖、甘露醇、甘露糖、葡萄糖、半乳糖、核糖的测定　离子色谱法
48	NY/T 2280—2012	双孢蘑菇中蘑菇氨酸的测定　高效液相色谱法
49	NY/T 2375—2013	食用菌生产技术规范
50	NY/T 2523—2013	植物新品种特异性、一致性和稳定性测试指南　金顶侧耳
51	NY/T 2524—2013	植物新品种特异性、一致性和稳定性测试指南　双孢蘑菇
52	NY/T 2525—2013	植物新品种特异性、一致性和稳定性测试指南　草菇
53	NY/T 2560—2014	植物新品种特异性、一致性和稳定性测试指南　香菇
54	NY/T 2588—2014	植物新品种特异性、一致性和稳定性测试指南　黑木耳
55	NY/T 2715—2015	平菇等级规格
56	NY/T 2798.5—2015	无公害食品　生产质量安全控制技术规范　第 5 部分　食用菌
57	NY/T 5010—2016	无公害农产品　种植业产地环境条件
58	LY/T 1207—2007	黑木耳块

续表 8-3

序号	标准编号	标准名称
59	LY/ T 1208—1997	段木栽培黑木耳技术
60	LY/T 1577—2009	食用菌、山野菜干制品压缩块
61	LY/T 1649—2005	保鲜黑木耳
62	LY/T 1651—2005	松口蘑采收及保鲜技术规程
63	LY/T 1696—2007	姬松茸
64	LY/T 1826—2009	木灵芝干品质量
65	LY/T 1919—2010	元蘑干制品
66	LY/T 2040—2012	北方杏鲍菇栽培技术规程
67	LY/T 2132—2013	猴头菇干制品
68	LY/T 2133—2013	森林食品　榛蘑干制品
69	LY/T 2465—2015	榛蘑
70	GH/T 1013—2015	香菇
71	SB/T 10038—1992	草菇
72	SB/T 10484—2008	菇精调味料
73	SB/T 10717—2012	栽培蘑菇冷藏和冷藏运输指南
74	SB/T 11099—2014	食用菌流通规范
75	SN/T 0626.7—2016	进出口速冻蔬菜检验规程　第 7 部分：食用菌
76	SN/T 0631—1997	出口脱水蘑菇检验规程
77	SN/T 0632—1997	出口干香菇检验规程
78	SN/T 1004—2013	出口罐头食品中尿素残留量的测定
79	SN/T 2074—2008	主要食用菌中转基因成分定性 PCR 检测方法
80	SN/T 3693—2013	出口鲜松茸检验规程
81	SN/T 3957—2014	冬虫夏草真伪鉴别 实时荧光 PCR 方法
82	SN/T 4255—2015	出口蘑菇罐头质量安全控制规范
83	QB/T 3615—1999	草菇罐头
84	QB/T 3619—1999	滑子蘑罐头
85	QB/T 4630—2014	香菇肉酱罐头
86	QB/T 4706—2014	调味食用菌类罐头

8.2 有机食用菌产品生产规范

决定有机食用菌生产过程中的关键因素包括：栽培环境、菌种、栽培原辅料、生产用水、栽培管理措施和病虫害防治等。栽培环境方面，要求采取措施避免与常规生产场地的交叉污染，包括建立缓冲带，不使用合成化学药品进行熏蒸、消毒等；菌种的来源、生产环境、纯度等都是重要的影响因素；栽培原辅料需为有机生产来源，或经过认证的天然来源材料，或者是食用级辅料，不能使用合成肥料或杀虫剂之类的辅助剂等；严禁使用被污染的水作为生产用水；采取有效途径，对生产过程中的病虫害进行防治，也是有机食用菌生产中重要的环节。

8.2.1　场地和环境

有机生产基地应远离饲养场、垃圾堆、粪便所，最好接近水源，通风良好，向阳。不提倡在有机生产区域同时进行常规生产（即平行生产），如果存在平行生产时，直接与常规农田毗邻的露天食用菌栽培区必须设置大于 30 m 的缓冲带，以避免禁用物质的影响。同时，在有机生产区和普通生产区之间设立明显隔离物进行隔离，并标挂明显生产标志牌。

在栽培场地周围禁止使用化学合成农药。水源水质应符合 GB 5749—2006《生活饮用水卫生标准》的要求。

8.2.2　菌种

应尽可能采用经认证的有机菌种，并可以清楚地追溯菌种的来源。

菌种应是具有优良抗性，适应当地生产条件和环境，在当地经过主管部门 2 年以上的试验和示范，获得推广许可的优良品种。

对于生产的菌种，要及时使用，并对其传代次数进行严格限制以确保质量。出厂的菌种要确保不带病虫以及没有遭到污染，凡是经检查发现是遭到污染的菌种则应拒绝使用。

8.2.3　栽培原料

应采用有机生产或天然材料的基质，如选择来自有机生产区或来自深山区、沟坡等无污染天然生产区的灌木或树枝等作为加工原料。禁止添加来自非有机生产区域生产的原料，例如来自普通生产区的玉米芯、棉花秸秆或小麦麸皮等。

有机生产基地，编制原料生产、培育和采伐计划，有计划、有目标地进行原料采伐。在保证环境生态良好的前提下，制定科学的采伐规划，并经地方林业主管部门认可，禁止对林木进行掠夺式采伐。每年的采伐量小于生长量，或采伐量和生产量应达到基本平衡。

外购原料，必须来自野生或半野生环境，或来自有机认证的果树枝条、农作物秸秆等，编制技术管理手册（经认证机构或咨询机构认可），建立有机生产档案，发放有机产品包装和有机产品标志，配合认证机构进行年度检查。

有机生产原料和普通生产原料应分别采收，分开保存，并有明显标记和记录，严禁混杂。生产原料加工时，应将有机作业和常规作业严格划分。在进行有机操作前，认真清洗器具和设备，防止有机生产原料和普通生产原料的混合或混杂。应先进行有机原料的加工和生产，后进行普通原料加工生产。

在生产前，木屑、棉籽壳等培养基应暴晒 2～3 d，防止感染木霉、毛霉、青霉等。

8.2.4 杀菌消毒

杀菌消毒可以使用过氧化氢、蒸汽、沸水、酒精、紫外线等。若使用熟石灰、硫酸铜、碘酒、碱液、漂白剂（优先于其他的人工合成消毒剂）等，需严格控制其用量；严禁使用甲醛、人工合成的熏剂和真菌杀剂、溴化甲烷等。在进行有机食用菌种植之前的12个月，严禁使用上述受禁物质。提倡应用物理方法进行杀菌或消毒。

存在平行生产时，应首先进行有机产品或场地的杀菌和消毒，再进行普通产品的杀菌或消毒。在进行有机生产杀菌和消毒时，应认真清洗生产器具和设备，防止交叉污染。操作人员做场地杀菌和消毒的记录。

8.2.5 生产管理

棚内湿度、温度、光照等日常管理，按常规技术规程执行。

进行喷水、遮阳等生产管理，应使用洁净产品或用具，防止污染。及时清理霉变或废弃生产袋，保持生产区域清洁。生产区域垃圾定点堆放，集中处理，不得对有机生产区域产生污染。同时进行有机生产和普通生产管理时，应先进行有机生产作业，再进行普通作业。

覆土栽培食用菌生产中所使用的土壤，其要求与作物生产相同。

木料和接种使用的涂料应是食用级的产品，禁止使用石油炼制的涂料、乳胶漆和油漆等。

8.2.6 害虫

禁止使用任何合成杀虫剂，但可使用软皂、植物性杀虫剂或当地生长的植物提取剂等有机食品认证机构认可的天然杀虫剂防治虫害。可以有限制地使用鱼藤酮、植物源除虫菊酯、乳化植物油和硅藻土来杀虫。也可在拌料时加入0.5%食盐、3%石灰、5%～8%草木灰有较强的驱虫和预防作用，水浸法也有一定的防治效果。

可利用物理性捕虫设施（如防虫网）防治虫害。也可通过释放寄生性、捕食性天敌（如捕食螨等）来防治虫害，也可有限制地使用微生物及其制剂。也可使用菜籽饼、糖醋液诱杀、灯光诱杀害虫，可以在诱捕器和散发器皿中使用性诱剂，也可使用视觉性（如黄粘板）等器材诱杀。

8.2.7 杂菌

对菌床霉菌污染料或霉菌污染袋采取药物消毒处理及隔离措施。采菇后彻底清理料面，将菇根枯蕾、霉烂菇、病虫菇、霉菌污染料及时细致挖除，封装移出菇棚（房），集中处理。进出过霉菌污染菇棚（房）的管理人员再进入健康菇棚（房），应更换衣鞋，接触过霉菇、霉料的手或工具，清洗干净，并用新洁尔灭溶液擦拭消毒。对污染严重或不易彻底杀灭的霉菌病料，彻底清除、烧毁或深埋。

对害虫、杂菌应采用预防性的管理措施，保持清洁卫生，进行适当的空气交换，避免高温高湿。保持适度的散射光照，提高食用菌的抗霉能力。菇棚内一旦发生霉菌污染，应及时清除霉料，让日光直射棚内 2～3 h/d，连续 2～3 d，加大通风换气次数，减少喷水，降低培养温度，并防止通过喷水、通风或其他人工操作传播霉菌，控制霉菌污染蔓延。万不得已使用杀菌剂，也禁用任何合成杀菌剂。可以使用石灰、硫黄、波尔多液、植物制剂、醋等来防治各种病害，也可使用微生物及其发酵产物来防治病害。

在非栽培期，允许使用低浓度氯溶液对培养场地进行淋洗消毒。采用日光曝晒大棚、高温闷棚（棚温 55 ℃以上 5～7 d）以及对栽培场地实行翻土、露晒、大水浸灌、石灰水等消毒措施。

不同食用菌适宜的栽培季节，旧菇棚（房）或霉菌污染较重的菇棚（房）宜采取休棚或轮种的方式控制霉菌污染。发酵料栽培在气温较低的条件下播种，灭菌料栽培在菌袋冷却后按无菌操作规程接种，保证菌种用量。

8.2.8 生产作业记录

建立生产作业记录制度，对每次生产作业都进行记录，并妥善保存记录表。记录内容包括：实施时间、操作人、实施结果等。

8.2.9 收获

收获操作：先进行有机产品收获，再进行普通产品收获。有机采收品和普通品分别进行。记录内容包括收获区域、品种、产量、时间、采收方法、包装物、包装规格和负责人等。

采收时应该做到有计划、按标准采收。采收后进行产品分级，去杂去劣。采收的鲜菇，应采用专用周转箱盛放，不挤不压，不沾土，单独堆放。烘干后，存放在专用容器中，防止混杂或污染。严禁对有机产品进行化学熏蒸和处理。加工、分级、挑选后，装入专用箱，存入仓库。最好选用独立仓库，如果与普通干菇合放时，分别存放，中间设立隔离区或隔离物，并明确标示清楚，防止混杂。

运输时，车辆保持干净，运输及停放过程防止被污染。提倡有机产品专车运输，如果混装，严格区分和隔离，做好运输和装卸记录。

8.2.10 废料处理

食用菌生产后所产生的废料，要集中清理，提倡回收利用。禁止乱丢乱放，污染环境。可集中用作堆肥或填埋等。

参考文献

[1] 董妖，张琳，邰丽梅，等. 我国食用菌菌种标准及栽培标准现状分析［J］. 中国食用菌，2019，38

(11)：98-101.
[2]　邰丽梅，董娇，陈旭．食用菌国家标准现状分析［J］．中国食用菌，2017，36（04）：72-76+79
[3]　丁湖广．有机食用菌栽培技术规程［J］．科学中养，2008（05）：6-7

思　考　题

1. 我国现行的食用菌菌种和栽培相关的国家和行业标准有多少项？主要是哪些？
2. 决定有机食用菌生产过程中的关键因素包括哪些？

第9章　食用菌生产主要设施设备

设施化栽培、集约化经营是目前食用菌栽培产业的基本模式。它是根据不同的品种和相应的栽培技术，选择适宜的设施设备，在相对可控的环境设施条件下，组织高效率的机械化、自动化作业，实现食用菌的规模化、集约化、标准化、周年化生产，充分满足多元化、多层次的消费需求。其中，工厂化栽培是最具现代农业特征的产业化生产方式，是代表产业发展趋势的高效生产模式。了解与掌握现代化菇场（厂）规划设计的基本知识，熟悉现代化菇房环境设施和智能控制系统的设计与配置，了解相应的生产设备的基本用途，将有助于我们组织进行食用菌的设施化栽培。

9.1　现代化菇场（厂）规划设计

食用菌现代化菇场（厂）通常是指采用工业化的技术手段，在人工制造的相对可控的环境设施条件下，实施的封闭式工厂化周年栽培的企业。现代化栽培食用菌工厂有以金针菇为典型代表的木腐生菌工厂化生产企业和以双孢蘑菇为代表的草腐生菌工厂化生产企业之分。其厂区的整体规划布局及内部结构间存在着很大的差异，生产设备与系统设备的配置更是千差万别，无论是机械功能，还是性能参数，都有较大的不同，熟悉生产工艺与流程，掌握规划设计的技术要点，则是进行现代化菇场（厂）规划设计的首要前提。

9.1.1　现代化菇场（厂）规划设计的基本原则

现代化菇场（厂）的规模设计，涉及拟建项目的总体发展计划，选择栽培的品种、生产规模、项目选址以及整体布局等综合因素，需要根据具体情况综合考虑、统筹兼顾。项目的总体发展计划，决定了其占地面积的大小，以及建设标准的高低等基本方向。而所选择的栽培品种，生产规模，当地的地理条件即地文地貌等又直接影响到拟建菇场（厂）的整体布局和建筑物的结构形式。因此，现代化菇场（厂）的规划设计，应当遵循以下基本原则：

（1）需要根据企业的总体发展方向和整体规划，进行拟建项目的总体方案设计，留足扩展空间。

（2）需要根据以下综合因素，进行项目选址：

选择交通运输方便、地势开阔、离市场距离相对较近的地方建厂；

培养料等原材料的供应较为充足，主要原材料最好能够就地（或者临近地区）得以解决；

气候条件包括平均气温、降水量、空气相对湿度、初霜期与终霜期的具体时间等自然环境，应接近适宜栽培品种生长的温、湿度范围，以便充分利用自然气候环境里潜在的冷量与热量，降低人工环境设施的能耗成本；

菇场（厂）周边没有污染空气的生物污染物（如绿霉孢子）等的来源，远离诸如垃圾堆、堆沤料场、锯木厂等污染源；

电力设施完善、供电状况稳定有保障；

容易获得干净的水资源，解决生产和生活用水需求；

劳动力资源充足，且用工成本相对较低等。

(3) 需要根据项目所在地的土地成本、气候条件以及消防等部门的监管政策，选择采用拟建菇场（厂）的建筑结构形式：单层、双层或者多层，彩钢结构或者钢筋混凝土砖混结构。

(4) 根据栽培品种的生产工艺及流程，结合场地的形状、地势、主要风向等因素进行合理布局。尤其是双孢菇类草腐生菌现代化生产项目，应当遵循：培养料生产基地与栽培出菇房之间需要保持一定的距离，以尽量减少培养料生产和出菇房两者相互污染的概率（图9-1）。其中：

一次发酵隧道与二、三次发酵隧道间需要保持一定的距离，最好能将一次发酵，二、三次发酵系统以及出菇房系统等都封闭独立运行；

雨季排水与浸料肥水回流系统需分开设计。设立独立的肥水池，让培养料浇水时多余的肥水回到肥水池内，尽量减少浸料肥水外流。

而对于木腐生菌类的生产项目，在确定栽培品种后，需要根据该菌菇的生物学特性，结合地形、地貌、风向和水资源，按照厂区内交通便捷，人流、物流线路清晰等原则，综合考虑、合理取舍。整体布局上多是“田”字形、“井”字形，或者“回”字形排列，确保空气流畅（图9-2）。

图9-1 双孢菇工厂俯瞰效果图

图9-2 真姬菇工厂俯瞰效果图

9.1.2 现代化菇场（厂）规划设计的典型案例

食用菌产业经过近20年来的快速发展，已经形成了一个相当大的规模，工厂化栽培模式的全面推广与快速发展，彻底改变了国内传统的小农栽培模式。各级政府也将食用菌产业列入现代农业的范畴，全国工厂化栽培格局初步形成，食用菌工厂化栽培已经逐渐成为今后产业发展的必由之路。同时，随着生态产业、观光农业、休闲农业等新的现代农业发展理念的建立，食用菌生产企业已经开始由单一品种的设施化栽培，向多品种集团化的方向发展，由单一的工厂化生产模式，向工厂化、设施化（包括太阳能综合菇棚）、生态化的多元化模式发展。同时尝试由单一的鲜品生产，向精深加工，以及废料、废气、废水再利用和多次生物再转化的循环农业方向发展，以此形成一个完全的“产业链”。了解这一产业发展的趋势与动态，掌握行业的前瞻点，对于现代化菇场（厂）的规划设计具有重要的意义。

本节以我国北方某中心城市日产 20 t 蟹味菇工厂化栽培企业的整体规划设计方案为例，介绍大型食用菌工厂化生产企业整体规划布局的基本理念。

本项目位于华北东部某中心城市，总占地面积 101 407 m^2。设计产能为日产蟹味茹 20 t。单层钢结构的厂房为主体，外墙、屋顶以及内部隔墙均采用双面彩钢板内聚苯乙烯发泡的保温材料。该工厂总建筑面积约 65 000 m^2，包括原料仓库功能区，填料功能区，灭菌功能区，冷却功能区，净化功能区，菌种功能区，包装间、储藏间、供电、锅炉等配套能源设施区，办公楼、职工宿舍等附属设施区，以及培养库（图 9-3）和出菇库。其中，大面积培养库 6 座，总建筑面积 14 950 m^2。库内总计堆放容量为 1 100 mL 栽培料的菌瓶 930 万瓶，培养周期按照 93 d 计算，满足整个日产 10 万瓶的培养量。

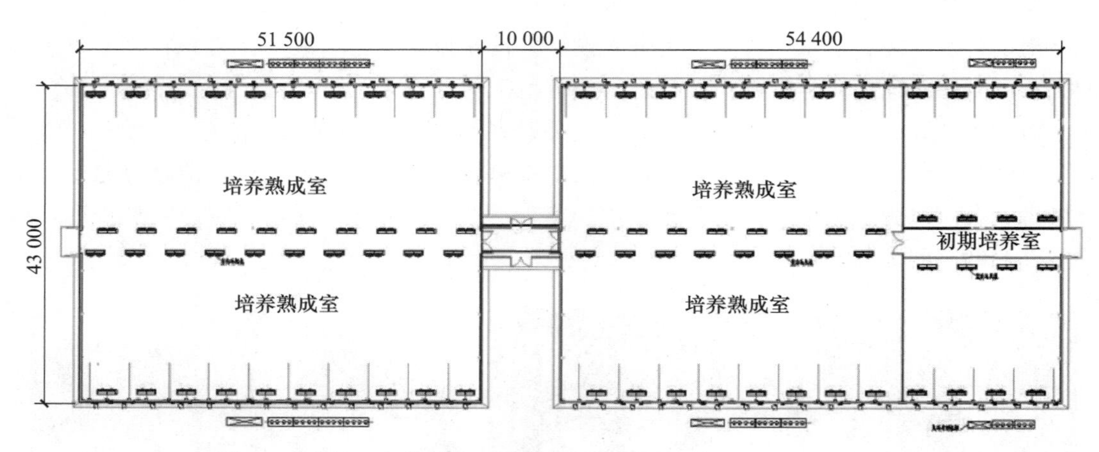

图 9-3　培养库（发菌房）平面图（单位：m）

出菇库厂房 3 栋，内设 200 m^2 的生育室共计 50 间（图 9-4），每间摆放 56 250 瓶菌瓶，按照每个周期 28 d 计算，每天近 2 间菇房的 16 排床架成熟出菇（每间菇房 9 排床架），产出鲜菇 10 万瓶、20 t(按照 200 g/瓶计算)。

菌种功能区，总建筑面积为 1 200 m^2，内含 6 间固体菌种培养室（70 m^2/间），以及包括搅拌、装瓶、灭菌、冷却、接种菌种培养等全套菌种生产工艺过程的相关设施与配套设备（其中包括空气净化、环境设施、人员更衣及风淋等）（图 9-5）。

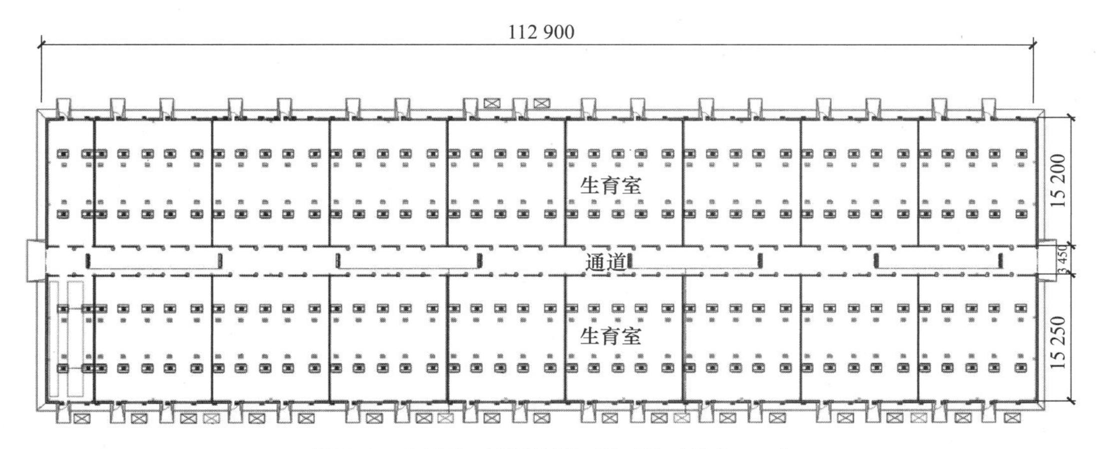

图 9-4　生育室（出菇房）平面图（单位：m）

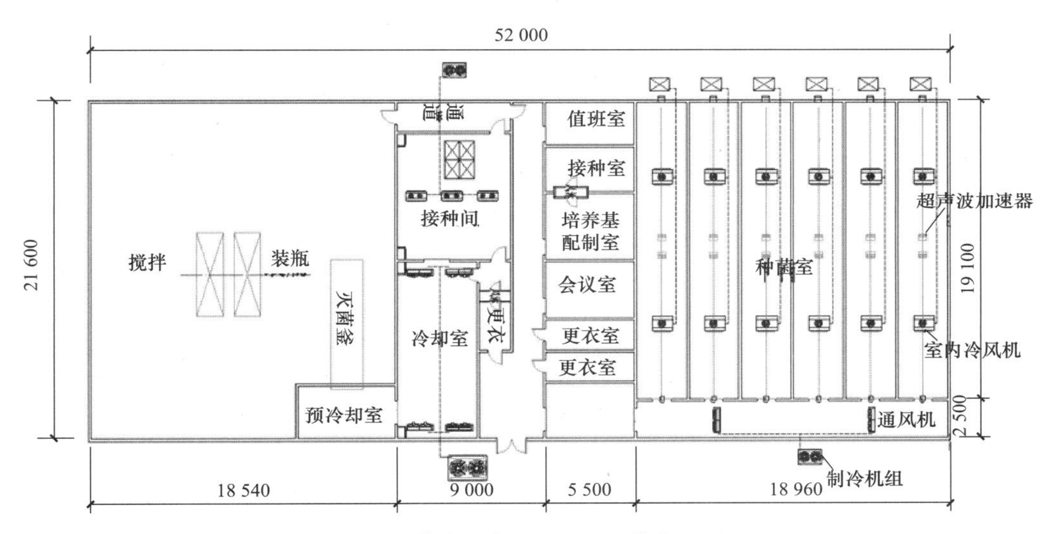

图 9-5　菌种生产区平面图（单位：m）

由于此项目整体规模较大，日需菌种数量较多，因此，菌种的搅拌、装瓶、灭菌、冷却、接种等工艺生产流程与规模生产中的是分开的。这样不仅便于管理，也能很大程度上保证菌种的纯正，不被污染。而当项目规模不大，日需菌种数量不多时，出于经济考量，菌种和规模生产中的前期步骤（搅拌、装瓶、灭菌、冷却及接种）可以部分或全部共用一个功能区。

装瓶、灭菌、冷却与接种功能区，总建筑面积为 3 450 m^2，内含 4 间预冷却室（过滤新风冷却）和 4 间强制冷却室，以交替分阶段逐渐冷却的运行模式，最终达到满足接种所需的料芯温度，并且实现灭菌结束 12～15 h 后连续运行机械接种的工作程序（图 9-6）。

采收、包装及保鲜冷藏功能区，总建筑面积 1 760 m^2。其中包装间最大，约为 960 m^2。其次就是 460 m^2 的保鲜冷藏库（图 9-7）。

锅炉房、配电设备功能区，以及职工宿舍等生活设施配套功能区。值得一提的是：从节省油、气、煤等化石燃料的角度出发，该菇厂采用的是以栽培废料为燃料的生物燃料锅炉，同时设计配置相应的除尘设备，既降低运行成本，又符合节能环保的发展理念。

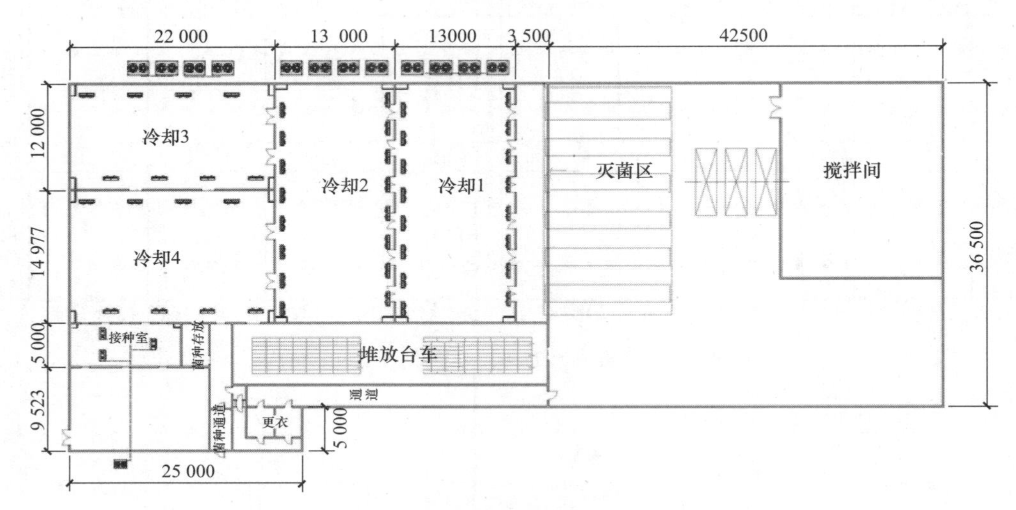

图 9-6 装瓶、灭菌、接种区平面图（单位：m）

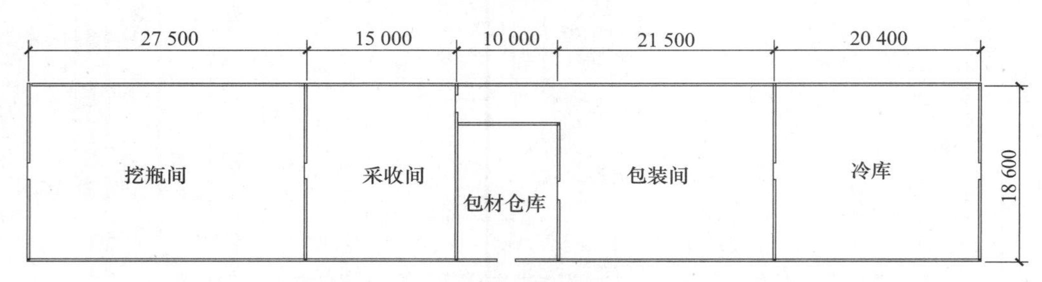

图 9-7 采收、包装、保鲜冷藏区平面图（单位：m）

与工厂化栽培模式的封闭式菇厂相邻的是一片日光保温温室群，可以用来进行包括栽培废料二次利用在内的设施化栽培。

各个功能区域间即分隔成块，又通过建筑物间的连通走廊相互衔接。尤其是菌种、冷却、接种和培养房之间，严格采用封闭式连接通道的方式，相互贯通，以避免外界粉尘与杂菌对于菌物的污染。在设定菇房面积时，除了要考虑菌瓶或菌棒的排放空间，方便培养房每日的进出堆放及出菇房的及时出清消毒，也要考虑留有适当的操作空间，供叉车或推车进出，有些项目采用传输带转输菌瓶，那么在相关通道上需要留出足够的宽度。

同时，在上述总体布局中，生物燃料锅炉房和员工宿舍楼被设计布置在整个区域的西北角上。除了考虑生产区域与生活区分开的因素外，远离空气污染源也是个重要的原因之一。除此之外，对于大型食用菌工厂化生产企业而言，规划设计方案中，消防设施必须完备，建筑保温材料必须满足 B2 以上的防火等级。菇房与菇房间的通道及绿化场地必须留足。人员比较密集的场所更应该设置逃生门及应急通道。防患于未然。

除此之外，由于食用菌工厂化生产是在密闭的环境下进行 24 h 连续生产，以制冷设备为主体的大功率用电设备，不允许出现电力供应中断的情况。所以菇厂的供电系统除了尽可能向当地供电部门申请双回路不间断电源外，厂里自身必须配置满足菇房空调系统用电负荷需求量的应急电源（自备发电机）系统。

9.1.3 现代化菇房人工智能环境系统设计与配套

食用菌与生长环境之间相互关系的科学，是食用菌的一个重要分支。食用菌环境设施和控制是工厂化栽培最为关键的技术，以此形成菌物生长的生命支持系统，食用菌工厂化栽培智能环境系统，既是一个受自然规律制约的人工仿真系统，又是一个人类驯化了的自然生态系统。它是建立在对栽培菌类在自然界中的分布、生活习性与发生规律等充分了解，摸清了其生长发育与生态环境的密切关系的基础上，通过科学的手段，营造的食用菌自然生长环境仿真系统。

菌物的生态环境极其微妙，在工厂化生产采用高密度、立体化栽培的条件下，怎样使人工设施的影响能够均衡地照顾到每个生物个体，普施甘霖，同此凉热，是环境设施系统需要周密设计的重要因素。

在菌物生长环境中，温、光、水、气是最重要的生态因子，它们对食用菌生长的影响往往呈现一种交叉作用。多数适合于工厂化栽培的品种，均为好气性菌类。在封闭的环境下组织进行工厂化栽培，需要通过制冷、通风及照明设备营造菌物生长最适的工艺环境。通风、降温（或升温）所产生的能耗，与外界自然气候条件有着较为密切的关系。因此，重视项目所在地区的地理环境和气象气候条件，充分考虑光照、温度、雨量、季风、潮汐等因素，一方面最大限度地利用自然条件的有利因素，提高光、热、水、气等自然资源的有效利用，以节约人工辅助能的投入，降低投资费用和运行成本。另一方面通过对建筑结构、被覆（保温）材料等的科学选择，降低外界辐射热对室内温度的影响。这些均是菇房环境设施与控制系统需要周考虑到的问题。

在食用菌工厂化生产的过程中，许多生产工艺环节需要通过营造洁净的空间环境，来降低杂菌污染的风险。所以需要通过引入严格的空气净化设施和技术管理手段，实现各个重要工艺环节的洁净度标准。

食用菌工厂化人工环境系统，是以确保标准化栽培工艺为前提，按照技术先进、运行可靠、造价经济、节能高效的原则配置的低温工艺空气调节系统。

以金针菇工厂化栽培为例，标准的工艺流程为：

原料预处理→搅拌→装瓶→灭菌→冷却→接种→前期培养→后期培养→搔菌→催蕾→均育→抑制→套筒→生育→采收→包装→冷藏销售。

按照上述工艺流程，本节具体介绍各主要功能区域人工环境系统设计与设备配置方面的基本知识。

9.1.3.1 设计参数的确定与系统冷、热负荷的计算

这是进行人工环境系统设计与设备配置的首要步骤。

1. 室外设计参数

是指项目所在地区空调室外计算参数。在食用菌菇房空调设计中，室外计算参数的确

定比较重要。确定过高，将增加设备投资和运行费用；确定过低，则满足不了工艺或使用的要求。

根据《采暖通风与空气调节设计规范》，空调室外计算参数按以下规定确定：

夏季空调室外计算干球温度，应采用历年平均不保证 50 h 的干球温度。

夏季空调室外计算湿球温度，应采用历年平均不保证 50 h 的湿球温度。

夏季空调室外计算日平均温度，应采用历年平均不保证 5 d 的日平均温度。

夏季可调室外计算逐时温度，可按下式确定：

$$t_{sh}=t_{wp}+\beta\Delta t_{\tau}$$

冬季空调室外计算温度，应采用历年平均不保证 1 d 的日平均温度。

冬季空调室外计算相对湿度，应采用累年最冷月平均相对湿度。

对于室内温湿度必须全年保证的食用菌菇房空调系统而言，室外计算参数应根据实际情况进行调整。

我国主要城市和地区的室外气象参数，可以通过查阅《采暖通风与空气调节设计规范》的相关章节获取。

2. 室内设计参数

室内设计参数主要指各个功能区域的工艺环境参数。由于每一种菌类都有其最为适宜的生长温度和湿度范围。不同栽培品种，每一个工艺阶段的环境参数也各不相同。瓶栽金针菇工厂化栽培室内设计参数如表 9-1 所示。

表 9-1　金针菇工厂化栽培室内设计参数

区域	空气温度/℃	相对湿度 RH/%	CO_2 浓度/ppm	光照	空气洁净度
预冷却室	室外自然温度				10 000 级
冷却室	8～12				10 000 级
接种室	8～12	≤60			接种区域 100 级
母种室	10～15	70～75	3 000～4 000	暗光	新风初、中、高效过滤
前期培养	10～15	70～75	3 000～4 000	暗光	新风初、中、高效过滤
后期培养	10～15	70～75	3 000～4 000	暗光	新风初、中效过滤
发芽阶段	14～16	95 以上	2 000～3 000	适当光照	新风初、中效过滤
均育阶段	8～10	95 以上	3 000～5 000	适当光照	新风初、中效过滤
抑制阶段	3～5	90～95	3 000～5 000	光与风抑制	新风初、中效过滤
生育阶段	5～7	85～90	6 000～8 000	光照与吹风	新风初、中效过滤
采收包装	5～8				
保鲜冷库	0～3				

3. 空调系统热、湿负荷的计算

空调系统的作用是保持室内空气具有要求的温、湿度，使之达到栽培工艺所需的环境参数。然而，建筑物的内外环境中，总存在一些干扰因素，它们会改变室内的温湿度。我们将这些干扰因素对室内的影响称为负荷。以温度为例，当室外温度高于室内温度时，就有热量从室外通过引入的新风以及墙、屋顶等传入室内。如不采取措施消除这一热量，室内温度就会升高。反之，当室外温度低于室内时，热量从室内传向室外。这时应当向室内补充相应数量的热量，否则室温会下降。太阳照射空调菇房也会产生负荷，菇房内菌丝萌发或子实体分化、发育产生的热量，以及灯光、电器、人体等向室内散发的热量，都构成空调系统的负荷。

需要供冷量消除的室内负荷，一般称冷负荷。冷负荷是由空调房间的不同热量经房间蓄热后转化而成，通常包括：引入（或渗入）新风带入室内的热量；菌丝培养或子实体分化与发育过程中产生的热量；通过围护结构（墙、楼板、屋顶、地板等）传入室内的热量；照明、电器的散热量；人体的散热量；各种散湿的潜热散热量等。

各种因素综合作用的结果使房间失去热量的负荷，称为“供热负荷”。

除此之外，向室内空气散发的湿量称为湿负荷。只有消除湿负荷，才能保持规定的室内湿度。栽培基质、子实体等室内湿表面的散湿、人体的发湿等都属湿负荷。

全部负荷的总和组成系统负荷。系统负荷的大小决定了空气处理设备的尺寸和冷、热源设备的容量。

空调菇房的总冷负荷应采用房间各项冷负荷同时出现的综合最大值。由于有些计算负荷在一天 24 h 内各不相同，需逐时进行比较，看哪个时间段综合最大。有些计算负荷（如大型培养房）会因菌丝生长阶段的不同，导致最大值产生的时间差异，故需根据具体情况，乘以相应的折扣系数，以使设计参数的确定更趋合理。

人体的散热和散湿。室内工作的人体会同时向室内的空气散发热量和湿量。在食用菌工厂化栽培的各个功能区域中，除了采收包装间外，其余大部分区域操作人员非常少，此部分的空调负荷可以忽略不计。而采收包装间的人体散热、散湿负荷，可以查阅相关资料后计算获取。

菌丝培养或子实体分化与发育过程中产生的热量。食用菌生长发育的过程是不断地进行新陈代谢，吸收营养获取能量，排出大量的代谢物，并释放出热量的过程。在空调负荷计算的过程中，不同的菌类，其生物特性、基质配方（成分、重量、体积）、栽培工艺等方面存在着诸多差异，导致发热量计算方面没有一个统一的标准公式。一般研究中多根据发菌过程中的 CO_2 产生量进行评估，也有根据栽培实践积累的经验数据进行设计和冷量配置。比如：容量为 1 200 g 栽培基质的金针菇菌物，在菌丝培养过程中的平均发热量，按照 0.45 W/瓶计算；在子实体分化和发育过程中的最大发热量，则按 1.1 W/瓶计算。具体需要结合工程实际进行适量修正。

9.1.3.2　主机设备系统的选择与设计

1. 系统分类

现代化食用菌工厂的工艺空调系统可以分为：集中式系统、分散式系统和半集中式系统三种类型。其中，集中式系统是指制冷、制热的主机设备及与之相配套的水泵、冷却塔等都集中设置在空调机房内，通过冷冻水和采暖水管道，将冷源与热源按需输送到各个功能区域的空调末端设备上（图 9-8）。

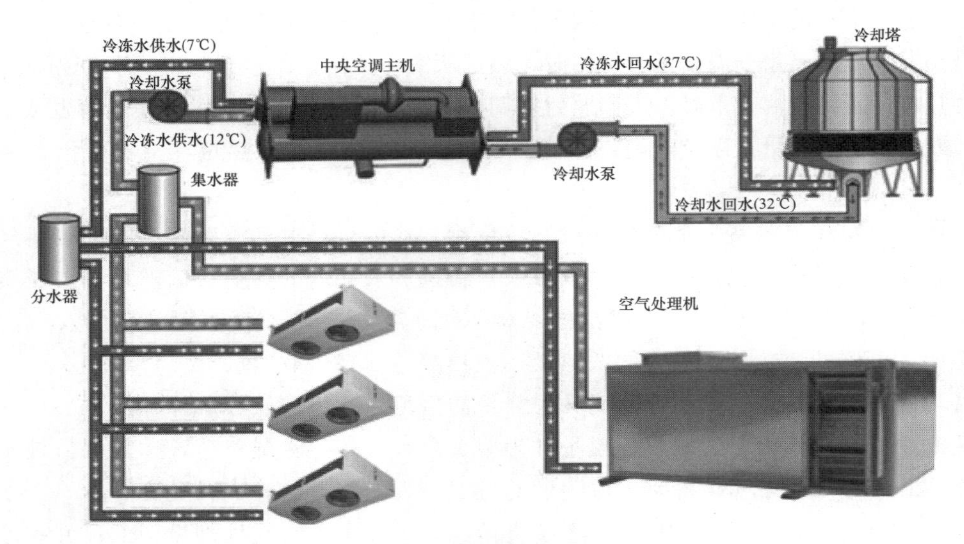

图 9-8 中央空调系统工作原理示意图

分散式系统（也称局部系统），是将整体组装的空调器或者风冷（水冷）式压缩冷凝机组直接放置在菇房附近，通过送风管道向室内输送经过处理的冷、热空气，或者通过铜管向室内冷风机输送氟利昂制冷剂（图 9-9）。

半集中式系统，是集中处理区域新风部分的空调负荷，室内部分的冷、热负荷由各自独立的冷凝机组与冷（热）风机承担（图 9-10）。

2. 空调主机设备系统选择

选择空调主机设备系统，需要考虑以下几个因素：

（1）外部环境

气象资料：建筑物所在地点的纬度、海拔高度、室外气温、相对湿度、风向、平均风速、冬季和夏季的日照率等。

周围环境：建筑物周围有无有害气体散放源、灰尘散放源；周围对噪声的要求；周围建筑的位置、规模和高度；环保防火和规划部门对建筑的要求等。

（2）所设计项目的特点

规模：需要空调净化的面积，所在的位置。从目前行业发展趋势来看，一般大型食用菌工厂，从方便于设备的日常管理等角度出发，通常选择采用集中式中央供冷、供热系统。而一些规模比较小、生产任务不确定或者不连续的项目（如菌种生产企业、研究所的实验菇房等），一般采用小型分散式或半分散式系统比较合适。

用途：例如大型培养房和成规模的出菇房群，一般设计采用中央系统或者大型直接蒸发式机组（并联式制冷机组），而冷却室、冷藏或者不成规模的出菇房，通常设计采用分散式直接蒸发式机组。

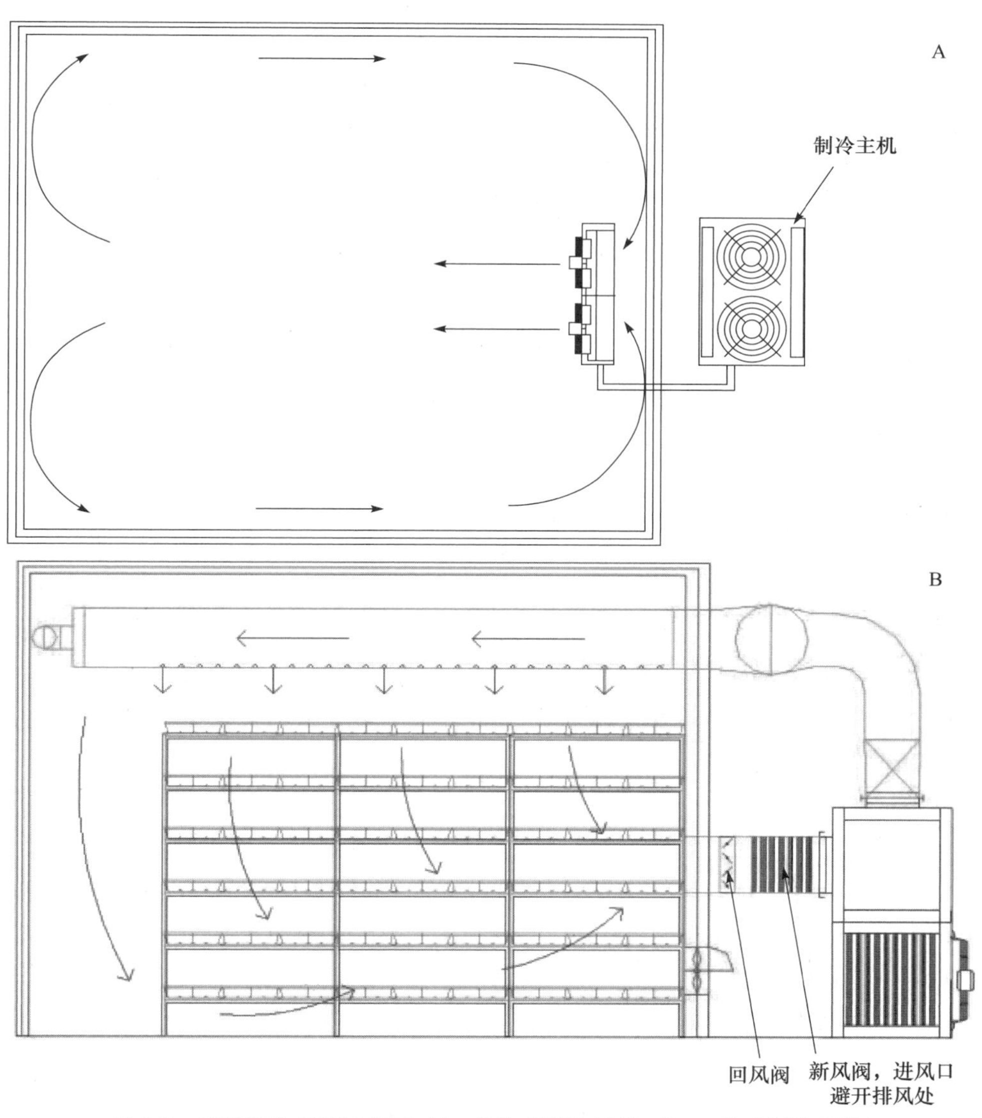

图 9-9　两种制冷系统示意图（A. 分体式制冷系统，B. 一体式制冷系统）

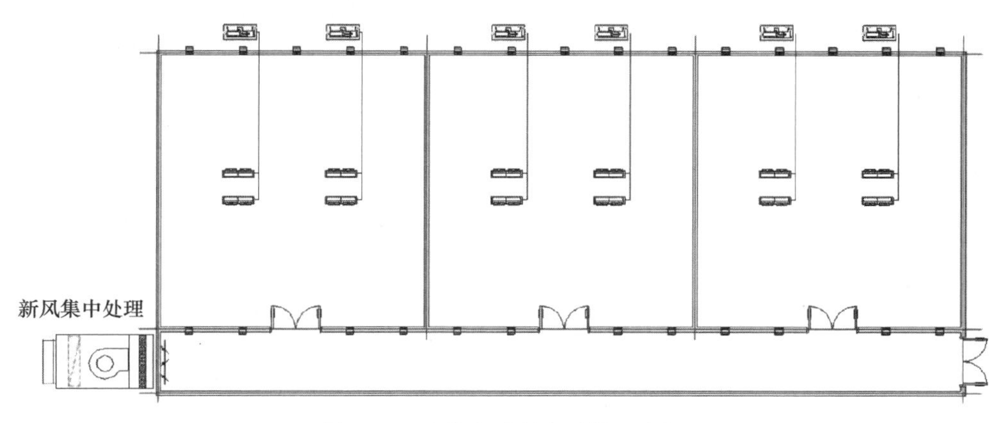

图 9-10　半集中式制冷系统示意图

室内参数要求：要求的温度、相对湿度及其允许波动范围等。例如：双孢菇工厂化栽培出菇房的室内温度下降幅度要求为24 h内小于1 ℃。这样一来，可以灵活调节冷冻水量的集中式中央空调系统就有显著的优势。而诸如冷却室、保温冷库等房间，由于要求降温速度快或者室温比较低，选用直接蒸发式机组系统就比较合适。

负荷情况：包括菌瓶（袋）的堆放数量、光刺激照明以及电气设备的发热量、房间朝向以及围护结构的散冷量、排风量等引起的空调冷、热负荷的大小。通常总冷负荷较大的项目，从投资成本与日常运行管理等角度出发，适宜采用集中式中央空调。

能源保障：电力供应是否充余，用电量有无限制；燃料限制和供应情况；有无区域供热、供气、供冷及其压力、温度、可供应的量和价格等。

3. 制冷、制热主机设备的选择

制冷主机设备的选择主要取决于系统的总冷负荷量。一般大型制冷系统，从单机制冷功率等角度出发，选择离心式制冷机组可以减少设备的数量，降低投资与运行成本。而中型系统，从负荷调节灵活性以及降低能耗等方面考虑，通常选用螺杆式冷水机组与锅炉组合应用的模式。对于一些需要常年提供冷、热源的中、小型系统，选择采用风冷螺杆式（或往复式）热泵机组更为合适（图9-11）。

图9-11 风冷螺杆式（或往复式）热泵机组

4. 集中式中央空调水系统

集中式系统（又称中央空调系统），它的水系统包括冷却水系统和冷冻水系统两大部分。其管路设计模式分闭式循环和开式循环两大类；其管网制式分两管制、三管制和四管制三种类型；其流量控制模式分定水量系统和变水量系统两种模式；其室内管网又分成同程式和异程式两种管网设计方式。鉴于目前国内多数大、中型食用菌工厂化栽培企业的空调系统，都是采用集中式（中央）空调系统。冷却水和冷冻水系统设计与配置得是否科学合理，直接关系到系统设备运行的可靠性与经济性。

9.1.3.3 现代菇场（厂）各功能区域智能环境系统的设计

现代化菇厂环境系统包括空气净化、制冷、供暖、通风、CO_2浓度调控、空气加湿等功能，功能区域不同，所配置的内容也不同。需要根据各个区域的工艺特点、设计配置相应的系统设备。

1. 冷却功能区

冷却功能区，包括采用自然风冷却的隔热预冷却区和采用机械制冷的强制冷却区两个部分，是灭菌功能区后序的洁净功能区域。它是在按照10 000级洁净度等级标准设计建造的空间环境里，通过人工控制的技术手段，将经过高温高压灭菌后的培养料（栽培瓶或袋）在规定的时间内快速冷却至适合接种的料芯温度的制冷区域。

2. 洁净接种功能区

接种，食用菌栽培常用的专业术语。按无菌操作技术将目的微生物（食用菌）移接到培养基质中的过程，称之为接种。无论是菌种分离、传代或是扩繁，都要在无菌条件下，严格按照无菌操作规程进行。

接种是食用菌生产中的关键环节之一，工厂化栽培接种过程是连续进行的，需要在流水线上依靠专用机械设备或者手工操作连续接种。这就需要为之营造一个高度洁净的无菌的空间环境。

接种功能区包括更衣室、风淋室、接种准备室（亦称菌种预处理间）、连续接种室、以及菌种接种室等，均为重要的洁净区域，需要严格按照相关标准设计配置空气净化设备和风管系统。

3. 菌种功能区

菌种功能区是制作与培养生产用菌种的重要场所。一些大型食用菌工厂化生产企业通常专门划出一个区域，用于实施包括搅拌、装瓶（袋）灭菌、冷却、接种、菌种培养等整个工艺过程。为此所设计配置的洁净空调系统，不仅需要具备较高的空气洁净度水平，而且还需要营造培养室各处的温度、湿度、CO_2 浓度等环境参数相对均衡的空间环境。

4. 培养库（养菌房）

所谓培养，实质上是栽培容器内菌丝不断对栽培基质降解，生物量增加的过程。这是一个被称作为“营养生长阶段”的重要时期。当菌种接种到培养料上，就意味着营养生长阶段的开始。菌丝以接种点为中心，呈辐射状向四周蔓延，向茎质内部扩展，分解基质、吸收营养、维持生长、积聚养分。营养生长阶段对食用菌栽培有着十分重要的意义，只有充分满足营养生长所必要的养分和环境条件，才能为子实体的分化、生长发育（即子实体的丰收）奠定良好的基础。食用菌工厂化栽培企业每一天的生产量从数千至二三十万瓶（包）不等，接种后将栽培瓶（包）转运至培养库内，采用高密度、立体式堆叠模式，在人工创造的最佳环境（温度、湿度、二氧化碳浓度）条件下进行菌丝培养。从生产管理的角度出发，应当尽量保证每一天所产生的全部栽培瓶（包）内的菌丝同步蔓延，使之在同一个培养周期内同步发育，否则无法形成流水线式的工厂化生产。因此，培养库人工环境系统的技术核心在于：如何通过科学有效地气流组织设计，令人工设施的影响能够均衡照顾每个生物个体，普施甘霖，同此凉热，使处于不同空间位置中的菌物，都能在一个相对均衡的最适环境中同步生长。

5. 出菇库（房）

食用菌工厂化栽培企业的出菇库（又称为生育室），是为子实体分化和发育营造的生态环境仿真设施。不同菌类的生物学特性不同，种性不同，最适的栽培模式以及最佳的生态环境参数等均有所不同。因此设计工厂化栽培项目的出菇库（房）人工仿真环境设施系统时，必须满足栽培对象菌类所特有的生物学特性。

为了针对性地介绍出菇房人工环境仿真系统的基本设计理念，阐述室内制冷、加热、加湿、通风、光照、控制等环境设施的主要功能特性，以瓶栽金针菇工厂化年生产的出菇库（房）仿真环境设施为例，说明该系统的基本特点如下：

发芽阶段：第1～8天，温度14～16℃，湿度95%以上，CO_2浓度0.2%～0.3%，适当光照；

均育阶段：第9～12天，温度8～10℃，湿度95%以上，CO_2浓度0.3%～0.5%，适当光照；

抑制阶段：第13～20天，温度3～5℃，湿度90%～95%，CO_2浓度0.3%～0.5%，光与风抑制；

生育阶段：第21～27天，温度5～7℃，湿度85%～90%，CO_2浓度0.6%～0.8%，光照与吹风。

出菇房人工智能环境系统就是一个自然生态的仿真系统，它的主要任务是为子实体的分化与发育营造一个能够连续变化、精准调控的最佳的生态环境系统。

① 食用菌工厂化栽培出菇（亦称为生育）阶段，需要经历数个变温、变湿、变风量以及变换CO_2等的工艺过程。以金针菇为例，出菇阶段所需经历的催芽、均育、抑制、生育等四个阶段，对应的室内环境参数大相径庭，差别较大。需要根据栽培品种的具体工艺环境要求，设计配置一整套能够连续变化、精准调控的智能化环境控制系统。尤其对于“单区制”栽培模式而言，除了制冷设备系统需要具备一个较宽的性能调节范围外，而且包括加湿、除湿以及CO_2浓度控制设备等在内的相关环境设施，都需具备能够连续无级调节和精准测控的良好性能。

② 出菇房内的使用环境比较复杂，主要是表现在对于室内温度、湿度、CO_2浓度检测数据的准确与稳定性的影响上。由于出菇房的空气湿度，需要在85%～95%调控变化。空气中散发的菌菇孢子，以及诸如次氨酸钙等氧化消毒剂成分，不仅会使测温传感器和电容式空气湿度传感器等产生测量误差外，而且还会使CO_2浓度传感器等的测量精度受到影响，使用寿命由此缩短。所以，在进行出菇房环境控制系统设备的设计与配置的过程中，必须特别重视所选电子测控设备对于运行环境的适用性。即不仅需要针对食用菌出菇房特殊的工艺环境，选用相应的高精度、防护型传感器外，而且还需定期检测与核正包括各类传感器和控制器在内的全部仪器仪表的测量精度，以确保系统调控的精准性。

③ 出菇库（房）温度、湿度、CO_2浓度、循环送风量以及光照等的综合控制，通常采用PLC（可编程序控制器）进行程序化智能控制。供货厂商一般都能按照栽培技术人员长期摸索的工艺参数，预先编制多套菜单，设置多组操作及运行数据。使用者只需根据具体的操作工艺，填入相应目标数据，然后进行一键式操作运行，轻松实现栽培工程的全自动化管理。

当然，对于类似杏鲍菇等子实体分化与发育阶段对温度和CO_2浓度敏感性较为明显的菇品，出菇阶段还需贯彻“人菇对话”的工艺理念，针对子实体品相及形状的变化，适时调节室内温度、循环送风量以及CO_2浓度等环境参数，以期达到最佳的菇品质量和产量。

随着互联网、物联网技术的发展与普及，出菇房智能环境控制系统已经普遍实现了测控数据的互联互通。PLC（可编程序控制器）、人机界面等，都配置了USB、RJ45、RS232等数据接口，即可实现采用U盘下载数据记录，又可以通过建立以太网和物联网，实现网络化管理模式。同时还可以借助于移动通讯等无线网络技术，实现对出菇房环境控制系统的24 h远程监控。

6. 采收包装间

作为食用菌工厂化栽培的末端环节，采收包装工序虽然菌物自身的发热量已经很小，但传送与包装机械设备密集布置引起的电器发热负荷，以及操作人员众多引起的新风负荷和人体散热量，则是构成室内空调冷负荷的主要因素。具体的空调冷负荷的计算方法与出菇房相同，只是具体数据有所不同而已，本节不做重复介绍。

采收包装间的温度与包装对象的出菇房温度相接近，例如，蟹味菇、白玉菇为10～15 ℃；金针菇为5～8 ℃。内部所配置的空调（制冷）设备，需要具备送风柔和，进、出风的温差小，保湿效果好等特性。以避免鲜菇水分流失和操作人员的不适。

采收包装间需要按照人均30 m^3/h的换气量，引入室外的新鲜空气。为了避免引入的新风对室内温度的影响，系统设计时需要考虑对其进行预冷处理。

采收包装间环境系统的控制，主要表现在对室内温度的调节方面，同时也包括对室外新风引入量的调节与控制。通常采用微电脑温度控制器和制冷设备起动控制装置进行综合控制（图9-12）。

图9-12 人工环境控制面板

7. 保鲜冷库

食用菌鲜品生产企业的保鲜冷库按照生产工艺之分，有包装前预冷处理和产品临时储存等两种类型。其中，包装前预冷处理冷库的目的是降低菌菇的温度，减少表面水分，使包装后的成品保持干爽，没有水汽以便于保存。而包装后产品临时储存的冷库温度一般都设定在0～3 ℃范围内。

与常规生鲜蔬菜保鲜冷库相类似，冷库内贮藏的菌物会消耗氧气，产生CO_2气体。所以需要进行通风换气，以改善库内的空气质量，保证菌物的保鲜效果。

保鲜冷库制冷设备一般都独立于食用菌工厂的中央制冷（空调）系统之外，而单独配置，通常选用风冷压缩冷凝机组与冷风机的组合，由微电脑温度控制器暨保鲜冷库综合控制屏进行相关自动控制。

9.2 食用菌生产机械设备

食用菌产业属于劳动密集型产业，近30年来食用菌产业在我国得到了快速的发展，特别是为我国丘陵、山区人们的就业、经济社会的发展发挥了重要作用。但随着我国工业化、城镇化进程加快，农业劳动力向非农产业转移十分显著，农业用工紧缺、用工价格逐年上涨，对我国食用菌栽培产业的可持续发展带来很大影响。欧美日等发达国家在食用菌栽培行业同样面临用工成本高等问题，他们转而采用机械化和设施化方式生产食用菌，这不仅减少了人力投入，而且也为食用菌的生长发育提供了良好的环境，品质、产量、经济效益同步提高。推进我国食用菌栽培行业的机械化水平，对促进食用菌栽培产业的升级、发展农村经济和增加农民收入等都具有重要意义。本节以食用菌的 2 种常见模式涉及的栽培设备为例，进行食用菌栽培机械设备的介绍。

9.2.1 木腐菌栽培涉及的机械设备

木腐菌栽培模式涉及木屑生产设备、培养料搅拌设备、装袋设备、灭菌设备、接种设备及培养室空气洁净设备等，下面分别进行介绍。

9.2.1.1 食用菌原料粉碎设备

粉碎设备将粗大的食用菌培养料经过机械破碎，得到细小颗粒，以便于装袋。依据栽培原料的不同，可分为木质、草质两大类，对应于木材切屑机和菌草切割机两种粉碎机械。

1. 木材切屑机

构造：木材切屑机是集木材切片和粉碎于一体的机械。其特征是在同一主轴上装配有旋转刀盘，在刀盘背面安置有相对称平衡的锤片组和风叶片，刀盘上安装有 2～4 把削片飞刀，飞刀刃角度为 30°，安装在刀盘上的角度与喂料口角度相配合，在锤片和风叶片的旋转外周上，安装有环形筛网，形成切削、粉碎、风叶片、外机壳、喂料口、出料口、机座等结构紧凑的组合。其构造示意图如图 9-13。

性能：如 450 型木材切屑机，它配装是 ϕ12 mm 筛网，配套动力 18.5 kW，产量可达 1 t/h 木屑，适用于 ϕ30～100 mm 枝桠木材的加工。

2. 菌草切割机

构造：菌草切割机包括机架、上下机壳、喂料口、主轴、飞刀、固定刀、滚压轮及变速传动机构。其中旋转盘安装在主轴上，在旋转盘上安装有相对称平衡的飞刀或风叶片，在喂料口内沿飞刀切向的下机壳边，还装有与飞刀相对应配合的固定刀，使菌草能通过飞刀和固定刀共同切割。在喂料口处还装有一副压送料用的滚压轮，2 个滚压轮安装成相反方向转动的喂料结构。其示意图如图 9-14 所示。

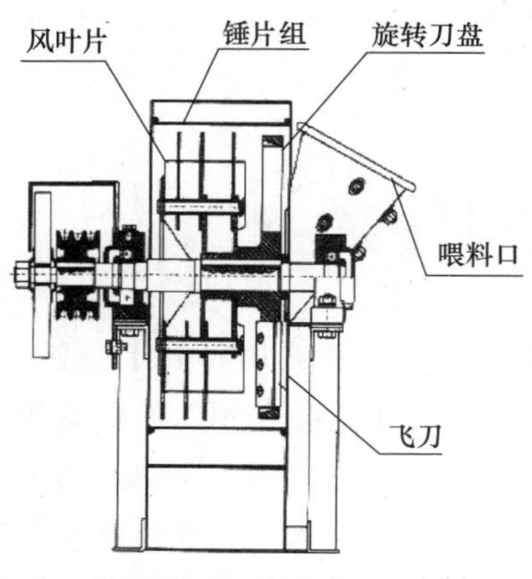

图 9-13 木材切屑机结构示意图

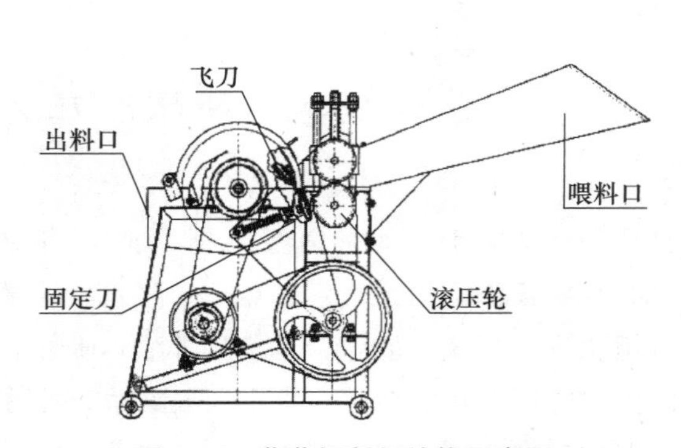

图 9-14 菌草切割机结构示意图

性能：QC-300 型菌草切割机，配套动力 1.5～2 kW，产量 500 kg/h，稻草干湿不限，非常适合农村个体户使用。

9.2.1.2　食用菌培养料搅拌设备

食用菌培养料装袋前，需要将培养料各组分混合均匀，需要用到食用菌培养料搅拌设备。

构造：培养料搅拌机由搅拌桶、搅拌叶片、传动机构、卸料装置和支架等组成。搅拌筒是搅拌机的主要工作部件，由壳体和搅拌轴组成，壳体活套在搅拌轴上，上方有卸料口和安装在转轴上活动的上盖，可以根据卸料的需要轻便地开闭。搅拌叶片装在搅拌轴上呈双向螺旋排列，可以搅拌均匀。传动机构由两对三角胶带和一个蜗轮蜗杆减速器组成，见示意图 9-15。

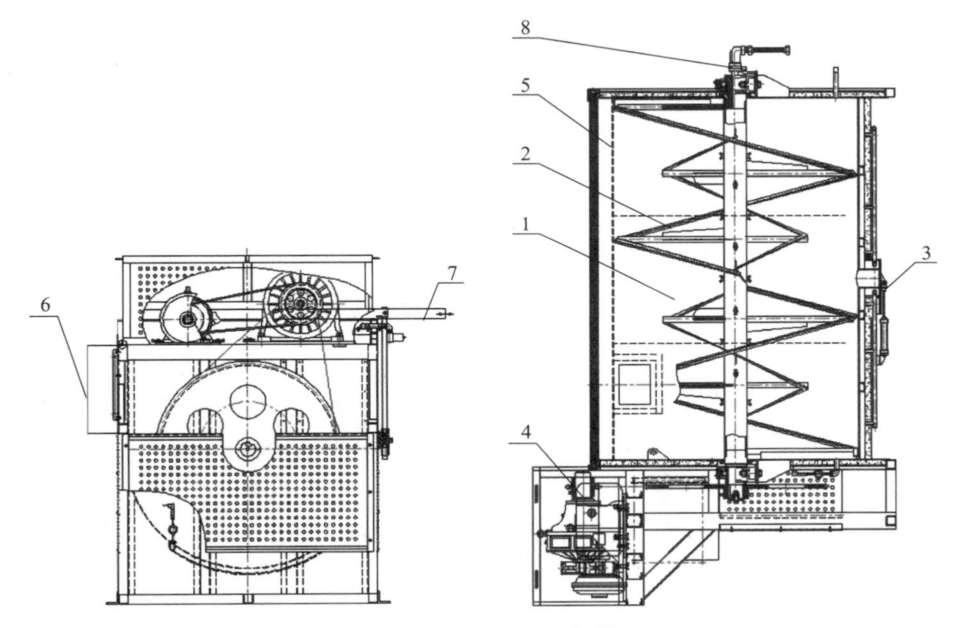

图 9-15　培养料防酸败搅拌机

1. 搅拌桶　2. 搅拌叶片　3. 出料闸阀　4. 传动机构　5. 加水管　6. 电器控制柜　7. 移动盖板　8. 蒸汽加热系统

性能：填料量 100 kg，转速 23 r/min，混合 3 min。此时食用菌培养料搅拌机的混合均匀度为 96.55%，单位能耗为 1.43×10^{-3} kW·h/kg，满足食用菌生产技术的要求。

9.2.1.3　食用菌的装料设备

木腐菌栽培模式下，依据栽培容器的不同，分为袋栽和瓶栽 2 种模式，对应的装料机械设备便有所差异，下面分别进行介绍。

1. 装袋机

构造：传统的培养料装袋机由喂料斗、搅拌器、绞龙、绞龙套、三角带、齿轮、离合装置、机架、电动机等构成（图 9-16）。随着装袋机技术的发展，立式气压式培养料装袋机孕育而生，其构成为机架、下托盘、压料底座、中心轴、转盘、下料孔、料筒、压料杆与气缸、料桶、固定拨叉架、拨料叉、气缸等构成（图 9-17）。

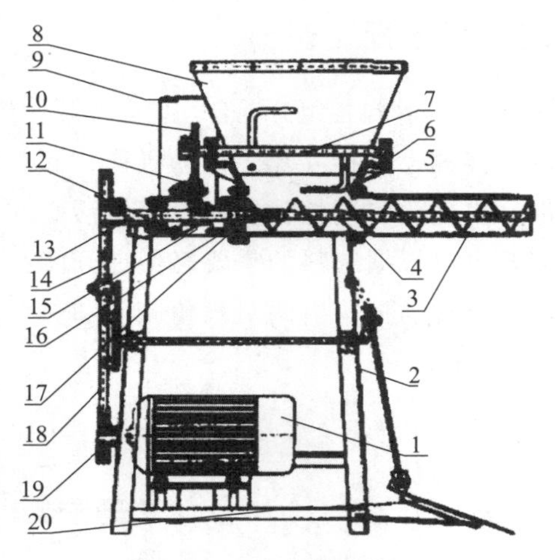

图 9-16　培养料装袋机

1. 电机　2. 机架　3. 绞龙套　4. 绞龙　5. 绞龙斗　6. 搅拌轴座　7. 搅拌轴　8. 加料斗　9. 齿轮罩　10. 大齿轮　11. 中齿轮　12. 轴承　13. 主轴　14. 主机皮带轮　15. 下齿轮　16. 轴承套　17. 定位片　18. 三角带　19. 电机皮带轮　20. 离合器踏板

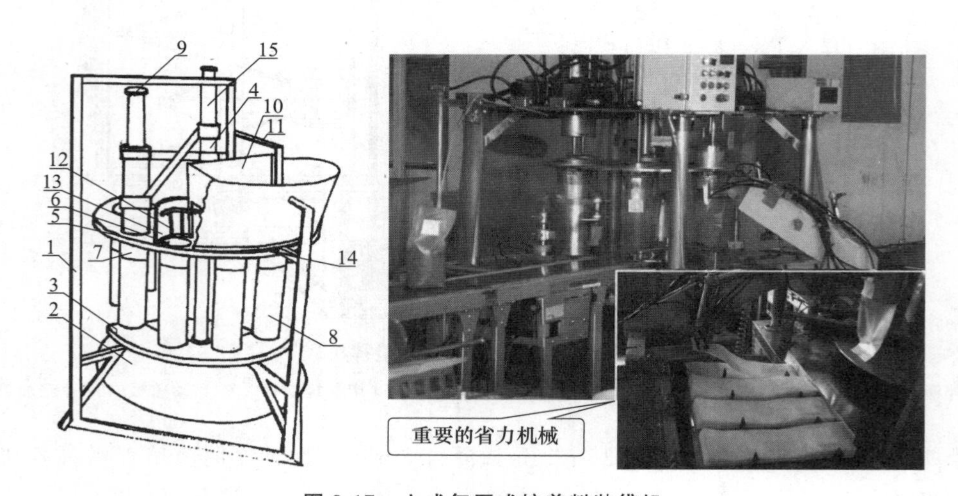

图 9-17　立式气压式培养料装袋机

1. 机架　2. 下托盘　3. 压料底座　4. 中心轴　5. 转盘　6. 下料孔　7. 料筒　8. 塑料袋　9. 压料杆与气缸　10. 料桶　11. 固定拨叉架　12. 拨料叉　13. 挡料板　14. 橡皮垫　15. 气缸

性能：QFX 型电磁离合自动装袋机配备 220 V/380 V 2.2 kW 电机，2 800 转，1 000 袋/h。GZD15-24 型食用菌装袋机配备 380 V 2.2～3 kW 电机，800～1 000 袋/h。

2. 装瓶机

构造：主要由承料箱、供料框、送供料框机构、开筐（瓶）机构、振筐机构、压料打孔机构、机架、气缸、电机和电气控制系统组成。

性能：CPZP-16 型振动装瓶机。装瓶能力：3 000 瓶/h，配套电机功率 1.6 kW，适用塑瓶直径（内）ϕ45 mm（容积 850 mL），ϕ65 mm（容积 1 100 mL），质量：320 kg。

9.2.1.4 灭菌设备

食药用菌生产中培养料的灭菌通常采用蒸汽湿热灭菌。利用蒸汽的高温对杂菌菌丝体、孢子、芽孢等进行杀灭，达到灭菌的目的。蒸汽湿热灭菌按灭菌温度、压力不同，可分为常压灭菌和高压灭菌。

1. 高压灭菌设备

高压灭菌通常采用的蒸汽相对压力为 0.049～0.147 MPa，温度为 110～127 ℃。高压灭菌时间短，能耗少，培养料养分破坏少，但设备投资较大，各级菌种的培养基灭菌常用高压灭菌。高压灭菌容器是采用一定厚度钢板制成的耐压、密闭容器，为确保使用安全，必须按有关规定审批才可生产，经有关检验程序经耐压检验合格后才可出厂。高压灭菌设备根据容器外形分为圆筒形和矩形；根据容器安置的形式分为立式、卧式和手提式；根据使用的能源分为电热型、燃油型、煤型和柴型。

图 9-18 GXMQ 系列培养基灭菌器

构造：高压灭菌锅由锅体、锅盖、安全阀、放气阀、压力表、加热体等组成，见图 9-18。

原理：高压灭菌的原理是在密闭的蒸锅内，其中的蒸汽不能外溢，压力不断上升，使水的沸点不断提高，从而锅内温度也随之增加。在 0.1 MPa 的压力下，锅内温度达 121 ℃。在此蒸汽温度下，可以很快杀死各种细菌及其高度耐热的芽孢。

性能：GXMQ 系列高压灭菌器，灭菌容积 1.2～30 m^3，装瓶量 180～9 000 瓶（瓶容量 850 mL）；TKK-A 系列高压灭菌器，灭菌容积 18～42 m^3，装袋量 3 024～7 056 袋（袋直径 110 mm、高 200 mm）。整个灭菌工序由抽真空到破真空需 3.5 h。出灭菌器时，瓶（袋）温度 70 ℃。由于预抽真空再通蒸汽，可做到节能、灭菌彻底、无灭菌死角、营养损失少。

注意事项：完全排除锅内空气，使锅内全部是水蒸气，灭菌才能彻底。

2. 常压灭菌设备

常压灭菌时间长，能耗大，培养料养分破坏多，但设备简单，投资少。生产性培养料灭菌数量大，一般均用常压灭菌。

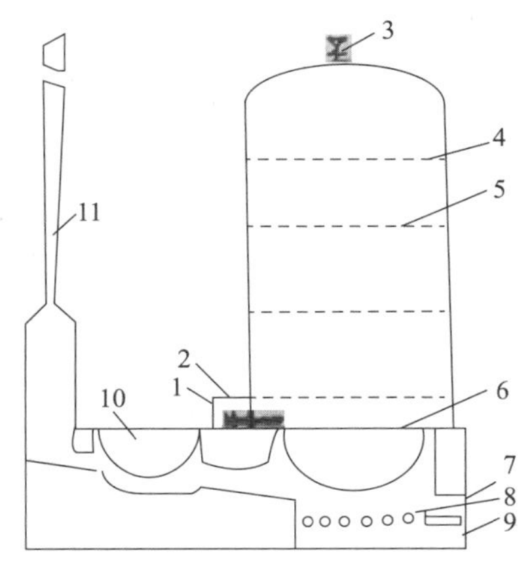

图 9-19 灭菌灶构造示意图

1. 加水阀 2. 加水池 3. 放气阀 4. 搁挡 5. 搁板 6. 主锅 7. 炉门 8. 护栅 9. 灰门 10. 热水锅 11. 烟囱

构造：小型常压灭菌灶由灶身和灭菌锅组成，见图 9-19。灶身用砖砌成，灶上安放铁锅或钢板焊接锅。灭菌仓的型式有木框架式、板仓式和砖砌式。菇农多采用木框架式灭菌仓。该仓用厚为 3 cm 的杉木板制成框架，框架高 20 cm，呈方形，框架大小与锅口大小相适应；每 3 只框架为 1 组，每组中仅最底层的框架设有栅底。根据菌筒的数量可采用 2～4 组框架，在框架外包双层塑料薄膜，下部用沙袋压边，以保持整个灭菌仓的密闭性。

原理：常压灭菌的原理是在相对密闭的蒸锅内，通入高温水蒸气，对菌包进行蒸煮，其温度可达 100 ℃。在此蒸汽温度下，8～10 h 可杀死各种细菌及其高度耐热的芽孢。

性能：一次灭菌几千袋至上万袋。灭菌时间因所在地海拔不同而不同，海拔越高时间越长，大致 1～2 d。

9.2.1.5 接种设备

食用菌接种过程必须在无菌的空气环境中进行，接种箱、超净工作台、无菌室等设备设施用于保障食用菌接种过程的无菌需求。食用菌菌种分为固体菌种和液体菌种两类，在机械化接种过程中，分别用到食用菌固体接种机和液体接种机两种。

1. 超净工作台

构造：净化工作台主要由工作台，粗、高效过滤器，风机，静压箱支承机架组成，见图 9-20。

图 9-20 JW-CJ-IC 标准型双人净化工作台

原理：空气通过工作台的粗、高效过滤器中的多孔纤维状过滤介质时，借助碰撞、扩散和静电等作用，能将空气中悬浮的粒子和细菌截留进行空气净化。由于采用平行层流充满整个操作空间，并以一定的速度通过操作区，可以达到操作区内空气净化的目的。

性能：功率 145～260 W，高效过滤器滤网孔径＜0.3 μm，空气的流速 24～30 m/min。

注意事项：开机 10～20 min 才能进行无菌操作。依据使用频率及环境空气质量，粗过滤网 3～6 个月清洗一次。当操作区风速＜0.3 m/s（或微压指示针在红区）时，应更换空气过滤芯。

2. 接种室

空间较大的无菌房间，用于大批量的接种工作，称之外接种室或无菌室，是食用菌工厂化栽培的主要接种设施。

构造：无菌室设计面积为 10 m^2，规格为 2.5 m×4 m（长×宽），无菌室由工作间、更衣室、缓冲间、风淋室构成，配备空调及空气过滤设备、紫外灯、日光灯等。

原理：进入接种室内的空气经过空气抽滤装置，将污染物阻隔在外，进入到室内的空气无菌，确保接种室内的无菌环境。

注意事项：接种室内空气洁净度不少于 1 万级（国家标准），如能达到千级或百级更好。无菌室内气温在夏季应能控制到小于或等于 28 ℃。

3. 食用菌固体菌种接种机

构造：食用菌固体菌种接种机主要由压瓶和开盖结构，固种瓶自转和旋刀刮菌料结构，接、导菌料结构，进出筐辊输送机，程控系统和机架所组成。

原理：当手按启动按钮后PLC程控开始，驱动辊子输送机送周转筐（瓶）进入接种机接种位置，触动行程开关进行压瓶身和打开第一排4个瓶盖动作。程控菌种瓶自转和旋刀进行挖料，通过时控使接料、导料结构和关盖结构进行接料导料关盖动作。此后又通过时控进行周转筐的位移动作，到此为止完成第一排接种工序。然后程控进行下一排（4瓶）的接种工序。当4排接种工序完成后，周转筐触动行程开关，启动进出筐辊输送机进行出筐、进筐动作，到此为止完成一筐16瓶的接种工序，接着程控进行下筐的接种工序。在接种工序进行中，发现菌种瓶中菌种已接完，可以手动结束接种工序，进行更换菌种瓶的工作。

性能：接种能力4 500瓶/h，配套电机功率0.4 kW。

4. 食用菌液体菌种接种机

构造：食用菌液体菌种接种机主要由机架、输送装置、筐顶升机构、套环定位夹紧机构、小凸轮升降机构、大凸轮提盖机构、接种装置、菌种分配器、控制系统、清洗消毒装置等组成，见图9-21。

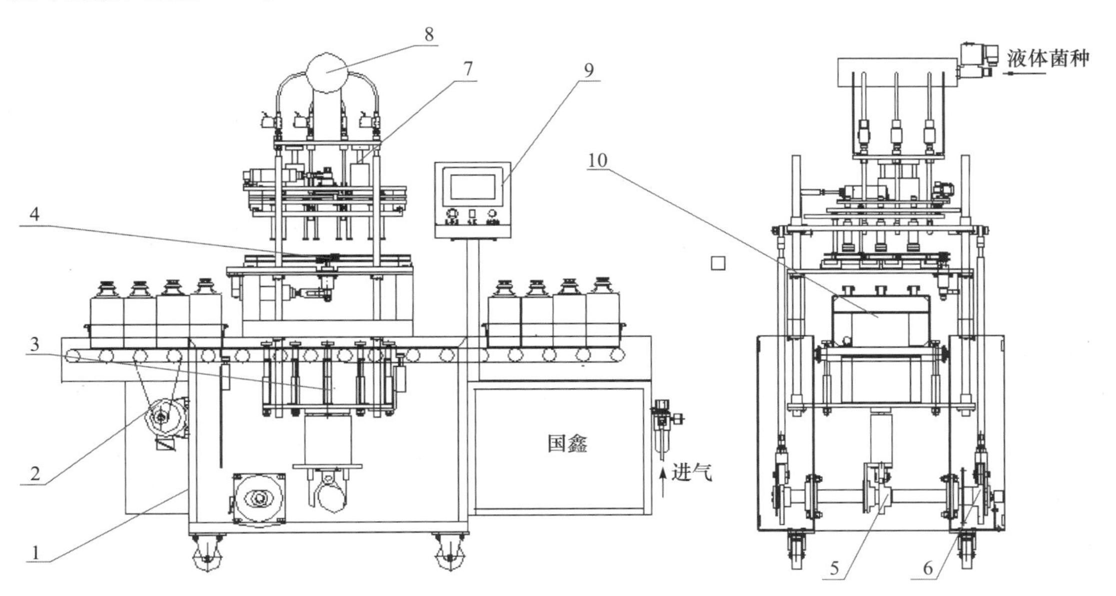

图9-21 食用菌液体接种机

1. 机架 2. 输送装置 3. 筐顶升机构 4. 套环定位夹紧机构 5. 小凸轮升降机构 6. 大凸轮提盖机构 7. 接种装置 8. 菌种分配置 9. 控制系统 10. 清洗消毒装置

原理：输送装置将菌包筐送至设备中心位，顶升机构将筐顶升，小凸轮升降机构上行至上止点，套环定位夹紧机构将套环定位夹紧，小凸轮升降机构下行，菌包回落（增大料面与套环之间的接种空间），提盖机构将盖塞提起移位。接种装置将喷嘴插入套环内，开启菌种分配器将液体菌种接入菌包内。接种装置回升，大凸轮提盖机构回位下压将盖塞盖紧，套环定位夹紧机构松开定位环，顶升机构回位，将筐放置输送线上，驱动装置将已接种的菌包筐送出，同时将新筐接送至设备中心位。该设备可实现在线清洗消毒，每天接种结束后将清洗消毒装置放置在输送线上，启动清洗、消毒程序，对菌种输送管道实现自动清洗消毒。

性能：4 300/h 袋左右。

9.2.2 草腐菌栽培涉及的机械设备

草腐菌栽培模式涉及秸秆收割打捆设备，秸秆发酵涉及的翻料设备、铺料设备、覆土设备、采菇设备等，下面分别进行介绍。

9.2.2.1 稻麦秸秆打捆机

稻麦秸秆打捆机主要用于稻麦秸秆的打捆（方捆、圆捆）作业，以便运输到需要稻麦秸秆的地方。

构造：方捆打捆机由机身、传动机构、喂料机构、密度调节机构、压草活塞机构、草捆长度控制机构及车轮行走机构组成。圆捆大捆机由传动系统、捡拾器、喂入机构、成捆室、捆绳机构、液压系统及卸捆装置组成。

9.9.2.2 翻堆机

翻堆机主要用于粪草培养料的室外发酵（一次发酵）翻堆作业。翻堆的目的是使堆料的原、辅料混合均匀，促进秸秆发酵均匀，软化吸水，挑翻弄短，添加辅料、水，排除堆内的氨气和二氧化碳。

构造：该机主要由翻堆大滚筒、传送小滚筒、风扇滚筒、机架、电机变速传动机构和行走操向机构组成。

原理：翻堆作业时，由于机身以一定速度前进，翻堆大滚筒的拨齿首先挑起堆前的稻麦秸秆向后抛去，由传送小滚筒接力传送到风扇滚筒，在风扇滚筒的抛送和气流吹送下稻麦秸秆落在新堆上，经尾部的压板进一步压实成新堆。

性能：作业速度：0～3.3 m/min；配套动力：16 kW 电机；堆垛（宽×高）：2 m×(1.3～1.5)m。

9.2.2.3 摆头式抛料充填机

摆头式抛料充填机主要用于隧道集中一、二、三次发酵时，将粪草类培养料在发酵房中进行抛料充填作业。

构造：该机主要由承料斗、刮板输送机、疏松滚筒、集料斗、摆动架、输送胶带、液压控制机构、行走操向机构、机架和动力变速机构组成，见图 9-22。

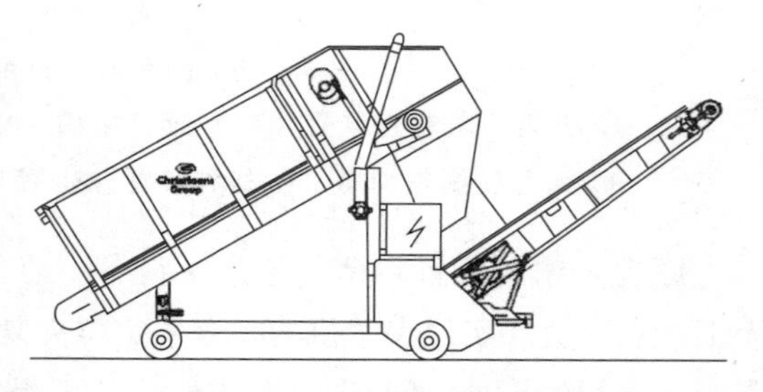

图 9-22　摆头式抛料充填机

原理：用装载机叉斗把粪草培养料装入该机的承料斗中，在刮板输送机和疏松轮的作用下，均匀地把粪草培养料拨抛入集料斗上，并下降落到输送胶带上，在输送胶带和摆头升降机构作用下，把培养料有序、均匀地抛撒充填在发酵房的地面上。当培养料堆叠到一定高度后，该机后退一定距离，重复以上动作，直到把培养料抛撒、充满整个发酵房为止。

性能：抛料充填能力 20 t/h，配套电机功率 21 kW，摆头输送带线速度：8～10 m/s。

9.2.2.4　头端进、出料机

头端进、出料机主要用于双孢菇生产厂菇床的铺料、覆土和出料作业。

1. 工作原理

当双孢菇生产厂需要堆料铺床时，堆料生产企业便派出 2 辆专用车到双孢菇生产厂，一车装发好菌丝的堆料，另一车装已调制好的泥炭土。采用头端进料机和尼龙网牵引机，由顶层的菇床到最下层菇床顺序地同时完成菇床的铺料和覆土。

当进料机将堆料和覆土均匀铺在床面上的尼龙网上，在菇床远端安装的尼龙网牵引机顺着床面按与进料机出料的相同速度拉向床架远端，直到达到床架远端为止（清除废料时，可进行反向操作）。头端进、出料机和牵引机由双孢菇生产厂已提前安置好，当专用车到时，即可进行铺料和覆土作业。每次废堆料出房后，尼龙网需要用尼龙网清洁机刷洗后备用。

2. 主要技术性能指标和参数

铺床进料能力 30 t/h，铺料同时对料层进行适当加压平整，便于使用割菇机。铺床料层厚度 25～28 cm。单位面积铺料 90～110 kg/m^2。

参考文献

[1]　电子工业部第十设计研究院. 空气调节设计手册［M］. 北京. 中国建筑工业出版社，1995.

[2]　黄毅. 食用菌工厂化栽培实践［M］. 福州：福建科学出版社，2014.

[3]　常明昌. 食用菌栽培学［M］. 北京：中国农业出版社，2003.

思考题

1. 现代化菇场（厂）规划设计的基本原则是什么？
2. 食用菌菇房空调系统的冷负荷通常包括哪些部分？
3. 选择空调主机设备系统，需要考虑哪些因素？
4. 菇厂冷却、净化功能区洁净空调系统的主要功能与技术要点是什么？
5. 培养库（房）工艺环境的基本要求包括哪些内容？
6. 出菇库（房）仿真环境设施的基本特点是什么？
7. 常见的菌包灭菌方式有哪些？

附件

附件1：中华人民共和国农业部《食用菌菌种管理办法》

附件2：国家标准：GB 12728—2006 食用菌术语

附件3：国家标准：GB 7096—2014《食品安全国家标准：食用菌及其制品》

附件4：国家标准：GB/T 21125—2007《食用菌品种选育技术规范》

附件5：行业标准：NY/T 2375—2013《食用菌生产技术规范》

附件6：行业标准：NY/T 528—2010《食用菌菌种生产技术规程》

附件7：行业标准：NY/T 2798.5—2015《无公害农产品生产质量安全控制技术规范 第5部分：食用菌》

附件8：食用菌常用生产原料碳氮比

附件9：滑菇栽培技术

附件10：秀珍菇栽培技术

附件11：毛木耳栽培技术

附件12：猪苓栽培技术

附件13：林地香菇栽培技术

附件14：蛹虫草栽培技术

附件15：金福菇栽培技术

附件16：食用菌原生质体融合育种技术